창의적 공학 설계의 이론과 실제

김홍윤, 여운경, 장문철 지음

www.cyber.co.kr

창의적 공학 설계의 이론과 실제

2016. 8. 1. 1판 1쇄 인쇄
2016. 8. 10. 1판 1쇄 발행

지은이 | 김홍윤, 여운경, 장문철
펴낸이 | 이종춘
펴낸곳 | BM 주식회사 성안당
주소 | 04032 서울시 마포구 양화로 127 첨단빌딩 5층(출판기획 R&D 센터)
10881 경기도 파주시 문발로 112(제작 및 물류)
전화 | 02) 3142-0036
031) 950-6300
팩스 | 031) 955-0510
등록 | 1973. 2. 1. 제406-2005-000046호
출판사 홈페이지 | **www.cyber.co.kr**
ISBN | 978-89-315-5412-0 (13000)
정가 | 23,000원

이 책을 만든 사람들
기획 | 최옥현
진행 | 최창동
본문 디자인 | 인투
표지 디자인 | 박현정
홍보 | 박연주
국제부 | 이선민, 조혜란, 김해영, 김필호
마케팅 | 구본철, 차정욱, 나진호, 이동후, 강호묵
제작 | 김유석

머리말

본 교재는 기계, 전기, 전자공학이라는 학문의 출발점에 서 있는 학생들을 위해 집필되었습니다. 책 한권에 모든 것을 담을 수는 없지만 무엇을 공부할지 몰라 대학생활 초반에 시간 낭비한 것을 뒤늦게 후회하는 많은 학생들을 보며, 그런 일이 재발하지 않도록 작게나마 방향을 제시해 줄 수 있는 지침서로 활용하고자 하는 목적으로 책을 썼습니다.

책의 구성은 전반적으로 독립된 내용이라서 어디서부터 봐도 무방합니다. 그러나 저자가 바라는 것은 앞에서부터 천천히 시간을 두고 따라해 가면서 책의 내용을 익히는 것입니다. 약간씩 부족하다 싶은 부분은 관련된 다른 서적을 참고하면서 이 책에서 다루는 내용들을 하나씩 자기의 것으로 만들다 보면, 어느 날 문득 준비된 자신의 모습을 발견할 수 있을 것이라 믿어 의심치 않습니다.

모든 새로운 제품을 생산하기 위해서는 일반적으로 제품에 대한 아이디어를 구상하고, 그 아이디어가 타당한지를 검토한 후에, 개발자의 역량에 따라서 자기 파트를 분담하게 됩니다. 제품을 개발하면서 부족한 부분은 그 파트를 맡은 담당자가 스스로 공부하면서 자기의 일을 완수해 가게 됩니다. 제품은 크게 하드웨어와 소프트웨어로 나눕니다. 핸드폰을 예로 들면, 핸드폰의 디자인과 외형 등 기계적인 부분과 회로 및 전원 등 전기적인 부분을 합쳐 하드웨어라 합니다. 소프트웨어라 함은 그 안에 들어가게 될 모든 프로그램, 펌웨어, 게임, 각종 콘텐츠들을 말합니다. 이렇듯 하드웨어와 소프트웨어는 불가분의 관계에 놓여 있습니다.

이러한 절차 때문에 본 교재 역시 아이디어 창출 기법부터 시작해서 하드웨어, 소프트웨어 등을 폭 넓게 다뤄보고 그 지식을 바탕으로 자기만의 작품을 만들어 볼 수 있도록 구성을 하였습니다. 추후 대한민국을 이끌어갈 R&D 분야의 중추가 될 인재를 양성하는데 그 밑거름이 되고자 하는 마음으로 이 책을 펴냅니다.

각자의 역량도 다르고, 각자가 하고 싶은 방향도 모두 다를 것임을 너무도 잘 알고 있습니다. 그리고 무한한 가능성을 지니고 있는 여러분이기에 어느 한 분야만 깊이 다루기보다는 여러 가지 흥미를 느낄만하며, 또한 추후 도움이 될 만한 내용들을 폭 넓게 선정하였기에 공부를 위한 책이라기보다 진로를 개척하는데 길잡이가 되는 책으로 남고자 하였습니다.

모쪼록 본 교재를 가지고 공부를 하는 여러분들의 미래에 창창한 햇살이 드리워지기를 진심으로 기원합니다.

저자 김홍윤

이 책의 특징

▣ 1파트

새롭고 창의적인 아이디어를 떠오르게 하는 다양한 방법과 이를 구현하는 방법을 제시하고 제품으로써 구체화하여 어떻게 선정하는지에 대해서 설명합니다.

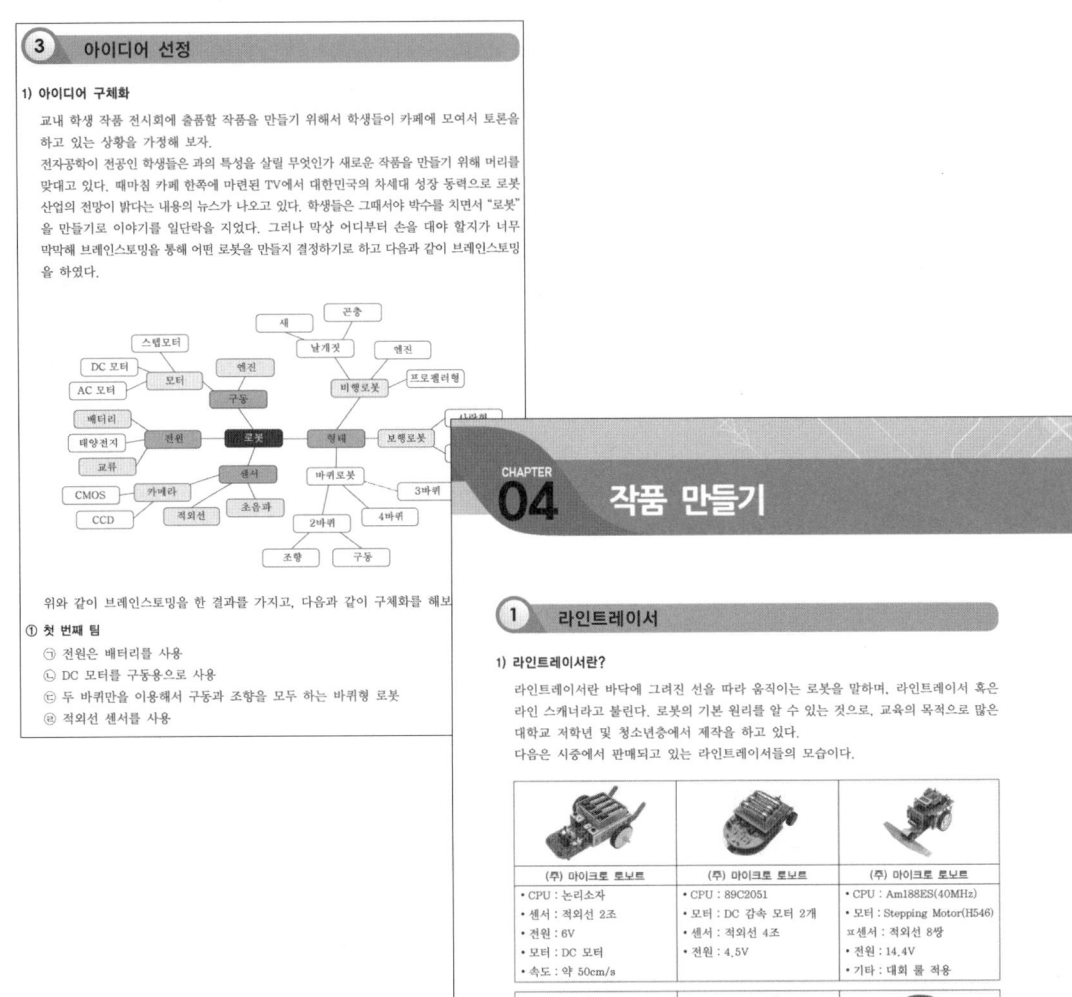

3 아이디어 선정

1) 아이디어 구체화

교내 학생 작품 전시회에 출품할 작품을 만들기 위해서 학생들이 카페에 모여서 토론을 하고 있는 상황을 가정해 보자.

전자공학이 전공인 학생들은 과의 특성을 살릴 무엇인가 새로운 작품을 만들기 위해 머리를 맞대고 있다. 때마침 카페 한쪽에 마련된 TV에서 대한민국의 차세대 성장 동력으로 로봇 산업의 전망이 밝다는 내용의 뉴스가 나오고 있다. 학생들은 그때서야 박수를 치면서 "로봇"을 만들기로 이야기를 일단락을 지었다. 그러나 막상 어디부터 손을 대야 할지가 너무 막막해 브레인스토밍을 통해 어떤 로봇을 만들지 결정하기로 하고 다음과 같이 브레인스토밍을 하였다.

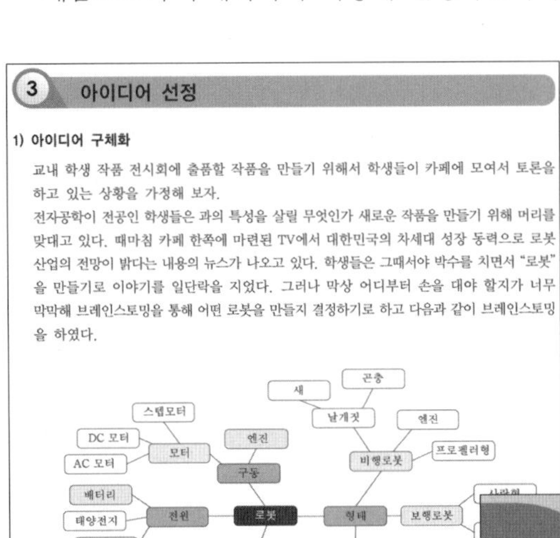

위와 같이 브레인스토밍을 한 결과를 가지고, 다음과 같이 구체화를 해보

① 첫 번째 팀

㉠ 전원은 배터리를 사용
㉡ DC 모터를 구동용으로 사용
㉢ 두 바퀴만을 이용해서 구동과 조향을 모두 하는 바퀴형 로봇
㉣ 적외선 센서를 사용

CHAPTER 04 작품 만들기

1 라인트레이서

1) 라인트레이서란?

라인트레이서란 바닥에 그려진 선을 따라 움직이는 로봇을 말하며, 라인트레이서 혹은 라인 스캐너라고 불린다. 로봇의 기본 원리를 알 수 있는 것으로, 교육의 목적으로 많은 대학교 저학년 및 청소년층에서 제작을 하고 있다.

다음은 시중에서 판매되고 있는 라인트레이서들의 모습이다.

(주) 마이크로 로보트	(주) 마이크로 로보트	(주) 마이크로 로보트
• CPU : 논리소자 • 센서 : 적외선 2조 • 전원 : 6V • 모터 : DC 모터 • 속도 : 약 50cm/s	• CPU : 89C2051 • 모터 : DC 감속 모터 2개 • 센서 : 적외선 4조 • 전원 : 4.5V	• CPU : Am188ES(40MHz) • 모터 : Stepping Motor(H546) • 센서 : 적외선 8쌍 • 전원 : 14.4V • 기타 : 대회 룰 적용

(주) 로보블럭	(주) 로보블럭	(주) 로보블럭
• CPU : AT90S2313 • 센서 : 적외선 3조 • 모터 : Gear box - 2DC 모터 • 전원 : 4.5V	• CPU : 논리소자 • 센서 : 적외선 2조 • 모터 : Gear box - 2DC 모터 • 전원 : 4.5V	• CPU : AT89C2051 • 모터 : DC 감속 모터 2개 • 센서 : 적외선 센서 3조 • 전원 : 4.5V

▣ 연습문제

본문에서 설명한 내용을 기초로 이를 구현하는 방법을 찾는 문제를 통해 실력을 쌓을 수 있도록 하였습니다.

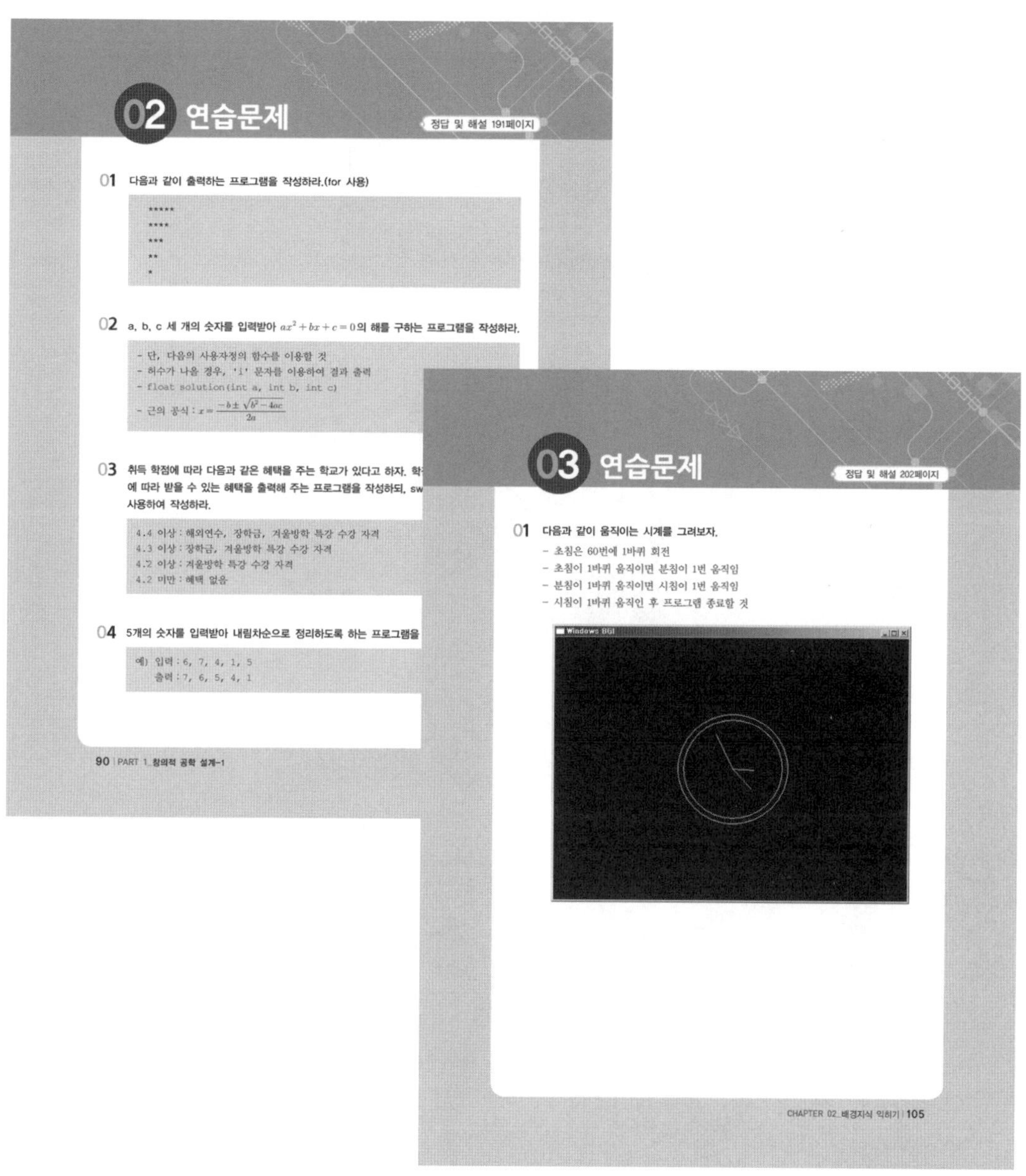

02 연습문제

정답 및 해설 191페이지

01 다음과 같이 출력하는 프로그램을 작성하라.(for 사용)

```
*****
****
***
**
*
```

02 a, b, c 세 개의 숫자를 입력받아 $ax^2+bx+c=0$의 해를 구하는 프로그램을 작성하라.

- 단, 다음의 사용자정의 함수를 이용할 것
- 허수가 나올 경우, 'i' 문자를 이용하여 결과 출력
- float solution(int a, int b, int c)
- 근의 공식 : $x=\frac{-b\pm\sqrt{b^2-4ac}}{2a}$

03 취득 학점에 따라 다음과 같은 혜택을 주는 학교가 있다고 하자. 학
예 따라 받을 수 있는 혜택을 출력해 주는 프로그램을 작성하되, sw
사용하여 작성하라.

4.4 이상 : 해외연수, 장학금, 겨울방학 특강 수강 자격
4.3 이상 : 장학금, 겨울방학 특강 수강 자격
4.2 이상 : 겨울방학 특강 수강 자격
4.2 미만 : 혜택 없음

04 5개의 숫자를 입력받아 내림차순으로 정리하도록 하는 프로그램을

예) 입력 : 6, 7, 4, 1, 5
출력 : 7, 6, 5, 4, 1

90 | PART 1_창의적 공학 설계-1

03 연습문제

정답 및 해설 202페이지

01 다음과 같이 움직이는 시계를 그려보자.

- 초침은 60번에 1바퀴 회전
- 초침이 1바퀴 움직이면 분침이 1번 움직임
- 분침이 1바퀴 움직이면 시침이 1번 움직임
- 시침이 1바퀴 움직인 후 프로그램 종료할 것

CHAPTER 02_배경지식 익히기 | 105

▣ 2파트

PART 1에서 학습한 이론을 바탕으로 3D프린터, 드론, RC카를 비롯한 다양한 하드웨어와 소프트웨어를 이용하여 실제 키트를 제작해 봅니다.

◀ AIR COPTER

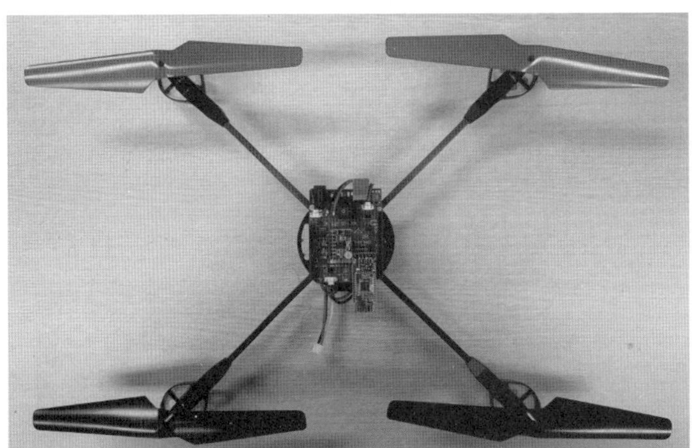

◀ 드론

◀ 아두이노 F450

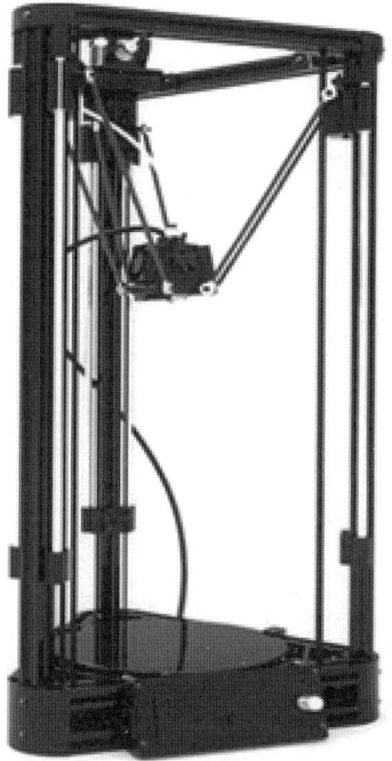

◀ 3D 프린터

◀ 스마트 RC카

이 책의 차례

PART 1 창의적 공학 설계

PART 2 아이디어 창출

PART 01

창의적 공학 설계

새롭고 창의적인 아이디어를 떠오르게 하는 다양한 방법에 대해서 제안하며, 다양한 방법을 통해 구상한 아이디어를 구체화하여 구현하는 방법에 대해서 알아본다. 동시에 이러한 구현방법을 통해서 실제 제품이나 구체적인 아이디어를 표현하고 동시에 제품으로써 구체화하여 어떻게 선정하는지에 대해서 알아본다.

ERGONOMIC DESIGN

CHAPTER 01

아이디어 창출

1 아이디어 구상

1) 아이디어 구상법

연구 개발 및 디자인 고안, 새로운 콘텐츠 개발 등 사회 전반에 걸쳐 중요한 이슈 중 하나는 바로 새로운 아이디어를 찾아내는 것이다. 다른 경쟁사 보다 더 뛰어나고, 저렴한 투자를 통해 보다 많은 제품 혹은 서비스를 팔기 위해 많은 기업들은 늘 참신한 아이디어를 가진 인재를 뽑고자 노력한다. 이러한 참신한 아이디어는 보통 누구 하나의 기발한 아이디어에서 나오는 경우도 가끔은 있지만, 보통 여러 사람과 토론을 하는 와중에 많이 탄생하게 된다. 본 교재에서는 이러한 아이디어를 창출해 내기 위해 토론하는 방법 및 아이디어를 구체화할 수 있는 방법들에 대해 다루어 보고, 그러한 가운데 탄생한 아이디어를 실현하기 위한 기초지식을 습득하고, 최후에 직접 그 작품을 만들어 볼 수 있도록 하는데 그 목적을 두었다. 전기, 전자, 제어, 계측, 컴퓨터 등 업계에 종사하면서 R&D를 하게 되면 귀가 따갑도록 아이디어 창출을 위한 회의를 하게 될 것이다. 아이디어 창출 기법은 수 없이 많이 있지만 여기서는 그중 가장 잘 알려진 몇 가지 방법들에 대해 알아보고 장단점을 비교해 보도록 한다. 대표적인 아이디어 창출 기법에는 다음과 같은 것들이 있다.

1. 브레인스토밍법(Brain Storming Method)
2. 고든법(Gordon Method)
3. 카탈로그법(Catalog Method)
4. 체크리스트법(Check List Method)
5. NM법
6. 역발상법
7. 특성요인분석기법(Fishbone Diagram)
8. TRIZ

2) 브레인스토밍법(Brain Storming Method)

1941년 오즈본(A. Osborn)이 개발한 브레인스토밍은 누구라도 어디서든지 간단히 응용할 수 있다는 장점 때문에 전파 속도가 빨랐다. 혹자에 따르면 브레인스토밍은 발상기법이라기보다는 발상을 하기 쉽게 만드는 사고방법, 다시 말해 '발상법의 발상법'이라고도 불린다. 브레인스토밍의 사고방법, 특히 그 네 가지 법칙은 어떤 발상을 할 때 항상 전체로 머릿속에 넣어두면 좋은 것으로, 즉 일종의 아이디어 생산의 법칙이라고도 할 수 있다. 이 법칙은 개인 및 집단 양쪽에 모두 응용할 수 있는 것이다.

발상의 연금술이라고 부르는 **브레인스토밍**의 네 가지 **법칙**은 다음과 같다.

1. 제1법칙 - 자유자재로 사고한다.
   '자유롭고 방만하게 생각하자'라고 다짐해도 실제로는 어떻게 해야 할지 몰라 헤매기 마련이지만 발상방법으로 귀중한 자세이다.
2. 제2법칙 - 비판을 엄금
   마음을 비운다면 누구나 할 수 있는 실천적 법칙이며, 네 가지 법칙 가운데 가장 중요한 요소이다. 아이디어의 질과 타당성을 냉정하게 검토하는 것도 필요하지만 그것은 맨 마지막에 하는 방법이다.
3. 제3법칙 - 질보다는 양
   한 번에 만루 홈런을 치겠다는 것은 무리이다. 긴장을 풀고 아이디어를 낳는 리듬을 탈 것, 사고하는 양이 많아지면 당연히 질은 높아진다.
4. 제4법칙 - 결합 개선
   기존의 정보 및 아이디어를 조합시킨다는 법칙이다. 몇 가지 제안된 아이디어를 크로스로 연결해 그 맛을 잘 음미해본다. 발상이 필요한 모든 경우에 요긴하게 쓰이는 보편적 지침이다.

① 브레인스토밍의 예

하나의 주제어를 가지고 생각나는 대로 어떠한 의견이나 상관없이 자유롭게 발표하면서 관련된 곳에 새로운 단어들을 첨가해 가는 것이다. 명칭 그대로 폭풍우가 몰아치듯, 아무 단어나 생각났을 때 바로 발표를 하면서 새로운 아이디어를 이끌어 내는 방법을 말하는 것으로, 새로운 방식의 "키보드"를 만들고 싶은 기업의 예를 들어보자. 아무 것이나 키보드와 관련된 발언들을 자유롭게 생각나는 즉시 발표를 한다.

위와 같이 키보드에 대한 브레인스토밍을 하였다고 하자. 이 결과를 이용해 새 제품을 만들기 위해 몇 가지 갖춰야 할 키보드 조건을 정리해 보자.

㉠ 배터리 수명의 영향을 받지 않는다.
㉡ 공간을 차지하지 않는다.
㉢ 최근 많이 사용하는 USB 인터페이스를 사용한다.

㉣ 키보드를 누를 때 발생하는 소음이 없어야 한다.
㉤ 레이저를 키보드에 접목시켜 보자.
㉥ 이동성이 좋아야 한다.

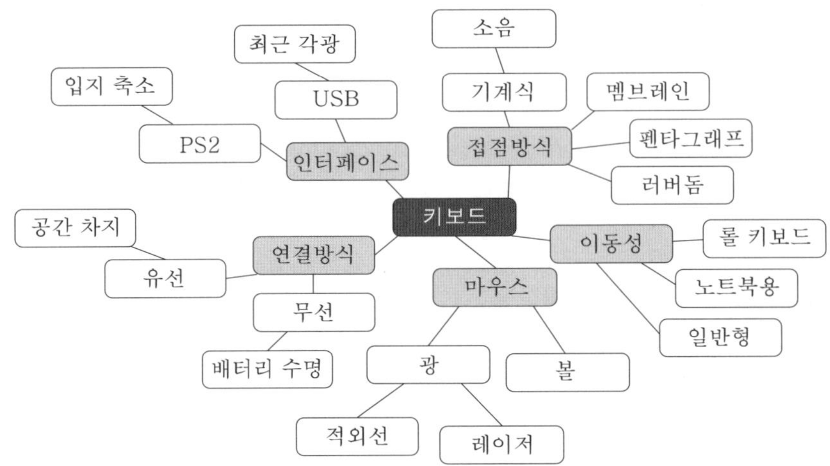

앞에서 정리한 내용들을 주요 목표로 해서 나오게 될 키보드를 살펴보자.
다음은 Celluon이라는 한국의 휴대용 입력 어플리케이션 제조업체에서 개발한 레이저 키보드 CL850이다. 3D 전자 인식 기술로 타이핑 하는 사람의 손가락 위치와 행동을 인지한다. 블루투스와 USB 연결이 가능할 뿐만 아니라 데스크톱 PC나 UMPC, 스마트폰, PDA 등에도 연결이 가능하다. 키보드 부피를 줄이고 사용 용도가 크게 확장되었음을 알 수 있다.

3) 고든법(Gordon Method)

W.J. 고든에 의해 완성된 집단에 의한 아이디어 기법으로 브레인스토밍과 같은 회의형식으로 진행하나, 문제 제시나 회의 유도방법은 전혀 다르다. 신상품 개발, 기술 개량 등 특히

물건이나 그 메커니즘의 발명에 효과적인 방법이라고 여겨지고 있으나, 소프트한 방면에도 널리 응용가능하다.

① 고든법의 방법

브레인스토밍과 같이 구체적인 주제어를 설정하지 않고, 회의 진행자가 하나의 추상적인 주제어를 던져준다. 그리고 그 주제어에 관해 토론을 하면서 회의 진행자가 원하는 방향의 답이 나왔을 경우 새로운 주제어를 제시하면서 목표로 하는 주제에 가까워지도록 회의를 유도한다.

브레인스토밍은 진행자가 특별히 필요한 것은 아니지만, 고든법에서는 어떤 제품을 개발할지 진행자가 미리 알고 있어야 한다. 또한, 너무 엉뚱한 방향으로 나가는 것을 방지하기 위해서 진행자는 회의 내용에 대해, 어느 정도 관련 지식을 가지고 있어서 회의가 다른 곳으로 어긋나는 것을 조절해 줄 수 있어야 한다.

② 고든법의 예

① 칼로 자른다.	② 머리로 격파 한다.
③ 산소 용접기로 자른다.	④ 이빨로 물어 뜯는다.
⑤ 톱으로 자른다.	⑥ Water Jet로 자른다.

위의 보기는 고든법을 이용하여 새로운 "제초기"를 고안하는 방법을 보여준다. 리더는 "자른다."라는 추상적인 주제어를 참석자에게 제시한다. 참석자는 "자른다."라는 주제어를 가지고, 자르기 위한 수단, 방법 또는 그 상황을 가능한 한 구체적으로 서로 발표를 한다. 단, 어떤 상황에서도 「풀베기」라든가 「잔디 깎기」와 같은 단어를 사용해서는 안 된다. 1차 주제어를 제시한 후 다음과 같이 다양한 의견들이 나왔다. 이쯤에서 진행자는 2차 주제어를 제시하여 또 다른 방향으로 토론을 진행한다. 풀을 베기만 하는 것이 아니라 정리까지 할 수 있는 제초기를 만들기 위하여 2차 주제어로 "정리한다."를 제시한다. 역시 위와 마찬가지로 "정리한다."라는 주제어를 이용해서 자유로운 토론을 한다. 처음에는 멤버가 전혀 별개의 의견을 말해도 그것을 비판하거나 방해하지 않는다. 그리고, 문제와 관련된 중요한 정보를 그룹에게 주거나 질문하거나 하여 유도해 간다. 이제 더 이상 나올 것이 없으면 개별적인 한정된 아이디어로 옮겨간다. 멤버가 점점 문제의 방향에 이미지가 맞추어지게 되면, 문제를 밝힌다. 다만, 여기서는 아직 「자른다.」라든가 「벤다.」라고 하는 단어를 사용하지 말고, 「풀잎을 분리한다.」라는 단어를 사용한다. 그리고, 이미 나온 기록된 힌트를 적용하기 위한 아이디어로 발전시키는 토론을 계속한다. 그리고, 착상(힌트)의 선택과 유효화를 도모해 간다.

4) 카탈로그법(Catalog Method)

잡지, 카탈로그, 기타 인쇄자료를 되는대로 펼쳐서 마음대로 항목이나 테마, 사진 혹은 단어라도 좋으니 하나를 고른다. 다음에 또 1개의 항목, 주제, 사진, 단어, 무엇이든 좋으니 똑같은 방법으로 고르고, 이들 2개의 조합을 검토하여 양자를 강제적으로 관계시켜 아이디어를 이끌어 내고자 하는 방법이다. 사용하는 항목은 그 무엇의 제한도 가하지 않는다. 그만큼 넓은 범위에 걸쳐서 기발한 조합의 아이디어가 나올 가능성이 있다. 그러나, 이 방법에서는 전혀 엉뚱한 우연에 기대하기 때문에, 어떤 아이디어를 원하는지라고 하는 목표나 그 범위가 정해져 있을 때에는 한계가 있다. 그 경우는, 「리스트법」,「초점법」 쪽이 좋을 것이다. 카탈로그법은 우리들이 창조적으로 생각할 때, 무의식적으로 행하는 사물을 체계화하고 확대한 것이다. 일반적으로는 머릿속 기억의 범위 내에서 행해지는 것에 「무언가 기초가 되는 것」 혹은 「계기가 되는 것」을 집어내어, 창조력을 발휘하는 「도화선」을 찾아내는 작업이라고 할 수도 있다. 두뇌 활동을 유연하게 하기 위해서 언제 어디서든지 가능하기 때문에 실행해 볼 것을 권장한다.

① 카탈로그법의 예

수족관

컴퓨터

케이스에 부착된 수족관

5) 체크리스트법(Check List Method)

체크리스트법은 어느 정도의 수준까지 아이디어가 고안되었을 경우 많이 사용하게 된다. 더 이상 나올 아이디어가 없을 경우에 여러 가지 조건들을 그 아이디어에 부여하는 것으로, 주로 아래와 같이 여러 가지 질문들을 상황에 맞게 준비한 후 하나씩 체크해 가는 방법이다. 체크리스트법은 아이디어를 내기 위한 실마리가 되는 유효한 기법이다. 예를 들어, 문제를 생각하는 경우에 당연히 고려해 넣어야 할 것을 분석하고 그것을 구체적으로 적어 놓고 언제나 조회해 가면서 하면, 여러 가지 관점의 변경에도 도움이 될 것이다. 힌트나 아이디어에 숨이 막힌 경우의 보조수단으로써 사용할 수도 있고, 오해나 실수를 미연에 방지함에도 편리하다.

- 전용한다면?
  지금 이대로 다른 곳에 사용한다면?
- 응용한다면?
  비슷한 것을 흉내 낼 수 없을까?
- 변경한다면?
  의미, 색, 움직임이나 냄새, 모양을 바꾸면 어떻게 될까?
- 확대한다면?
  크게 만들거나 길게 만들면 어떻게 될까?
  시간을 연장하면 어떻게 될까?
- 축소한다면?
  작게 만들거나 짧게 만들거나 가볍게 만들면 어떻게 될까?
  압축하거나 시간을 줄이면 어떻게 될까?
- 대용한다면?
  사람이나 물건, 재료, 장소 등을 대치할 수는 없을까?
- 치환한다면?
  교체하면? 순서를 바꾸면 어떻게 될까?
- 역전시키면?
  거꾸로 놓거나 상하좌우, 역할을 반대로 하면?
- 결합시키면?
  합체, 혼합, 통합하면 어떻게 될까?

※ 품질 패밀리의 모임 카페 http : //cafe.daum.net/qualityforum에서 발췌

① 오즈본의 체크리스트

오즈본의 체크리스트는 다음과 같은 것인데, 무언가 새로운 것을 생각하려고 하는 때, 혹은 아이디어에 막혀버린 경우 등에 이와 같은 자문을 계기로 삼아 문제 해결을 도모해 보면, 의외로 효과가 있는 방법이다.

- **달리 사용할 길은 없을까?**
  현재대로, 조금 바꾸어.
- **다른 것에서 아이디어를 빌릴 수 없을까?**
  닮은 것은 없는가? 모방할 수 있지 않은가? 견본은 없는가?
- **바꾸어보면 어떨까?**
  형태, 색깔, 소리, 냄새, 운동, 의미를 바꾸어 보면?
  한번 틀어서 생각하면, 달리 바꿀 것은 없는가?
- **크게 하면 어떨까?**
  늘린다면? 줄여보면? 무언가 추가한다면? 시간을 더 들인다면?
  강하게 하면? 높게 하면? 두껍게 하면? 길게 하면? 넓게 하면?
- **작게 하면 어떨까?**
  압축하면? 작게 하면? 무언가 뺀다면? 낮게 하면? 짧게 하면?
  가볍게 하면? 나누어 보면? 생략하면?
- **대용한다면 어떨까?**
  다른 재료로는? 다른 동력으로는? 누군가 대신할 사람은?
  무언가 대신할 물건은? 다른 성분으로는? 다른 방법으로는?
- **바꾸면 어떨까?**
  순서를 바꾸면? 전후를 바꾸면? 좌우를 바꾸면? 목표를 바꾸면?
  남녀를 바꾸면? 성인과 아이를 바꾸면?
- **반대로 하면 어떨까?**
  반대의 태도를 취하면? 역할을 반대로 하면? 입장을 역으로 하면?
  플러스와 마이너스를 맞바꾸면? 상하 역으로 하면? 상대방 입장이라면?
- **조합하면 어떨까?**
  유닛을 조합하면? 아이디어를 조합하면? 목적을 조합하면?
  합금으로 하면? 혼합하면? 각종 취합하면?
- **나누면 어떨까?**
  분리하면? 별개로 하면? 나누어 붙이면? 떨어뜨리면? 반분하면?

② 아놀드의 체크리스트

M.I.T의 아놀드 교수가 고안한 것으로 제품의 개량, 신상품의 개발 등에 필요한 4가지 포인트를 들고 있다.

- 기능의 증가
  지금까지 일한 것 이상 가능하게 되지 않을까?
  닮은 것은 없는가? 모방할 수 있지 않은가? 견본은 없는가?
- 성능의 향상
  정확, 안전, 편리하게 되지 않을까?
  제품의 내구력은 좋아지지 않을까?
  수리나 보전이 편하게 개선되지 않을까?
- 생산비의 절감
  필요 없는 부품은 없는가? 싼 재료로 바꿀 수 없을까?
  제조방법을 능률화할 수 있지 않을까?
  자동화하여 생산 비용을 절감할 수 없을까?
- 판매 매력의 증대
  제품의 외관을 좋게 하고, 소비자의 주의를 끄는 디자인, 포장은 없는가?

③ 제너럴 모터스사의 체크리스트

사원에게 가지고 다니게 하여 언제라도 체크할 수 있도록 만들어져 있다. 개선을 위한 문제발견 체크리스트이다.

- 능률향상을 위해 무언가 적당한 기계를 이용할 수 없을까?
- 현재의 설비를 개량할 여지는 없는가?
- 운반 장치의 위치나 순서를 바꾸어 작업을 개선할 수 없을까?
- 작업을 동시화하기 위하여 무언가 공구나 기구를 사용할 수 없을까?
- 품질은 작업순서를 바꾸어 개량할 수 있지 않을까?
- 현재보다 싼 재료를 대용할 수 없을까?
- 재료의 절감방법을 바꾸어 더욱 절약할 수 없을까?
- 더욱 안전하게 작업을 할 수 없을까?
- 불필요한 형식을 배제할 수 없을까?
- 현재의 작업공정을 간소화할 수 없을까?

④ 제너럴 일렉트릭사의 체크리스트

무언가 새로운 것을 시작하기 위해서는 충분한 자료와 그에 대한 엄격한 질문을 해 보는 것이 중요하다. 다음은 조사를 위한 체크리스트이다.

- 팔릴 것인가?
- 현재 시장은 있는 것인가?
- 시장이 없다면 그것을 개발할 수 있는가?
- 현재의 상품과 양립할 수 있는가?
- 판매가격은 시장에 타당한가?
- 소비자 교육은 필요한가?
- 만들 수 있는가?
- 필요한 재료의 공급원은?
- 현재 그것을 만들 수 있을 만한 사람이 있는가?
- 개발, 제도의 기술 스텝은 필요한가?
- 그것을 만드는 기계는 있는가?
- 어떤 투자가 필요한가?
- 개발용인가? 시장용인가? 판매비용은 어느 정도로 해야 수지가 맞을까?
- 제품은 어떤 것이 될 것인가?
- 크기, 무게, 취급, 내구성은 어떤가? 완성품의 수송은? 관련제품을 개발할 수 있는가?
- 어떻게 해서 팔까?
- 현재의 판매력은? 새로운 판매조직은? 어떤 판매 촉진이 필요한가?
- 제조 방법은?

⑤ 체크리스트의 한계

발상을 위한 체크리스트는 관점을 바꾸어보거나 방향을 바꾸어보거나 할 때의 물길 안내원과 같은 것이다. 좋은 체크리스트는 좋은 안내인이고, 헛됨 없이 아이디어를 취하는 효과가 크다. 그러나, 이것에만 의존하면 자기 자신이 생각해 보는 것이 소홀하게 되어 오히려 관점을 고정화해 버리는 격이 될 수도 있다. 어디까지나 「잊어버리고 있는 것은 없는가?」, 「손댈 것은 전부 손댔는가?」라고 하는 메모이고, 확인을 위한 보조수단인 것이다. 다만, 활용방법에 따라서 아주 유용한 것이다.

⑥ 체크리스트를 만들 때 유의점

체크리스트는 문제에 따라 독자적으로 작성하는 것이 더욱더 효과적이다. 예를 들어 「부하에 대한 과장의 태도 체크」, 「팀워크를 위한 체크리스트」 등 당신이 업무적으로 특히 문제가 있는 사항에 대하여 각각 체크리스트를 만들어 볼 것을 추천한다. 앞에서 언급했듯이 체크리스트는 문제의 모든 측면에 주의가 미치도록 하기 위한 것이다. 즉, 열거되어 있는 항목을 하나하나 맞추어보면 그중에서 어느 것이 핵심인지, 혹은 전체로 하여 여러 가지 요소가 빠짐없이 모여져 있지 않으면 안 된다. 그 경우, 각각의 항목이 「예, 아니오」로 대답할 수 있도록 간단히 체크하는 것이 좋다. 그러나, 현실은 여러 가지 복잡한 요소가 복합되어 있기 때문에, 반드시 단순화할 수 없는 것도 있다. 그럴 때는 항목을 분류하여 구조화해 본다.

구조를 잘 알 수 없는 문제라든가, 이미 알고 있는 구조에 얽매여서는 안 되는 문제에 대해서는 요소를 열거한다. 체크리스트의 의의는 이러한 요소의 열거에 있다고 할 수 있으므로 그들 요소를 끄집어 내 보아도 좋다. 그리고, 이 방법은 어디까지나 주의를 구석구석 미치게 하기 위한 시작점이라는 것을 마음에 새겨둘 필요가 있다.

6) NM법

① NM법의 정의 및 특징

㉠ 정의 : 아이디어 발상법의 하나로서, 대상과 비슷한 것을 찾아내 그것을 힌트로 새로운 아이디어 등을 생각해내는 방법이다. 일본의 나카야마 마사가스가 고든법을 더욱 구체적으로 체계화해 그의 이름을 따서 NM법이라고 명명했다. 창조적인 인간이 자연적으로 거쳐 가는 숨겨진 사고의 프로세스를 시스템화, 스텝화하여 그 순서에 따라 이미지발상을 해가는 발상법이다.

㉡ 특징

- 문제를 푼다기보다는 무의식이나 이미지 관할인 우반구를 우선적으로 기능하게 만들기 위한 매뉴얼
- 어떤 조건도 필요하지 않음(도구, 참가자, 참가자의 구성, 진행자의 유무, 회의장 등 모두 무관)

② 실시순서

㉠ 키워드를 정한다.
즉, 연상을 위한 첫 단계이다. 따라서 문제 그 자체와는 직결되지 않는다. 이것은 어디까지나 사고의 방향을 제시하기 위한 것이다.

㉡ 키워드로부터 연상 유추를 도출한다.
키워드를 통해 연상되는 것을 계속 적어 나간다.

㉢ 계속 질문으로 찾아나간다.

㉣ 배경을 조사한다.
즉, 표현된 유추에 대해 그 구조나 요소를 알아본다.

㉤ 개념을 짜낸다.
배경에서 발견한 구조나 요소 등을 테마에 연결시켜 해결을 위한 개념을 구해 나간다.

㉥ 개념을 유효하게 조립시킨다.

③ 기법의 응용

순서가 명확하고 매우 사용하기 쉬우므로 가벼운 기획의 아이디어 발상에도 효과적이다.

④ 기법의 예

'비밀 재떨이'의 발상 단계

⑤ NM법의 주요 5단계

㉠ 문제를 설정한다. (KW - Key Word)
㉡ 유추한다. (QA - Question Analogy)
㉢ QA의 배경을 탐구한다. (QB - Question Background)
㉣ 아이디어 발상을 한다. (QC - Question Conception)
㉤ 해결안으로 정리한다.

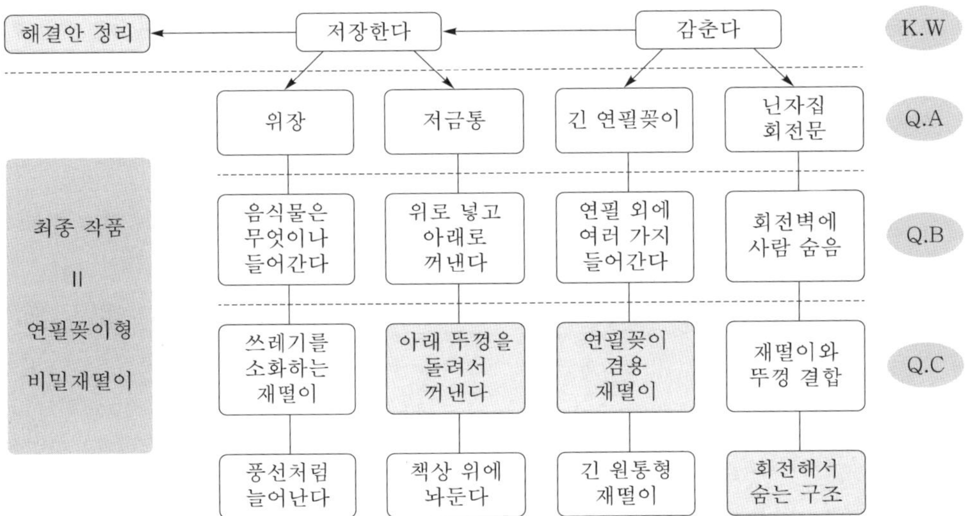

7) 역발상법

역발상법은 말 그대로 발상을 180도 뒤집어 아이디어를 찾아내는 방법이다. 사용자, 사용 방법, 용도, 형태, 색깔 등 생각할 수 있는 아무것이나 정 반대로 생각을 해 보는 것이다. 다음의 이야기를 바탕으로 역발상법의 예를 들어보도록 하자.

거대한 초원이 있는 탄자니아는 충분한 햇빛이 쏟아지고 적당히 비가 내려 다양한 열대 동물들이 살아가기에 이상적인 환경이다. 그러나 좋은 자연 조건에도 불구하고 탄자니아의 동물원은 경영난에 허덕이고 있었다. 그런데 동물원의 한 직원이 우연히 어느 신문 기사를 보고 이 문제를 해결할 방안을 얻었다.

당시 탄자니아의 한 시골 마을 주민들은 이리의 잦은 습격으로 골머리를 앓고 있었다. 현지 주민들은 보통 집에 문을 달지 않았기 때문에 외출 시 아이들의 안전이 문제였다. 그러던 중 한 여인이 좋은 방법을 생각해 냈다. 그녀는 대장간에서 철창을 만들어 와 어린 아이를 그 안에 안전히 두고 외출을 했다. 어느 날 집에 돌아온 그녀는 굶주린 이리 한 마리가 철창 주위를 맴돌고 있는 모습을 보았고, 곧장 막대기를 들어 그 이리를 쫓아 버렸다는 내용이었다.
동물원 직원은 이 기사를 보고 재미있는 아이디어를 떠올렸다. "동물원을 찾는 관광객들과 동물들의 역할을 바꿔보면 어떨까? 관광객들을 차 안에 가두고 자연 상태로 방목 중인 동물을 구경한다면 재미있지 않을까?" 하는 것이었다.

책임자에게 건의한 그의 아이디어는 신속히 수용되어 실행에 옮겨졌다. 그리하여 관광객들은 차창 쪽으로 고개를 돌리는 호랑이, 숲 속에서 우아하게 걸어가는 코끼리, 무리를 지어 초원을 달리는 야생마를 볼 수 있게 되었다. 탄자니아 동물원은 "역할 전환"이라는 역발상으로 엄청난 수익을 올리게 된 것이다. (※ "행복한 동행, 2007년 3월호")

① 역발상법의 사례

1. 출장이 잦은 직장인을 위한 "지역 외 할인" 핸드폰 요금제
2. 바람을 불어내는 진공청소기
3. 주가가 떨어질 때 주식을 사는 주식 부자
4. 잉크로 된 연필
5. 거꾸로 가는 시계
6. 물속에서 쓸 수 있는 성냥
7. 젓가락을 잃어버리는 자녀를 위한 도시락통에 젓가락을 넣는 공간 마련
8. 승마용 안전벨트

9. 걷는 것보다 느린 관광용 자동차
10. 시끄러운 것이 매력인 오토바이
11. 술 냄새가 나면 시동이 안 걸리는 음주운전 방지용 차
12. 아이의 뒷머리가 납작해지는 것을 막아주는 도너츠형 베개
13. 빨간색 자장면
14. 색깔이 변하는 페인트
15. 바퀴 없는 자동차
16. 날개 없는 비행기
17. 물에도 쉽게 안 풀어지는 화장지
18. 찬물에서 잘 녹는 커피

8) 특성요인분석기법(Fishbone Diagram)

특성요인분석기법은 전술한 브레인라이팅기법과 마인드맵 기법의 장점을 혼합한 혁신회의 기법이다. 마인드맵 기법은 중심체로부터 사방으로 뻗어나간다는 의미를 지닌 방사사고의 표현인 반면, 특성요인분석기법은 물고기의 뼈 모양과 같이 수평적으로 현상과 결과에 대한 근본적인 원인과 이유를 시각적으로 분석・정리하는 분석기법이다.

① 언제 사용하나?

㉠ 브레인라이팅 결과를 세부적・체계적으로 정리할 경우
㉡ 해결해야 할 과제나 현존하는 부정적인 문제에 대한 원인분석이 필요할 때
㉢ 절차, 상황, 이슈 등 분석해야 할 주요소 및 하위요소가 복잡할 경우
㉣ 결과와 원인에 대한 모든 인과관계를 시각적으로 표현할 경우

② 진행방법

㉠ 워크숍 주최자는 다루어야 할 문제 사항을 결정하고 참가자들에 워크숍 취지를 설명한다.
㉡ 5~6명의 인원으로 팀을 편성하게 하고, 팀장을 선출하여 팀에서 전체적인 진행의 사회를 맡고, 작업한 결과를 발표하는 역할을 부여한다.
㉢ 문제사항의 결과나 현상에 대한 진술문을 우측 박스에 간결하게 적어 넣고, 굵은 화살표로 표시하여 이에 따른 굵은 가지 항목을 도출하여 제목을 기록한다. 이와 같은 항목의 도출도 팀별로 브레인라이팅이나 브레인스토밍을 사용하여 인적 요인, 제도 요인, 프로세스 등과 같이 과제의 상황에 맞추어 4~6개 정도 도출할 수도 있다.
㉣ 물고기 뼈와 같은 구조를 완성하면, 브레인라이팅 방법에 의해 큰 요인에 원인이 되는 요인을 "왜"라는 물음으로 하나씩 계속적으로 분해, 정리하여 작은 가지를 기록한다. 이 경우에도 모든 팀원이 원인요소 내용을 모두 적어 제출하고, 이를 다시 카테고리별로 정리하여 논리적 질서에 따른 우선순위를 부여하여 정리한다.
㉤ 이와 같이 기록된 내용들을 잠재원인으로 상정하고 다시 논리적, 분석적 시각에서 비판적인 검토와 수정과정을 거쳐 정리하여 전체가 모인 자리에서 분임별로 발표한다.

③ 장점

㉠ 불필요한 논의보다 필요한 핵심단어만을 기록함으로써 시간절약이 가능하다.

㉡ 시각적인 표현을 통한 구조분석으로 구성원 모두가 현황을 파악하는 데 유리하다.

㉢ 핵심어를 강조함으로써 정신집중이 가능하고 이해가 빠르다.

㉣ 중요한 핵심어들을 같은 시간과 공간에 나란히 배치함으로써 창의력과 회상능력을 향상시킨다.

㉤ 핵심어들을 명료하고 적절하게 연결시킬 수 있다.

㉥ 단조롭고 지루한 직선적 노트보다는 여러 가지 색상과 다차원적인 입체로 두뇌에 시각적인 자극이 가능하다.

㉦ 정리하는 동안에 끊임없이 새로운 것을 발견하고 깨닫게 되어 연속적이고 무한한 잠재력을 지닌 사고의 흐름을 유발시킨다.

※ 송창석, 「새로운 민주시민교육 방법-Metaplan을 이용한 토론 · 토의 · 회의진행법」, 백산서당, 2005.에서 발췌

9) TRIZ

① TRIZ란?

TRIZ는 체계적이고 구조화된 사고 방법의 과학에의 발명 원리로서 종전의 시행착오적, 직관적, 계시적 방법에 의한 창조성과를 얻으려는 것을 개선하여, 일정한 원리와 유형과 표준 해법에 의해서 효율성을 높일 수 있는 창조적 사고와 발명을 실행할 수 있는 방법을 체계화한 과학적인 방법인 것이다. TRIZ의 기본적 사고에는 문제란 모순이고, 어떤 기술 특성을 향상시키고자 할 때 다른 기술 특성에 의해서 저해되는 수가 있다는 것이다. TRIZ에서는 이러한 모순을 해결하려는 방법을 찾는 것이다. 즉, 발명적 문제 해결이란 단순히 새로운 것을 만들어 내는 것이 아니라 이러한 모순을 멋지게 극복하는 것이 되어야만 한다.

알트슐러가 떠난 후 후계자와 연구가들에 의해서 TRIZ는 계속 연구되었고, 소련 체제 붕괴를 전후하여 미국을 중심으로 서구 세계에 유입되기 시작하여 현재 TRIZ 연구는 미국을 중심으로 이루어지고 있으며, 러시아는 물론이고 영국, 프랑스, 독일, 이태리, 이스라엘, 브라질, 일본, 한국, 중국, 대만, 베트남 등 세계적으로 확산 일로에 있다.

특히 지금은 컴퓨터나 기존 경영 수법과 결합시켜 그 활로가 더욱 확대되었고, 기계 · 전기 · 화학 등 제조업뿐만 아니라 대학 · 연구 기관 등에서도 도입이 활발하고, 러시아에서는 유치원과 초 · 중등학교에서도 그 원리와 방법이 정규 교과로 지도되고 있다.

② TRIZ의 발전과정

Altshuller는 위와 같은 이론적인 배경하에 오늘날 "기술시스템의 진화 유형"으로 알려진 것으로서, 차세대 제품을 개발하는데 이용할 수 있는 TRIZ 도구의 기초를 다졌다. 1985년에 Altshuller는 그의 연구 초점을 기술보다는 일반적인 창조성의 영역에 맞추었다. Altshuller가 초기에 발견한 것 중의 하나는, 발명문제(다시 말하면, 해결책이 알려져있지 않은 문제)들은 최소한 하나 이상의 모순(contradiction)을 포함하고 있다는 것이다. 따라서 만일 엔지니어가 자신의 시스템에 놓여있는 모순을 해결할 수 있다면 그 시스템의 문제를 해결할 수 있을 뿐만 아니라, 더 높은 수준으로 진화할 수 있다.

Altshuller가 가장 먼저 개발한 TRIZ 도구는 ARIZ(Algorithm of Inventive Problem Solving)라는 것이다. ARIZ는 모순을 도출하고, 정립하여 해결하기 위해서 문제를 분석하기 위한 일련의 과정들이다. Altshuller의 첫 번째 ARIZ 버전은 1950년대에 개발된 것으로 모두 4단계로 구성되어 있다. 1985년에 Altshuller는 알고리즘을 60단계로 확장했다. 동시에 Altshuller는 모순을 자주 일으키는 39가지의 파라미터(모수)를 도출하였다. 예를 들어, 강도-무게, 속도-연료, 신뢰성-복잡성 등과 같은 것들이다. 각각의 파라미터에 대해서 모순을 도출해 보면 모두 1,250가지의 기술적 모순이 존재하게 되는데, 이러한 기술적 모순을 해결하기 위해서 Altshuller는 40가지의 발명원리를 개발하였다.

각각의 발명원리들은 모두 특정한 모순을 제거하기 위하여 주어진 시스템을 변경하기 위한 방법들을 제시한다. Altshuller는 이 두 가지를 이용하여 모순행렬(contradiction table)이라는 것을 만들었다. 이후에 Altshuller는 물리적 모순이라고 불리는 다른 유형의 모순을 해결하기 위하여 분리원리(separation principles)라는 것을 도출하였다. 1975년 쯤에 Altshuller는 문제를 모델링하기 위한 도구로서 Substance-Field(Su-Field)라고 불리는 것을 개발했다. Su-Field 분석에서는 제대로 기능을 수행하는 시스템은 물질(객체 혹은 부품)과 장(하나의 물질이 다른 물질과 작용하게 하는 에너지)으로 구성되는 삼각형으로 표현될 수 있다고 한다. 문제의 모델을 분석함으로써 엔지니어는 문제를 해결하는데 자주 사용되는 76가지 표준해결책의 집합으로부터 이용가능한 해법을 결정할 수 있다. 발명원리와 같이 표준해법은 시스템을 변경하기 위한 방법들을 제시한다. 그리고 발명원리처럼 특정 기술 영역과 관련되어 있지 않으므로, 다른 기술분야의 효과적인 해법들을 이용하는데 매우 유용하다.

Altshuller는 특히 해결하기 어려운 문제의 경우에 있어서 물리, 화학, 기하학 등의 과학 지식을 이용하면 문제를 쉽게 해결할 수 있다는 것을 깨달았다. 엔지니어들에게 중요한 과학 지식을 제공하기 위하여 Altshuller는 자주 사용되는 과학 현상과 효과들을 모았다. 각각은 설명과 함께 실제 문제를 해결하는데 있어서 어떻게 이용되는지를 포함한다. 각각의 TRIZ 도구들이 어떻게 사용될 수 있는지를 설명하기 위해서 Altshuller는 과거로부터 혁신적인 발명 혹은 특허의 사례들을 이용했다.

TRIZ 전문 기관과 전문가들은 TRIZ의 방법론을 개선하기 위해서 꾸준히 노력하였다. Moldova의 Kishivew TRIZ School에 있는 Zlotin, Zusman과 그들의 팀원들은 1985년에 TRIZ를 재구성하고 개선시켰다. Alla Zusman과 Boris Zlotin은 기존의 TRIZ 방법론의 약점을 확인하고 TRIZ를 실제 상황에 적용하기 위한 몇가지 새로운 도구들을 만들어냈다. 이 두 명의 전문가는 그들이 개발한 도구들을 미국에 전파하였다. 그리고 다른 TRIZ 전문가들도 서방으로 이주해왔다.

2 TRIZ 기법 목록

- **기술진화이론(The Theory of the Technology Evolution)** : TRIZ의 이론적 기초. 기술진화의 이론에 깔려 있는 철학은 모든 설계제품이나 기술시스템이 특정한 규칙성을 따라 체계적인 방식으로 진화한다는 것이다. Altshuller는 수십만 건의 특허와 기술진화의 역사를 설명하는 많은 책과 논문에 대한 심층적인 이해를 기반으로 이러한 결론에 다다랐다. TRIZ의 기술진화법칙과 경향은 특정 기술영역과는 무관하게 일반적인 특성을 갖는다.
- **기술진화법칙과 경향, 전이유형(Laws and Trends of the Technology Evolution, Transition Patterns)** : 기술진화의 특정한 법칙과 경향들. TRIZ는 총 9개의 진화법칙과 경향을 소개한다. 각각의 경향은 시스템 또는 그것의 부품들이 시간에 따라 어떻게 진화하는 지를 보여주는 많은 특정한 유형들로 구성되어 있다. TRIZ의 경향과 법칙들은 특정한 설계제품이나 기술시스템의 미래 진화 유형을 예측하는데 있어 매우 강력한 도구이다. TRIZ의 나머지 기법들과 독립적으로 사용될 수 있을지라도, 다른 TRIZ 기법에 관한 실제적인 경험과 TRIZ의 기본에 대한 이해 없이는 제품진화를 예측하는데 곧바로 적용하기가 어렵다.
- **시스템적 사고(Multi-screen Diagram of Thinking)** : 시스템적 사고란 세상의 어떠한 대상도 시스템, 하위시스템, 상위시스템의 3계층으로 바라볼 수 있다라는 것이다. 뿐만 아니라 각 계층을 과거와 미래의 관점에서도 바라볼 수 있다. 이것은 각 계층의 미래 진화를 예측할 수 있을 뿐만 아니라, 제품진화를 보다 깊게 분석하고 그 제품과 외부 세계와의 상호작용을 보다 잘 관찰할 수 있게 해준다. Altshuller에 따르면 이러한 사고방식은 체계적인 방식으로 세상을 바라봄으로써 새로운 혁신적인 인공물을 창출하는 뛰어난 발명가, 예술가, 음악가들의 특징이라고 한다. 비록 사용하기가 쉽지는 않지만, 체계적 사고는 시스템분석을 위한 매우 강력한 도구이다.
- **이상적 최종결과(Ideal Final Result; IFR)** : 설계자로 하여금 기술적 문제를 이상(ideality)의 관점에서 정립할 수 있도록 해주는 가상의 목표. 이상은 설계제품의 성능과 그 성능을 달성하는데 필요한 비용의 비율로 정의된다. 이상은 곧바로 계산할 수 있는 정량적 척도는

아니지만, IFR을 정립하게 되면 목표를 정확하게 정립하고 심리적 타성을 극복하고 비용효과적인 제품을 설계하는데 유용하다.

- **기술적 모순(Technical Contradictios; TC)** : Altshuller가 60년대에 개발한 첫 번째 기법이자 가장 유명한 기법으로서, 다양한 분야로부터 의도적으로 추출한 40만 건의 특허분석을 기반으로 만들어졌다. 기술적 모순은 문제를 모순의 관점에서 정립할 수 있게 한다. 개선되어야 하는 기술모수와 그러한 개선을 적용할 때 악화되는 시스템의 다른 모수. TRIZ에서 창조적 해결안이란 모순과 타협하지 않고 그것을 제거한 것이다. 모순의 제거는 바로 기술진보의 강력한 디딤돌이다.
- **모순제거의 원리(Principles for Contradictions Elimination)** : 기술적 모순을 제거하기 위한 원리들은 비슷한 형태의 기술적 모순을 제거하는데 사용된다. 그것들은 모순을 해결하는데 적용할 수 있는 해결안 유형 또는 문제가 해결되어야 하는 방향을 알려준다. TRIZ는 40개의 가용한 발명원리(inventive principles)가 있다.
- **Altshuller의 발명원리행렬(Altshuller's Matrix of Inventive Principles)** : Altshuller의 행렬은 기술적 모순을 제거하기 위한 발명원리들을 체계적인 방식으로 사용할 수 있게 해준다. 행렬은 39개의 일반화된 모수를 기초로 만들어졌는데, 어떠한 특정한 모수들도 이 39개의 모수와 대응이 가능하다. 39개의 일반화된 모수는 행렬의 가로축과 세로축을 따라 놓여 있고, 2개의 일반화된 모수가 교차하는 지점에는 각각의 기술적 모순을 해결하는데 사용할 수 있는 발명원리들이 제시되어 있다.
- **물질-장 모델링과 분석(Substance - Field Modeling and Analysis)** : 모든 기술시스템은 물리적 장(fields)을 통하여, 상호작용을 물질(substances)의 관점에서 모델링할 수 있다. 문제를 일으키는 시스템의 일부분을 추상적으로 모델링하게 되면 요구사항을 만족시키지 못하는 특정한 물리적 상호작용을 확인하고 분류하는데 유용하다. 불만족스러운 상호작용에는 4가지 유형이 있다. 1) 불충분한 상호작용, 2) 지나친 상호작용, 3) 유해한 상호작용, 4) 상호작용이 없다. 물질-장 모델링과 분석은 문제를 모델링하는데 이용되는 반면에, 표준해결안(inventive standards)은 물질-장 모델의 관점에서의 문제해결을 지원해 주는 규칙들이다.
- **자원분석, 가용자원행렬(Resource Analysis, Matrix Of Available Resources)** : TRIZ의 보조도구로서, 독립적으로 사용할 수도 있다. 발명문제는 종종 가용한 물리적 또는 정보자원이나 그들의 변형물을 기초로 하여 해결할 수 있다. 이것은 가장 높은 수준의 이상을 달성하게 해준다.
- **물리적 모순(Physical Conflict; PC)** : 만일 문제가 기술적 모순의 제거를 위한 발명원리를 통해서 해결되지 않는다면, 이 상황은 문제가 틀린 모순을 포함하고 있다는 것을 의미한다. 시스템의 동일한 물리적 모수가 동시에 2개의 모순되는 값을 가져야 한다. 비록 이 기법이 독립적으로 사용될 수 있을지라도, 정확한 물리적 모순을 정립하는 것은 쉬운 일이 아니다.

이러한 이유 때문에, 물리적 모순을 정립하기 위해서 ARIZ의 사용을 제안한다. ARIZ를 이용하는 목적은 정확한 물리적 모순을 정립하여 제거하려는 것이다.

- 물리적 모순의 제거원리(Principles for Physical Conflict Elimination) : 물리적 모순의 제거원리들은 물리적 모순을 제거하기 위해서 시스템의 물리적 구조가 어떻게 바뀌어야 하는지를 알려준다.
- 소형난장이들을 이용한 모델링(Modeling with Miniature Dwarfs) : ARIZ와 조합하여 널리 이용되는 보조 기법(TRIZ에서 이 기법은 ARIZ에 포함되어 있다). 이 기법은 시스템의 물리적 상호작용을 시스템의 부품이나 입자 등을 "조절 가능한 난쟁이"의 관점에서 나타낸다. 이 기법은 직접적으로 심리적 타성을 극복하고 문제에 대한 이해를 높이는 것이 주목적이다.
- 물리효과에 대한 포인터(Pointer to Physical Effects) : TRIZ 지식베이스의 일부분. 수 십만 건의 특허를 분석하여 특허에 설명된 설계제품이 제공하는 기술적 기능(function)과 그것을 달성하는데 사용된 물리효과들과의 관련성을 찾아서 정리한 것이다. 특정한 기술적 기능들이 일반화되고, 카탈로그 형태로 제시된다. 많은 경우에 있어 설계자가 소유한 지식은 원하는 해결안을 찾는데 충분하지 않다. 물리학에 관한 책 또한, 기술적 요구의 관점에서 쓰여진 것이 아니기 때문에 필요한 정보를 쉽게 찾을 수도 없다. 이러한 이유에서 포인터의 사용은 기술적 기능을 물리효과와 법칙, 현상과 매칭시킴으로써 물리학과 공학 간의 갭을 매꿔 줄 수 있다.
- 화학효과에 대한 포인터(Pointer to Chemical Effects) : 물리효과에 대한 포인터와 유사하게, 이것도 발명설계에 있어 화학의 이용에 관한 정보를 체계적으로 구조화시켰다.
- 기하효과에 대한 포인터(Pointer to Geometrical Effects) : 물리효과에 대한 포인터와 유사하게, 이것도 발명설계에 있어 기하학의 다양한 형태의 이용에 관한 정보를 체계적으로 구조화시켰다.
- 기능비용분석(Function and Cost Analysis) : 기능비용분석(FCA)은 전통적인 가치공학분석(Value Engineering Analysis; VEA)을 수정한 것이다. 기존의 설계제품을 구성부품이 제공하는 기능의 관점에서 모델링하는 동일한 기본적인 접근법을 이용하지만, FCA는 기능을 정의하는 방식이 VEA와 다르다. FCA에서 기능은 2개의 구성부품 간의 물리적 작용으로 간주한다. 이것은 물리적 상호작용의 수준에서 시스템 내의 상호작용을 나타내는데 유용하다. 뿐만 아니라 FCA는 기능과 문제에 대한 순위를 매기는 알고리즘을 포함하고 있다. FCA는 설계제품을 체계적으로 분석하고 다른 TRIZ 문제해결기법이 필요로 하는 용어로 문제를 정립하는데 있어 매우 유용한 기법이다.
- 기능기반재설계(Function-based Redesign) : 기존 제품의 성능과 품질을 저하시키지 않고 간소화하는 기법. 보통 기술시스템을 기능모델의 관점에서 나타낸 후에 수행한다.
- 상태전이(Feature Transfer) : 2개의 경쟁적인 제품을 기초로 새로운 제품을 설계하는 데 도움을 주는 기법. 보통 경쟁적인 제품들은 장점과 단점이 서로 다르다. 상태전이는 각각의

경쟁적인 제품들의 장점을 갖는 제품을 설계하는데 도움을 준다. 그러나 그러한 제품을 설계하려고 시도하는 동안에 발생하는 수많은 기술적 모순 때문에 직접적인 상태전이가 어려울 수도 있다.

- 창조적 상상력을 개선하기 위한 방법(Methods for the improvement of creative imagination) : 개인의 상상력을 개선하기 위한 수많은 기법들. 가장 유명한 기법은 크기-시간-비용 연산자(Seze-Time-Cost Operators)이다. 이것은 대상의 모수값을 증가시키거나 감소시키면 대상과 그것의 환경에 어떠한 변화가 일어나는 지를 상상하는 것을 제안하는 기법이다.
- 심리적 관성을 극복하기 위한 방법(Methods for the elimination of mental inertia and improving "out-of-the box" thinking) : 문제해결과정 동안 심리적 관성을 극복하는데 도움을 줄 수 있는 수많은 기법. 예를 들어, 문제를 설명하는 특정한 용어를 일반적인 용어로 바꾸게 되면 가능한 해결안들의 탐색 공간을 확장하는데 도움을 준다.

④ 모순의 해결

㉠ 기술적 모순의 해결 : 기술적 모순은 시스템의 한 특성을 개선하고자 할 때 그 시스템의 다른 특성이 악화되는 상황을 말한다. 기술적 모순을 해결하기 위해서 TRIZ는 모순행렬이라는 것을 제공한다. 모순행렬은 사용하기 쉬운 간단한 도구인데, 1956년에서 1975년 사이에 Altshuller에 의해서 개발되었다. 그 후로 Altshuller와 그의 동료들은 좀 더 새롭고 강력한 도구들을 만들었다.

모순행렬은 39가지의 표준특징과 40가지의 발명원리로 구성되어 있다. 표준특징은 길이, 부피, 힘, 속도 등과 같은 공학적 모수들이다. 발명원리는 기술적 모순을 해결하는데 사용될 수 있는 원리들로서, Altshuller가 전세계의 특허들을 조사하면서 도출한 것들이다. 모순행렬의 좌측에는 개선하려는 표준특징들이 놓이고, 상단에는 이로 인하여 악화되는 표준특징들이 놓이게 된다. 행렬의 내부에는 이 기술적 모순을 해결하는데 사용될 수 있는 발명원리들이 놓이게 된다.

㉡ 물리적 모순의 해결 : 물리적 모순(Physical Contradiction : PC)이란 기술시스템의 어느 한 속성 혹은 파라미터가 높아야 함과 동시에 낮아야 하고, 있어야 함과 동시에 없어야 하는 상황을 말한다. 이러한 물리적 모순을 해결하기 위해서 TRIZ는 다음과 같은 4가지 분리의 원리(Separation Principle)를 이용한다.

- 시간에 의한 분리

  하나의 속성이 어떤 때는 높고, 어떤 때는 낮게 한다. 혹은 하나의 속성이 어떤 때는 존재하고, 어떤 때는 존재하지 않게 한다. 전투기의 날개는 물리적 모순을 시간적 분리로 해결한 예이다. 전투기가 이착륙을 할 때에는 날개를 넓게 펴지만, 비행 중에는 날개를 접는다.
- 공간에 의한 분리

  하나의 속성이 한쪽에서는 높고, 다른 쪽에서는 낮게 한다. 혹은 하나의 속성이 한쪽에서는 존재하고, 다른 쪽에서는 존재하지 않게 한다. 노인들이 주로 사용하는 초점이 두 개인 안경이 대표적인 예라고 할 수 있다.

- 부분과 전체에 의한 분리

  하나의 속성이 전체 시스템의 수준에서는 어떤 하나의 값을 갖고, 부품 수준에서는 다른 값을 갖게 한다. 혹은 하나의 속성이 시스템 수준에서는 존재하지만, 부품 수준에서는 존재하지 않게 한다. 예를 들어, 자전거의 체인은 마이크로 수준에서는 단단하지만, 매크로 수준에서는 유연하다. 에폭시 수지와 경화제가 혼합되기 이전에는 액체이지만, 혼합되면 고체로 변한다.

- 조건에 의한 분리

  하나의 속성이 어떤 조건에서는 높고, 다른 조건에서는 낮다. 혹은 하나의 속성이 어떤 조건에서는 존재하고, 다른 조건에서는 존재하지 않는다. 예를 들어, 가는 체의 틈새들은 물을 통과시키는 구멍의 역할을 하지만, 곡물의 경우는 구멍의 역할을 하지 않는다. 낮은 속도로 물에 들어가면 물은 부드럽지만, 10미터 이상의 높이에서 물에 뛰어들면 물은 매우 딱딱하게 느껴진다.

⑤ 39가지의 표준 특징

모든 창조적 혹은 발명적 문제들은 모순이라는 것에 기초한다. 모든 기술적 모순은 보편적인 대립 언어를 사용하여 다시 표현할 수 있다. 1946년부터 1970년대까지 알트슐러와 그의 동료들은 전 세계의 특허를 조사하게 되었다. 그런 목적 중의 하나는 시스템의 주요한 특징을 나타내는 데 사용될 기술적 모수들과 특징들의 언어를 보편화하는 것이었다.

기술자들과 과학자들은 자신의 문제를 해결할 때, 특정한 기술적 모순을 각각 다른 단어를 사용하여 묘사해 왔다. 예를 들어, 피망 꼬투리 제거와 도토리 껍질 제거와 같은 문제를 각각 자신들만의 언어로 나타낸 것이다. 물론 그것들이 모두 정확할 수도 있지만 알트슐러는 다음과 같은 의문을 제기했다.

이 세상에 존재할 수 있는 기술적 모순들을 몇 개의 일반적인 모순들로 표현할 수 있을까? 이 물음에 대한 대답은 "그렇다"이다. 알트슐러와 그의 동료들은 모든 가능한 기술적 모수들의 기준으로 사용할 수 있는 최소한의 표준특징들을 도출해 냈다. 이것들을 39 표준특징이라고 부른다. 이들 표준특징들을 이용하면 1,250가지의 전형적인 기술적 모순을 도출할 수 있다.

1. 움직이는 물체의 무게(Weight of moving object)
2. 고정된 물체의 무게(Weight of nonmoving object)
3. 움직이는 물체의 길이(Length of moving object)
4. 고정된 물체의 길이(Length of nonmoving object)
5. 움직이는 물체의 면적(Area of moving object)
6. 고정된 물체의 면적(Area of nonmoving object)

7. 움직이는 물체의 부피(Volume of moving object)
8. 고정된 물체의 부피 (Volume of nonmoving object)
9. 속도(Speed)
10. 힘(Force)
11. 압력(Pressure)
12. 모양(Shape)
13. 물체의 안정성(Stability of object)
14. 강도(Strength)
15. 움직이는 물체의 내구력(Durability of moving object)
16. 고정된 물체의 내구력 (Durability of nonmoving object)
17. 온도(Temperature)
18. 밝기(Brightness)
19. 움직이는 물체가 소모한 에너지(Energy spent by moving object)
20. 고정된 물체가 소모한 에너지(Energy spent by nonmoving object)
21. 동력(Power)
22. 에너지의 낭비(Waste of energy)
23. 물질의 낭비(Waste of substance)
24. 정보의 손실(Loss of information)
25. 시간의 낭비(Waste of time)
26. 물질의 양(Amount of substance)
27. 신뢰성(Reliability)
28. 측정의 정확성(Accuracy of measurement)
29. 제조의 정확성(Accuracy of manufacturing)
30. 물체에 작용하는 유해한 요인(Harmful factors acting on object)
31. 유해한 부작용(Harmful side effects)
32. 제조용이성(Manufacturability)
33. 사용편의성(Convenience of use)
34. 수리가능성(Repairability)
35. 적응성(Adaptability)
36. 장치의 복잡성(Complexity of device)
37. 조절의 복잡성(Complexity of control)
38. 자동화의 정도(Level of automation)
39. 생산성(Productivity)

⑥ 40가지 발명원리

모든 발명문제, 즉 모순을 포함하고 있는 문제의 이면에는 이 모순을 해결할 수 있는 발명원리들이 있다. 알트슐러와 그의 동료들은 전세계의 특허들을 조사하면서 모순을 해결할 수 있는 40가지의 발명원리들을 도출해냈다. 다음은 40가지의 발명원리들을 자주 사용되는 빈도에 따라서 나열한 것이다.

35. 모수변화(Parameter changes)
10. 사전 준비조처(Prior action)
1. 분할(Segmentation)
28. 기계식 시스템의 대체(Replace a mechanical system)
2. 분리(Extraction)
15. 유연성(Flexibility)
19. 주기적 조처(Periodic action)
18. 기계적 진동(Mechanical vibration)
32. 색상변화(Color changes)
13. 반전(Inversion)
26. 대체수단(Copying)
3. 국소품질(Local quality)
27. 일회용품(Cheap short-living objects)
29. 공압 및 수압(Pneumatics and hydraulics)
34. 폐기 또는 복구(Discarding and recovering)
16. 조처 과부족(Partial or excessive action)
40. 복합재료(Composite materials)
24. 중간매개물(Intermediary)
17. 다른 차원(Another dimension)
6. 범용성(Universality)
14. 타원체(Spheroidality)
22. 유해물 이용(Convert harm into benefit)
39. 불활성 환경(Inert environment)
4. 비대칭(Asymmetry)
30. 연한 껍질이나 얇은 막(Flexible shells and thin films)
37. 열팽창(Thermal expansion)
36. 상태전이(Phase transitions)
25. 셀프서비스(Self-service)
11. 사전 보호조처(Beforehand cushioning)
31. 다공성 소재(Porous materials)
38. 강한 산화제의 이용(Use strong oxidizers)
8. 평형추(Counterweight)
5. 병합(Merging) - 시간, 공간
7. 포개기(Nesting)

21. 건너뛰기(Skipping)
23. 피드백(Feedback)
12. 높이 유지(Equipotentiality)
33. 동질성(Homogeneity)
9. 사전 예방조처(Preliminary anti-action)
20. 유용한 조처의 지속(Continuity of useful action)

⑦ 각각의 발명원리들을 사례와 함께 자세하게 알아보자.

㉠ 모수변화(Parameter Changes)

- 물체의 물리적 상태를 변화시킨다.(고체, 액체, 기체)
- 농도를 변화시킨다.
- 유연성의 정도를 변화시킨다.
- 온도를 변화시킨다.
- 시럽이 들어있는 초콜릿 사탕의 제조 - 시럽을 얼린 후 액체 초콜릿에 잠시 담근다.
- 산소, 질소 등을 수송할 때 부피를 줄이기 위해서 액체 상태로 운반한다.
- 액체비누는 덩어리 비누보다 농도가 진하고 점도가 높다. 또한, 여러 사람이 사용할 때 좀 더 위생적이고 적정량을 따르기가 쉽다.
- 유연성과 내구성을 증가시키기 위해서 고무를 고온에서 유황으로 처리한다.
- 강자성체를 상자성체로 변화시키기 위해서 퀴리점 이상으로 온도를 올린다.
- 음식을 요리하기 위해서 온도를 올린다.(맛, 향기, 구조 등의 변화)
- 의학용 표본을 낮은 온도에서 보관한다.

㉡ 사전 준비조처(Prior Action)

- 물체가 겪게 될 변화를 미리 겪게 한다.
- 이동시간의 낭비 없이 물체를 바로 사용할 수 있도록 편리한 위치에 배열한다.
- 미리 풀칠해 둔 벽지
- 수술에 필요한 모든 도구들을 봉합된 쟁반에서 살균한다.
- 무뎌진 부분을 잘라내서 사용하는 칼날
- JIT에서의 간판 배열

⑧ TRIZ 사례

㉠ 사례 1 - 백열전구의 내부압력 측정

백열전구를 생산하는 한 회사가 있다. 전구의 품질이 균일하지 않았기 때문에 이 회사는 고객들로부터 많은 불만을 접수받게 되었다. 그 원인은 전구의 내부압력 때문이었다. 즉, 어떤 것은 전구의 내부압력이 높고, 어떤 것은 낮았다. 어떻게 하면 전구의 내부압력을 측정할 수 있을까? 어떻게 하면 전구의 품질을 검사할 수 있을까? 어느 한 엔지니어가

전구의 무게를 측정하자고 제안했다. 이론적으로 이 해결책은 가능하다. 가스가 채워지지 않은 전구와 가스가 채워진 전구의 무게를 측정하여 그 차이를 계산하면 된다. 그러나 전구에 있는 가스의 무게는 무시할 수 있을 정도로 작기 때문에 이러한 해결책은 일반 작업장에서 사용하기가 곤란하였다. 물리학 책에는 코로나방전(Corona Discharge) 혹은 전기방전이라는 현상이 나온다. 기체 내 방전형식의 일종으로, 두 개의 전극 간에 전압을 가하면 전기장이 균일성을 잃어 전위 경사가 큰 부분의 기체가 전리를 일으키며 부분적인 방전이 일어나면서 크라운 모양의 빛과 소리를 낸다. 이와 같은 현상을 코로나방전이라고 한다. 백열전구의 내부압력을 측정하는데 코로나방전을 이용할 수 있다. 만일 전구에 높은 전압을 가하면 코로나방전이 발생할 것이다. 크라운의 밝기는 전구 내부 가스의 압력에 따라 결정되기 때문에 크라운의 밝기를 이용하여 백열전구의 내부 압력을 측정할 수 있다.

ⓛ 사례 2 - 뫼비우스의 띠 이용

종잇조각의 한쪽 끝을 180° 뒤틀어서 다른 쪽과 연결시켜보자. 처음에 종잇조각은 두 개의 면을 갖고 있었다. 그러나 이것은 하나의 면만을 갖고 있는 것과 같다. 이 뒤틀어진 띠를 일명 뫼비우스(Moebius) 띠라고 하는데, 이것을 처음으로 설명한 독일 수학자의 이름을 딴 것이다.

뫼비우스 띠를 따라 여행하는 개미가 있다고 하자. 한참을 여행한 후에 그 개미는 결국 출발점으로 되돌아오게 된다. 개미가 여행에 걸린 시간은 원래의 종잇조각을 여행하는 시간의 두 배가 될 것이다. 왜냐하면 개미는 띠의 양쪽 모두를 걸어왔기 때문이다. 뫼비우스 띠는 알고 보면 매우 간단하지만, 오늘날 다양한 발명문제를 해결하는데 사용된다. 띠와 같이 생긴 전통적인 벨트를 생각해 보자. 벨트의 바깥쪽 표면은 연마물질로 덮여있다. 어떤 물체에 광택을 내고자 할 때 벨트를 기계에 장착하여, 물체를 움직이는 벨트에 대고 누른다. 그러나 벨트는 곧 닳게 되고, 새로운 벨트로 교환해야만 한다. 이것은 상당한 생산 시간의 낭비를 초래한다. 벨트의 길이를 늘리지 않고, 벨트의 수명을 두 배로 늘릴 수 있을까? 해답은 간단하다. 뫼비우스 띠를 이용하면 벨트의 수명을 두 배로 늘릴 수 있다.

3 아이디어 선정

1) 아이디어 구체화

교내 학생 작품 전시회에 출품할 작품을 만들기 위해서 학생들이 카페에 모여서 토론을 하고 있는 상황을 가정해 보자.

전자공학이 전공인 학생들은 과의 특성을 살릴 무엇인가 새로운 작품을 만들기 위해 머리를 맞대고 있다. 때마침 카페 한쪽에 마련된 TV에서 대한민국의 차세대 성장 동력으로 로봇 산업의 전망이 밝다는 내용의 뉴스가 나오고 있다. 학생들은 그때서야 박수를 치면서 "로봇"을 만들기로 이야기를 일단락을 지었다. 그러나 막상 어디부터 손을 대야 할지가 너무 막막해 브레인스토밍을 통해 어떤 로봇을 만들지 결정하기로 하고 다음과 같이 브레인스토밍을 하였다.

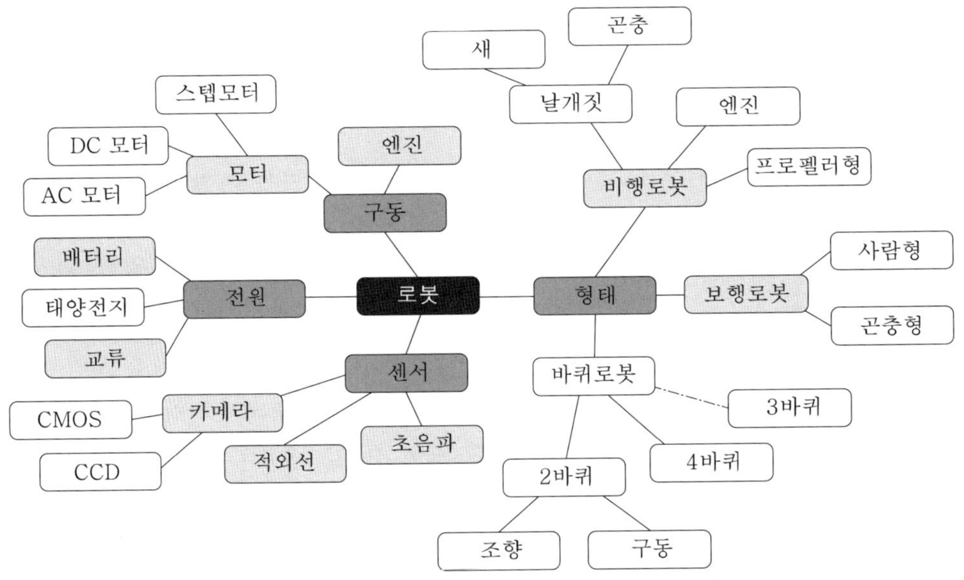

위와 같이 브레인스토밍을 한 결과를 가지고, 다음과 같이 구체화를 해보도록 하자.

① 첫 번째 팀

㉠ 전원은 배터리를 사용

㉡ DC 모터를 구동용으로 사용

㉢ 두 바퀴만을 이용해서 구동과 조향을 모두 하는 바퀴형 로봇

㉣ 적외선 센서를 사용

② **두 번째 팀**

㉠ 배터리 사용

㉡ RC-Servo 모터 사용

㉢ 두 발로 걷는 로봇

㉣ 머리에 CCD 카메라를 부착하여 로봇의 시선에 비치는 영상 신호를 주인에게 전송

③ **세 번째 팀**

㉠ 태양전지 사용

㉡ 날개짓을 통해 하늘을 나는 로봇

㉢ "매"의 움직임을 모방

㉣ 날개의 재질로 태양전지 패널을 사용

㉤ 지표면에서 반사되는 태양 적외선의 양을 따라 일정 높이로 비행

㉥ 구동장치로 Muscle Wire를 사용

2) 작품 제작을 위한 기초지식 조사

이제 어떤 작품을 만들지에 대한 기초 조사가 모두 끝이 났다. 다음으로 그 작품을 만들 수 있는 자신들의 역량을 확인하고, 어떠한 기술들이 필요한지를 조사하기로 하자. 우선 라인트레이서를 만들기 위해서는 다음과 같은 기술 및 지식들을 알아야 한다.

① DC 모터의 동작 특성

② 적외선 센서의 동작 특성

③ 주행 방법을 위한 알고리즘

④ 라인트레이서 규정

⑤ 배터리의 충·방전 특성

⑥ 마이크로 컨트롤러

⑦ C 언어 프로그래밍

⑧ 회로 이론

⑨ 각종 전자소자의 이해

⑩ 하드웨어 설계 능력

CHAPTER 02

배경지식 익히기

1 Digital 기초

1) Digital?

디지털(Digital)이란 말을 이해하기 위해서는 먼저 아날로그(Analog)라는 말을 알아야 한다. 디지털이란 말의 어원은 손가락 혹은 발가락을 의미하는 Digit에서 왔다고 한다. 이 말은 수 또는 양을 손가락을 이용하여 세 듯, 정확하게 값을 표현할 수 있는 것을 의미한다. 다음 그림을 통해 디지털과 아날로그의 차이를 알아보자.

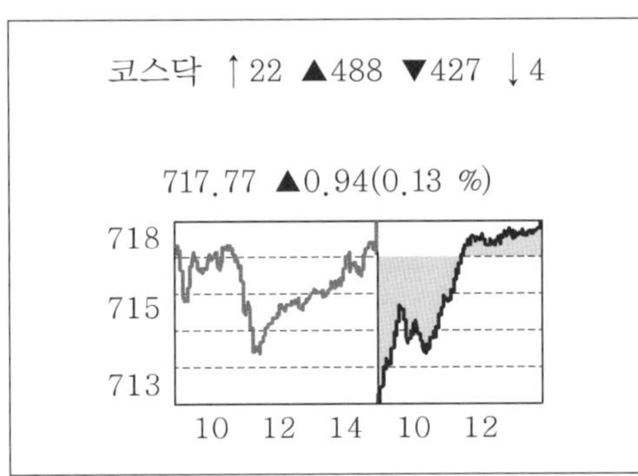

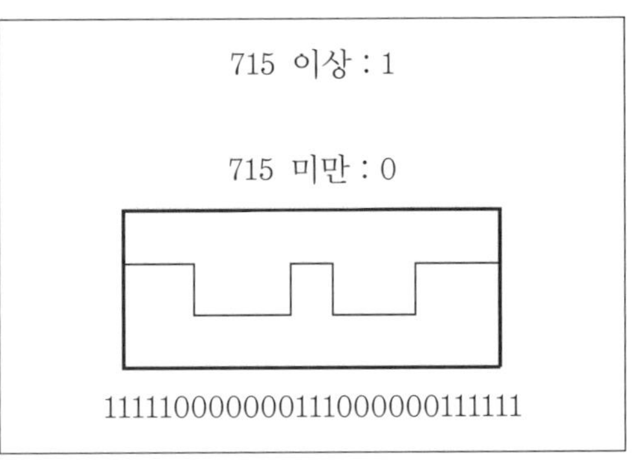

위 그림은 주식 시장의 가격 동향을 나타낸 것이다. 가격 동향이 연속적으로 변했음을 알 수 있다. 그러나 오른쪽 그림을 보면 가격이 0 혹은 1로 구분된 것을 볼 수 있다. 왼쪽 그림에서 715 이상의 값을 1로, 715 미만의 값을 가질 때는 0으로 나눈 결과가 바로 오른쪽 그림이다. 그 결과 오른쪽과 같이 0과 1로 표현되는 간단한 수로 대체되었음을 알 수 있다. 이처럼, 흔히 전자공학에서의 디지털이란 말은 아날로그와 반대되는 말로, 0과 1로 표현될 수 있음을 의미한다. 아날로그는 하나의 연속된 값을 말하며, 디지털은 하나하나 분리된 값을 의미한다.

0과 1의 또 다른 의미를 간단히 짚고 넘어가도록 하자. 0이란, 쉽게 말해 'OFF'를 의미한다. 반대로 1은 'ON'을 의미한다. TTL 레벨에서 0이란 0V를, 1이란 5V를 의미한다. 이에 대한 자세한 설명은 뒤에서 자세히 다루도록 한다. 아날로그는 온도, 습도, 시간, 풍량,

음량 등 자연계에 존재하는 대부분의 것들이 아날로그임을 잊지 말자. 디지털은 이러한 아날로그값을 사람 또는 기계가 쉽게 이해할 수 있도록 정량화 한 것이다.

2) bit / byte

정보를 저장하는 최소의 단위를 bit(비트)라고 한다. 한 개의 비트 안에 들어 갈 수 있는 정보는 0 또는 1 둘 중 하나의 정보만이 들어갈 수 있으며, 동시에 두 개가 들어갈 수 없다. 또한, 8개의 비트가 모여 있는 것을 byte(바이트)라 하며, 1개의 바이트는 0~255(부호가 없을 경우)의 값을 가질 수 있다. 뒤에 나오는 수 체계를 통해 자세한 내용을 익히도록 하자. 여기서는 이와 관련된 간단한 용어를 몇 개 정리하도록 한다.

bit		최소 단위
nibble		4 bit = 1 nibble
byte		8 bit = 2 nibble = 1 byte
word		16 bit = 4 nibble = 2 byte = 1 word
LSB	Least Significant Bit	최하위 비트 - 가장 오른쪽 bit
MSB	MostSignificant Bit	최상위 비트 - 가장 왼쪽 bit

bit 및 byte 등은 실제로 하드웨어 구성 및 컴퓨터 프로그램에서도 많이 사용되는 부분이므로 용어를 확실히 기억하고 넘어가도록 하자.

3) 수 체계

① 2진수

2진수란 0과 1로 표현된 수를 말한다. 모든 디지털 기기는 0과 1로 모든 데이터를 처리하기 때문에 2진수는 전자공학에서 빼놓지 말아야 할 수 체계이다. 10진수를 2진수로 바꾸기 위해서는 이미 중・고등학교 때 많이 배웠던 것처럼 계속해서 2로 나눈 나머지를 거꾸로 읽어나가면 된다. 단, 나눗셈은 몫이 0이 될 때까지 계속 한다. 다음 예를 통해 10진수를 2진수로 바꾸는 과정을 살펴보도록 하자.

2)67 2)33----- 1 2)16----- 1 2) 8----- 0 2) 4----- 0 2) 2----- 0 2) 1----- 0 0----- 1 ↑	$\therefore 67_{10}=1000011_2$ 10진수 67을, 2진수로 바꾸면 1000011이 됨을 알 수 있다. 검산을 해 보면 다음과 같다. $(1\times2^6)+(1\times2^1)+(1\times2^0)$ $=64+2+1$ $=67$

또 다른 방법은 각 자릿수의 값을 미리 외워 두는 방법도 있다. 바로 1, 2, 4, 8, 16, 32, 64, … 등과 같이 2배씩 숫자를 늘려가며 그 수를 모두 더해서 원하는 값이 나오도록 하는 것이다. 단, 1의 위치는 가장 오른쪽이다. 이 방법을 사용해서 위 값을 구해보면 다음과 같다.
이진수 각 자리의 실제값은 다음과 같다. 그중 필요한 값의 자리만 1을, 필요 없는 부분을 0으로 채우면 다음과 같이 쉽게 구할 수 있다. 67 = 64 + 2 + 1 이므로 다음 표와 같은 관계가 성립한다.

64 - 32 - 16 - 8 - 4 - 2 - 1
1 -0 -0 - 0 - 0 - 1 - 1
$\therefore 67_{10}=1000011_2$

이진수는 하드웨어 설계 및 컴퓨터 프로그램을 배우는 데 있어 없어서는 안 될 중요한 부분이므로, 반드시 진수 변환을 자유롭게 할 수 있도록 연습하자.

② 16진수

16진수는 0, 1, 2, 3, 4, 5, 6, 7, 8, 9, A, B, C, D, E, F 총 16개의 문자를 이용하여 수를 표현하는 방법이다. 다음 예를 통해 10진수, 2진수를 16진수로 바꾸는 방법을 알아보자. 우선 10진수를 16진수로 바꾸는 과정을 알아보자. 이는 앞 장의 이진수를 만드는 과정과 동일하다. 단, 나누는 수가 16으로 2진수에서의 2와 다를 뿐이다.

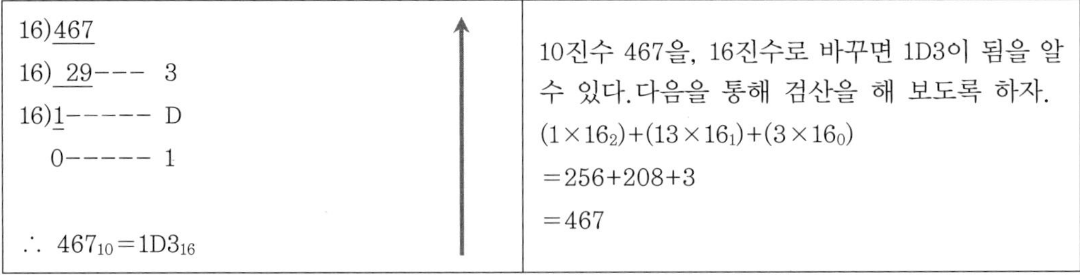

16)467 16) 29--- 3 16)1----- D 0----- 1 ↑ $\therefore 467_{10}=1D3_{16}$	10진수 467을, 16진수로 바꾸면 1D3이 됨을 알 수 있다.다음을 통해 검산을 해 보도록 하자. $(1\times16_2)+(13\times16_1)+(3\times16_0)$ $=256+208+3$ $=467$

다음은 2진수에서 16진수로 바꾸는 방법에 대해 알아보자. 2진수, 10진수, 16진수 등에서 각 자리의 의미를 먼저 알아보도록 한다.

구분	MSB						LSB
2진수	2^7	2^6	2^5	2^4	2^3	2^2	2^1	2^0
10진수	10^7	10^6	10^5	10^4	10^3	10^2	10^1	10^0
16진수	16^7	16^6	16^5	16^4	16^3	16^2	16^1	16^0

여기에서 관심 있게 봐야 할 곳은 2진수와 16진수이다. 바로 $2^0=16^0$, $2^4=16^1$, $2^8=16^2$의 관계가 성립한다는 것이다. 즉, 2진수 4자리를 이용하면 16진수 1자리를 만들 수 있다. 바꾸어 말하면, 2진수 4자리를 바로 16진수로 고치면 된다는 것이다. 단, 하위 비트(LSB)부터 4자리씩 끊도록 한다.

다음 표를 통해 각 수의 관계를 알아보도록 하자.

2진수	10진수	16진수
0000	0	0
0001	1	1
0010	2	2
0011	3	3
0100	4	4
0101	5	5
0110	6	6
0111	7	7

2진수	10진수	16진수
1000	8	8
1001	9	9
1010	10	A
1011	11	B
1100	12	C
1101	13	D
1110	14	E
1111	15	F

③ 8진수

10진수를 8진수로 바꾸는 방법 역시 위 2진수, 16진수와 같은 방법을 거치면 되므로 여기에서 따로 설명하지 않도록 한다. 2진수에서 8진수로 바꿀 경우는 16진수와 마찬가지로 $2^3 = 8^1$이므로, 이번에는 3자리씩 끊어서 8진수로 직접 바꾸면 된다. 단 하위 비트(LSB)부터 3자리씩 끊어서 8진수로 직접 바꾸면 된다.

예 $10,110,010,100,101,101_2=262455_8$

$1,0110,0101,0010,1101_2=1652D_{16}$

④ BCD 코드

BCD란 Binary-Coded Decimal의 약자로써, 2진화 10진수라는 말로 번역이 된다. 2진수의 4자리를 사용하면 0~15까지 16가지의 수를 생성할 수 있는데, 10진수는 0~9까지만 사용하면 되기 때문에 숫자가 남게 된다. 즉, 10진수를 2진수를 이용해 표현한다는 것이다. 다음 예를 통해 알아보도록 하자.

예 $28_{10} = 0010\ 1000_{BCD}$

$762_{10} = 0111\ 0110\ 0010_{BCD}$

위 예와 같이 10진수 각 자리의 값을 그대로 끊어서 2진수로 만들어 버리는 방법이다. 보편적으로 하드웨어를 설계할 때, 혹은 프로그램을 짤 때 많이 사용하는 방법 중 하나이다.

4) 보수

사람이 만든 컴퓨터는 사람보다, 계산 영역에서 탁월한 능력을 발휘한다. 그러나, 실제로 컴퓨터는 계산을 덧셈(+) 연산 밖에 할 줄 모른다. 그 이유는, 하드웨어적으로 빼기, 곱하기, 나누기 등을 할 수 있는 것이 없기 때문이다. 덧셈 연산이 가능한 이유는, 하드웨어적으로 AND 연산 및 나머지 처리 연산 등이 가능하기 때문이다. 이 부분은 추후 Digital 공학을 공부하게 되면 자연히 알게 되므로 자세한 설명은 생략하도록 하겠다.
그렇다면, 덧셈밖에 못하는 컴퓨터가 뺄셈 연산을 어떻게 하는 것일까? 그 질문에 대한 답이 바로 보수(Complement)이다. 곱셈은 덧셈을 반복하면 되므로, 굳이 설명을 하지 않아도 되리라 생각한다. 보수라는 것은 다음과 같은 관계를 가진다.

예 A−B=C

A+(B의 2의 보수)=C

이러한 관계에 놓인 것을 보수라 한다.
보수는 두 가지가 있다. 1의 보수(1's Complement)와 2의 보수(2's Complement)가 있다. 우리가 흔히 쓰는 보수는 2의 보수를 사용한다. 1의 보수는 2의 보수를 만들기 위한 과정의 일부이다. 우선, 보수를 만드는 방법에 대해 알아보자.

- 1의 보수 = 각 자리의 값의 역수를 취한다.(0 → 1, 1 → 0 으로 바꾼다.)
- 2의 보수 = 1의 보수 + 1

과연 위 예가 맞는지 다음 계산을 통해 증명해 보도록 하자. 여기서 주의할 점은 Carry Out이 생길 경우 과감히 없애 주어야 하며, 공란이 있는 경우 모두 0으로 초기화한 후 계산해야 한다. 즉, 보수를 취할 때는 자리수가 맞아야 한다.

예 $10110101_2 - 00010111_2 = 10011110_2$

00010111의 1의 보수 = 11101000

11110111의 2의 보수 = 11101000+1 = 11101001

$10110101_2 - 00010111_2 = 10011110_2$ 는, 2의 보수를 통해 표현하면 다음과 같이 바뀐다. $10110101_2 + 11101001_2 = 110011110_2$ 가 되는데, 여기서 MSB는 Carry Out이므로 버린다.

5) 비트 연산

비트 연산은 반드시 짚고 넘어가야 할 중요한 것이다. 비트 연산은 &(AND) 연산과 |(OR) 연산이 있다. 다음 표를 통해 AND 연산과 OR 연산의 의미를 알아보도록 하자.

구분	A	B	A & B	A | B
1	0	0	0	0
2	0	1	0	1
3	1	0	0	1
4	1	1	1	1

AND 연산은 두 가지가 모두 1일 때만 1을 갖는다. 단어의 뜻을 그대로 살려 직역해 보면, A 그리고 B 모두 1일 때, 결과가 1이다.

OR 연산은 두 가지 중 하나라도 1이 있으면 연산 결과가 1이 된다. 역시 마찬가지로 단어의 뜻을 살려 직역해 보면 A 또는 B가 1이면, 그 결과는 1이다.

이 밖에 비트 연산을 다루는 연산자에 대해 몇 가지 더 알아보도록 하자.

~ : 1's Complement(반전)

! : NOT

예 A =1011000

~A =0100111

A =1011

! A =0000, 0001,0010, 0011, …, 1100, 1101, 1110, ….

6) 논리 게이트

논리 게이트에 대해 알아보도록 하자. 단, 여기에서 A와 B는 입력신호이고, X는 출력신호이다.

구분	A	B	AND	NAND	OR
1	0	0	0	1	0
2	0	1	0	1	1
3	1	0	0	1	1
4	1	1	1	0	1
기 호			A 1, B 2, 3 X	A 2, B 3, 1 X	A 2, B 3, 1 X

구분	A	B	NOR	X-OR	X-NOR
1	0	0	1	0	1
2	0	1	0	1	0
3	1	0	0	1	0
4	1	1	0	0	1
기 호			A 2, B 3, 1 X	A 1, B 2, 3 X	A 2, B 3, 1 X

구분	A	NOT	BUFFER
1	0	1	0
2	1	0	1
기 호		A 2, 1 X	A 1, 2 X

NAND= AND + NOT
NOR = OR + NOT
X-NOR = XOR + NOT

다음은 AND와 OR을 스위치를 사용하여 나타낸 것이다. 그림을 통해 쉽게 이해해 보자.

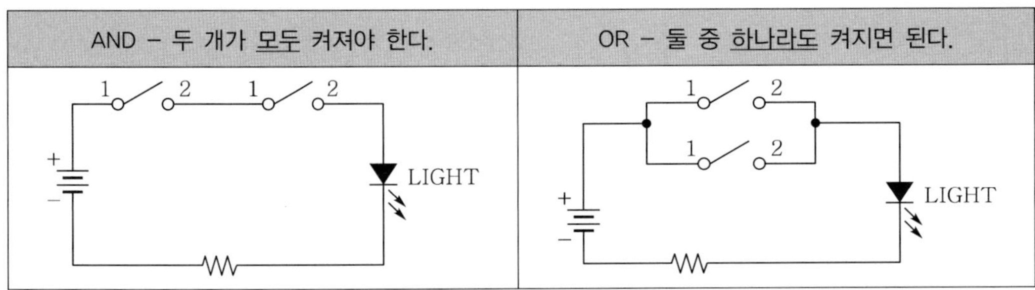

7) Boole 대수식

① Boole 대수식에 사용되는 연산자

1. AND : ·
2. OR : +
3. NOT : —

② Boole 대수식의 기본 공식

1. $A+0=A$
2. $A+1=1$
3. $A \cdot 0=0$
4. $A \cdot 1=A$
5. $A+A=A$
6. $A+\overline{A}=1$
7. $A \cdot A=A$
8. $A \cdot \overline{A}=0$
9. $\overline{\overline{A}}=A$
10. $A+AB=A$
11. $A+\overline{A}B=A+A+B$
12. $(A+B)(A+C)=A+BC$

※ DeMorgan's Theory

1. $\overline{A}\overline{B}=\overline{A}+\overline{B}$
2. $\overline{A}+\overline{B}=\overline{A}\overline{B}$

③ Boole 대수식의 증명

10. $A+AB = A \cdot (1+B)$ [식2]
$= A \cdot 1$ [식4]
$= A$

11. $A+AB = A+AB+\overline{A}B$ [식 10]
$= A+((A+\overline{A}) \cdot B)$ [식 6]
$= A+(1 \cdot B)$ [식 4]
$= A+B$

12. $(A+B)(A+C) = (A \cdot A)+(A \cdot C)+(B \cdot A)+(B \cdot C)$
$= A+AC+BA+BC$
$= A+BA+BC$
$= A+BC$

8) 멀티플렉서(MUX)

입력되는 여러 개의 신호 중 어느 하나의 입력신호를 선택하여 출력회로로 내보내 주는 기능의 데이터 선택 논리회로를 말하며, 먹스(MUX, Multiplexer)라고도 한다. 다음 그림을 통해 멀티플렉서에 대해 알아보도록 하자.

Select			Output
S_2	S_1	S_0	X
0	0	0	A
0	0	1	B
0	1	0	C
0	1	1	D
1	0	0	E
1	0	1	F
1	1	0	G
1	1	1	H

9) 디멀티플렉서(DeMUX)

멀티플렉서와 반대로 한 개의 입력신호를 여러 개의 채널로 나누어 전송하는 것을 디멀티플렉서, 혹은 디먹스(DeMUX, De−Multiplexer)라고 한다. 다음 그림을 통해 디멀티플렉서에 대해 알아보도록 하자. C 언어에서의 Switch − Case와 비슷한 역할을 하는 것이 디멀티플렉서이다.

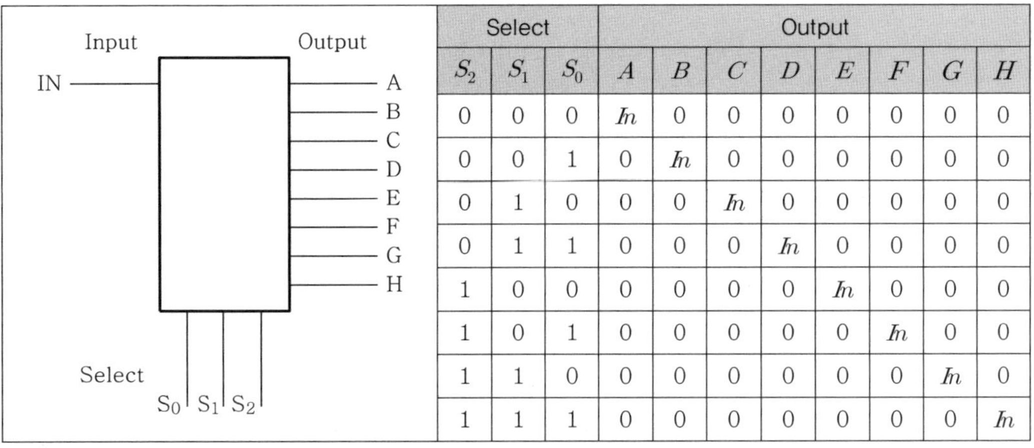

Select			Output							
S_2	S_1	S_0	A	B	C	D	E	F	G	H
0	0	0	In	0	0	0	0	0	0	0
0	0	1	0	In	0	0	0	0	0	0
0	1	0	0	0	In	0	0	0	0	0
0	1	1	0	0	0	In	0	0	0	0
1	0	0	0	0	0	0	In	0	0	0
1	0	1	0	0	0	0	0	In	0	0
1	1	0	0	0	0	0	0	0	In	0
1	1	1	0	0	0	0	0	0	0	In

01 연습문제

정답 및 해설 189페이지

01 다음 수를 각각 2진수, 8진수, 10진수, 16진수 및 BCD로 바꾸어라.

① 267_{10}
② 346_8
③ $47D_{16}$
④ 10110101011_2
⑤ $0100,1001,0110_{BCD}$

02 다음 각각의 식을 2진수로 바꾼 후, 2의 보수를 사용하여 계산하라.

① $317_{10} - 45_{10}$
② $4C_{16} - 2A_{16}$
③ $4D3_{16} - 237_8$
④ $562_{10} - 431_8$

03 다음 Boole 대수식을 최소화 하라.

① $A\overline{A} + AB + BC$
② $ABC + BC + \overline{BC}$
③ $\overline{(A+B)} + A\overline{B}$
④ $AB + AC + A\overline{B} + A\overline{BC} + \overline{AC}$

04 다음의 회로를 Boole 대수식을 사용하여 최소화 하고, 최소화된 회로를 작성하라.

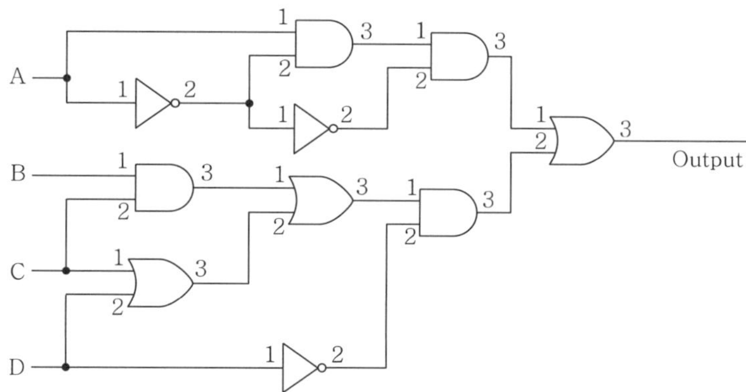

2 기초 회로 이론

이번 장에서는 가장 기초적인 회로 이론들에 대해 한 번 되짚고 넘어가는 의미에서, 맛보기 식으로 훑어보고 넘어가도록 하자. 깊은 내용은 본 교재에서는 다루지 않겠다. 전자공학 분야에 몸 담았다면 반드시 알아야 할 내용들에 대해서는 스스로 찾아보고 공부하기를 바라는 의미에서 제목 혹은 용어만 후에 언급하도록 하겠다.

1) 옴의 법칙(Ohm's Law)

전기 흐름을 방해하는 작용을 '전기 저항'이라 하며, 저항이 클수록 전류는 적게 흐른다. 독일의 옴(Ohm)은 전압과 전류와 저항의 관계를 정리하여 옴의 법칙(Ohm's Law)을 만들었다. 이를 옴의 법칙이라 하며 아래에 보이는 식과 같고, 회로에 흐르는 전류의 크기는 전압에 비례하고 저항에 반비례한다.

$$V=IR,\ I=\frac{V}{R},\ R=\frac{V}{I}$$

- 전압(V) : 전압 단위(V), 전기장 또는 도체 내 두 점 사이의 전기적인 위치에너지 차
- 전류(I) : 전류 단위(A), 전하가 연속적으로 이동하는 현상
- 저항(R) : 저항 단위(Ω), 전류가 통과하기 어려운 정도를 표시하는 수치

① 옴의 법칙 예제

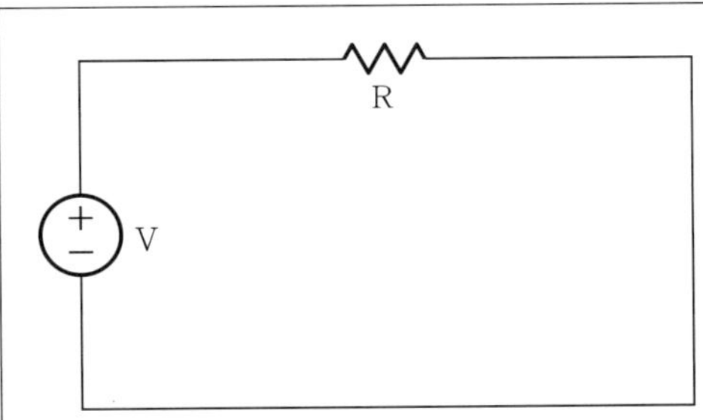

R=100Ω, V=5V 일 때, 저항 R에 흐르는 전류(I)는 ?

정답 : $I=\frac{V}{R}=\frac{5}{100}=0.05$ [A]

2) 합성 저항

① 직렬 연결된 저항의 등가 저항

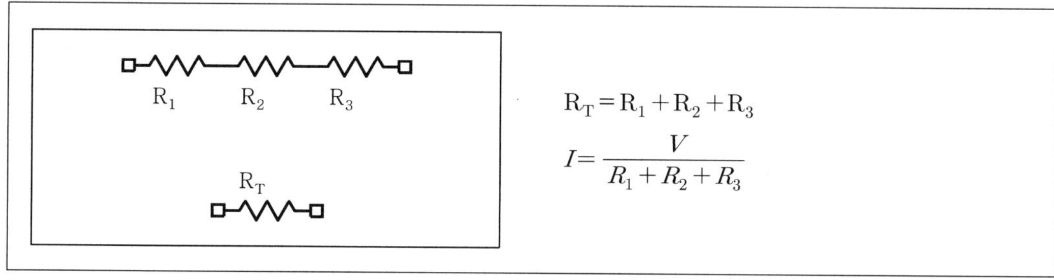

② 병렬 연결된 저항의 합성 저항

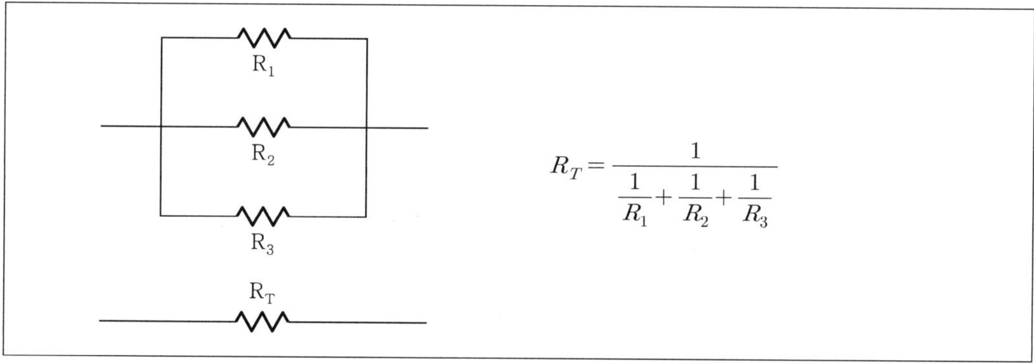

병렬로 접속된 회로에서는 모든 저항에 동일한 전압이 가해지고, 각 저항에 흐르는 전류는 저항에 반비례하여 흐른다. 접속된 저항의 수만큼 전류가 나누어지는데, 각 저항에 흐르는 전류는 옴의 법칙에 의하여 구한다. 회로에서 전체 전류는 각 저항에 흐르는 전류를 더한 것과 같다.

3) 키르히호프 법칙(Kirchhoff's Law)

① 제1법칙 : 전류의 법칙(KCL : Kirchhoff's Current Law)

KCL : 들어오는 모든 전류의 합과 나가는 모든 전류의 합은 같다.

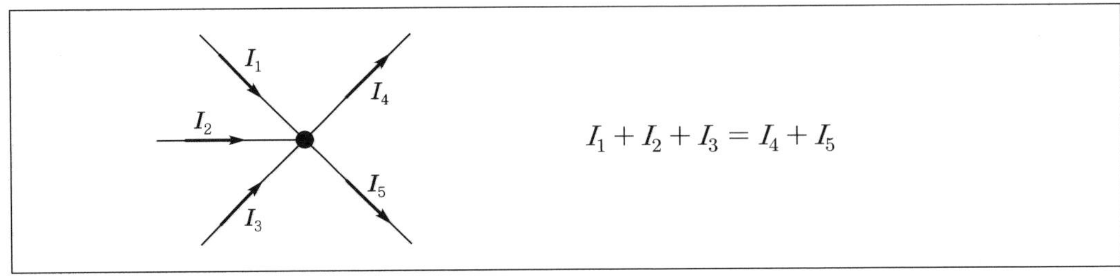

다음 예를 통해 KCL이 무엇인지 알아보도록 하자.

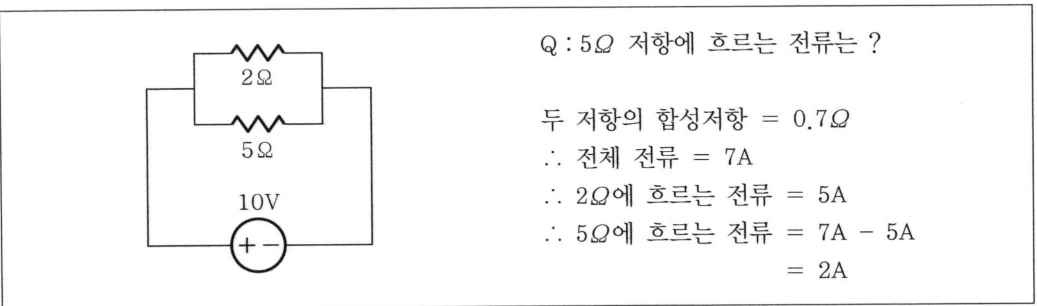

2Ω
5Ω
10V
Q : 5Ω 저항에 흐르는 전류는 ?
두 저항의 합성저항 = 0.7Ω
∴ 전체 전류 = 7A
∴ 2Ω에 흐르는 전류 = 5A
∴ 5Ω에 흐르는 전류 = 7A − 5A
= 2A

② 제2법칙 : 전압의 법칙(KVL : Kirchhoff's Voltage Law)

KVL : 각 저항에 걸린 전압의 합은 전체 전압이다.

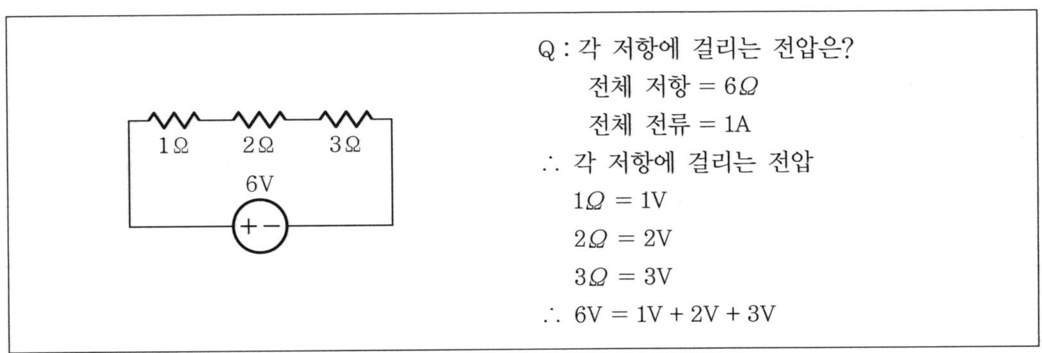

1Ω
2Ω
3Ω
6V
Q : 각 저항에 걸리는 전압은?
전체 저항 = 6Ω
전체 전류 = 1A
∴ 각 저항에 걸리는 전압
1Ω = 1V
2Ω = 2V
3Ω = 3V
∴ 6V = 1V + 2V + 3V

4) 휘트스톤 브리지

휘트스톤 브리지(Wheatstone Bridge)라는 말에서 브리지라 함은 다리를 뜻하는 것으로, 이는 다이아몬드 형의 철교에서 그 이름이 유래되었다고 한다. 서로 마주보는 저항의 곱이 같을 때 양 끝 단은 등전위를 이루게 된다. 따라서, 그 가운데로 전류가 흐르지 않게 되는데, 이 원리를 이용하여 미지의 저항이나 전압들을 측정할 수 있게 된다. 다음 그림을 통해 살펴보도록 하자.

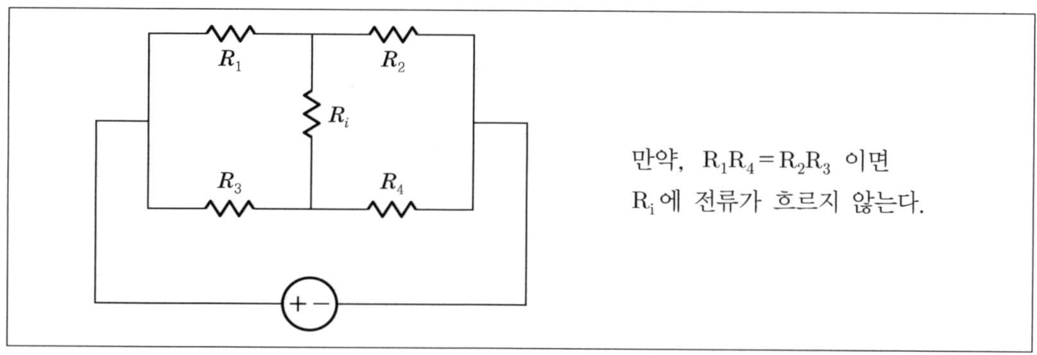

5) Voltage Divider Circuit

전압 분배회로는, 먼저 KVL을 이해하면 아주 간단하게 알 수 있다. 각 저항의 크기에 비례하여 전압(Voltage)이 분배(Divider)되는 회로를 말한다. 다음의 간단한 회로를 통해 전압 분배회로에 대해 알아보자.

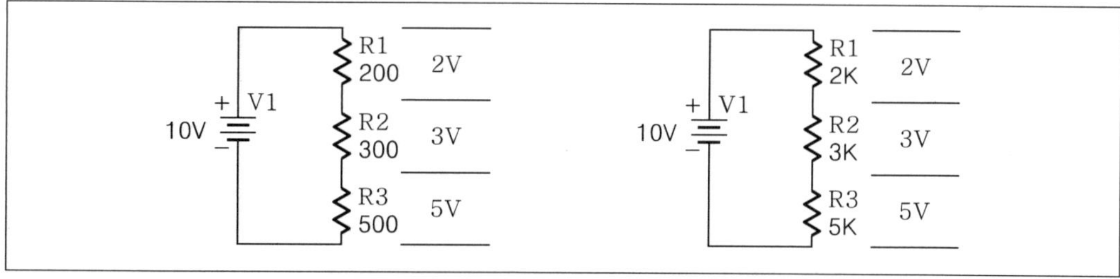

레귤레이터가 없을 경우 필요한 전류에 따라서, 다음과 같이 저항만으로도 필요한 전압 소스를 만들어 낼 수 있다. 단, 레귤레이터는 늘 일정한 반면, 본 회로는 전원 소스의 출력이 변하면 같이 변하는 단점이 있다.

3 전자소자

1) 저항

저항이란 전기의 흐름을 방해하는 소자로, 전류의 양을 제한하는데 많이 쓰인다. 영어로 레지스터(Resister)라고 부르며, 우리가 알고 있는 옴(Ohm)의 법칙에 등장하는 'R'에 해당하는 소자이다. 또한, 저항에는 그 값을 일정 범위 이내에서 마음대로 바꿀 수 있는 가변 저항도 있으며, 오차가 매우 작은 정밀 저항에 이르기까지 수많은 종류의 저항들이 있다. 저항에 대해 자세히 알아보도록 하자. 저항은 다음과 같은 기호로 나타낸다.

기호	명칭	비고
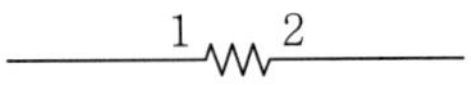 1 2	일반 저항	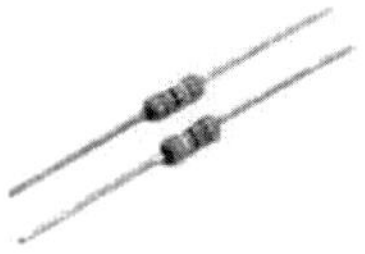
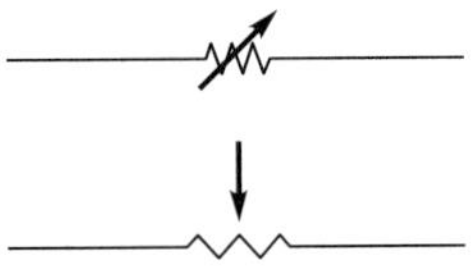	가변 저항	
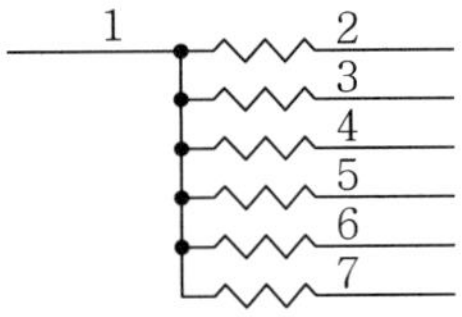 1 2 3 4 5 6 7	어레이 저항	

① 저항 읽는 법

그림	색상	유효숫자	배수	오차
노 보 빨 금	검정색	0	1	·
	갈색	1	10	1%
	빨강색	2	100	2%
	주황색	3	1000	·
	노랑색	4	10000	·
	초록색	5	100000	0.5%
	파랑색	6	1000000	·
	보라색	7	10000000	·
	회색	8	100000000	·
	흰색	9	1000000000	·
	금색	·	0.1	5%
	은색	·	0.01	10%
예	노-보-빨-금 4.7K(5% 오차)		주-주-빨-은 3.3K(10% 오차)	

2) 콘덴서

전기용량을 얻기 위해 평행한 금속판과 같은 전극을 절연체로 분리한 것으로 전기 에너지를 저장하거나 직류의 흐름을 차단하기 위해, 또는 전류의 주파수와 축전기의 용량에 따라 교류의 흐름을 조절할 때 쓰인다. 기호는 C로 표시한다. 축전기(蓄電器)라고도 하며, Capacitor(케페시터)라고도 한다. 보통 우리가 많이 쓰는 콘덴서의 단위는 μF(Micro Farad), nF(Nano Farad), pF(Pico Farad) 등이 쓰인다.

① 콘덴서의 종류

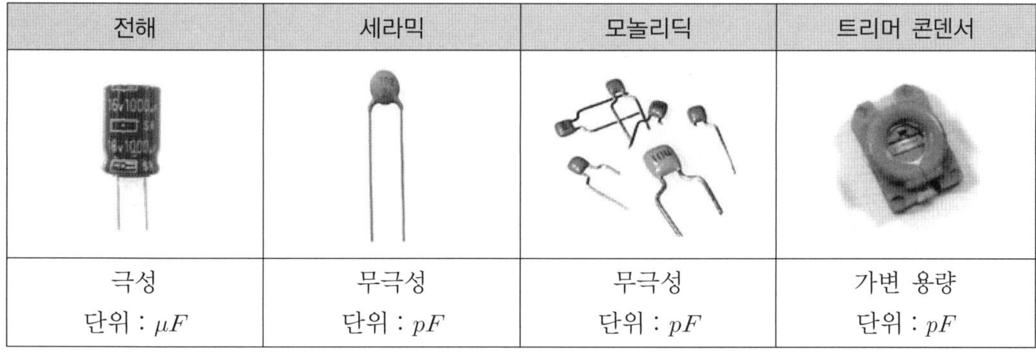

전해	세라믹	모놀리딕	트리머 콘덴서
극성 단위 : μF	무극성 단위 : pF	무극성 단위 : pF	가변 용량 단위 : pF

※ 트리머 콘덴서 : 표면실장용 가변 콘덴서로 소형무선통신용 전자제품의 최종주파수 조정용으로 사용한다.

② 콘덴서 기호

구분	기호	특징	비고
1		• 극성이 있다. • 용량이 비교적 크다.	• 직선 부분이(+) • 곡선 부분이(-) • 전해, 탄탈 등
2		• 극성이 없다. • 용량이 비교적 작다.	모놀리딕, 세라믹 등

3) 집적회로(IC)

집적회로는 초소형이라는 외견상의 특징을 갖고 시스템의 초소형화 · 경량화를 가능하게 한다. 실용화단계에서는 신뢰성의 증가, 제조원가의 감소, 소비전력의 감소, 동작속도의 개선 등이 이루어졌다. 이와 같은 집적회로의 특징은 대규모 시스템의 설계, 제작 면에서 고도화 · 복잡화에 대처하기 위한 가능한 고차의 부분적 기능을 가진 부품을 사용해서 시스템을 합성하는 것이 가능하다. 집적회로에서는 회로소자 또는 회로기능 사이의 배선이 어느 정도까지 완료되어 있기 때문에 시스템의 설계나 제작도 간단해진다.

• Identifier : 1번 핀의 위치를 알려주는 표식
• Notch : 칩의 방향 등의 구별을 두기 위해 임의로 파 놓은 홈
• 핀 번호 : Identifier를 시작으로 반시계 방향으로 회전

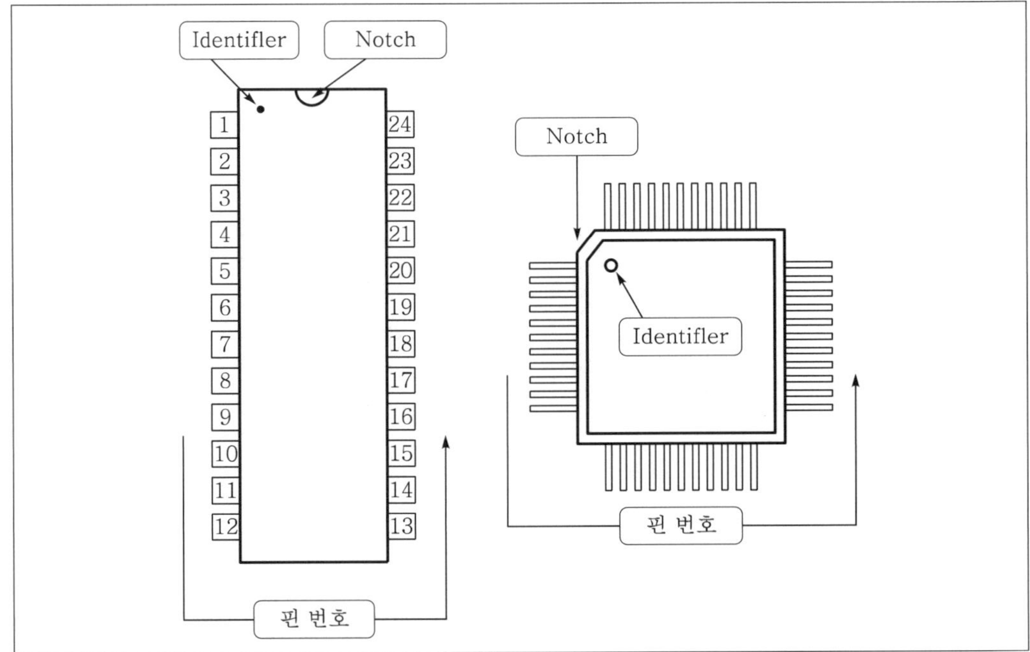

4) 모터

① DC 모터

DC 모터란, 고정자로 영구자석을 사용하고, 회전자(전기자)로 코일을 사용하여 구성한 것으로, 전기자에 흐르는 전류의 방향을 전환함으로써 자력의 반발, 흡인력으로 회전력을 생성시키는 모터이다. 모형 자동차, 무선조정용 장난감 등을 비롯하여 여러 방면에서 가장 널리 사용되고 있는 모터이다.

DC 모터는 다음과 같은 특징이 있다.

㉠ 기동 토크가 크다.

㉡ 인가전압에 대하여 회전특성이 직선적으로 비례한다.

㉢ 입력전류에 대하여 출력 토크가 직선적으로 비례하며, 출력 효율이 양호하다.

㉣ 가격이 저렴하다.

제어성의 장점을 실제 특성 면에서 보면 아래 그림과 같다.

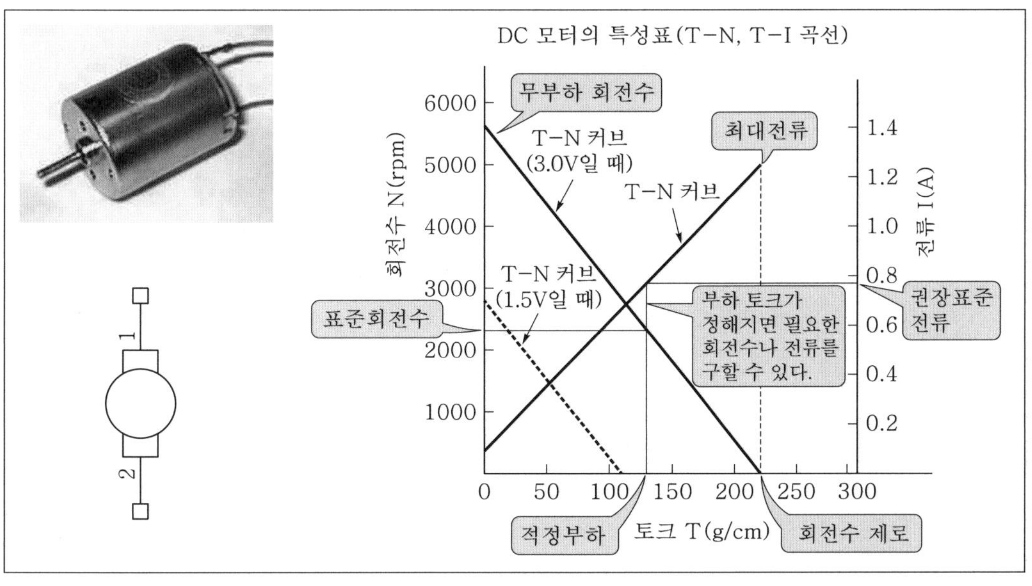

1. T-I 특성(토크 대 전류)
   흘린 전류에 대해 깨끗하게 직선적으로 토크가 비례한다. 즉, 큰 힘이 필요한 때는 전류를 많이 흘리면 되는 것이다.
2. T-N 특성(토크 대 회전수)
   토크에 대하여 회전수는 직선적으로 반비례한다. 이것에 의하면 무거운 것을 돌릴 때는 천천히 회전시키게 되고, 이것을 빨리 회전시키기 위해서는 전류를 많이 흘리게 된다. 그리고, 인가전압에 대해서도 비례하며, 앞의 그림과 같이 평행하게 이동시킨 그래프로 된다.

이들 2가지 특성은 서로 연동하고 있기 때문에 3가지 요소는 이 그래프에서 관계를 지을 수 있다. 즉, 이들 특성에서 알 수 있는 것은 회전수나 토크를 일정하게 하는 제어를 하려는 경우에는 전류를 제어하면 양자를 제어할 수 있다는 것을 나타내고 있다. 이것은 제어회로나 제어방식을 생각할 때, 매우 단순한 회로나 방식으로 할 수 있는 것이다. 이것이 DC 모터는 제어하기 쉽다고 하는 이유이다.

② 스텝 모터

스텝 모터는 입력 펄스에 맞추어 일정 각도 단위로 회전하므로 펄스 모터라고도 하는데, 일정 각도로 회전하므로 위치 정보를 궤환(feedback) 시키지 않고 현재의 위치 정보를 알 수 있으므로 마이크로 마우스 등 간단한 이동 제어 시스템에 많이 사용한다.

㉠ 스텝 모터의 특징

구분	내용
장점	• 펄스 신호에 따라 고정밀도로 정해진 각도까지 회전시켜 정지가 가능하므로 궤환소자(엔코더 등)가 불필요하여 제어가 쉽다. • 디지털 신호형태로 직접 제어하므로 마이크로프로세서에 접속이 용이하다. • 회전 오차 각이 누적되지 않는다. • 정지할 때 큰 유지 토크(정지 토크)가 있다. • 모터 브러시 등의 접속 부분이 없으므로 유지 보수 신뢰성이 좋다. • 초저속으로 높은 토크 운전을 할 수 있다.
단점	• 직류 모터에 비해 효율이 떨어진다. • 관성 부하에 약하여 큰 부하가 걸리면 탈조 현상이 일어나기 쉽다. • 특정 주파수에서 진동, 공진 현상이 발생하는 일이 있다. • 무게에 비해 출력이 약하다(출력 중량비가 적음).

㉡ 상 여자 방식

• 1상 여자법 : 고정자의 1개 코일만을 차례로 여자 하여 회전자계를 만드는 방법이다. 이 여자법에서는 회전자가 정지하는 위치(안정점)가 고정자와 회전자가 일치하는 점이 된다. 이 방법은 효율은 좋으나 Damping 특성이 나쁘기 때문에 일정한 펄스 비로 사용할 때에는 진동이 발생하기 쉽다.

- 2상 여자법 : 모터에 있는 2개 고정자의 코일을 동시에 여자하고 각 권선 사이에 발생한 자계를 이용하여 회전시키는 방법이다. 이 여자법에서 회전자의 안정점은 고정자의 사이에 있게 된다. 이 방법은 1상 여자에 비해 2배의 입력신호를 필요로 하게 되어 효율은 저하되지만 Damping 특성이 양호하므로 가장 널리 이용되는 방식이다.
- 3상 여자법 : 1상 여자와 2상 여자를 교대로 행하는 것으로, 1펄스에 대한 스텝 각은 1상 여자와 2상 여자에 의한 스텝 각의 반이 된다. 이를 하프 스텝이라 하며, 만일 스텝 각이 3.6의 모터를 1-2상 여자법으로 구동시키면 1.8°의 스텝 각을 얻을 수 있는 것이다. 이 여자법은 고분해능(Resovlving Power)을 요구하는 위치결정 제어에 사용될 수 있으며, 진동과 소음을 줄일 수 있으나 스텝의 정확도는 떨어진다.

㉢ 스텝 모터의 형태 및 기호

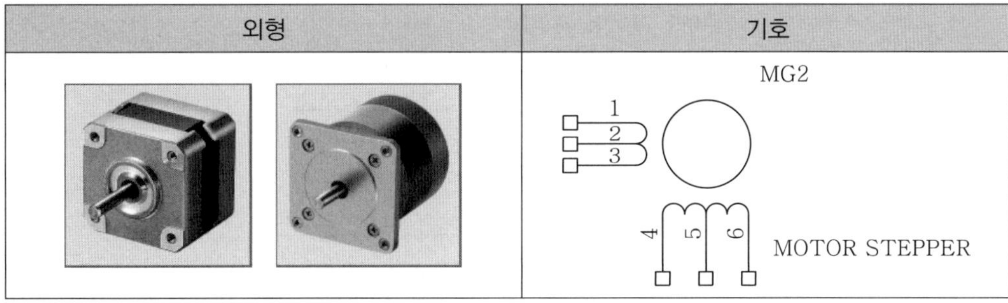

③ 모터의 PID 제어

㉠ PID 제어 : 자동제어 방식 가운데서 가장 흔히 이용되는 제어방식으로 PID 제어라는 방식이 있다. 이 PID란, 다음의 3가지 조합으로 제어하는 것으로 유연한 제어가 가능해진다.

- P : Proportional(비례)
- I : Integral(적분)
- D : Differential(미분)

㉡ 단순 On/Off 제어 : 단순한 On/Off 제어의 경우에는 제어 조작량은 0%와 100% 사이를 왕래하므로 조작량의 변화가 너무 크고, 실제 목표값에 대해 지나치게 반복하기 때문에, High와 Low를 반복하는 제어가 되고 만다.

이 모양을 그림으로 나타내면 아래 그림과 같이 된다.

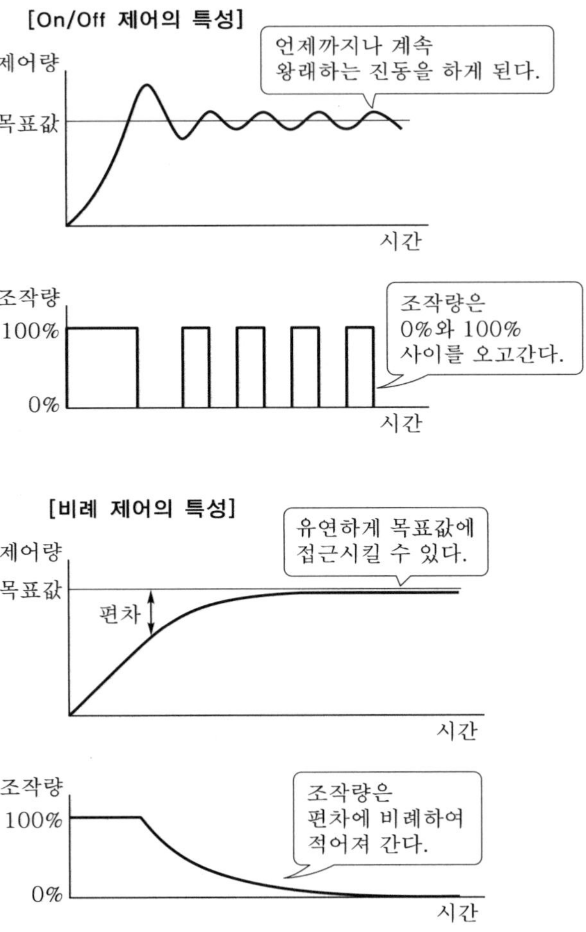

ㄷ 비례 제어 : 이에 대해 조작량을 목표값과 현재 위치와의 차에 비례한 크기가 되도록 하며, 서서히 조절하는 제어 방법이 비례 제어라고 하는 방식이다. 이렇게 하면 목표값에 접근하면 미묘한 제어를 가할 수 있기 때문에 미세하게 목표값에 가까이 할 수 있다. 이 모양은 위의 그림과 같이 나타낼 수 있다.

ㄹ PI 제어 : 비례 제어로 잘 제어할 수 있을 것으로 생각하겠지만, 실제로는 제어량이 목표값에 접근하면 문제가 발생한다. 그것은 조작량이 너무 작아지고, 그 이상 미세하게 제어할 수 없는 상태가 발생한다. 결과는 목표값에 아주 가까운 제어양의 상태에서 안정한 상태로 되고 만다. 이렇게 되면 목표값에 가까워지지만, 아무리 시간이 지나도 제어량과 완전히 일치하지 않는 상태가 되고 만다. 이 미소한 오차를 "잔류편차"라고 한다. 이 잔류편차를 없애기 위해 사용되는 것이 "적분 제어"이다. 즉, 미소한 잔류편차를 시간적으로 누적하여, 어떤 크기로 된 곳에서 조작량을 증가하여 편차를 없애는 식으로 동작시킨다. 이와 같이, 비례 동작에 적분 동작을 추가한 제어를 "PI 제어"라 부른다. 이것을 그림으로 나타내면 아래 그림과 같이 된다.

ⓜ 미분 제어와 PID 제어 : PI 제어로 실제 목표값에 가깝게 하는 제어는 완벽하게 할 수 있다. 그러나 또 하나 개선의 여지가 있다. 그것은 제어 응답의 속도이다. PI 제어에서는 확실히 목표값으로 제어할 수 있지만, 일정한 시간(시정수)이 필요하다. 이때 정수가 크면 외란이 있을 때의 응답 성능이 나빠진다. 즉, 외란에 대하여 신속하게 반응할 수 없고, 즉시 원래의 목표값으로는 돌아갈 수 없다는 것이다.

그래서, 필요하게 된 것이 미분 동작이다. 이것은 급격히 일어나는 외란에 대해 편차를 보고, 전회 편차와의 차가 큰 경우에는 조작량을 많이 하여 기민하게 반응하도록 한다. 이 전회와의 편차에 대한 변화 차를 보는 것이 "미분"에 상당한다. 이 미분동작을 추가한 PID 제어의 경우, 제어 특성은 아래 그림과 같이 된다. 이것으로 알 수 있듯이 처음에는 상당히 over drive하는 듯이 제어하여, 신속히 목표값이 되도록 적극적으로 제어해 간다.

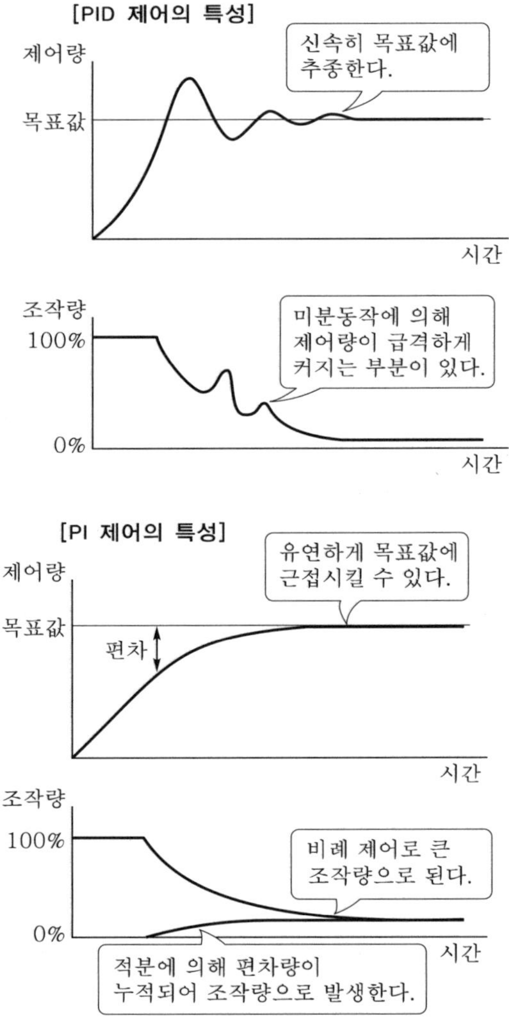

④ 모터 구동을 위한 프로그램

본 모터 구동 프로그램에 사용된 프로그램은 Code Vision AVR C 기준으로 작성되었다. 모터 구동에 사용된 컨트롤러는 ATMEL 사에서 나온 AVR 시리즈로 어디에서 사용해도 무방하다.

㉠ DC 모터의 정·역회전

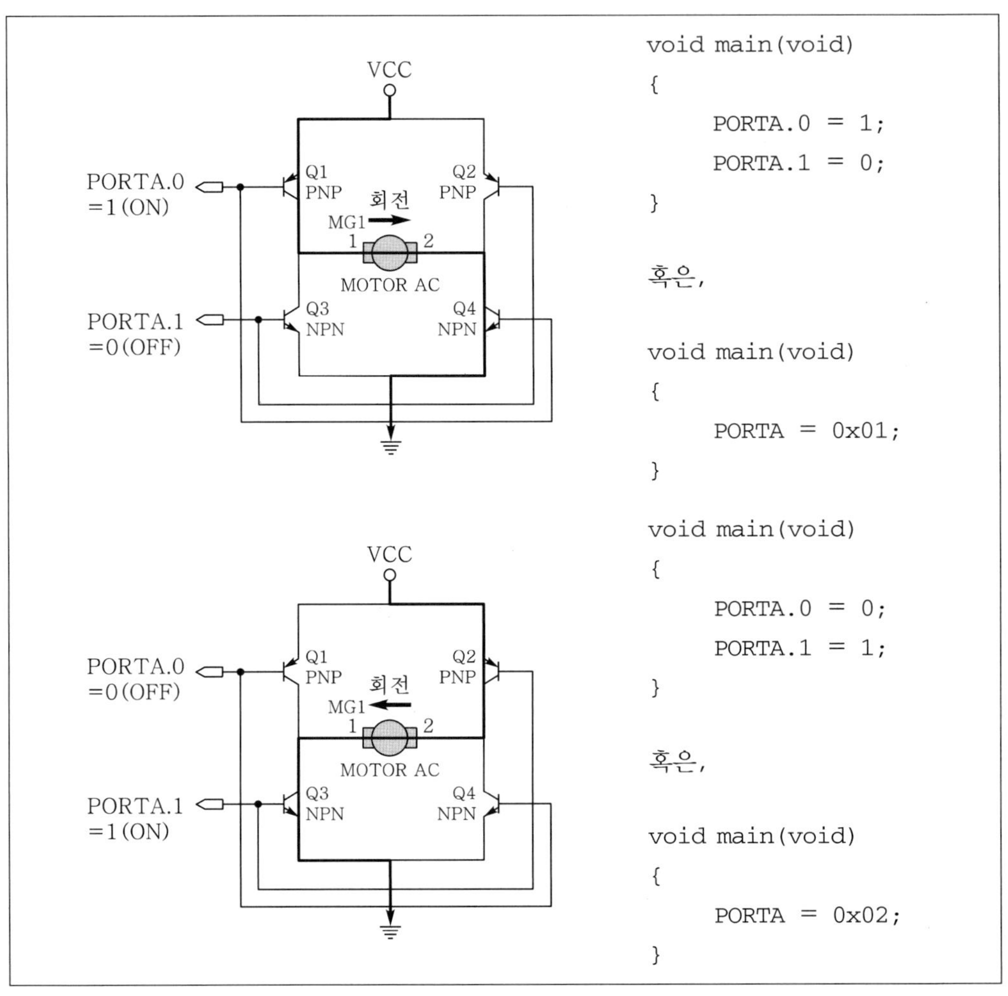

ⓛ 스텝 모터 구동

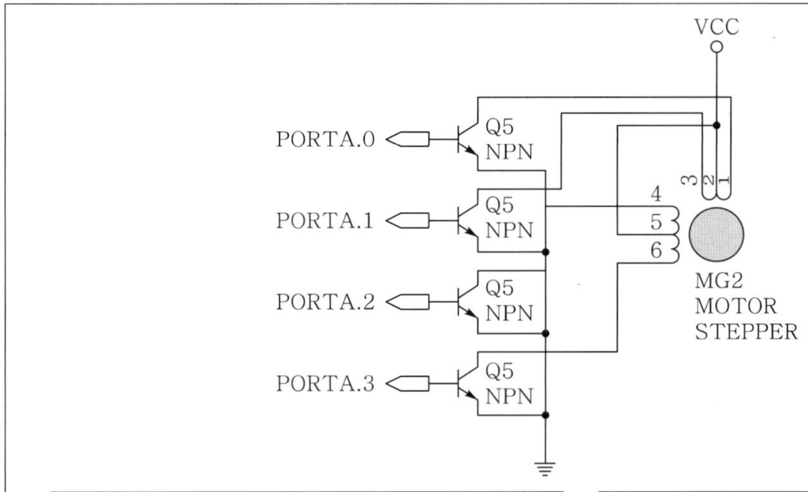

구분	1상 여자 방식				비고
	A.3	A.2	A.1	A.0	
1 Step	1	0	0	0	0x08
2 Step	0	1	0	0	0x04
3 Step	0	0	1	0	0x02
4 Step	0	0	0	1	0x01

2상 여자 방식				비고
A.3	A.2	A.1	A.0	
1	0	1	0	0x0A
1	0	0	1	0x09
0	1	0	1	0x05
0	1	1	0	0x06

```
#include < delay.h >
unsigned char motor_phase[4] = { 0x0A, 0x09, 0x05, 0x06 } ; // 2상 여자 방식

void main(void)
{
    int i ;

    for(i = 0 ; i <= 200 ; i ++)                // 200 Step = 1바퀴 회전
    {
        PORTA = motor_phase [i % 4] ;           // 각 상을 번갈아 입력
        delay_ms(10) ;                      // 모터가 MCU 속도를 못 따라
    }                                           // 가기 때문에 속도를 늦춰준다.
}
```

5) LED

발광 다이오드(Light Emitting Diode)의 약자로 전류가 흐르면 빛을 방출하는 다이오드의 한 종류. p형 반도체와 n형 반도체를 서로 접합하여 만든 발광 다이오드(LED)의 전극에 순방향 전압을 인가하면 p형의 다수 반송파인 정공은 n영역으로, n형의 다수 반송파인

전자는 p영역으로 확산되는데, 이때 전자와 정공이 접합면 근처에서 서로 재결합할 때 에너지 갭에 해당하는 만큼의 파장을 갖는 빛이 발광된다. LED는 다음과 같은 기호로 나타낸다.

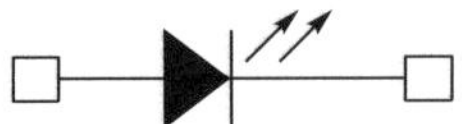

이때, 방출되는 빛의 파장은 사용되는 재료에 따라 달라지며, 일반적으로 직접 천이형 반도체에서 발광 효율이 우수하다. 광통신 분야에서는 갈륨, 비소, 인 등을 재료로 하는 LED가 광원으로 사용된다. 신뢰성이 높고 변조가 용이하며, 동작이 안정되어 있다는 등의 장점이 있는 반면에 출력광의 동기성이 나쁘고 광섬유와의 결합 효율이 낮으며, 발광 스펙트럼의 폭이 다소 넓어 변조 주파수를 100MHz 정도까지 밖에 올릴 수 없다는 등의 단점도 있어, 저·중속 단거리 회선이나 아날로그 회선에 주로 사용된다. LED의 장점은 크게 저전력, 고효율, 긴 수명을 들 수 있다.

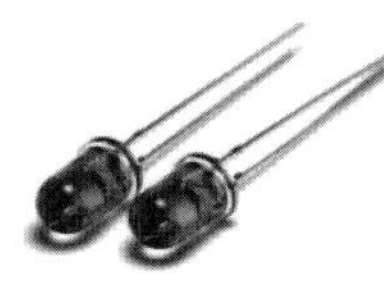
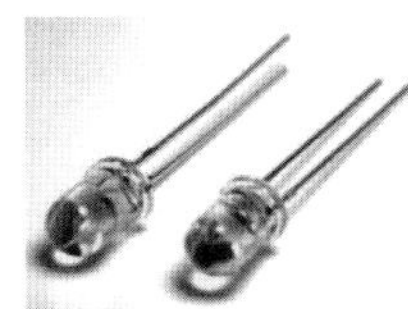

LED는 녹색, 적색, 노란색을 비롯하며 최근에는 파란색, 주황색, 흰색, 분홍색 등 여러 가지 색깔의 LED가 있다. 또한, 3색, 5색 등 특수 LED 역시 사용자의 기호에 따라 많은 종류의 LED가 있다. 형태별로는 위와 같은 표준형 이외에도 다음과 같은 것들이 있다.

6) 다이오드

다이오드는 유리 또는 금속으로 된 진공용기 속에 음극과 양극 두 전극이 들어 있는 전자관으로, 정류기나 라디오와 텔레비전 수상기의 전류회로에서 검파기로 쓰인다. 양극에 양(+)전압을 걸면 가열된 음극에서 나온 전자들이 양극으로 흐르고 외부부하(外部負荷)를 통해 음극으로 되돌아온다. 만약 음(−)전압을 걸면 음극에서 전자가 빠져나올 수 없어 양극으로 전류가 흐르지 않는다. 그러므로 다이오드는 전자가 음극에서 양극으로 흐르게 하나, 양극에서 음극으로는 흐르지 않게 한다. 만약 양극에 교류전압을 걸면 극이 양(+)일 때만 전류가 흐른다. 이때, 그 교류전압이 정류되었다고 하거나 직류(DC)로 바뀌었다고 한다. 그림에 나와 있는 간접 가열식 음극진공관의 전자 방출기는 니켈 등의 금속 실린더 위에 바륨이나 스트론튬 산화물을 섞은 전자방출 물질로 코팅되어 있다. 열은 슬리브 안에 있으며 슬리브와 절연된 철사 코일에서 공급된다. 직접 가열되는 음극에서는 가열기 코일 자체가 방출기처럼 작동하는데, 이를 필라멘트라 한다.

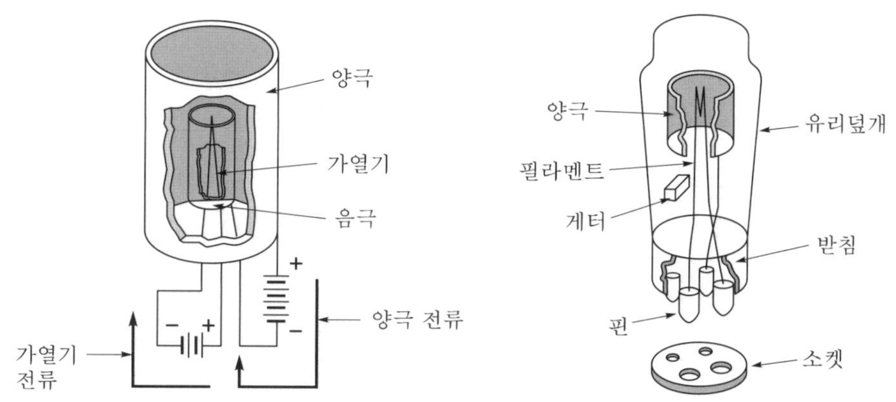

① 다이오드의 종류

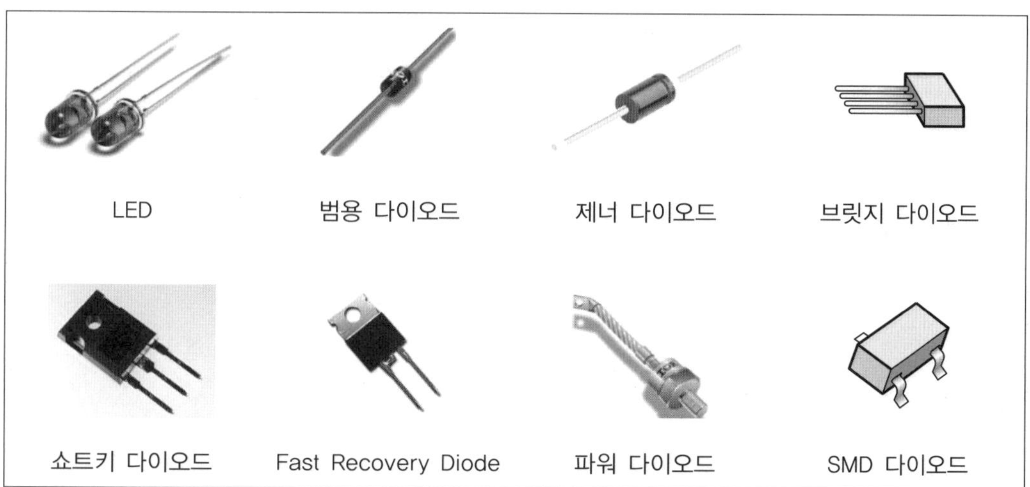

7) 트랜지스터

트랜지스터는 휴대용 계산기와 라디오에서부터 산업용 로봇과 통신위성에 이르는 여러 가지의 전자 장비에 널리 사용된다. 트랜지스터는 1947년 벨 전화연구소에 있던 3명의 미국 물리학자 존 바딘, 월터 H. 브래튼, 윌리엄 B. 쇼클리에 의해 발명되었다. 이것은 진공관을 대체할 수 있다고 증명되었으며, 1950년대 후반에는 여러 응용분야에서 진공관 대신 사용되었다. 트랜지스터는 전자공학의 발전에 지대한 공헌을 했는데 소형, 소량의 열 발생, 높은 신뢰성, 상대적으로 소량의 전력 소모에 의해 컴퓨터에 필요한 복잡한 회로의 소형화가 가능하게 되었다. 1960년대 후반과 1970년대에는 개개의 트랜지스터 대신 여러 개의 트랜지스터 및 다이오드와 저항기 같은 소자가 작은 반도체의 칩 위에 내장되어 있는 집적회로를 사용하게 되었다.

트랜지스터는 비소나 붕소 등 여러 가지 불순물을 실리콘에 첨가하여 여러 층의 반도체로 이루어져 있다. 이와 같은 불순물에 의해서 전류가 실리콘 내부를 이동하는 방법을 변화시키게 된다. n-형 반도체에서는 전하의 운반자가 주로 자유전자가 되며, p-형 반도체에서는 양공(즉, 3개의 외각전자를 가지는 붕소원자가 4개의 외각전자를 가지는 실리콘을 대체하면 빈 공간, 즉 양공이 공유전자 에너지 띠에 생기게 됨) 반도체의 양공은 전자와 유사하게 움직이는데 양의 전하를 띠기 때문에 전자와는 반대방향으로 움직인다. 트랜지스터의 종류에는 쌍극성 접합 트랜지스터(BJT)와 전계 효과 트랜지스터(FET)가 있다. BJT는 2개의 p-n 접합으로 이루어져 있는데, 전자와 양공이 전도과정에 관여한다는 점에서 쌍극성이며 입력전류에 따라서 출력전압이 쉽게 변화된다. 이러한 유형의 트랜지스터는 증폭기로 널리 사용되며 발진기, 고속 집적회로, 스위칭 회로에서 핵심 부품이다.

BJT와 달리 FET는 단극성 소자이다. 즉, 전도과정이 주로 한 가지의 전하 운반자에 의해서 이루어진다. FET의 종류로는 금속-산화물-반도체 전계 트랜지스터(MOSFET)와 접합 전계 효과 트랜지스터(Junction Field-Effect Transistor / JFET)가 있다. 1980년대 중반 이후 MOSFET가 중요도 면에서 BJT를 능가하고 초고밀도 집적회로(VLSI)에서 널리 사용되게 되었다. FET는 BJT에 비해서 소모전력이 적을 뿐만 아니라 크기를 소형화하기가 더욱 용이하다. FET의 다른 유형으로서 상업적으로 중요한 것으로는 금속-반도체 전계효과 트랜지스터(MESFET)와 이와 밀접한 JFET가 있다. MESFET는 아날로그와 디지털 회로 양자에서 사용할 수 있는데, 마이크로파 증폭분야에서 특히 유용하다.

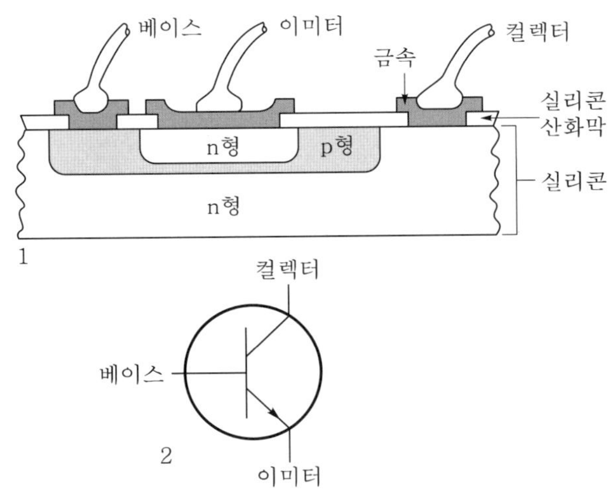

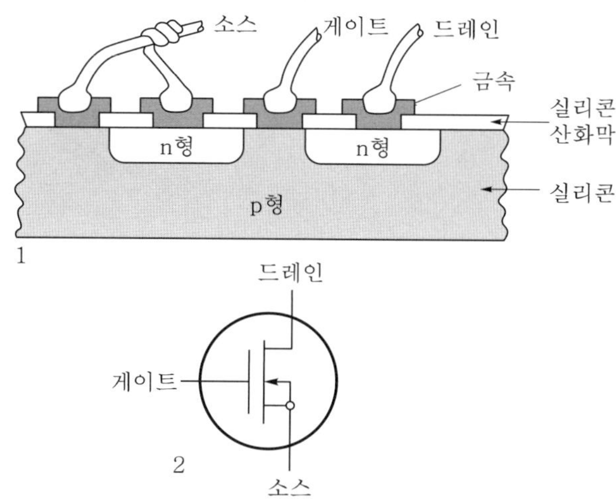

① 트랜지스터

트랜지스터는 기본적으로는 전류를 증폭할 수 있는 부품이다. 아날로그 회로에서는 매우 많은 종류의 트랜지스터가 사용되지만, 디지털 회로에서는 그다지 많은 종류는 사용하지 않는다. 디지털 회로에서는 ON 아니면 OFF의 2차 신호를 취급하기 때문에 트랜지스터의 증폭 특성에 대한 차이는 별로 문제가 되지 않는다. 회로 기능은 대부분 IC로 처리하는 경우가 많다. 디지털 회로에서 트랜지스터를 사용하는 경우는 릴레이라고 하는 전자석 스위치를 동작시킬 때(릴레이는 구동전류를 많이 필요로 하기 때문에 IC만으로는 감당하기 어려운 경우가 있다)나, 발광 다이오드를 제어하는 경우 등이다. 트랜지스터는 반도체의 조합에 따라 크게 PNP 타입과 NPN 타입이 있다. 그리고, 트랜지스터는 용도와 상기의 타입에 따라 다음과 같은 명칭이 붙여진다.

- 2SA××× : PNP 타입의 고주파용
- 2SB××× : PNP 타입의 저주파용
- 2SC××× : NPN 타입의 고주파용
- 2SD××× : NPN 타입의 저주파용

PNP 타입과 NPN 타입에서는 전류의 방향이 다르다. 마이너스 전압 측을 접지로, 플러스 전압 측을 전원으로 하는 회로의 경우, NPN 타입 쪽이 사용하기 쉽다. 트랜지스터의 기호는 다음과 같은 것들이 있다.

Q1 NPN
Q2 PNP
Q3 MOSFET DUAL G/N
Q4 MOSFET N
Q5 MOSFET P

② 트랜지스터의 외형

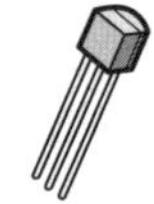

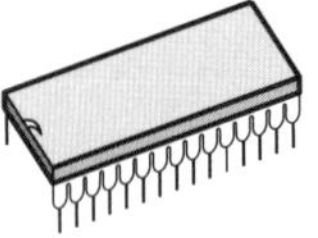

8) 레귤레이터

레귤레이터는 전원을 일정하게 공급해 주기 위해 사용하는 것으로 크게 정전압 방식과 스위칭 방식으로 구분한다.

① 정전압 레귤레이터

정전압 레귤레이터는 다른 말로 리니어 레귤레이터라고도 한다. 정전압 방식은 필요한 전압만 일정하게 출력하며 나머지 남는 전압을 모두 열로 소비하는 방식으로 레귤레이션이 일어난다. 전압의 품질이라는 점에서는 성능이 좋은 반면에, 효율 면에서는 열로 방출하게 되는 에너지 차원에서 효율이 떨어진다고 볼 수 있다. 흔히 쓰는 정전압 레귤레이터로는 78xx, 79xx 시리즈 등이 있으며 78, 79 뒤에 붙는 xx는 출력 전압을 나타낸다.

7805를 예로 들면, 5V 이상의 전원이 인가가 되면 항상 일정한 5V의 전압을 출력해 주는 레귤레이터이다. 7805, 7808, 7809, 7812 등 여러 가지 종류가 있으므로 사용 용도에 맞게 필요한 레귤레이터를 골라서 사용하면 된다.

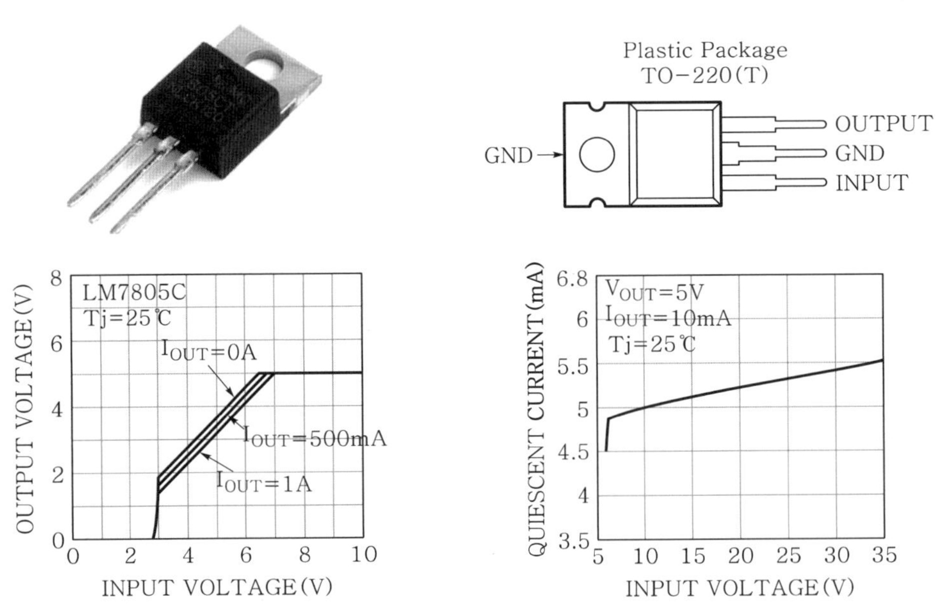

② 스위칭 레귤레이터

스위칭 레귤레이터는 정전압 레귤레이터처럼 남는 전력을 열로 소비하지 않고, 필요한 만큼만 출력을 조절하기 위해 스위칭을 하는 레귤레이터를 말한다. 스위치를 열고, 닫고 하는 것처럼 고속으로 스위칭을 함으로써 평균 전압을 일정하게 유지하는 것이다. 스위칭 레귤레이터는 정전압 레귤레이터와 달리 스위칭 과정에서 노이즈가 발생하기 때문에 성능 면에서는 더 좋지 못한 단점이 있다. 그러나 열로 방출하는 에너지 낭비가 없어 전력의 효율은 훨씬 좋은 편이다.

스위칭 레귤레이터 역시 2575, 2576 등 여러 가지 종류가 있다.

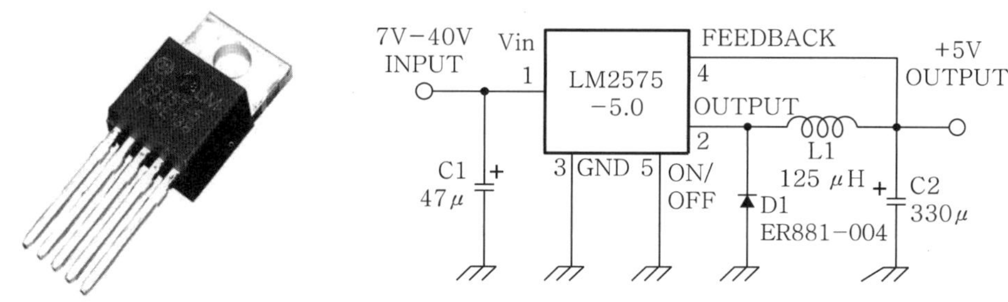

9) 센서

센서는 외부 물리량을 전기적으로 표현해 주기 위해 고안된 각종 전자 부품들을 통칭한다. 수치화가 필요한 자연계의 현상에는 온도, 습도, 조도, 속도, 가속도, 거리, 소리, 기울기, 휘어짐, 무게 등 수 없이 많은 종류의 물리량이 존재하며, 이들을 보다 효과적으로 측정하기 위해 수 없이 많은 종류의 센서가 존재한다. 본 장에서는 이러한 많은 센서를 모두 다룰 수는 없으므로 우리가 많이 사용하는 센서 몇 종류만 예를 들어 설명하도록 한다.

① 적외선 센서

적외선 센서는 말 그대로 적외선을 이용한 센서이다. 적외선 자체를 측정할 수 있으며, 흰색에서 반사되고, 검은색에서 흡수되는 빛의 공통적인 성질을 이용하여 물체의 유무, 거리, 바코드 판별, 리모컨, 화장실 등에 많이 응용되고 있다.

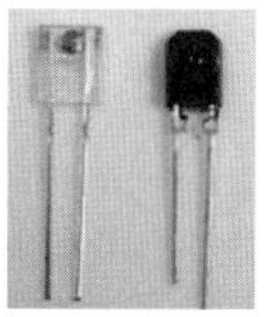

적외선 센서는 보통 두 가지 방법으로 사용한다. 단순히 물체의 유무를 판별하기 위해서 0, 1 의 데이터만 취급하는 방법과 거리 등을 판별하기 위해 아날로그값을 취급하는 경우가 있다. 디지털 데이터만 취급하기 위해서는 보통 버퍼 등을 통해 신호를 TTL 레벨 이상으로 올려주는 방법이 간단하면서도 많이 사용되고 있다. 또한, 아날로그값을 처리하기 위해서는 태양광, 형광등 등 외란의 간섭을 피하기 위해 HPF(High Pass Filter), LPF(Low Pass Filter) 등을 사용자의 용도에 맞도록 많이 부착하며, ADC(Analog to Digital Converter) 등을 사용한다. 최근 대부분의 MCU(Micro Controller Unit)에는 이러한 기능을 하는 ADC가 포함되어 있는 경우가 많다.

② 초음파 센서

초음파는 의료, 군사, 로봇, 세척 등 여러 곳에서 사용되고 있다. 그러나 여기에서 말하는 초음파 센서(Ultrasonic Sensor)는 적외선 센서와 마찬가지로 물체의 유무, 거리 등을 파악하는데 많이 사용되는 센서이다. 단, 적외선 센서는 반사되어 돌아오는 적외선의 양으로 거리를 판별하지만, 초음파 센서는 돌아오는 시간을 이용해 물체의 거리 등을 파악하게 된다.

초음파 센서는 보통 발신 / 수신 센서가 따로 있는 경우도 있으나, 위 사진과 같이 발신 / 수신이 하나로 모듈화 되어 있는 제품을 많이 사용한다. 정밀도가 수 mm까지 측정할 만큼 좋지는 않지만, 그래도 많은 곳에서 응용되는 제품이다. 위 사진 속의 제품은 영국 Robot Electronics의 초음파 거리감지 센서 SRF-04 모듈이다. 40KHz의 초음파를 이용하여 3cm~3m의 거리를 감지하며, 스타트 신호를 입력한 후에 거리에 따른 시간 지연 신호가 출력된다. 마이크로프로세서에서 타이머 기능을 이용하여 거리를 측정할 수 있는 모듈 내부에 마이크로프로세서가 있는 신뢰성이 매우 높은 초음파 거리감지 센서이다.

③ 가속도 센서

가속도 센서는 물체의 가속도를 측정해 주는 센서로 많은 이동로봇 혹은 네비게이션 등에 많이 사용되고 있다. 다음과 같이 센서 자체도 있지만 그림에서와 같이 모듈화 되어 있는 것을 사용하게 되면 편리하게 쓸 수 있다.

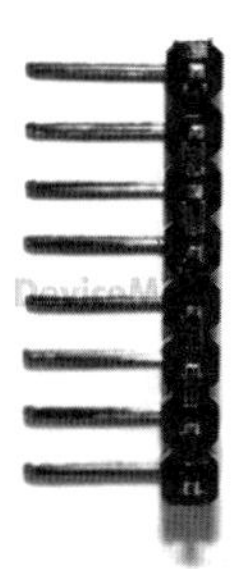

가속도 센서에서 나온 신호가 적분기를 한 번 거치게 되면 속도가 나오며, 두 번 적분하게 되면 이동 거리가 나온다. 물리적인 문제에서 사용되는 거리, 속도, 가속도 모든 데이터를 사용할 수 있기 때문에 아주 유용하게 사용할 수 있는 센서이다. 보기의 제품은 한 축 방향의 센서이기 때문에 보통 2개, 3개 수직 방향으로 사용하게 되면 2차원, 3차원 가속도, 속도, 거리 등을 파악할 수 있다.

④ 홀 센서

홀 센서는 홀 효과(Hall Effect)에서 착안하여 만들어진 센서이다. 먼저 홀 효과란, 도체에 전류를 흘리면서 전류의 방향과 수직하게 자기장을 걸면 전류와 자기장에 수직 방향으로 전기장이 발생하는 현상으로 1879년 미국의 E.H. Hall에 의해 발견되었다.

홀 센서는 자기장의 크기 등을 측정하는 곳에도 많이 사용되지만, 모터의 속도 등을 측정하기 위해 모터 축 뒤에 붙여서 많이 사용하기도 한다. 홀 센서는 위 사진과 같이 단일 칩으로 나온 경우도 있고, 트랜지스터 형태로 센서만 달려 있는 경우도 있다.

⑤ 온도 센서

최근 하루가 다르게 집적화 되는 반도체 기술과 함께 대두된 반도체의 열 문제로 이제 냉각 기술에 관심이 쏠리고 있다. 컴퓨터 본체의 열을 식히기 위해 많은 방식의 방열판, 냉각장치들이 생기고 있으며, 현재 내부 온도를 표시하기 위해 컴퓨터 본체에 온도계가 달려있는 제품들이 속속들이 나오고 있다. 이러한 시대의 요구에 부흥하기 위해 많은 종류의 온도 센서가 생산되고 있다. 온도 센서는 다음과 같이 아주 간단한 구조로 되어 있는 것이 일반적이며, LM-35 온도 센서의 경우 아날로그값 자체와 온도가 1 : 1로 매칭된다. 1.5V 전압이 출력되면 150, 섭씨 150도, 0.8V가 출력되면 섭씨 80도를 나타낸다. 보통 온도 센서는 습도 센서와 함께 같이 쓰이는 경우가 많다.

⑥ 습도 센서

습도 센서는 대기 중의 습도를 측정하는 센서로 온도 센서와 매우 흡사하다. 습기가 차게 되면 센서 내 저항값이 바뀌게 되며, 이에 따라 흐르는 전류의 양 역시 바뀌게 된다. 이러한 원리를 이용한 센서가 습도 센서이다.

온도 센서는 밀폐된 곳에서도 사용이 가능하지만, 습도 센서는 반드시 노출이 되어 있는 곳에서 사용해야 한다. 습도의 측정원리는 물 분자나 수증기가 가지는 고유한 물리적인 성질을 이용하는 것과 흡습성 물질에 물 분자가 흡착되어 그 물질의 물리적 성질변화를 측정하는 두 가지 방법이 있다. 노점습도 센서, 건습구 습도계, 확산식 습도 센서, 적외선 습도 센서 등이 전자에 속하고 모발 습도계, 박막 또는 후막습도 센서, 색 습도계 등이 후자에 속한다.

과학기술과 여러 산업분야에서 광범위하게 응용되고 가장 많이 사용되며 정확도가 3%RH 이하인 전자식 습도 센서를 주로 사용하는 추세이며, 적외선 센서의 경우도 습도측정에 사용되고 있으나 극히 사용이 제한적이다. 습도 센서는 형태상으로 박막, 후막 등으로 구분되며 재료별로는 전해질체, 셀룰로오스나 폴리이미드와 같은 유기고분자 재료의 진수성이나 팽윤(Swelling)을 이용한 유기 재료계, 물의 흡·탈착현상을 이용한 Se, Ge, Si의 반도체 증착막 또는 금속산화물계의 4종류로 나눌 수 있다.

⑦ 압력 센서

압력 센서는 대기압, 누르는 힘, 무게 등을 측정하는데 많이 사용된다. 압력 센서를 이용하여 대기압을 측정하며 해발 고도 등을 어렴풋이나마 측정할 수도 있으며, 기후를 예측하기 위해 기압을 측정하기도 한다.

또한, 자동차 타이어의 공기압 측정에도 사용되며, 압력 게이지 등 각종 장비들을 디지털화하기 위해 많이 사용된다.

⑧ 가스 센서

가스 센서는 이산화탄소, 산소, 질소 등 각종 기체들의 함량을 측정하는데 사용되는 센서이다. 우리의 생활환경에는 대단히 많은 종류의 위험한 가스가 존재하고 있어 최근 일반가정, 업소, 공사장에서의 가스사고, 석유콤비나트, 탄광, 화학플랜트 등에서의 폭발사고 및 오염 공해 등이 잇따르고 있다. 인간의 감각기관으로는 위험 가스의 농도를 정량하거나 종류를 거의 판별할 수 없다. 이에 대응하기 위해 물질의 물리적, 화학적 성질을 이용한 가스 센서가 개발되어 가스의 누설 감지, 농도의 측정 기록, 경보 등에 사용되고 있다.

위 사진은 가스 센서이다. Methane, Propane, Iso-butane, Hydrogen, Ethanol, Hydro-carbons이 모두 측정이 가능한 UNIVERSAL TYPE의 가스 센서이다.

Target gases and concentration Gases Detection range

Gases		Detection range
Methane	[CH_4]	0.05~5.0%(0.05~2%)
Propane	[C_3H_8]	0.03~2.2%(0.03~1%)
Iso-butane	[Iso-C_4H_{10}]	0.03~1.8%(0.03~0.8%)
Hydrogen	[H_2]	0.05~4.0%(0.05~1.5%)
Ethanol	[C_2H_5OH]	0.05~3.2%(0.05~1.5%)
Hydrocarbons	[CnH2n+2]	1.00~100% LEL(1~50% LEL)

⑨ 거리 센서

다음의 거리 센서는 Sharp에서 나온 것으로 반사되어 돌아오는 적외선의 반사각을 이용한 센서이다. 수 mm까지 측정이 가능하며 모바일 로봇 등에 많이 사용된다.

위 사진의 SHARP GP2시리즈 거리감지 센서는 수신된 적외선 양을 측정하는 방식보다 우수한 측정 정확도를 얻을 수 있다. 적외선 양을 측정하는 방식은 10cm 이내의 단거리 측정이며 목표물의 색상과 재질에 따라서 많은 오차가 발생한다. SHARP의 GP-2시리즈 적외선 센서는 적외선을 송신한 후 목표물에서 반사되어 돌아오는 적외선의 각도를 측정하여 센서와 목표물의 거리를 출력한다. GP-2시리즈 적외선 감지 센서는 송수신 소자에 렌즈가 장착되어 있으며 적외선 필터에 의하여 외부의 빛을 차단하는 구조로 되어 있어 최대 측정거리가 30cm, 80cm, 150cm로 광량 측정방식에 비하여 매우 크다. 내부에는 신호처리 회로가 내장되어 있으므로 정확하며 안정적인 아날로그 신호를 출력한다.

⑩ 기울기 센서

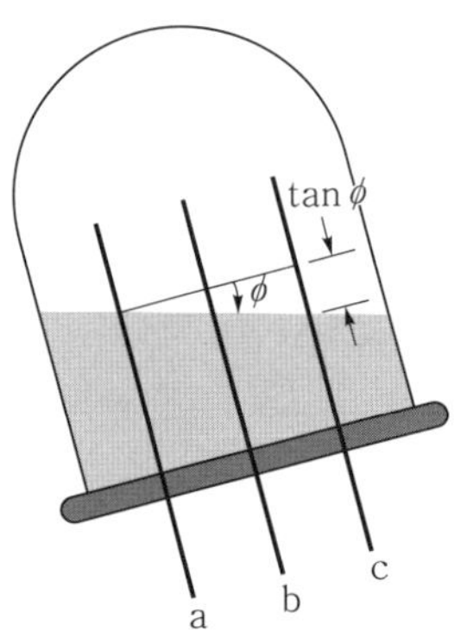

기울기 센서는 물체의 표면에 부착하여 그 물체가 어느 정도 기울어져 있는지 판별할 때 쓰이는 센서로 그 원리는 위 그림과 같다.

a, b, c는 전극이고 기울기를 측정하는 방법은 Conductivity를 측정하는 방법으로, 센서 안에 담겨있는 것은 전도성을 지닌 Fluid이다. 그림과 같이 기울여 놓으면 a, b 사이에 있는 Fluid의 부피가 b와 c 사이에 있는 유체의 부피보다 더 커져서 a,b 사이의 전도성이

더 커지게 되어, 흐르는 전류의 양이 많아지게 된다. 이러한 원리를 이용하여 센서가 어느 정도 기울어져 있는지 파악할 수 있다.

⑪ Flex 센서

Flex 센서는 물체의 휘어짐 혹은 물체에 가해지는 압력 등을 측정하는데 쓰는 센서이다. 좌측 사진의 FlexiForce 센서는 압력에 따라 전기 저항값이 변화하며, 압력이 없을 때 높은 저항값을 갖고 압력을 가하면 5K Ohm까지 저항값이 내려간다. 작은 압력에도 저항값의 변화량이 커서 전자저울과 ROBOT의 GRIP 촉각 센서로 활용한다.

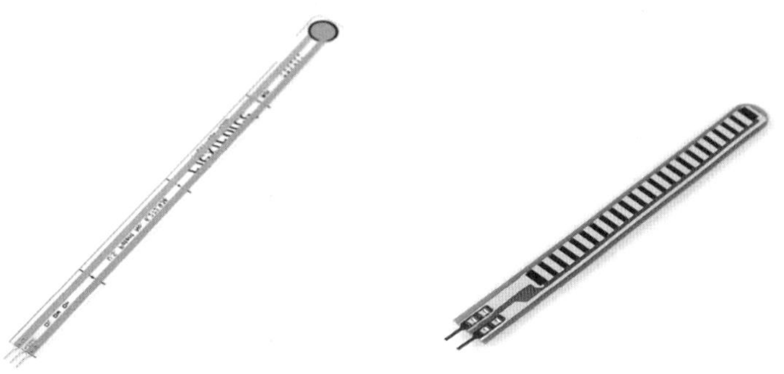

위 사진은 미국 Sparkfun사에서 만든 Flex 센서로 휘어짐 정도를 측정하는 센서이다. 평편한 상태에서 약 10K Ohm의 저항값을 나타내며, 90도 휘어진 상태에서 15K~30K의 전기 저항값을 가진다. Flex 센서는 단순기하(직각, 원) 운동계가 아닌 유연한 물체의 움직임 감지용으로 사용하며 생물체의 더듬이와 비슷한 역할을 하므로 Robot을 제작할 때 촉각 센서로 많이 사용하기도 한다.

⑫ 조도 센서

조도 센서(CdS, 황화카드뮴 센서)는 빛을 받는지 여부에 따라 저항값이 변하는 센서로 주로 밤이 되면 자동으로 켜지는 가로등 혹은 건물에 전원이 나갔을 때 비상등 등에 많이 사용된다. 그러나 최근에는 환경유해 물질이 포함되어 있다고 해서 새로운 제품으로 많이 대체되고 있다.

CdS는 어두워지면 저항값이 커지고, 밝아지면 저항값이 작아지는 특징이 있다. 이러한 성질을 이용해 적외선 센서와 같이 많은 곳에 사용되는 센서이다.

⑬ 자이로 센서

자이로 센서는 그 용도에 따라 1축, 2축, 3축 자이로 센서 등 여러 가지 종류가 있다. 3축 자이로 센서의 경우 비행기, 헬리콥터 등 3차원 공간을 움직이는 것의 운동을 분석하기 위해 많이 사용되며, 2축 자이로 센서는 차량 등 2차원 공간에서 움직이는 것에 많이 사용된다. 다음 사진은 1축 자이로 센서로 한 축 방향으로의 움직임을 감지한다.

기본적으로 자이로 센서는 운동 상태를 알 수 있도록 해준다. 비행체나 자동차 등 많은 곳에 사용된다. 자이로 센서는 회전축이 자유롭게 회전할 수 있게 한 팽이라고 생각할 수 있다. 팽이는 회전하면서 각운동량이라는 것을 갖게 되는데, 이것은 외부의 힘이 없는 한 그 방향을 유지하려고 한다. 그러나, 외부에서 힘을 가하게 되면 회전축이 변하게 되는데, 특히 중력이나 관성력 등과 같이 일정한 방향의 힘이 작용하게 되면 회전축이 중력이나 관성력의 방향으로 회전하는 세차운동을 하게 된다. 이런 성질을 이용하여 어떤 물체가 운동할 때 운동방향이나 가속도 등을 측정할 수 있는데, 이것이 자이로스코프, 즉 자이로 센서이다. 비행기나 위성의 자세제어 등에 많이 사용된다.

10) 부저

부저라고도 하고 Piezo라고도 한다. 부저는 전기를 가하면 고음의 소리를 내는 장치로, 최근에는 컴퓨터의 상태를 알려주는 신호음을 울려주는 데 많이 사용된다. 일종의 스피커와 비슷하다고 볼 수 있으나 스피커처럼 코일이나 자석이 있는 것은 아니다. 본래 Piezo는 전기가 흐르게 되면 진동을 하게 되는 물질인데, 그러한 Piezo 물질을 얇은 철판에 입혀 소리를 내는 소자로 사용한 것이 부저이다.

흔히 사용되는 부저는 5V, 9V, 12V 용이 있으며 단순 On/Off 제어가 아닌 PWM 신호를 사용하면 보다 다양한 소리를 낼 수 있다. 크리스마스 멜로디 카드 등에 쓰이는 얇은 박막 형태의 제품도 있다.

4 C 언어의 기초 I

1) 표준 입출력

```
#include <stdio.h>                    // 표준 입출력 함수 사용을 위한 헤더파일

int main(void)                        // 프로그램의 시작 부분
{
    int a;                            // 변수 선언

    scanf(" %d ", &a);                // 키보드로부터 값을 입력받는다

    printf(" Input Number is : %d \n", a);      // 입력받은 숫자 출력
    printf(" Korea Univ. dept. of C.I.E. ") ; // 문자열 출력

    return 0;                                   // 반환값이 없다
}                                               // 프로그램 종료
```

printf(" ");　　　: " " 안의 문자열을 출력한다.

- %d : Integer 문자 출력
- %c : Character 문자 출력
- %f : Float 문자 출력
- ₩n : 한 줄 넘김
- ₩b : Beep 출력
- ₩t : TAB 출력
- scanf(" %문자형 ", &변수); : %로 지정한 형태의 문자를 입력받아 &가 지정한 변수에 저장
- scanf("%c%d", &ch, &integ) : char형을 입력받아 ch라는 변수에 저장하고, 정수형을 입력받아 integ라는 변수에 저장한다.

- ;(세미콜론) : 모든 명령어의 끝에는 ';'을 이용해 명령어의 끝을 알린다.
- { }(중괄호) : 한 함수의 시작과 끝을 알린다. 또한, 여러 개의 명령어를 그룹화한다.
- // : 한 줄 주석 처리
- /* */ : 구간 주석처리☞/* : 주석 시작, */ : 주석 끝

2) 자료형/연산자

① 자료형

종류	Type	범위	비고	받는 문자
int	정수형	$(-2^{16-1})\sim(2^{16-1}-1)$	부호 ○	%d
long	정수형	$(-2^{32-1})\sim(2^{32-1}-1)$	부호 ○	%l
unsigned	정수형	(+) 범위만 갖는다	부호 ×	
float	실수형	부동 소수점 포함	부호 ○	%f
double	실수형	부동 소수점 포함	부호 ○	%lf
char	문자형	문자를 표현	부호 ×	%c

※ 단, 자료형의 지정 범위는 운영체제 등에 따라 다를 수 있다.(ANSI C 기준)

② 연산자

종류	기능	종류	기능
+	더하기	<, >, <=, >=	부등호
−	빼기	!=	같지 않다(다르다)
*	곱하기	<<, >>	시프트(비트 이동)
/	나누기	+=, −=, *=, /=	a+=3 ☞ a=a+3
%	나머지		
=	대입 연산자	++, −−	a++(1 증가, 1 감소) ☞ a=a+1
==	등호(equal)		
!	not	? :	조건부 연산자
&	AND(비트 연산)	&&	그리고(논리연산)
|	OR(비트 연산)	||	또는(논리연산)
^	거듭제곱	.	(구조체) 멤버 참조
()	괄호	<-,->	(구조체) 대입

사용 예 : x=(z>3)?y:-y

☞ 해설 : z가 3보다 크면, x=y이고, z가 3보다 크지 않으면 x=-y이다.

3) 비교문/반복문/제어문

① if~else 문

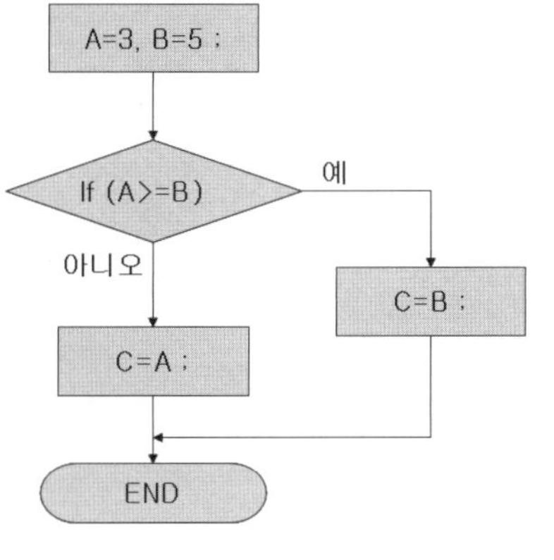

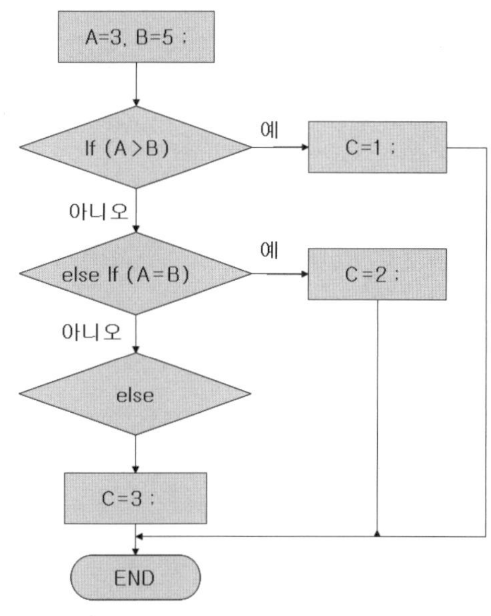


```c
#include <stdio.h>

int main(void)
{
      int a, b, c ;
      a=3 ;
      b=5 ;
      if(a >= b) c = b ;

      elsec = a ; // 1번

      if(a < b)c = a ; // 2번

}
```

```c
#include <stdio.h>

int main(void)
{
      int a, b, c ;
      a=3 ;
      b=5 ;

      if(a > b) c = 1 ;
      else if(a==b) c = 2 ;
      else c = 3 ;
}
```

- 1번 혹은 2번 두 가지 중 어떤 것을 사용해도 결과는 같다.
- if 안에 처리해야 할 명령어가 여러 개일 때는 중괄호 { }로 묶는다.

- 선택의 폭이 넓을 때 주로 사용한다.
- 등호(==) 주의 / (=)는 등호가 아니다.

② switch-case 문(다중 선택문) : 여러 개의 조건 중에 맞는 것 하나만 실행

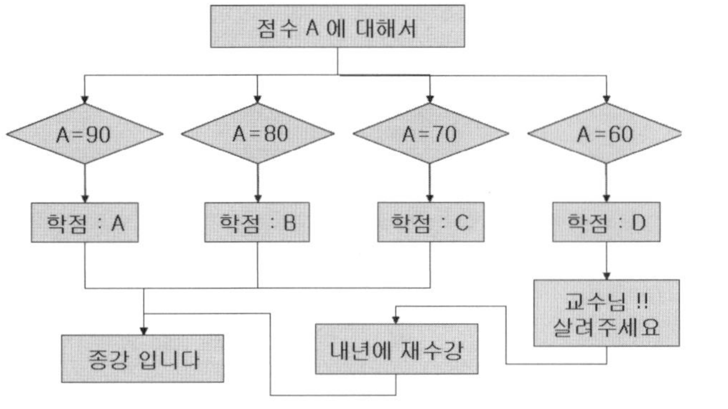


```
switch(변수) {
case1 : 실행문1 ;
 break ;
case2 : 실행문2 ;
 break ;
case3 : 실행문3 ;
 break ;
case4 : 실행문4 ;
 break ;
}
```

```
# include < stdio.h >

int main(void)
{
        int point;
        printf(" 이 과목 나의 예상 점수에 대해 ...!! \n ");
        printf(" 몇 점 맞을 것 같냐 ?? : ");

        scanf("%d", point);

        switch(point) {
               case 90 :printf(" A 학점 문제없어!! \n ") ;
               break ;
               case 80 :printf(" B 학점 이상은 맞을 거야!! \n ") ;
               break ;
               case 70 :printf(" C 맞으면 어쩌지 ?? \n ") ;
               break ;
               case 60 : {
                           printf(" D 학점이 분명해!! \n ") ;
                           printf(" 교수님 살려주세요 ㅠ.ㅠ \n ") ;
                           printf(" 내년에 또 들어야 되는 거야??ㅠ.ㅠ \") ;
                           break ;
                           }
        }
        printf(" 시험이야 그렇다 치고.. 방학이다!!! \n ") ;
        return 0;
}
```

③ for 문(반복문)

```
for(초기값 ; 최종값 ; 변화율)
{
      실행문 ;
}
```

[예제 프로그램] 0부터 10까지의 합을 구하는 프로그램

```
#include <stdio.h>

int main(void)
{
     int i, j=0 ;
     for(i=0 ; i<=10 ; i++) {
        j = j + i ;
     }
     printf(" 0부터 10까지의 합은 %d입니다. " , j);
     return 0;
}
```

[예제 프로그램] 구구단

```
#include <stdio.h>

int main(void)
{
     int i, j, k ;
     for(i=2 ; i<=9 ; i++) {
        printf(" === %d 단 시작 === \n ", i);
        (j=1 ; j<=9 ; j++) {
                k = i * j ;
                printf("%dx%d=%d \n", i, j, k);
        }
        printf(" === %d 단 끝 === \n ", i);
     }
     return 0;
}
```

④ while 문(조건이 참인 동안 계속 반복)

※ 미리 알아두어야 할 사항
☞ 1=True=참=예
☞ 0=False=거짓=아니오

[예제 프로그램] 1부터 100까지의 합을 구하는 프로그램

```
#include < stdio.h >
int main(void)
{
    int i = 101 ;
    int j = 0 ;

    while(i--){
       j = j + i ;
    }
    printf(" 100부터 0까지의 합은 %d입니다. \n ", j);
}
```

※ 많이 쓰는 표현

while (1) // 무한루프
{
실행문 1 ;
실행문 2 ;
}
 	
( ) 안의 조건이 항상 참이므로 { } 안의 실행문 1, 2가 무한 반복된다.
실행문1 → 실행문2 → 실행문1 → 실행문2 → …
 	
무한루프를 강제종료 시키기 위해서는 실행문을 비교문 등으로 만들어 어떤 조건을 만족했을 때 break ; 등을 이용해야 한다.
	while (0)
	{
	실행문 1 ;
	실행문 2 ;
	}
	
	( ) 안의 조건이 항상 거짓이므로
	{ } 안의 어떠한 것도, 실행하지 않는다.

4) 배열

① 배열

일단 다음 그림을 통해 배열이 무엇인지 알아보자.

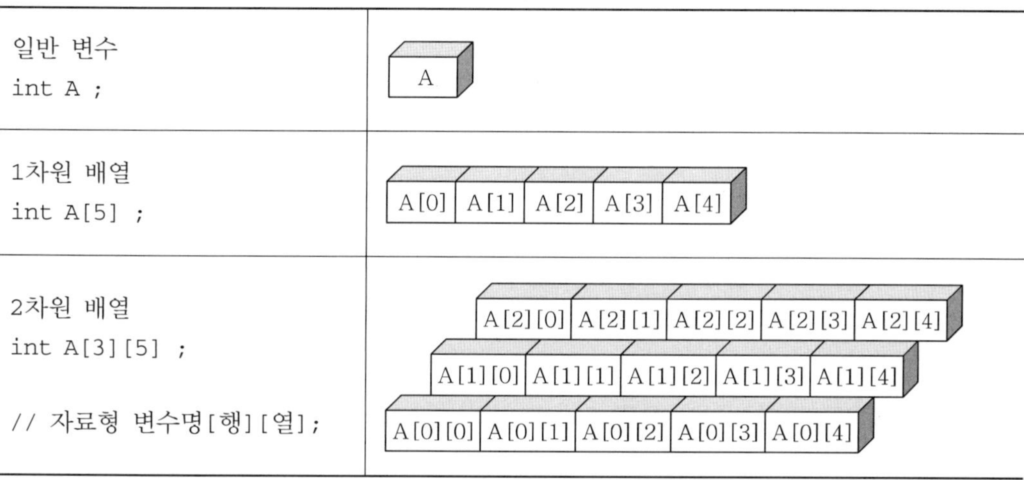

일반 변수 int A ;	A
1차원 배열 int A[5] ;	A[0] A[1] A[2] A[3] A[4]
2차원 배열 int A[3][5] ; // 자료형 변수명[행][열];	A[2][0] A[2][1] A[2][2] A[2][3] A[2][4] A[1][0] A[1][1] A[1][2] A[1][3] A[1][4] A[0][0] A[0][1] A[0][2] A[0][3] A[0][4]

[배열의 활용 예]

- 입력받은 숫자를 거꾸로 출력하기

```
#include < stdio.h >

int main(void)
{
    int i,j[5];                          // 변수 및 배열 선언

    for(i=0 ; i<=4 ; i++) {
       scanf(" %d ", &k[i]);             // 5개의 숫자를 키보드로부터 입력
    }

    for(i=4 ; i>=0 ; i--) {
       printf(" %d \n ", k[i]);          // 입력받은 숫자를 역순으로 출력
    }
}
```

5) 사용자정의 함수

① 함수란?

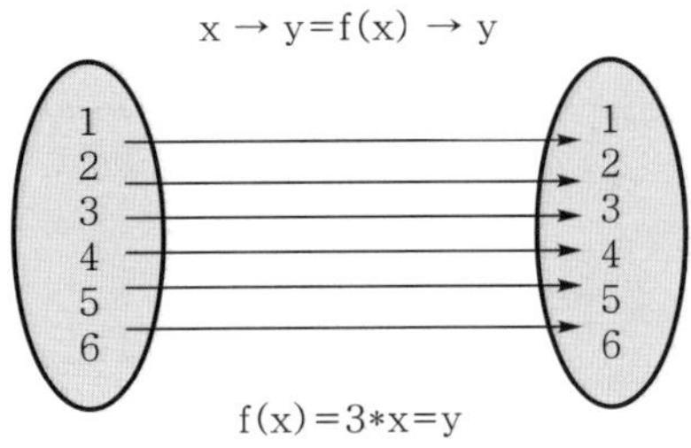

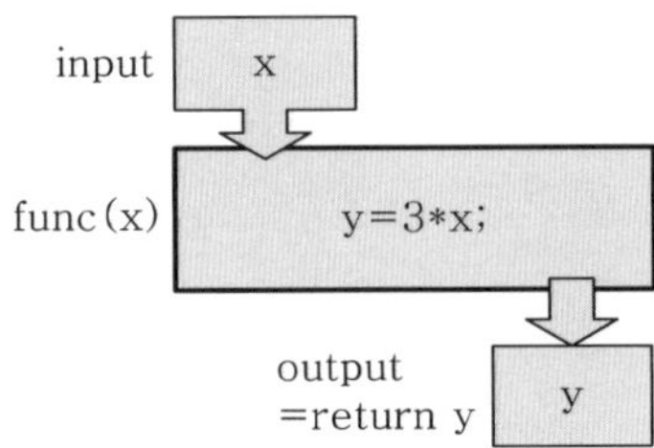

두 그림은 같은 기능을 하는 함수를 각기 다른 방법으로 그린 것이다. 왼쪽 그림에 f(x)라고 하는 함수는 x값을 입력받아 입력받은 값에 3배를 하여, y의 값으로 넘겨주는 역할을 하는 함수이다. 오른쪽 그림은 역시 func라고 하는 함수 이름을 가지며 기능은 같다. 이를 프로그램 언어로 표현하면 다음과 같다.

```
# include < stdio.h >

int func(int input) ; // 함수의 프로토 타입(원형) 선언
                  // 자신을 호출하는 부분이 자기보다 위에 있을 경우 필요
                  // 자신보다 아래에 있는 함수에서 자신을 호출할 때는 불필요
int main(void)
{
     int x, y ;
     for(x=1 ; x<=6 ; x++) {
        y = func(x) ;// func 함수에 x값을 입력해서, 그 결과를 y값으로
                        // 돌려받는다. func() 함수가 호출한 곳보다 아래에
                        // 있기 때문에 함수 원형이 필요하다.

     }
}

int func(int input)      // 넘겨받은 x값을 input이라는 변수에 임시 저장
{
     int result ;                 // result 라는 변수를 선언
     result= 3 * input ;          // 함수의 주 처리 내용
     returnresult ;      // 처리한 result값을 자신을 호출한 곳에 돌려준다.
}
```

6) 라이브러리 불러오기

① 표준 폴더에 있을 경우

```
# include < 파일명.h >   // < >로 묶어 준다.

예 >

# include < math.h >              // 아래와 같은 수학 관련 함수들을 사용할 때 추가
sin(값);               // sinθ 의 값을 구하는 함수
cos(값);               // cosθ 의 값을 구하는 함수
sqrt(값);              // 제곱근을 구하는 함수
abs(값);               // 절대값을 구하는 함수
log10(값);             // 자연로그(log10x)를 구하는 함수

# include < stdio.h >             // 아래와 같은 표준 입출력 관련 함수 사용할 때 추가
printf();                         // 출력 함수
scanf();                          // 입력 함수
fopen();                          // 파일을 여는 함수
fgetc();                          // 파일로부터 문자를 읽어 들이는 함수
```

② 비표준 폴더에 있을 경우

```
# include " 경로 / 파일명.h "// " "로 묶어 준다.

예 >

# include " graphic.h "// 표준 라이브러리에 없는 함수를 만들었거나, 외부에서
                      // 라이브러리를 받았을 경우 소스코드와 같은 폴더에
                      // 복사해 주고 " "로 묶어 준다.

line(x1, y1, x2, y2);   // 점 (x1, y1)과 점 (x2, y2)를 잇는 선분을 그리는 함수
rectangle(x1, y1, x2, y2);      // 점 (x1, y1)과 점 (x2, y2)를 지나는 사각형
```

7) 파일 입출력

일단 다음의 예제를 살펴보자.

```
char temp;

void file_open(void)
{
     FILE *stream;

     stream = fopen("test.txt", "rb");

     temp = fgetc(stream);

     fclose(stream);
}
```

위 예제는 chochi.maz 바이너리(binary) 파일을 열어서 그 내용을 바이트(byte) 단위로, maz라고 하는 배열에 넣는 예제이다.

```
fopen("test.txt", "rb");
```

fopen은 파일의 제어권을 컴퓨터로부터 받아오는 함수이다. 따옴표 안의 "파일이름.확장자"의 파일을 이진수 형태로 읽어 오겠다는 의미이다. 두 번째 따옴표 안에는 다음과 같은 것들이 들어갈 수 있다.

r : Read -파일로부터 읽어온다.
w : Write -파일을 만든(쓴)다.
a : Addition -기존 파일에 내용을 추가한다.

t : Text -Text 스타일
b : Binary -Binary 스타일(2진수)

```
fclose(stream);
```

파일에 필요한 처리가 끝난 후 파일의 제어권을 다시 반환하는 함수이다. 제어권을 요청하고 반환하는 것은, 파일을 보호하기 위한 일련의 조치라고 볼 수 있다. 한 개의 파일을 두 번 열면, 하나는 "읽기전용"으로 열리는 것을 생각하면 된다.

파일 입출력 관련 함수에는 다음과 같은 것들이 있다.

- **fgetc();**
  스트림으로부터 파일을 char 형태로 읽어온다.
- **fputc();**
  스트림에 파일을 char 형태로 보낸다.
- **fputs();**
  지정된 스트림에 문장을 출력한다. 단, fputs()는 문자열의 마지막에 문장 진행 제어문자를 추가하지 않기 때문에 원한다면 문장 진행 문자를 직접 포함시키도록 해야 한다.
- **fgets();**
  지정한 스트림으로부터 문자열을 가져온다. 즉, 지정한 파일에서 문장을 읽는다.

8) 정렬

① 정렬의 기본 원리

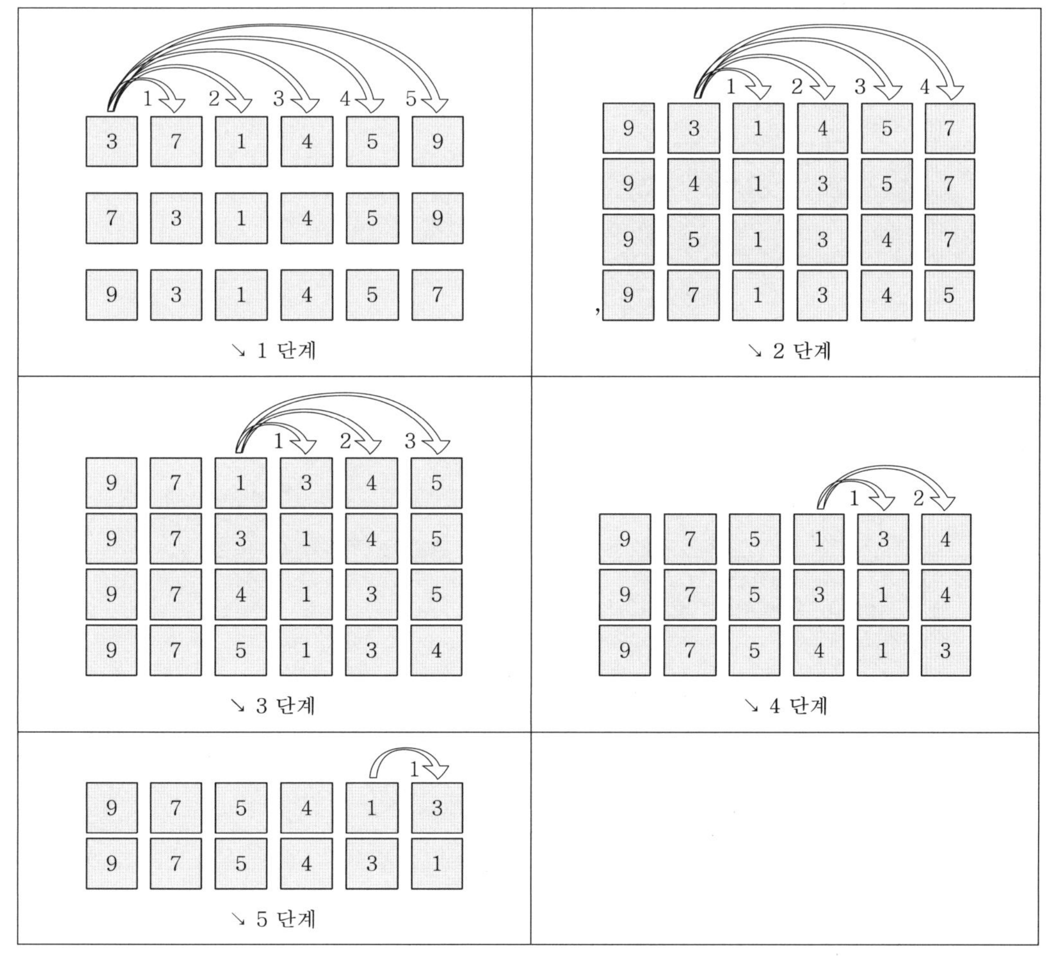

② 예제 프로그램

```
#include < stdio.h >

int main(void)
{
     int a[10] = { 3, 5, 4, 1, 6, 7, 2, 8, 0, 9 };

     int i, j, temp ;

     printf(" Before Sorting... \n ");

     for(i=0 ; i<=9 ; i++) {
        printf("%d", a[i]) ;
     }

     printf(" \n \n ");

     for(i=0 ; i<9 ; i++) {
        for(j=i+1 ; j<10 ; j++) {
                if(a[i] < a[j]) {
                        temp = a[j];
                        a[j] = a[i];
                        a[i] = temp;
                }
        }
     }

     printf(" After Sorting... \n ");

     for(i=0 ; i<=9 ; i++) {
        printf("%d", a[i]) ;
     }

     printf(" \n \n \n \n \n \n ");

     return 0;
}
```

9) 쉬어가는 페이지

프로그램을 만들 때는 들여쓰기를 생활화하자. 그 전에 들여쓰기란 것이 무엇인지 알아보자. 아래 예제 프로그램은 들여쓰기의 전형적인 예를 나타낸다.

```
for(1 ) {
      for(2) {
          for(3) {
                    실행문1;
                    실행문2;
          }
      }
}
```

이렇게 하는 것을 '들여쓰기'라고 한다. 보통 'tab' 키를 사용해서 들여쓰기를 많이 한다. 대부분의 함수나 명령어는 '{' 로 시작해서 '}'로 끝이 난다. 즉, 바꿔서 말하자면, '{' 를 열었으면 반드시 '}'를 닫아야 한다는 것이다.

프로그램이 길어지면 간혹 '{'를 열기는 하고 '}'를 닫지 않는 경우가 많다. 그럴 경우 괄호 하나 때문에 에러 메시지가 수십 개 뜨는 경우가 생기게 된다.

<table>
<tr><th>나쁜 예</th><th>좋은 예</th></tr>
<tr><td><pre>#include <stdio.h>
void main(void)
{
while(1)
{
printf("하하하\n");
}
}</pre></td><td><pre>#include <stdio.h>

void main(void)
{
      while(1)
      {
            printf("하하하\n");
      }
}</pre></td></tr>
</table>

들여쓰기 습관을 길러두게 되면 프로그램의 디버깅(Debugging) 작업이 월등히 수월해진다. 보통 프로그램에 첫발을 들였을 때, 들여쓰기를 빼먹는 경우가 많이 있다. 참고로, 들여쓰기 외에도 줄 및 칸을 적당히 띄어쓰기하는 것을 추천한다.

02 연습문제

정답 및 해설 191페이지

01 다음과 같이 출력하는 프로그램을 작성하라.(for 사용)

```
[illegible]
[illegible]
[illegible]
[illegible]
[illegible]
```

02 a, b, c 세 개의 숫자를 입력받아 $ax^2+bx+c=0$의 해를 구하는 프로그램을 작성하라.

- 단, 다음의 사용자정의 함수를 이용할 것
- 허수가 나올 경우, 'i' 문자를 이용하여 결과 출력
- float solution(int a, int b, int c)
- 근의 공식 : $x=\dfrac{-b\pm\sqrt{b^2-4ac}}{2a}$

03 취득 학점에 따라 다음과 같은 혜택을 주는 학교가 있다고 하자. 학점을 입력했을 때 점수에 따라 받을 수 있는 혜택을 출력해 주는 프로그램을 작성하되, switch – case를 반드시 사용하여 작성하라.

```
4.4 이상 : 해외연수, 장학금, 겨울방학 특강 수강 자격
4.3 이상 : 장학금, 겨울방학 특강 수강 자격
4.2 이상 : 겨울방학 특강 수강 자격
4.2 미만 : 혜택 없음
```

04 5개의 숫자를 입력받아 내림차순으로 정리하도록 하는 프로그램을 작성하라.

```
예) 입력 : 6, 7, 4, 1, 5
    출력 : 7, 6, 5, 4, 1
```

05 숫자 n을 입력받아 n!(Factorial)을 구하는 프로그램을 작성하라.

예) 만약 n=5라면,
$5\times4\times3\times2\times1=120$

06 2×2 행렬 A와 B가 있을 때, 두 행렬의 곱 C 행렬을 구하는 프로그램을 작성하라.

- 단, 행렬 A, B의 각 요소들은 사용자로부터 직접 입력받을 것.

예) $\begin{bmatrix} 3 & 1 \\ 2 & 5 \end{bmatrix} \times \begin{bmatrix} 2 & 1 \\ 4 & 7 \end{bmatrix} = \begin{bmatrix} 10 & 10 \\ 24 & 37 \end{bmatrix}$

- 힌트 : $A_{ij} = \begin{pmatrix} A_{i_0j_0} & A_{i_0j_1} \\ A_{i_1j_0} & A_{i_1j_1} \end{pmatrix}$, $B_{ij} = \begin{pmatrix} B_{i_0j_0} & B_{i_0j_1} \\ B_{i_1j_0} & B_{i_1j_1} \end{pmatrix}$, $C_{ij} = \begin{pmatrix} C_{i_0j_0} & C_{i_0j_1} \\ C_{i_1j_0} & C_{i_1j_1} \end{pmatrix}$

로 놓고 식을 전개해 보면 식을 간략화시킬 수 있는 알고리즘이 나온다.
아래 전개한 식을 참고하자.

// $C_{00} = A_{00}B_{00} + A_{01}B_{10}$
// $C_{01} = A_{00}B_{01} + A_{01}B_{11}$
// $C_{10} = A_{10}B_{00} + A_{11}B_{10}$
// $C_{11} = A_{10}B_{01} + A_{11}B_{11}$

07 〈 a.txt 〉 파일에 저장되어 있는, 자신의 영문 이름을 〈 b.txt 〉 파일로 복사하여, 저장하는 프로그램을 작성하라.

a.txt	b.txt
UnKyeong Yeo	UnKyeong Yeo

08 임의의 10진수를 입력받아 2진수로 바꾸었을 때 하위 2번째 및 4번째 비트의 값을 읽어내도록 하는 프로그램을 작성하라.

예) 입력 : 25
출력 : 11001이므로,

- 2번 비트 : 0
- 4번 비트 : 1

5 C 언어의 기초 II

1) 그래픽 모드 사용하기

C/C++은 강력한 그래픽 관련 함수를 제공한다. 기초적인 Console Mode에서 하는 방법부터 OpenGL 및 Direct X 등 고급 엔진에 이르기까지 많은 그래픽을 다룰 수 있는 방법들이 있다. 여기서는 그중 가장 기초가 되면서 그래픽을 접할 수 있는 Console Mode에서의 그래픽을 다루어 보도록 한다.

그래픽 모드에서 화면은 640×480 Pixel의 해상도를 갖는다. 픽셀 단위의 조작이 가능하며, 점, 선, 면, 호, 원, 타원, 3차원 박스 등 많은 기본 함수들을 제공한다. 아래 그림은 그래픽 환경의 좌표계를 보여준다. 좌측 상단이 기준점이며, 좌–우 방면이 x좌표를, 상–하 방면이 y 좌표를 나타낸다.

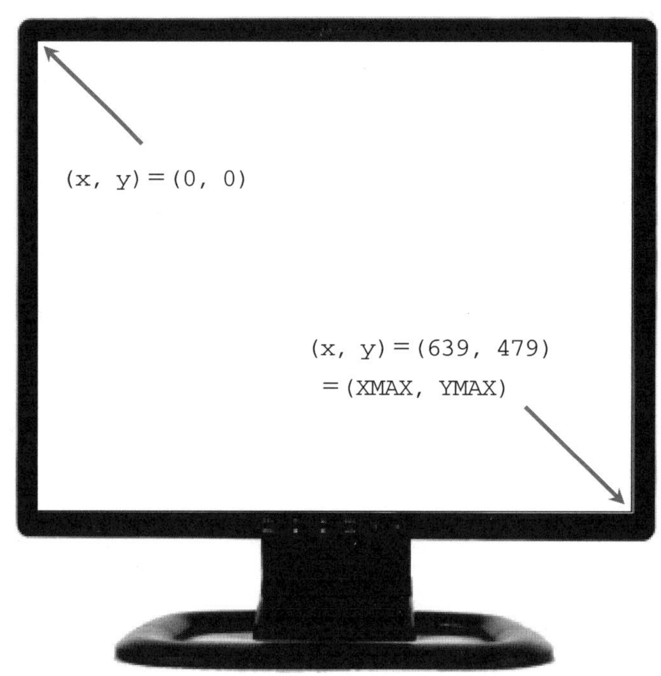

2) 그래픽 함수를 사용하기 위한 환경 설정

① 바탕화면에 프로그램을 작성하기 위한 폴더를 하나 만든다. 편의상 [gr_step_1] 폴더를 만들도록 한다.

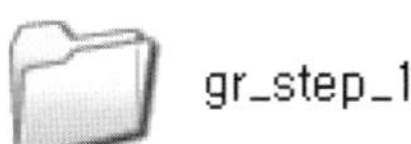

② CD에 첨부된 파일 폴더 중 CH7＼SOURCE＼ 폴더에 있는 다음의 세 파일을 바탕화면의 [gr_step_1] 폴더에 복사한다.

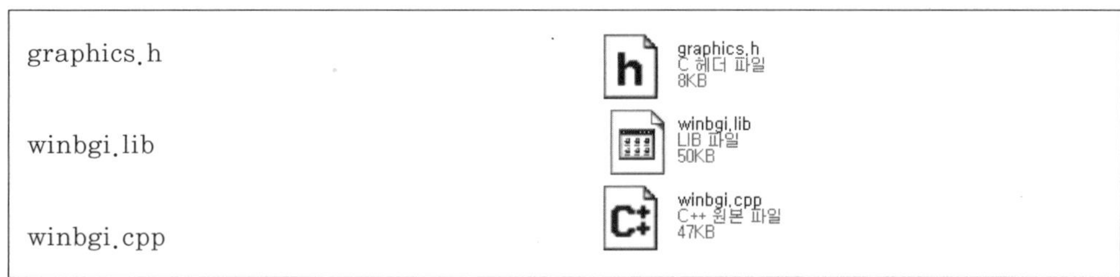

③ Visual C/C++을 실행한다.

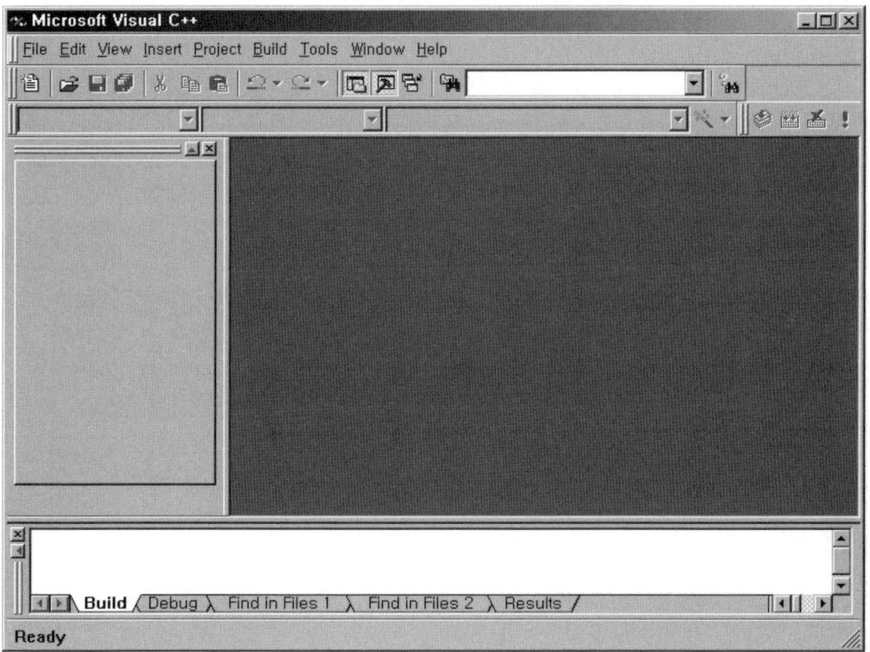

④ File ⇨ New를 실행한다. 또는 [Ctrl]+[N]을 눌러도 된다.

⑤ 다음과 같이 파일 이름과 폴더를 설정한다.

- 파일 종류 : Files ⇨ C++ Source File
- 파일 이름 : gr_step_1
- 저장 위치 : 바탕화면 ⇨ gr_step_1

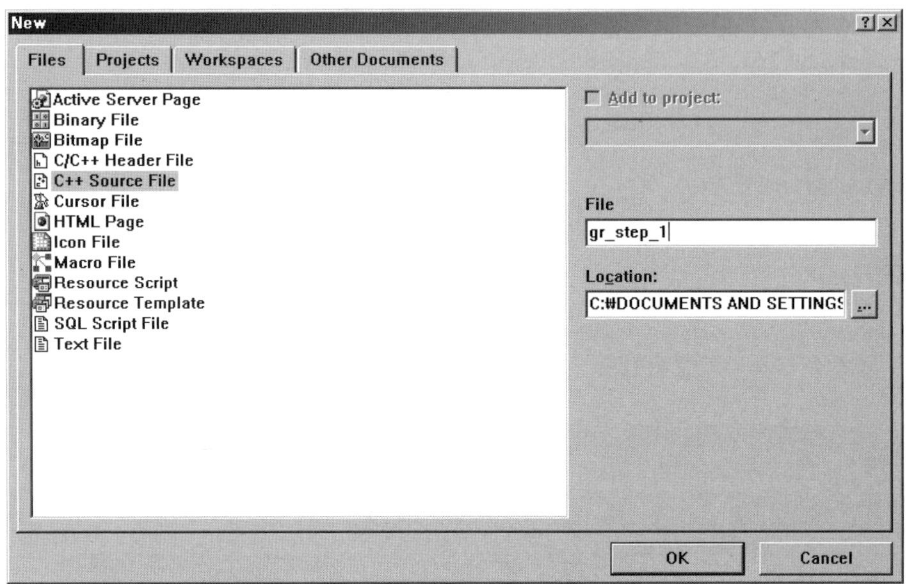

⑥ [OK] 버튼을 누르면 다음과 같이 빈 창이 생성된다.

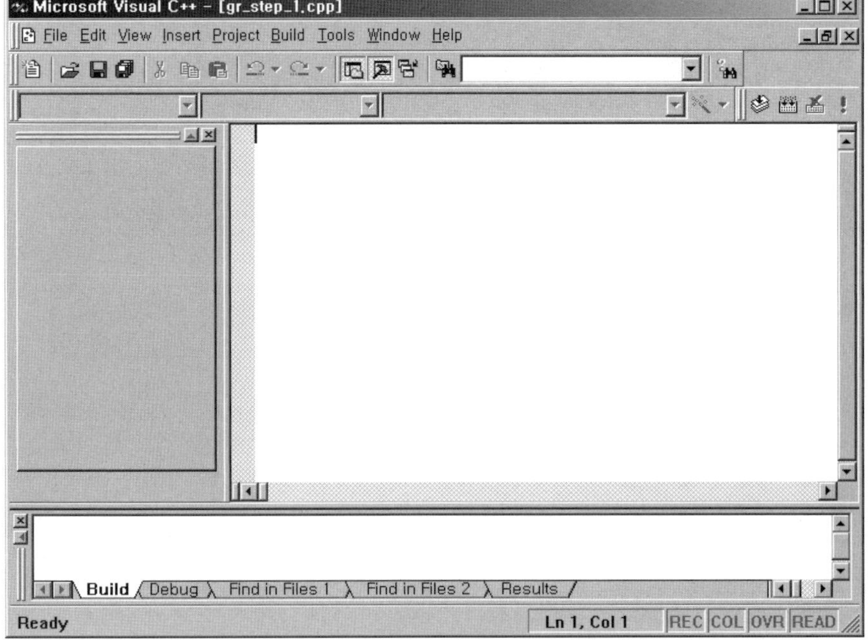

⑦ 다음과 같이 프로그램을 입력하자.

```
#include "graphics.h"                       // 그래픽 관련 라이브러리 추가

#include < stdio.h >                        // 표준 라이브러리 추가
#include < conio.h >
#include < dos.h >
#include <math.h >

void gr_ini     (void);             // 함수 원형 선언
void gr_end     (void);
void my_work    (void);

void main(void)                     // 메인함수
{
    gr_ini();                       // 그래픽 모드 초기화 함수 호출
    my_work();                      // 실제 프로그램 호출
    gr_end();                       // 그래픽 모드 종료 함수 호출
}

void gr_ini(void)                           // 그래픽 초기화 함수
{
    int gdriver = DETECT, gmode;
    initgraph(&gdriver, &gmode, "");
}

void gr_end(void)                           // 그래픽을 종료하는 함수
{
    getch();
    closegraph();
}

void my_work(void)                          // 실제 프로그램을 코딩할 곳
{                                           // 여기부터 코딩 시작
    setcolor(YELLOW);                       // Sample Code
    line(0, 0, 639, 479);

    setcolor(GREEN);
    line(639, 0, 0, 479);                   // 여기까지 코딩 완료
}
```

⑧ 컴파일 버튼을 눌러보자(단축키는 [Ctrl]+[F7]). 다음과 같은 메시지가 나타날 것이다.

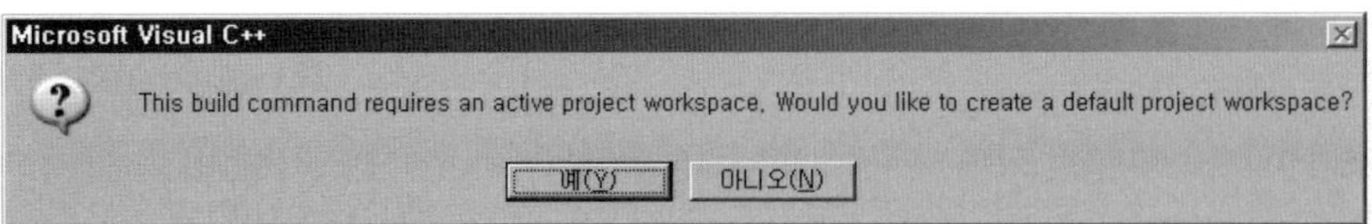

⑨ [예] 버튼을 클릭하면 다음과 같은 창이 또 나온다.

⑩ [예] 버튼을 클릭하면, 에러 없이 컴파일이 완료된다.

```
-------------Configuration : gr_step_1 - Win32 Debug-------------
Compiling...
gr_step_1.cpp

gr_step_1.obj - 0 error(s), 0 warning(s)
```

⑪ 이제 'Build'를 해보면 다음과 같이 많은 에러메세지가 출력됨을 볼 수 있다. 단축키는 [F7]이다.

```
------------Configuration : gr_step_1 - Win32 Debug-----------
Linking...
gr_step_1.obj : error LNK2001 : unresolved external symbol _initgraph
gr_step_1.obj : error LNK2001 : unresolved external symbol _closegraph
gr_step_1.obj : error LNK2001 : unresolved external symbol _line
gr_step_1.obj : error LNK2001 : unresolved external symbol _setcolor
Debug/gr_step_1.exe : fatal error LNK1120 : 4 unresolved externals
Error executing link.exe.

gr_step_1.exe - 5 error(s), 0 warning(s)
```

⑫ Project ⇨ Add to Project ⇨ Files 선택한다.

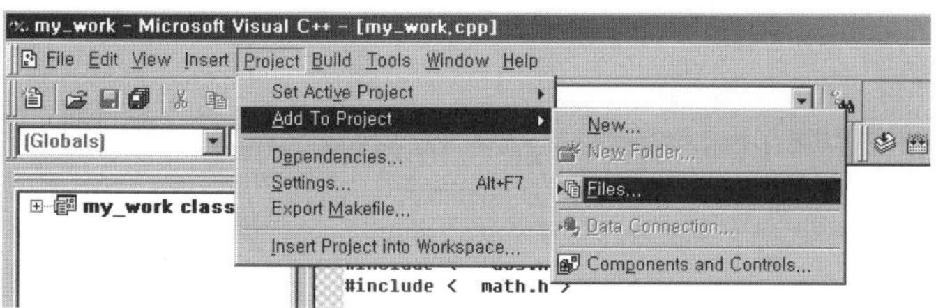

⑬ 다음과 같이 파일형식을 '모든 파일'로 한 후, ②번 과정에서 복사한 3개 파일을 지정한다. [Ctrl]키를 누른 후 각 파일을 클릭하면 된다.

⑭ 위 3개 파일을 추가한 후 다시 빌드를 하고 실행해 보자. 실행은 [Ctrl]+[F5]이다. 다음과 같이 두 개의 라인이 그려진 것을 볼 수 있다.

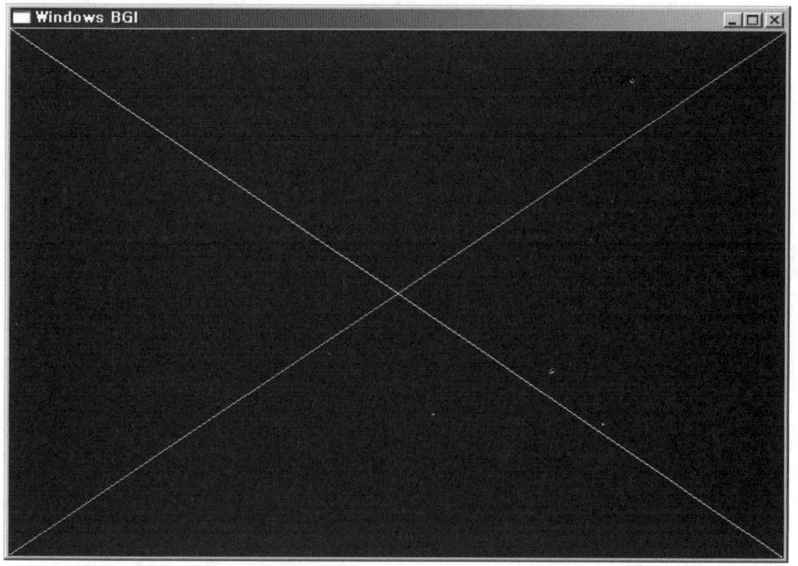

※ 본 프로그램 소스는 gr_step_1.cpp 파일에 있습니다.

3) 그래픽 관련 기본 함수

```
putpixel(x, y, color);                               // 점 출력
getpixel(x, y);                                      // 지정한 위치의 색 입력
line(x1, y1, x2, y2);                                // 선분
moveto(x, y);                                        // 좌표 이동
outtextxy(x, y, "문자열");                           // 문자열 출력
rectangle(left, top, right, bottom);                 // 사각형
setcolor(color);                                     // 색 변경
circle(x, y, radius);                                // 원
arc(x, y, stangle, endangle, radius);                // 원호
bar(left, top, right, bottom);                       // 2차원 막대
bar3d(left, top, right, bottom, depth, topflag); // 3차원 막대
```

① 예제 프로그램 – 이름 쓰기(※ 소스 파일 : gr_step_2.cpp)

```
void my_work(void)                          // 실제 프로그램을 코딩할 곳
{
    setcolor(YELLOW) ;                      // 노란색
    line(30, 100, 50, 110);     // '허'
    line(20, 120, 60, 120);
    circle(40, 150, 20);
    line(70, 150, 90, 150);
    line(90, 100, 90, 200);

    line(130, 100, 150, 110); // '훈'
    line(120, 120, 160, 120);
    circle(140, 150, 20);
    line(120, 180, 160, 180);
    line(140, 180, 140, 190);
    line(120, 190, 120, 200);
    line(120, 200, 160, 200);

    setcolor(LIGHTBLUE) ;       // 하늘색
    circle(300, 150, 20);       // '여'
    line(320, 140, 330, 140);
    line(320, 160, 330, 160);
    line(330, 100, 330, 200);
```

```
    circle(400, 120, 20);       // '운'
    line(380, 150, 420, 150);
    line(400, 150, 400, 180);
    line(380, 180, 380, 200);
    line(380, 200, 420, 200);

    line(480, 120, 520, 120); // '경'
    line(520, 120, 480, 170);
    line(530, 130, 550, 130);
    line(530, 150, 550, 150);
    line(550, 100, 550, 180);
    circle(530, 200, 20);
}
```

② 프로그램 실행 결과

4) 애니메이션

① 애니메이션의 원리

잔상이란 눈을 통해 들어온 상이 짧은 시간 동안 뇌에 남아있는 현상이다. 사람이 눈을 통해서 뇌에서 사물을 감지하게 되는데, 뇌에서 사물을 감지하는 데 필요한 시간은 약

0.03초이다. 그런데 이 시간보다 짧은 시간 내에 그림을 바꿔주게 되면 마치 움직이는 것처럼 보이게 되는데, 이러한 현상을 잔상효과라 한다. 잔상효과를 이용한 가장 대표적인 것은 만화영화이다. 우리 눈에는 움직이는 것처럼 보이지만 실제로는 여러 장의 정지화면을 모아 짧은 간격(1초에 약 20장)으로 보여주는 것이다. 초등학교 시절 누구나 교과서 한쪽 모서리에 한 번씩 그림을 약간씩 바꿔서 그린 후 재빨리 넘기던 것을 상기하면 된다. 컴퓨터에서의 애니메이션 효과도 바로 이 잔상의 원리를 사용한다. 하나의 이미지를 완성 후, 약간 바뀐 새로운 이미지를 약간의 시간차를 두고 계속 바꾸어주면, 부드럽게 움직이는 영상으로 보이게 된다.

다음의 소스 코드 일부를 보도록 하자.

```
for(i=0 ; i<=100 ; i++){
     putpixel(100, 100 + i, RED) ;
     delay(1) ;
}
```

위 프로그램은 세로로 직선을 그리는 프로그램을 나타낸다. 중간에 delay( ); 가 있어서 선이 한 번에 나타나지 않고 점차적으로 늘어나는 모습으로 우리 눈에 비춰지게 된다. 또 하나 관심 있게 보아야 할 것은 현재 이전의 흔적을 지우고 새 그림을 그려주는 방법과 현재 이전의 이미지를 그냥 놓아둔 채 그림을 그리는 방법이다. 이제 실제 프로그램을 통해서 애니메이션 효과를 경험해 보도록 하자.

② 예제 프로그램 1(※ 소스 파일 : gr_step_3.cpp)

원이 sinθ의 궤적을 따라가면서 궤적을 남겨둔 채 움직이는 프로그램

```
#include "graphics.h"                       // 그래픽 관련 라이브러리 추가

#include < stdio.h >                        // 표준 라이브러리 추가
#include < conio.h >
#include < dos.h >
#include <math.h >

void gr_ini             (void);             // 함수 원형 선언
void gr_end             (void);
void my_work            (void);
```

```
void main(void)                    // 메인함수
{
     gr_ini();                     // 그래픽 모드 초기화 함수 호출
     my_work();                    // 실제 프로그램 호출
     gr_end();                     // 그래픽 모드 종료 함수 호출
}


void gr_ini(void)                          // 그래픽 초기화 함수
{
     int gdriver = DETECT, gmode;
     initgraph(&gdriver, &gmode, "");
}


void gr_end(void)                          // 그래픽을 종료하는 함수
{
     getch();
     closegraph();
}

void my_work(void)                         // 실제 프로그램을 코딩할 곳
{
     double PI = 3.14;
     double x, y ;
     setcolor(LIGHTRED);

     for(x=0 ; x<=20 ; x += 0.01) {
        y = 100 * sin(x);
        circle((int)(x*20)+100,(int) 200-y, 3);
        delay(1);
     }
}
```

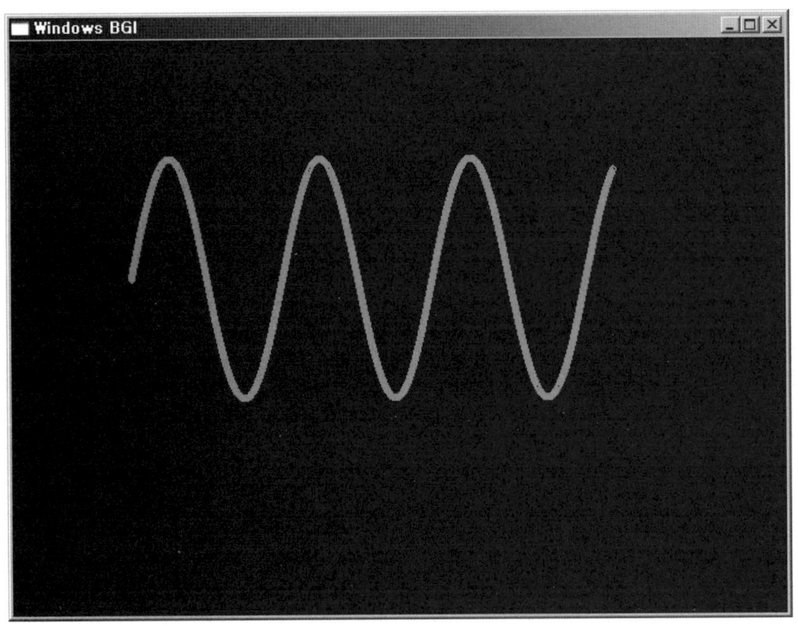

③ **예제 프로그램 2(※ 소스 파일 : gr_step_4.cpp)**

앞의 프로그램을 다음과 같이 바꾼 후 실행해 보면 다음과 같은 결과가 나타난다.

```
void my_work(void)                                    // 실제 프로그램을 코딩할 곳
{
     double PI = 3.14;
     double x, y ;

     for(x=0 ; x<=20 ; x += 0.01)
     {
        setcolor(LIGHTRED);
        y = 100 * sin(x);
        circle((int)(x*20)+100,(int) 200-y, 3);
        delay(1);

        setcolor(BLACK);
        y = 100 * sin(x);
        circle((int)(x*20)+100,(int) 200-y, 3);
     }
}
```

④ 예제 프로그램 3(※ 소스 파일 : gr_step_5.cpp)

sinθ 궤적을 따라 회전하면서 움직이는 사각형 그리기(세로 방향)

```
void my_work(void)                          // 실제 프로그램을 코딩할 곳
{
    float PI = 3.14;
    int theta;                                    // 각도 변수 선언
    double x1, x2, x3, x4, y1, y2, y3, y4 ;       // 좌표 변수 선언

    for(theta =0 ; theta <= 640 ; theta ++)  // 각도가 0~360도까지
    {
      x1 =(320+100*sin(theta*PI/180))+100*cos(theta*PI/180);
      y1 = theta+(100*sin(theta*PI/180));

      x2 =(320+100*sin(theta*PI/180))+100*cos((90+theta)*PI/180);
      y2 = theta+(100*sin((90+theta)*PI/180));

      x3 =(320+100*sin(theta*PI/180))+100*cos((180+theta)*PI/180);
      y3 = theta+(100*sin((180+theta)*PI/180));
      x4 =(320+100*sin(theta*PI/180))+100*cos((270+theta)*PI/180);
      y4 = theta+(100*sin((270+theta)*PI/180));
```

```
        setcolor(WHITE);                              // 그려주는 부분
        line((int) x1,(int) y1,(int) x2,(int) y2);
        line((int) x2,(int) y2,(int) x3,(int) y3);
        line((int) x3,(int) y3,(int) x4,(int) y4);
        line((int) x4,(int) y4,(int) x1,(int) y1);

        delay(3);                                     // 그림이 보이는 시간 확보

        setcolor(BLACK);                              // 지워주는 부분
        line((int) x1,(int) y1,(int) x2,(int) y2);
        line((int) x2,(int) y2,(int) x3,(int) y3);
        line((int) x3,(int) y3,(int) x4,(int) y4);
        line((int) x4,(int) y4,(int) x1,(int) y1);
    }
}
```

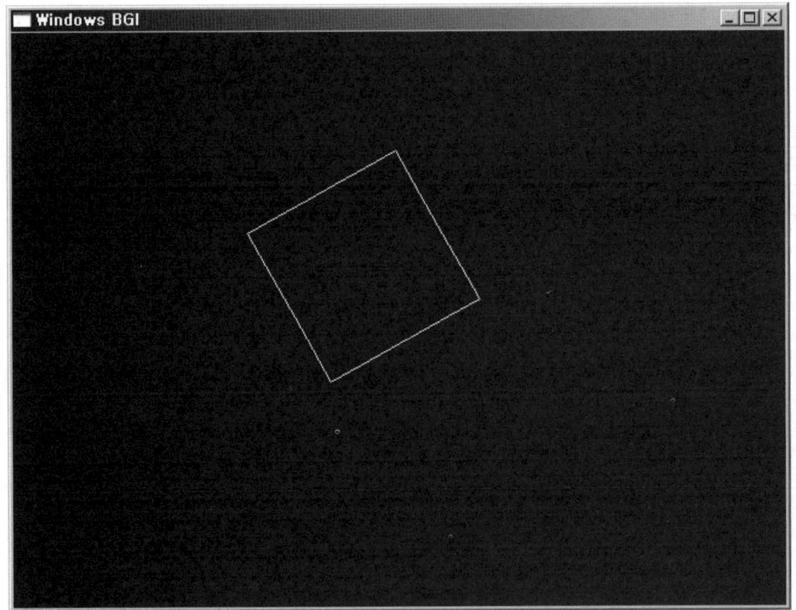

03 연습문제

정답 및 해설 202페이지

01 다음과 같이 움직이는 시계를 그려보자.

- 초침은 60번에 1바퀴 회전
- 초침이 1바퀴 움직이면 분침이 1번 움직임
- 분침이 1바퀴 움직이면 시침이 1번 움직임
- 시침이 1바퀴 움직인 후 프로그램 종료할 것

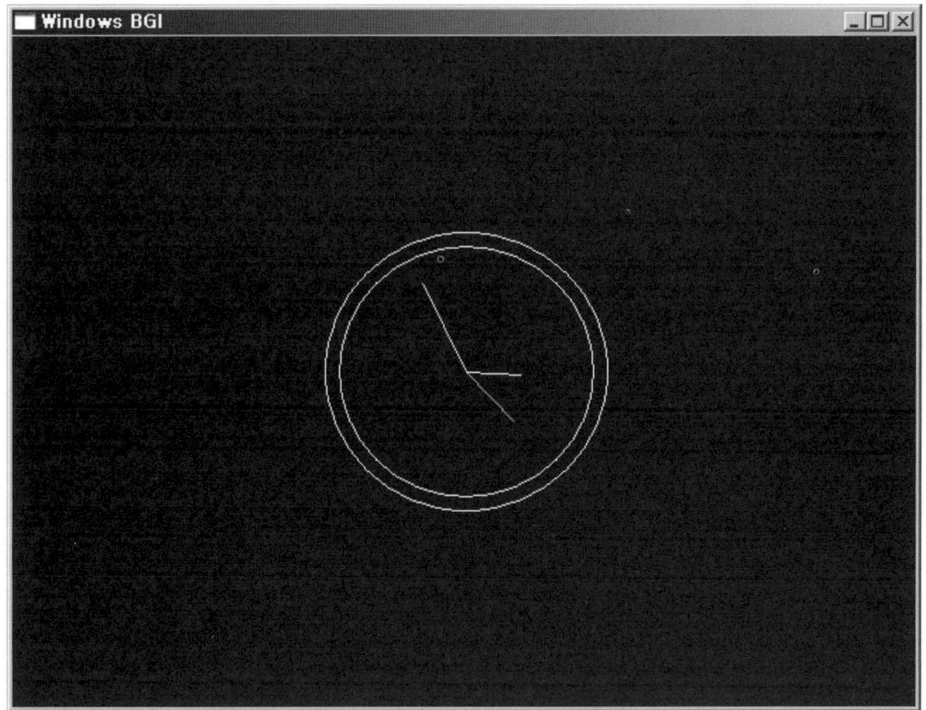

02 다음과 같이 간단한 슈팅 게임을 만들어 보도록 하자.(※ gr_step_6.cpp 참고)

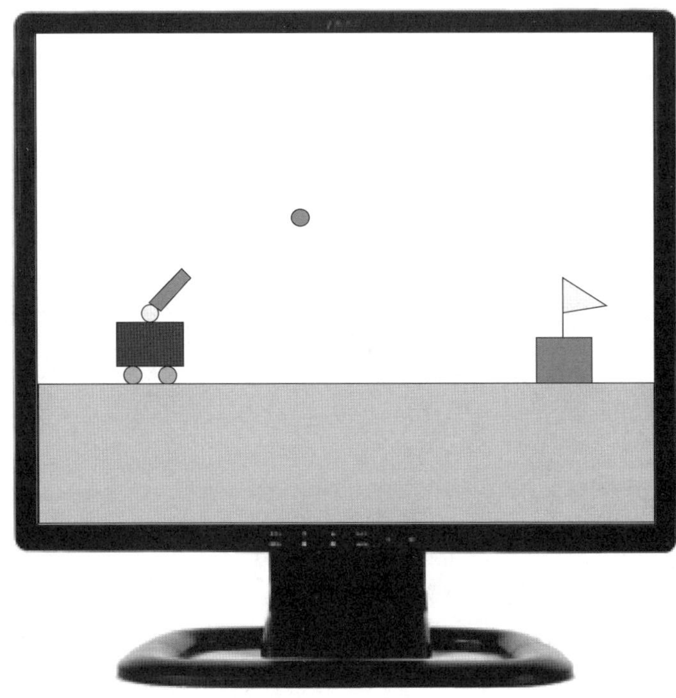

키보드는 다음과 같이 사용할 것(switch-case 사용).

1. 'a', 'd' : 카트를 좌, 우로 움직인다.
2. 'w', 's' : 포를 상, 하로 움직인다.
3. 'p' : 발사 속도를 조절한다.
4. 'f' : 발사 !!

- 폭탄이 아무 면이나 맞닿으면, 그곳에 반경 50pixel 크기의 홈이 파인다.
- 깃발을 맞추면 'Victory !!' 메시지가 뜨도록 할 것
- 포탄의 궤적은 일반 물리학책을 참고할 것!!

CHAPTER 03

하드웨어 설계

1 Soild Works

1) 파트 그리기

① 다음은 Solid Works를 실행했을 때의 첫 화면이다. [새 문서] 버튼을 클릭하면, 아래와 같은 팝업 창이 뜬다.

② 파트를 선택하고 [확인] 버튼을 누른다.

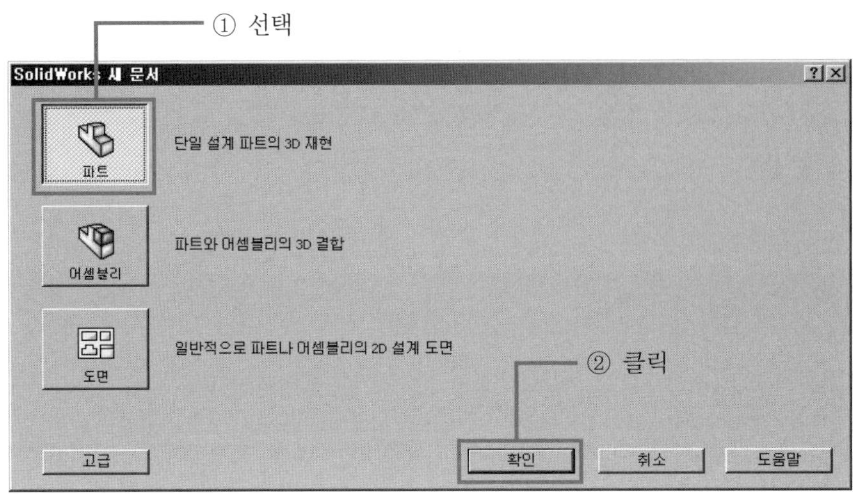

③ 다음과 같이 작업을 할 수 있는 창이 생긴다. 이제 본격적으로 그림을 그려보도록 하자. [스케치] 버튼을 클릭한다.

④ 다음과 같은 서브 메뉴가 나온다.
선/직사각형/원/중심원 호/접원호/3점호/중심선/자유곡선/점
[직사각형]을 선택한다.

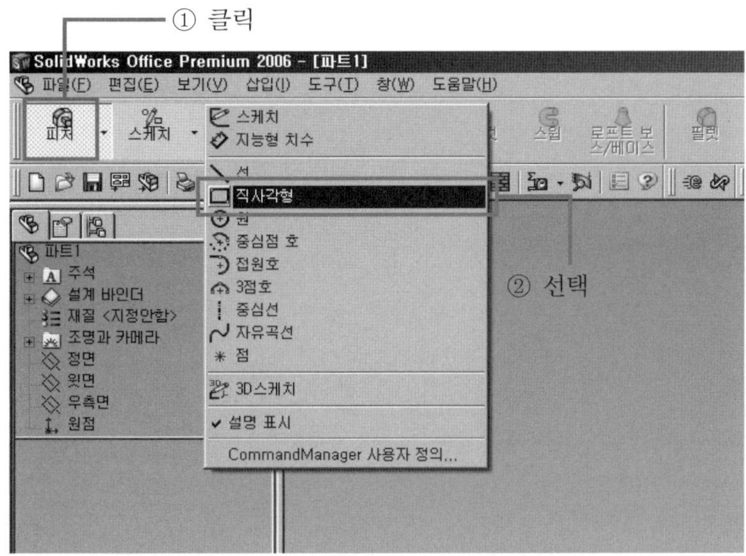

⑤ 다음 그림과 같이 그림을 그릴 면을 선택해야 한다. 앞으로의 모든 스케치 작업에서 가장 먼저 해야 할 일은 작업을 할 면을 고르는 일이다. [정면]을 선택해 보자.

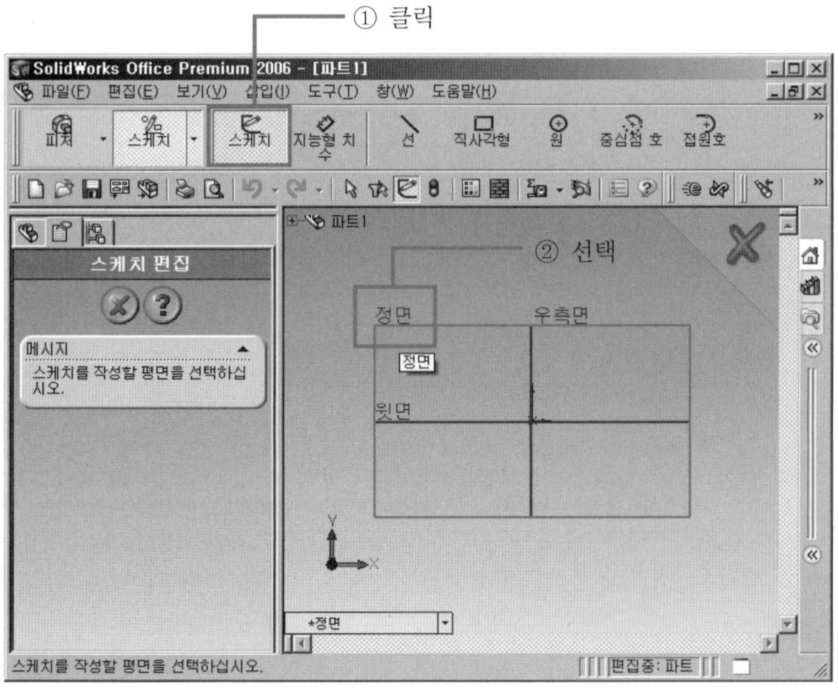

⑥ 정면을 선택한 뒤 마우스를 드래그하면서 다음과 같이 직사각형을 그려보자. 아직 치수를 고려하지 않아도 된다. 정확한 치수 기입을 위해 [지능형 치수] 버튼을 클릭한다.

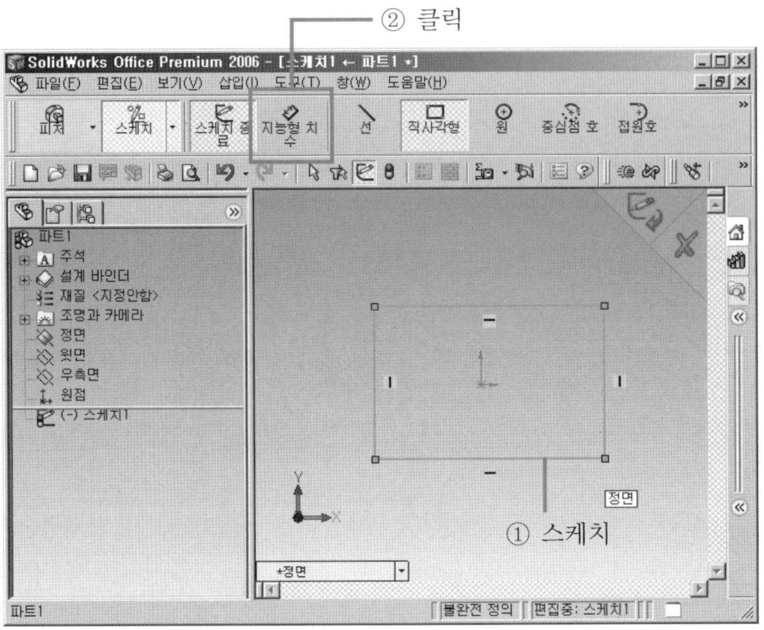

⑦ 다음과 같이 선을 클릭하고 마우스를 움직여보면, 지금 상태의 크기가 아래 그림과 같이 나오면서, 치수를 바꿀 수 있는 팝업창이 나온다.

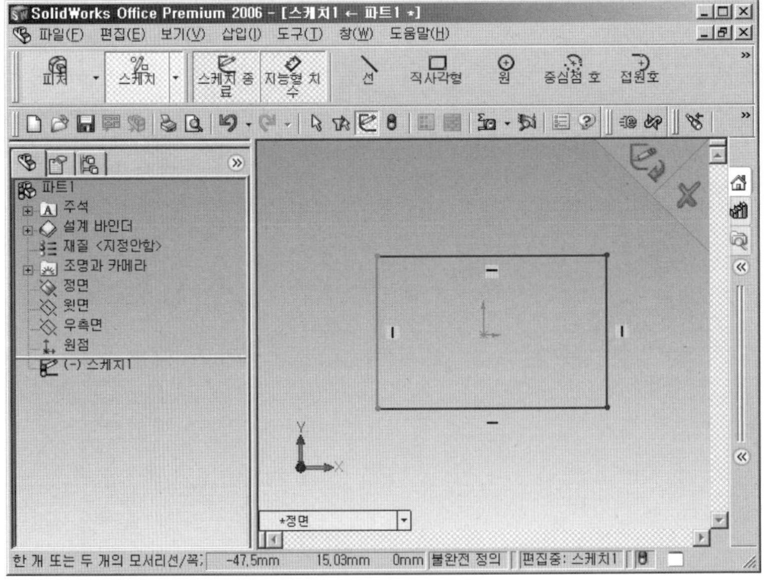

⑧ 단위는 mm이다. 50으로 바꿔보도록 한다.

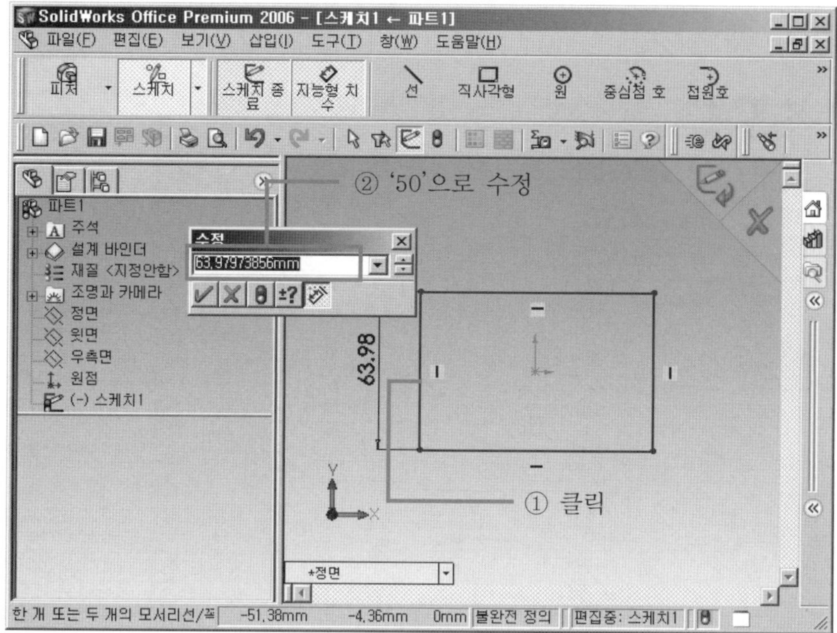

⑨ 다음과 같이 50mm로 바뀐 것을 볼 수 있다. 가로 크기도 역시 50으로 바꾼 후, 나중을 위해 도면이 화면 중앙에 오도록 원점과의 거리도 조정해 주도록 하자. 원점은 가운데 빨간 점에 화살표 달린 곳이다.

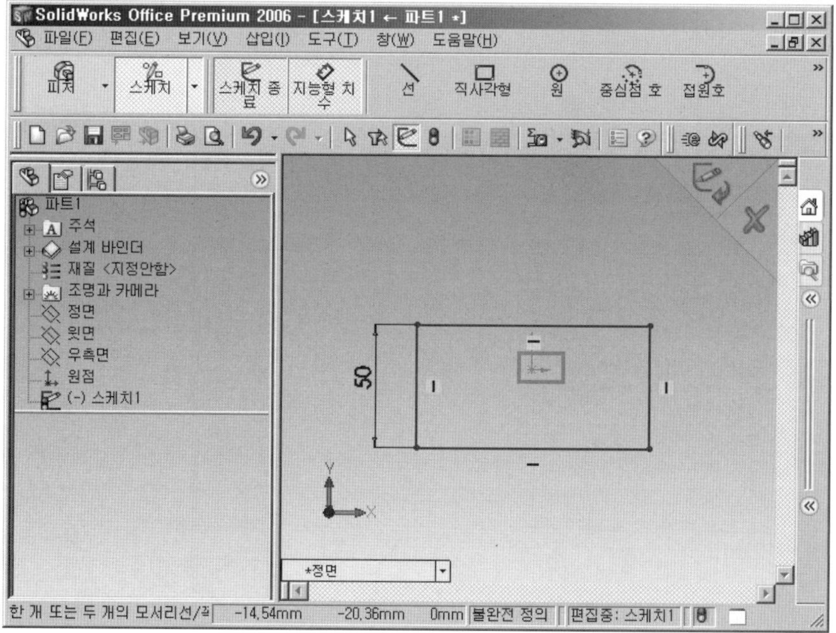

⑩ 원점 역시 선분처럼 클릭하면 된다. 마우스의 포인터가 선을 선택하면 선분으로, 면을 선택하면 면으로, 점을 선택하면 점으로 바뀌는 것을 알 수 있을 것이다. 이제는 이것을 바탕으로 3D-입체로 만들어 보자. [피처] 클릭

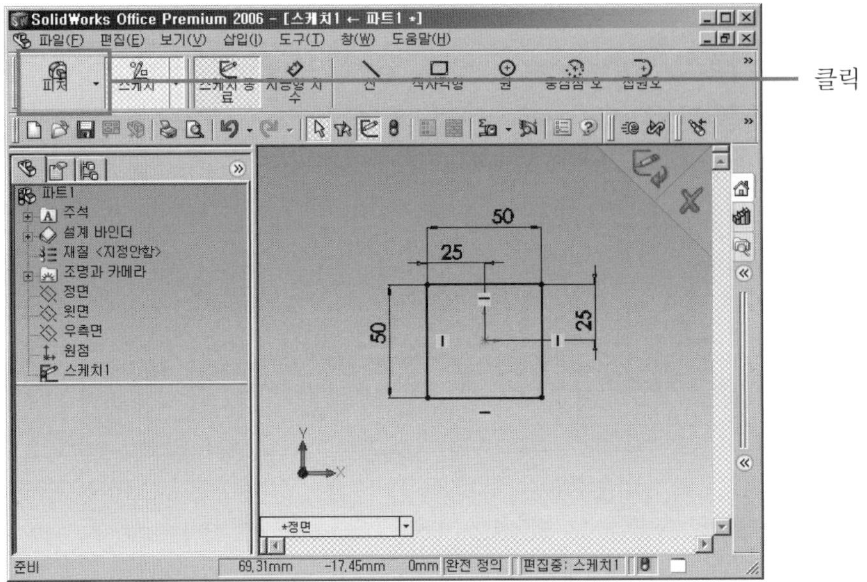

⑪ 피처를 클릭하면 다음과 같은 서브메뉴가 나온다.

- 돌출 보스/베이스
- 회전 보스/베이스

일단, 돌출을 시키도록 한다. 버튼을 클릭하면 아래와 같이 창이 바뀐다.

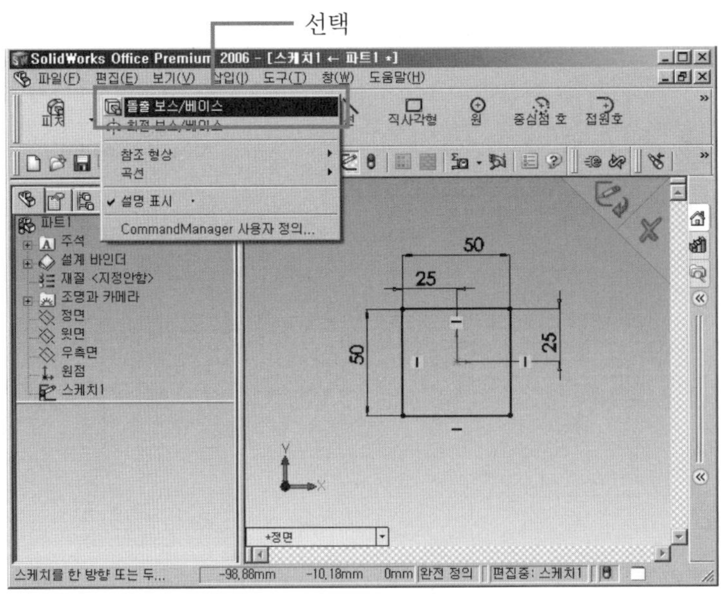

⑫ 블라인드 형태 / 거리 40mm로 지정해보자. 거리에 40을 입력하고 [완료] 버튼(✓-표시부분)을 누르면 다음 그림과 같이 면에서 입체로 바뀌었음을 볼 수 있다.

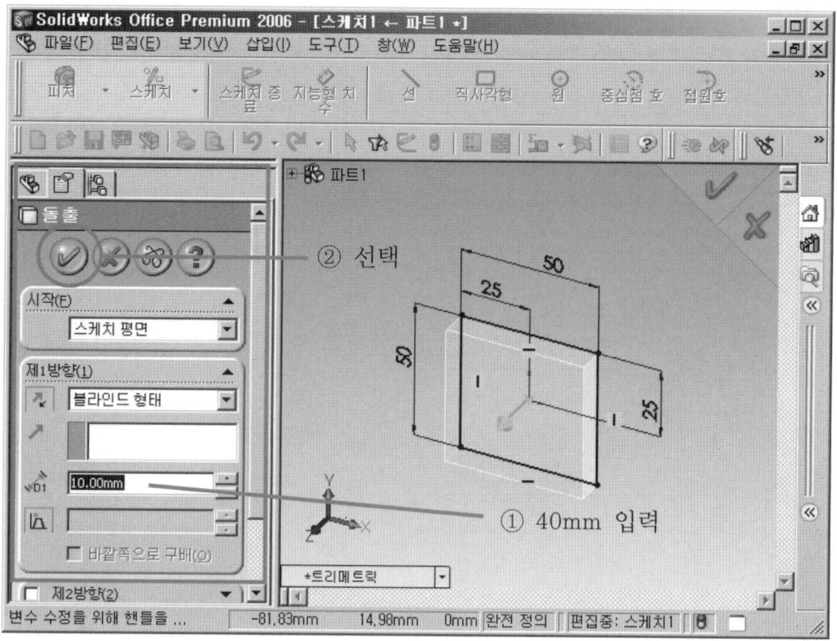

⑬ 이어서 작업을 하기 위해 새로 작업할 면을 고른다. 정면으로 보이는 면을 선택해 보자.

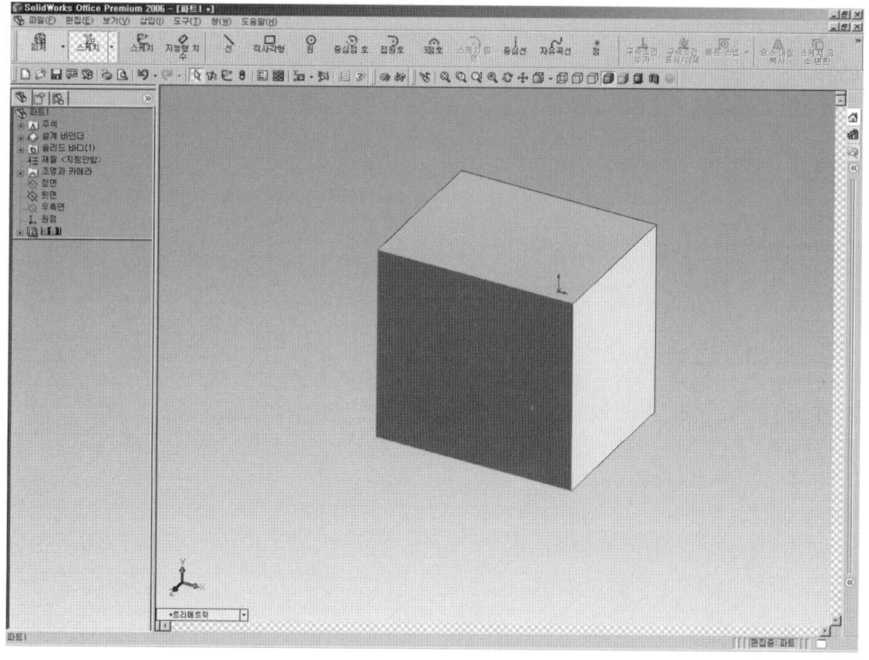

⑭ [면에 수직으로 보기]를 선택한다.

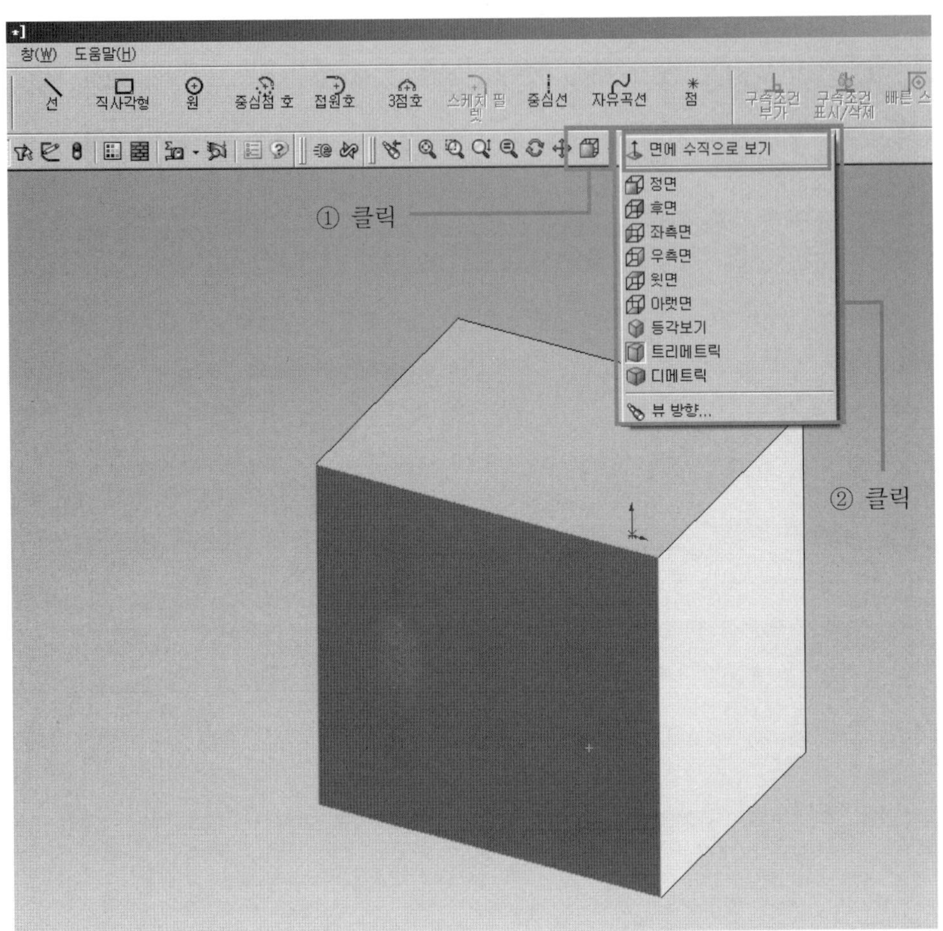

⑮ 다음과 같이 면의 중앙에 원을 그려보자.

– 반지름 15mm

다시 피처의 **돌출** 명령을 이용해 3mm 돌출시킨 후 키보드의 방향 버튼을 이용해서 생성된 부품의 모형을 살펴보자.

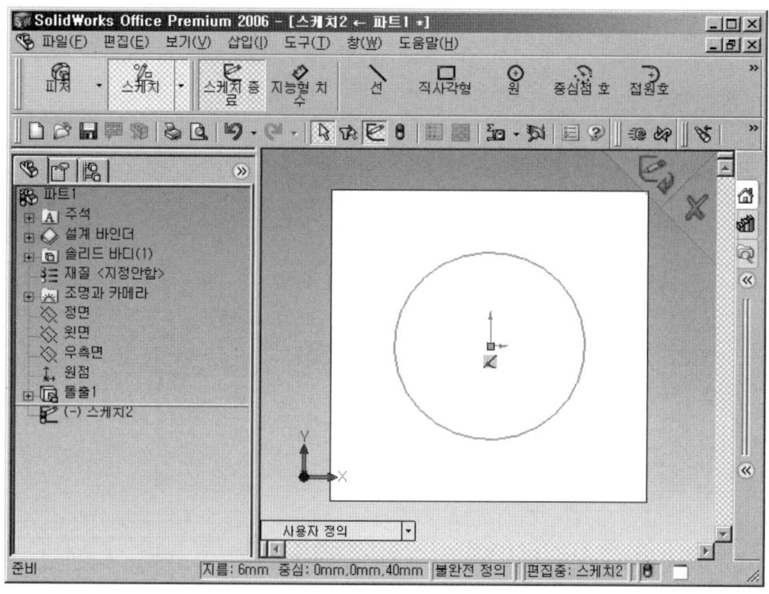

⑯ 화면을 키보드와 마우스 등을 이용해 움직여 보면 다음과 같이 직육면체 위에 원기둥이 그려진 것을 볼 수 있다. 다시 원의 중앙에 **반지름 3mm, 높이 10mm의 원기둥을 만들어** 보자.

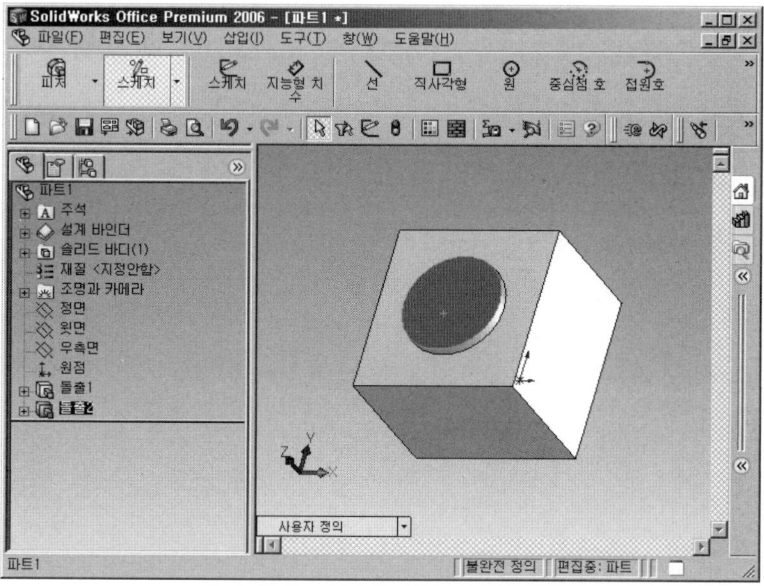

⑰ 지금 그리는 그림은 일반적인 스텝 모터의 외형을 그리는 것이다. 이제 어느 정도 모터의 모습을 갖추어 가고 있음을 볼 수 있을 것이다.

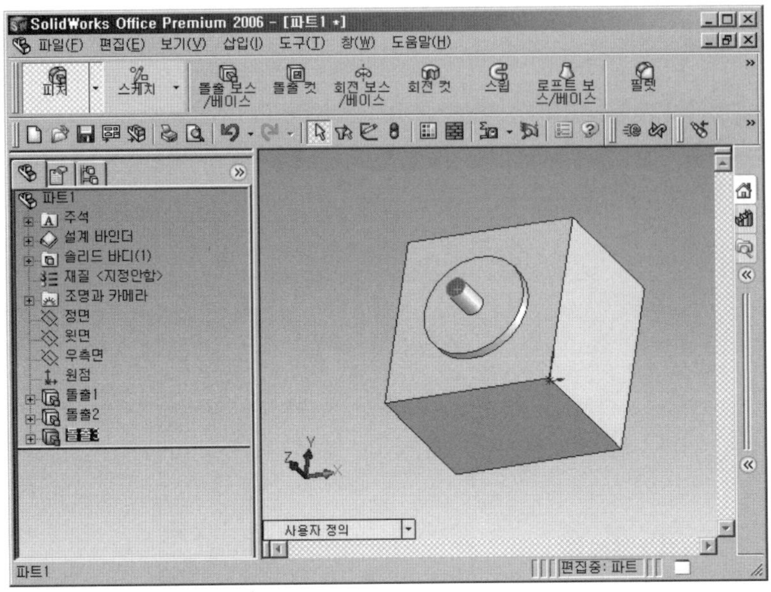

⑱ 화면의 중앙 부분에 보이는 [모따기] 메뉴를 선택하고, 모터의 옆면 네 개의 모서리를 클릭하면 왼쪽과 같이 모따기 변수라는 곳에 선택된 선이 나오게 된다. [거리]-[거리]를 선택하고 5mm - 5mm를 설정한 후 [완료] 버튼을 눌러보자.

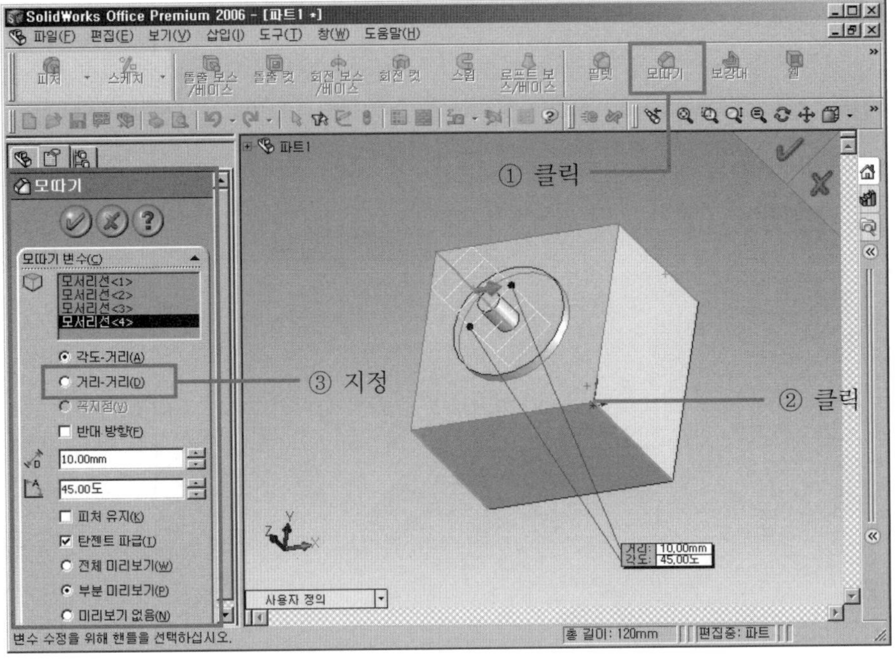

⑲ 모따기를 실행하면 다음 그림과 같이 조금은 모서리가 깎인 모습의 모터가 그려짐을 알 수 있다. 모따기 바로 옆의 [필렛] 메뉴를 선택 후 모든 옆면을 선택해 보자. 반경 1mm 설정한 후 [완료] 버튼을 누르면 아래와 같은 그림이 나온다.

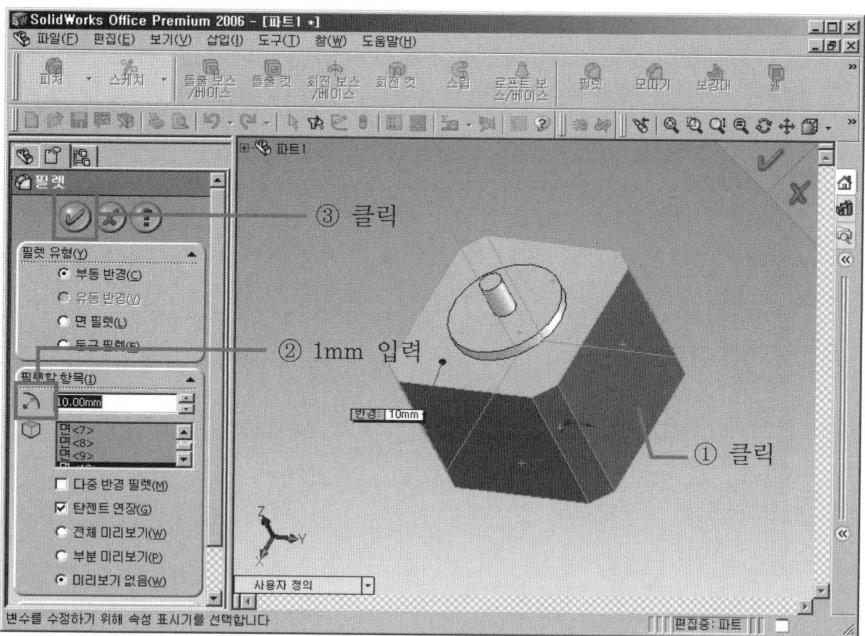

⑳ 다음과 같이 대각면을 선택한 후 직사각형을 그려본다.

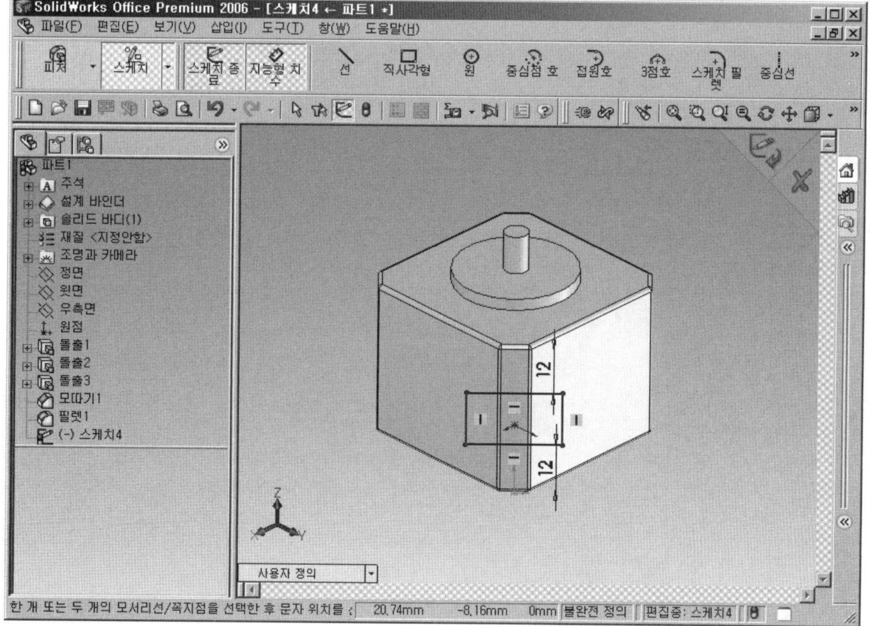

㉑ 다음과 같이 돌출 컷 메뉴를 이용하면 대각 방향에서 깎여 들어간 것을 볼 수 있다.

- 깊이는 2mm

나머지 세 부분도 모두 깎아보자.

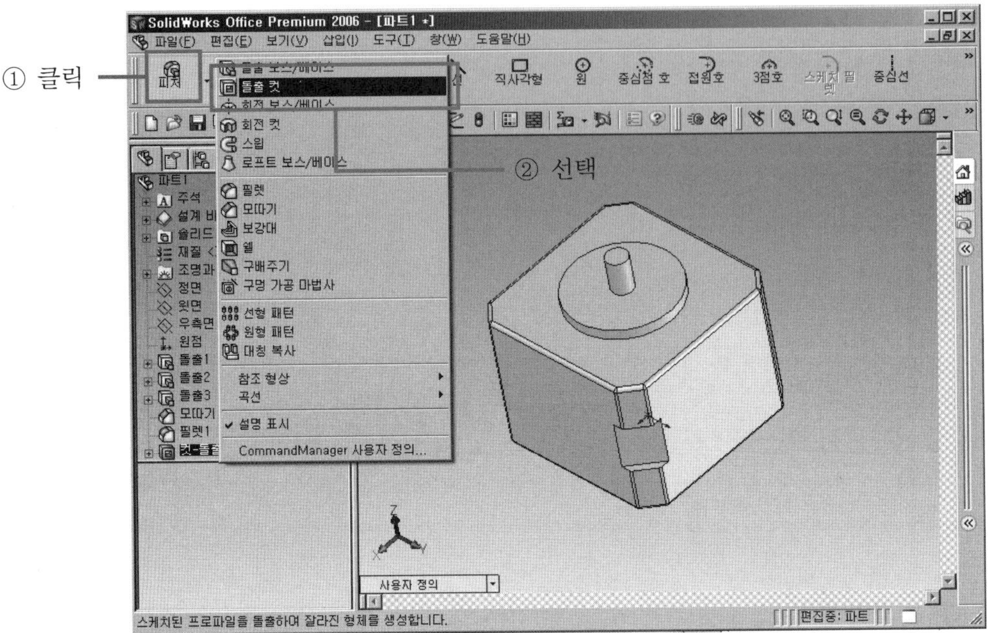

㉒ 다음과 같이 옆면에도 직사각형을 그리고, 돌출 컷을 이용해 0.2mm만 파보자. 네 개 면 모두 같은 작업을 반복한다.

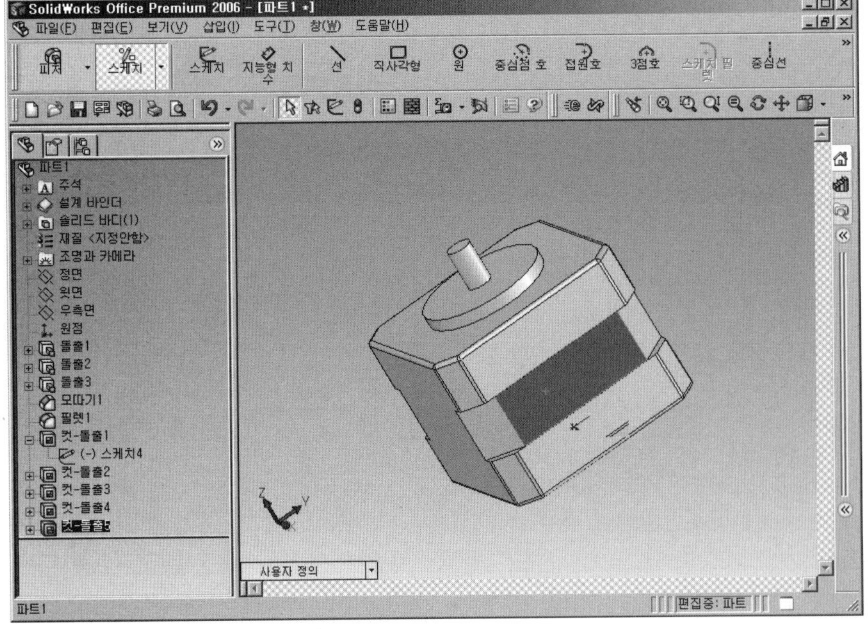

㉓ 방금 깎아낸 곳을 포함해 주변의 8개 면을 클릭해본다. [Shift]키 또는 [Ctrl]키를 누른 후 하나씩 클릭하면 된다. 여기서 마우스 오른쪽 버튼을 누르면 아래와 같이 서브메뉴가 나타남을 볼 수 있다.

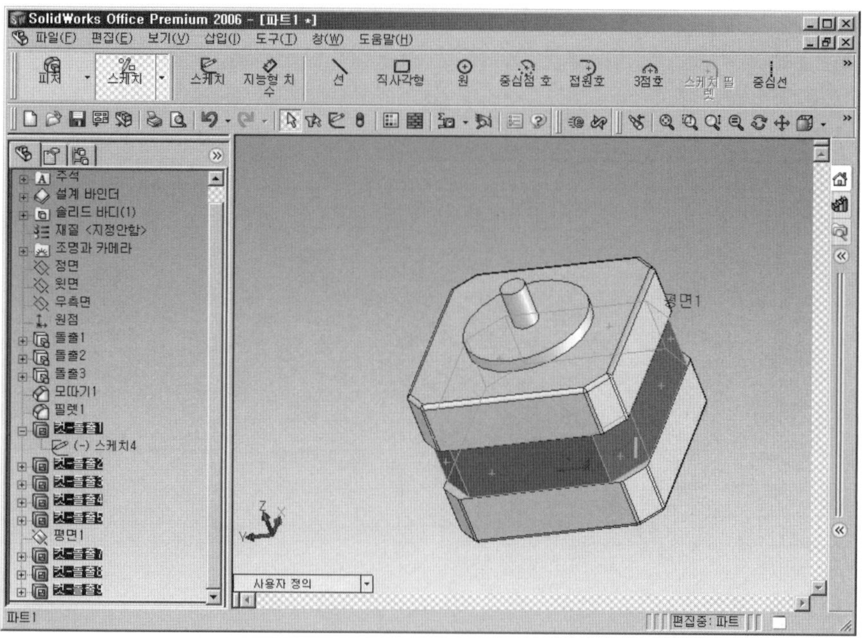

㉔ 표시방법 ⇨ 색

바꾸고 싶은 색을 선택 후 [완료] 버튼을 누른다.

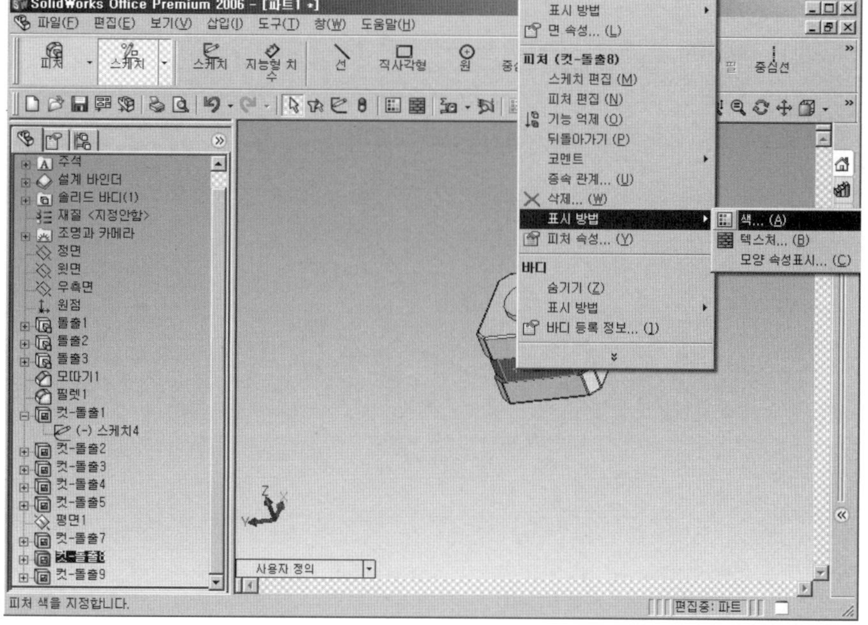

㉕ 다음과 같이 스텝 모터가 완성이 되었으면 파일을 저장한다.

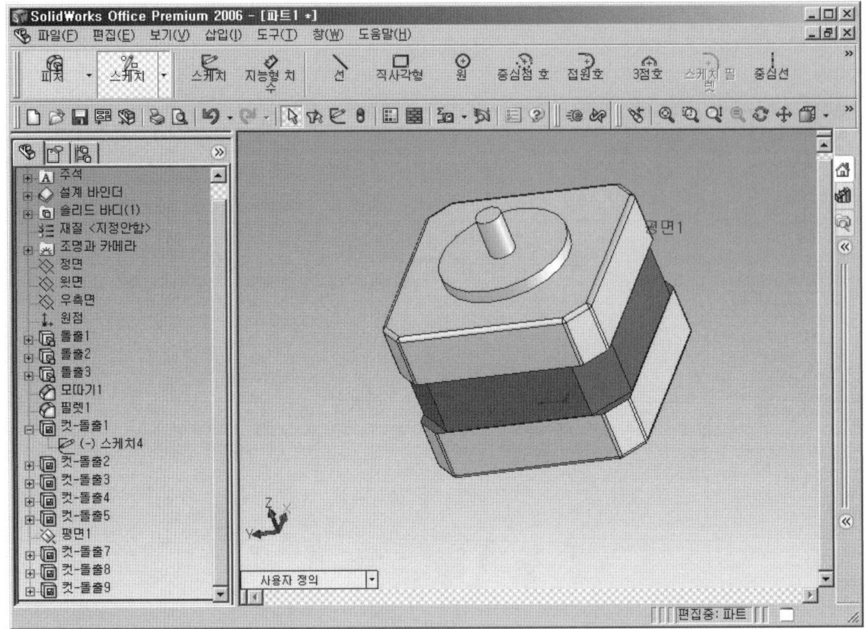

㉖ 저장하였으면 모터 그리는 것은 모두 완료되었다.

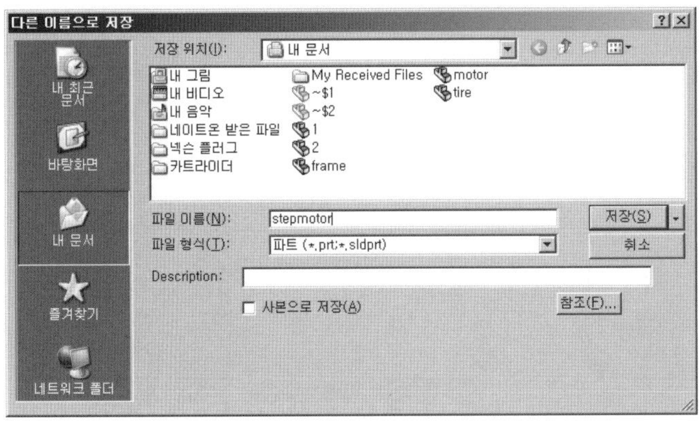

㉗ 다음과 같이 바퀴를 만들어 보자.

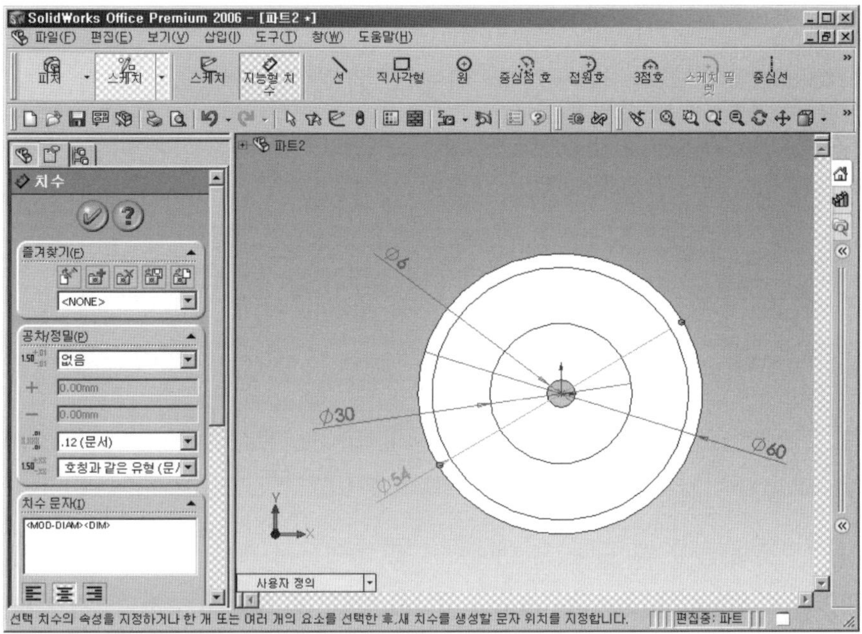

㉘ 그림이 완료되면 저장한다.

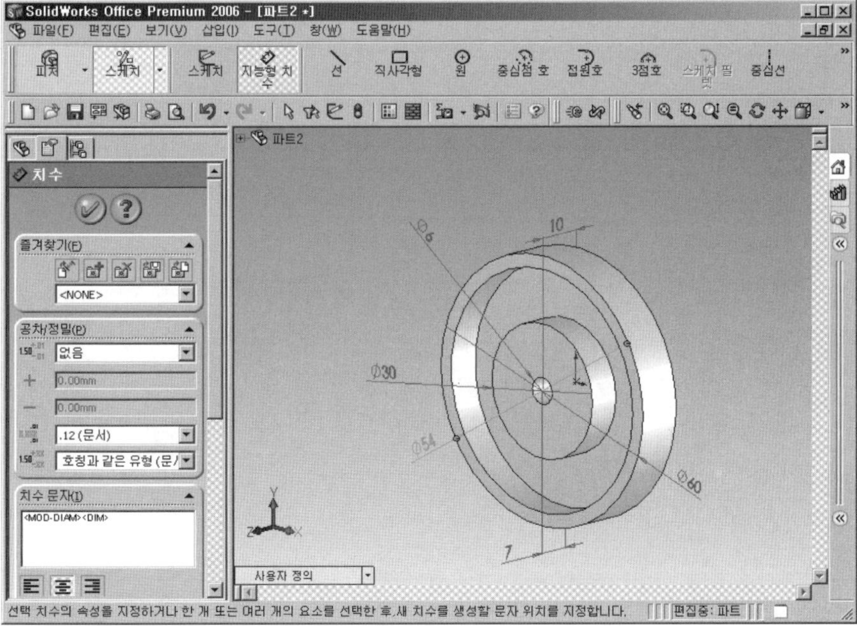

2) 어셈블리 만들기

① 새 문서 ⇨ 어셈블리 ⇨ 확인

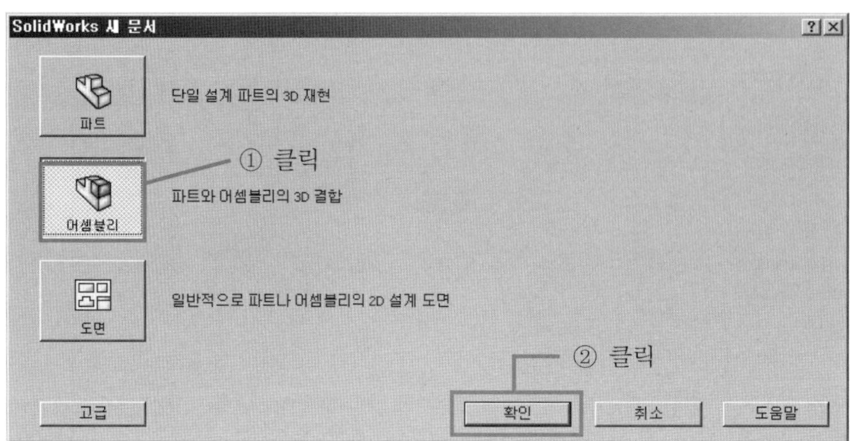

② 첫 화면이 다음과 같이 뜬다. 부품삽입에서 부품 파일을 선택하면 된다. 혹은 파트 창을 같이 열어놓고 필요한 부품을 마우스로 드래그해 올 수도 있다. 단, 베이스가 되는 부품을 먼저 불러오도록 한다.

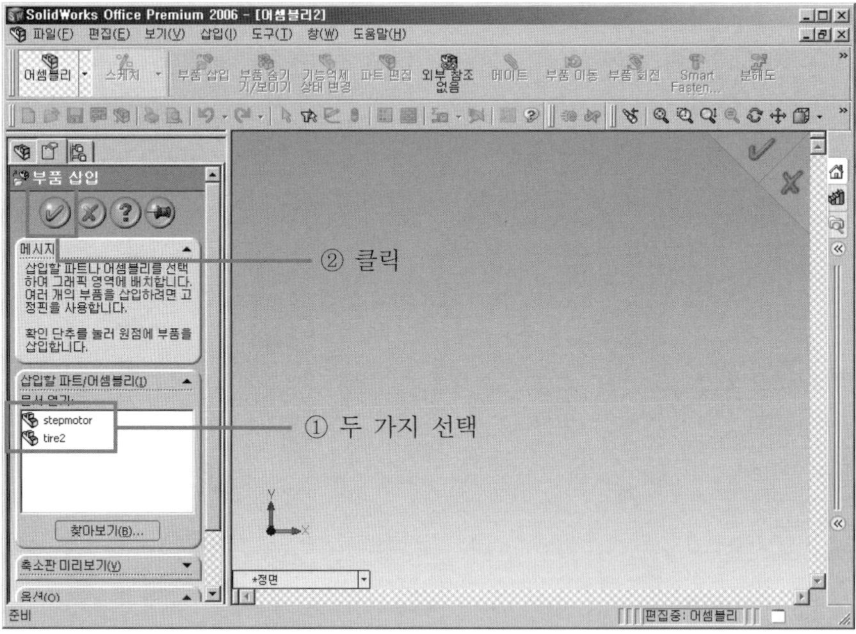

③ 필요한 부품을 모두 가져왔으면, 부품을 움직여보자. [부품 이동]과 [부품 회전] 명령을 사용해 적당한 위치에 가져다 놓는다.

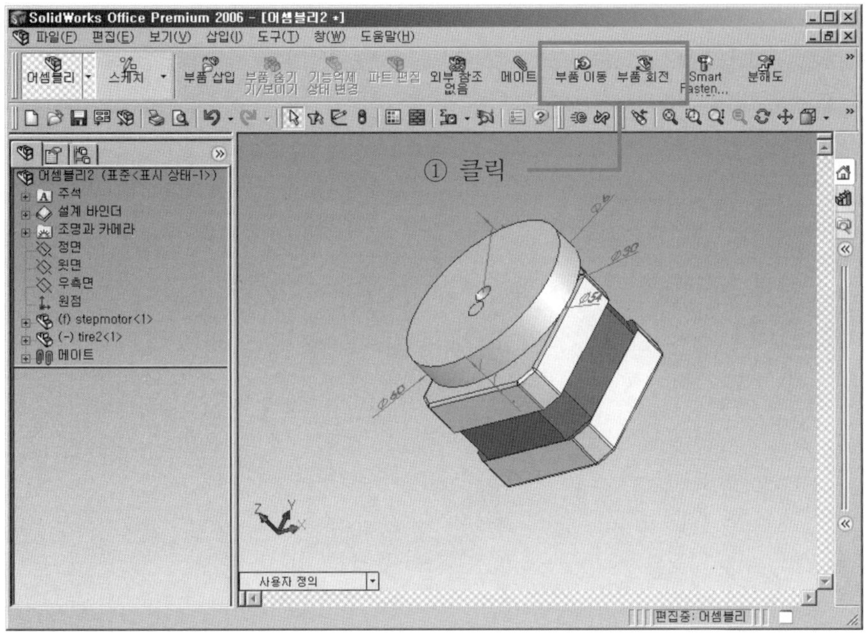

④ 부품을 적당한 위치에 가져간 뒤에, [메이트] 버튼을 이용해서 구속조건을 부여해야 한다. [메이트] 버튼을 누르면 선, 혹은 면, 점 등을 선택할 수 있게 되는데, 모터의 회전축 면과 바퀴의 구멍 부분을 메이트 해보도록 하자.

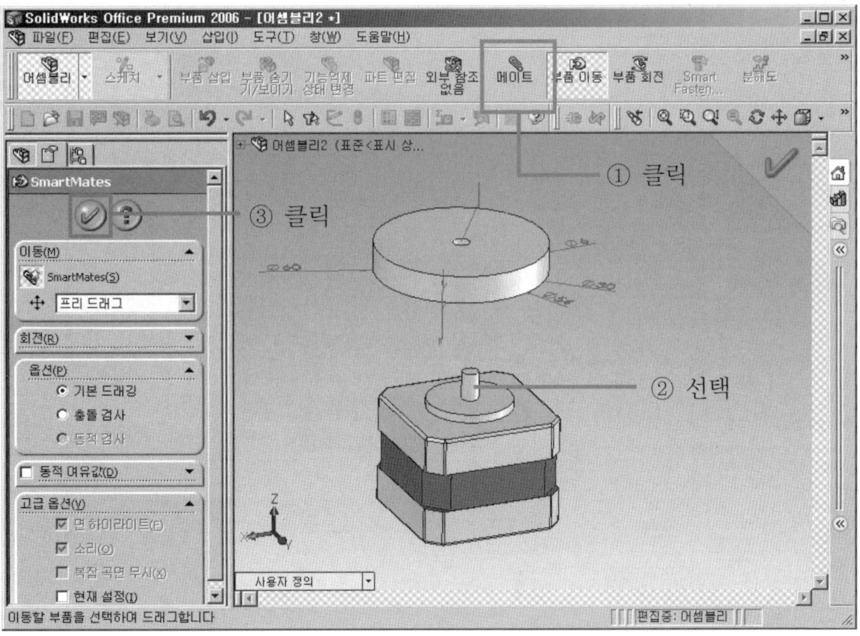

⑤ 메이트를 하면 다음과 같은 화면을 볼 수 있다. 동심(중심 일치)을 선택 후 완료를 누르고, 부품이동으로 바퀴를 움직여 보면 상하로만 움직이는 것을 볼 수 있다. 이는 원의 중심을 일치시켰기 때문에 좌우로의 움직임이 구속되어 있는 것이다.

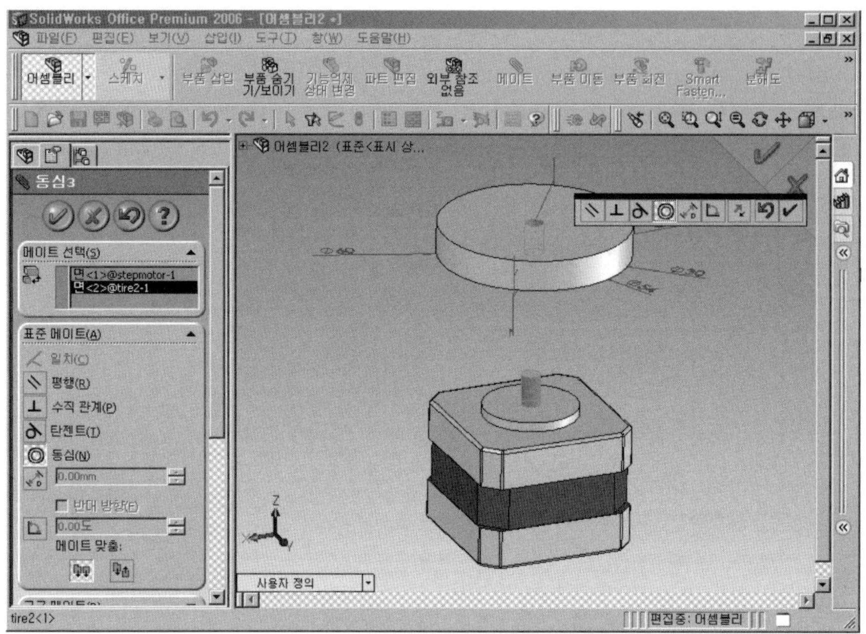

⑥ 면과 면을 일치시키면 다음과 같이 완전히 모양이 갖추어짐을 볼 수 있다. 이렇게 해서 모터-바퀴가 결합한 하나의 어셈블리가 완성되었다. 파일을 저장하고 종료한다.

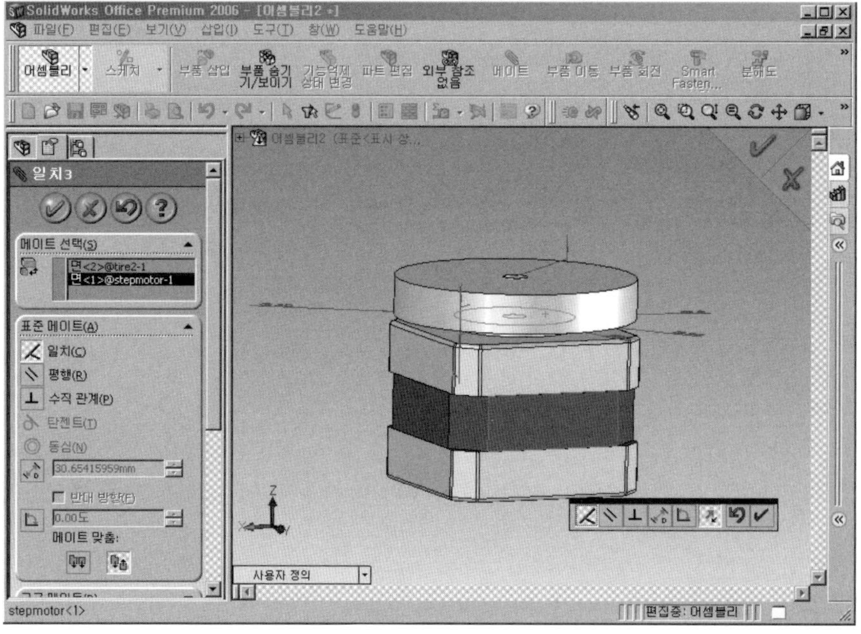

3) Solid Works 예제

① 핸드폰

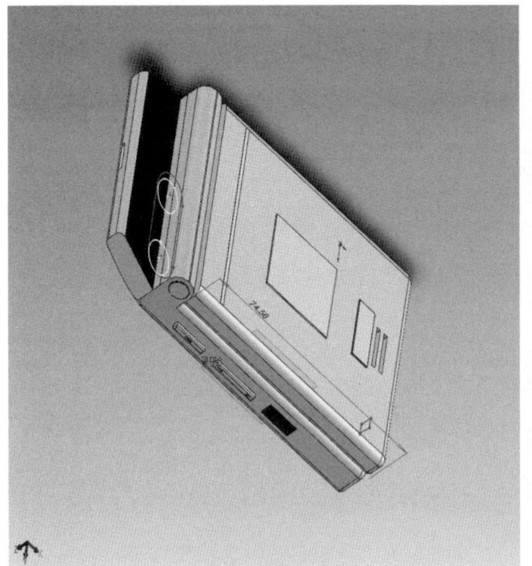
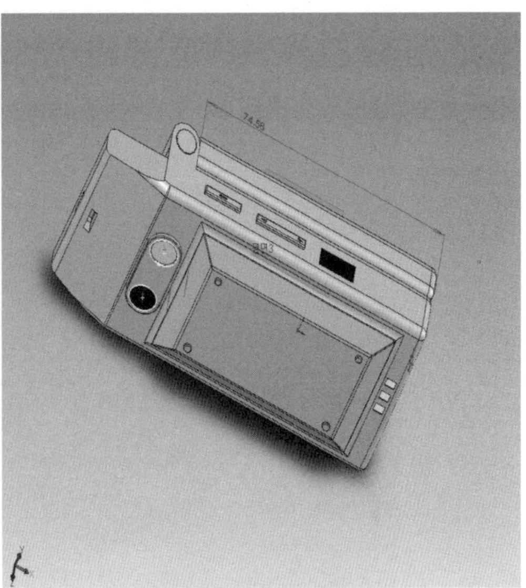

② 마이크로 마우스

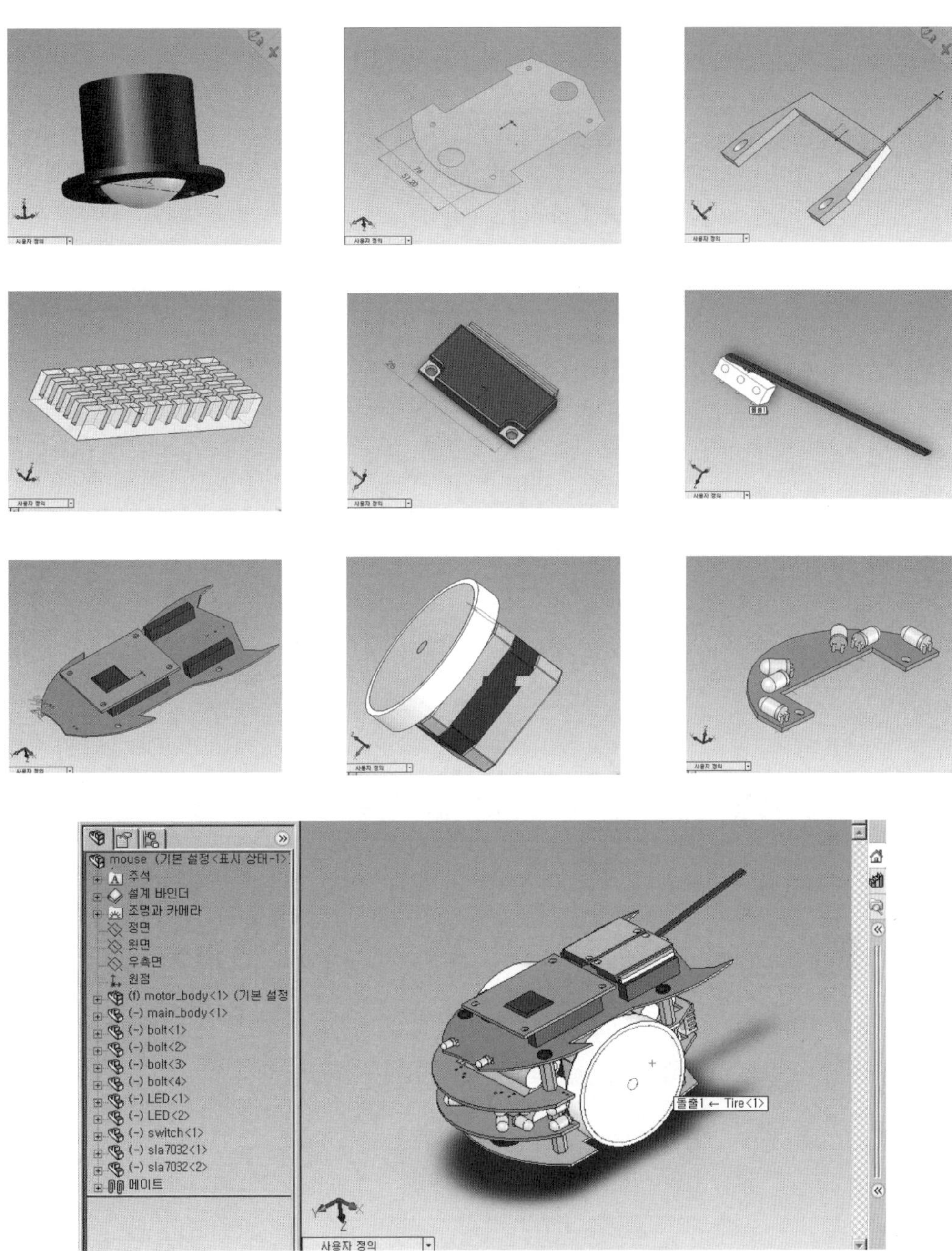
mouse (기본 설정<표시 상태-1>
주석
설계 바인더
조명과 카메라
정면
윗면
우측면
원점
(f) motor_body<1> (기본 설정
(-) main_body<1>
(-) bolt<1>
(-) bolt<2>
(-) bolt<3>
(-) bolt<4>
(-) LED<1>
(-) LED<2>
(-) switch<1>
(-) sla7032<1>
(-) sla7032<2>
메이트
돌출1 ← Tire<1>
사용자 정의

③ 기타 작품

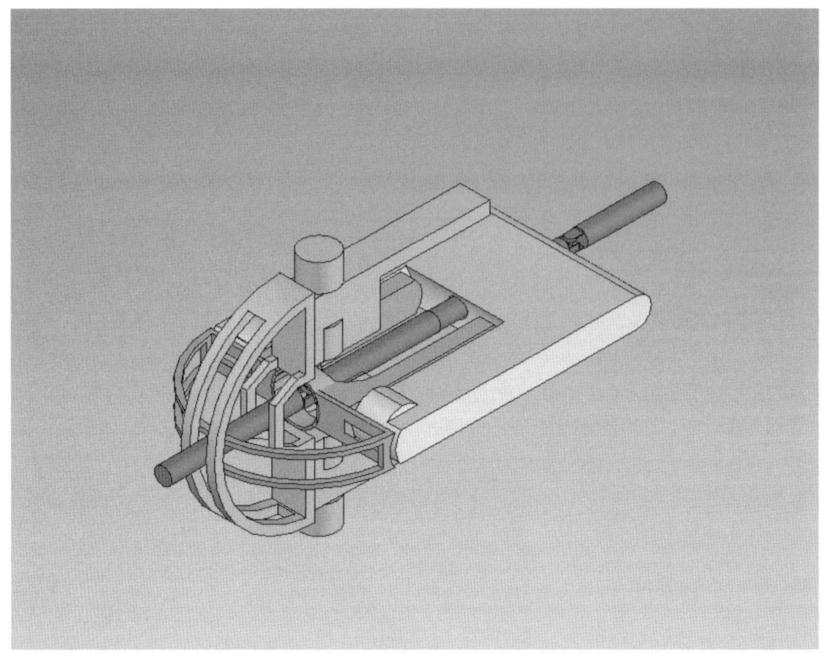

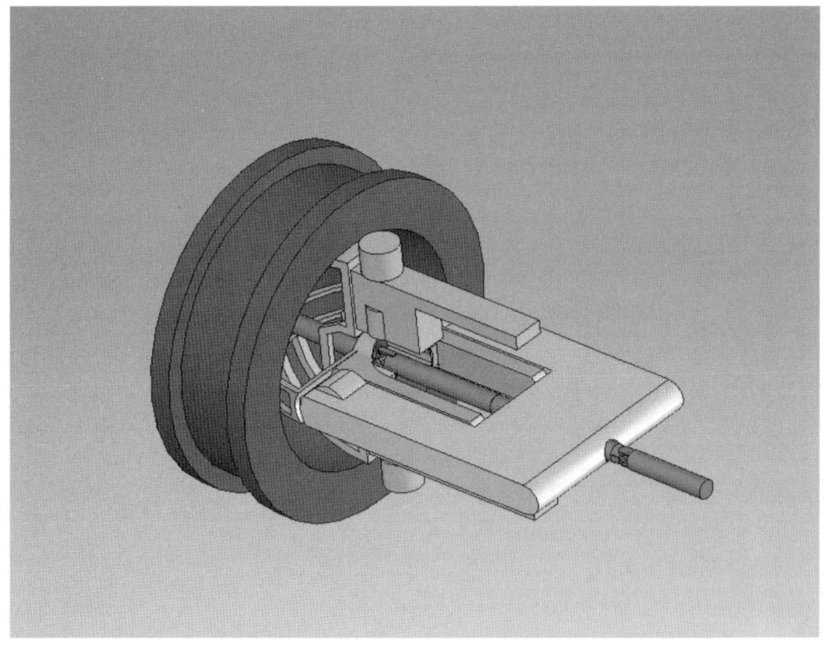

4) 라인트레이서 따라 그리기

① 다음과 같이 모터를 그려보도록 하자. 모터는 (주)금일모터에서 나오는 초소형 DC-Geared Motor이다.

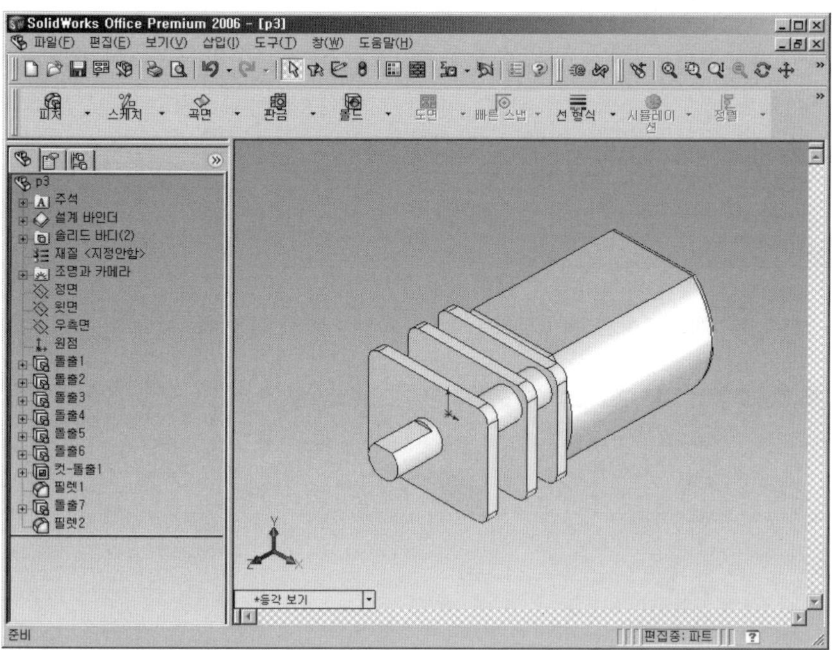

② 다음과 같이 바퀴를 그려보자. 바퀴의 모양은 다음과 같다.

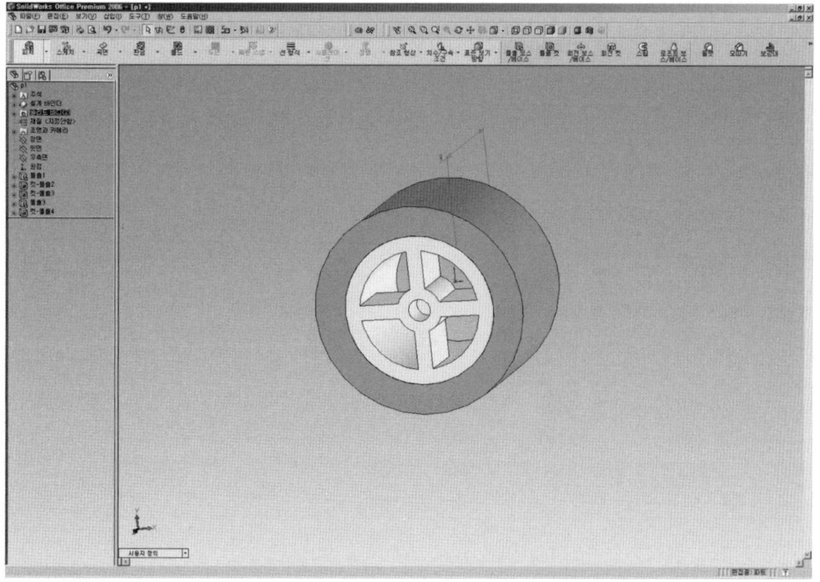

③ 새 창을 열고 '어셈블리'를 만들어 보자. '어셈블리'란 각 파트들이 결합한 것을 말한다.

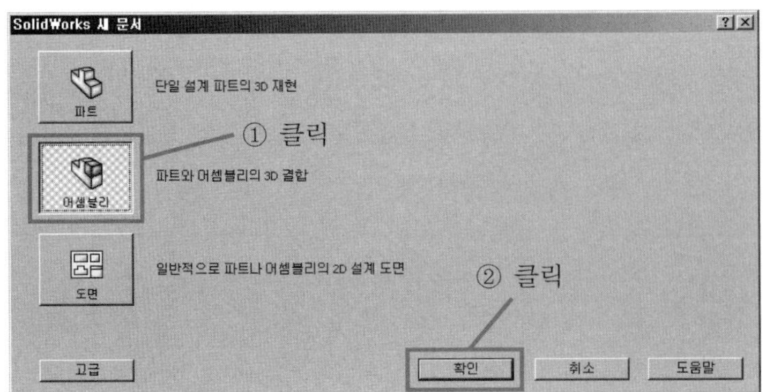

④ 위에서 그린 두 개의 '파트'를 '부품삽입' 아이콘을 클릭하여 선택하도록 한다.

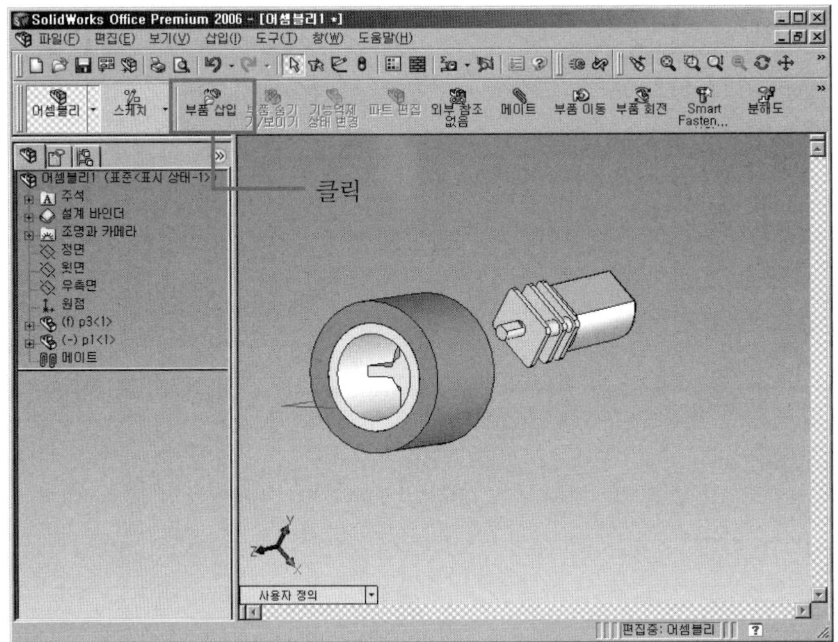

⑤ '부품 회전' 명령을 이용하여 실제로 결합할 방향으로 부품을 움직인다. 적당히 움직인 후 '메이트' 아이콘을 클릭해 보도록 하자. '메이트'란 두 개의 부품 사이의 위치 관계를 고정하는 역할을 한다. 다음 그림처럼 모터의 '축'과 바퀴의 '홀'을 선택한 후, '동심'으로 설정해 보도록 하자.

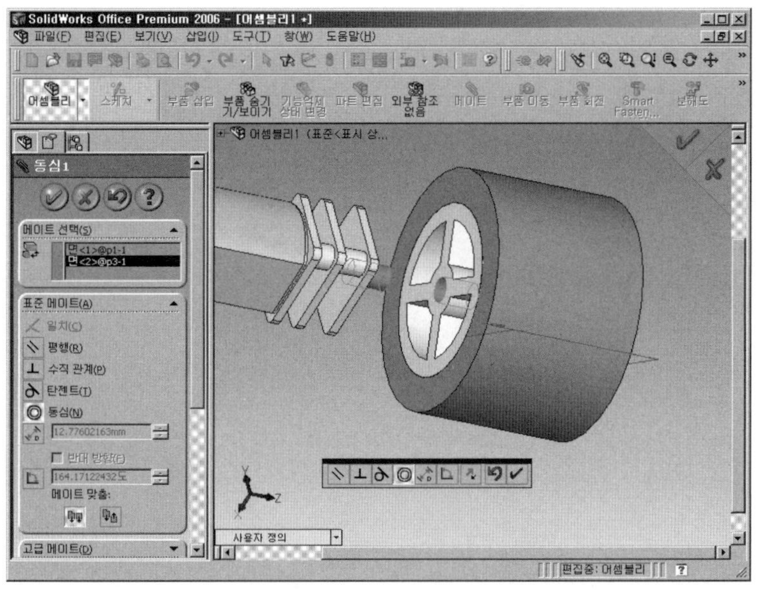

⑥ 동심을 일치시킨 후 바퀴와 모터가 서로 붙도록 하기 위해 바퀴 '면'과 모터 '축'의 깎인 부분을 일치시켜 보자. 다음과 같이 바퀴와 모터가 붙는 것을 확인할 수 있다.

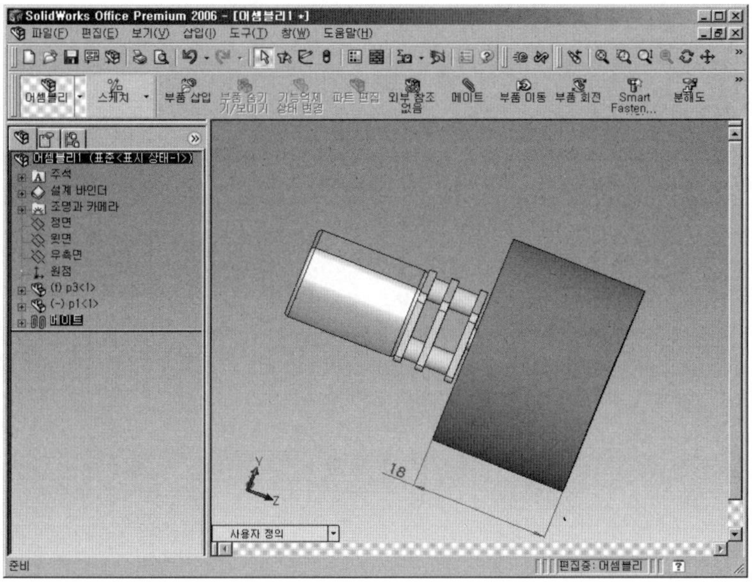

⑦ 파일을 저장 후 다시 새 창 열기를 통해 '어셈블리'를 선택한다. 그 후 '부품추가'를 선택하여 위에서 만들어진 모터와 바퀴가 결합한 것을 두 번 추가해 보자. 다음과 같이 나타날 것이다.

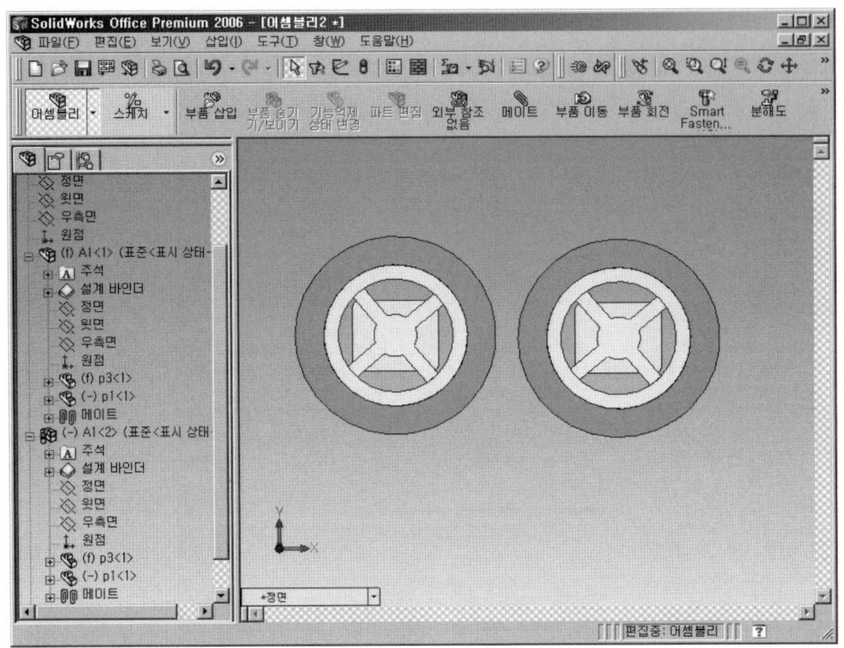

⑧ 위 부품을 다음과 같이 결합해 보자. '부품회전', '메이트'를 적당히 사용하면 된다.

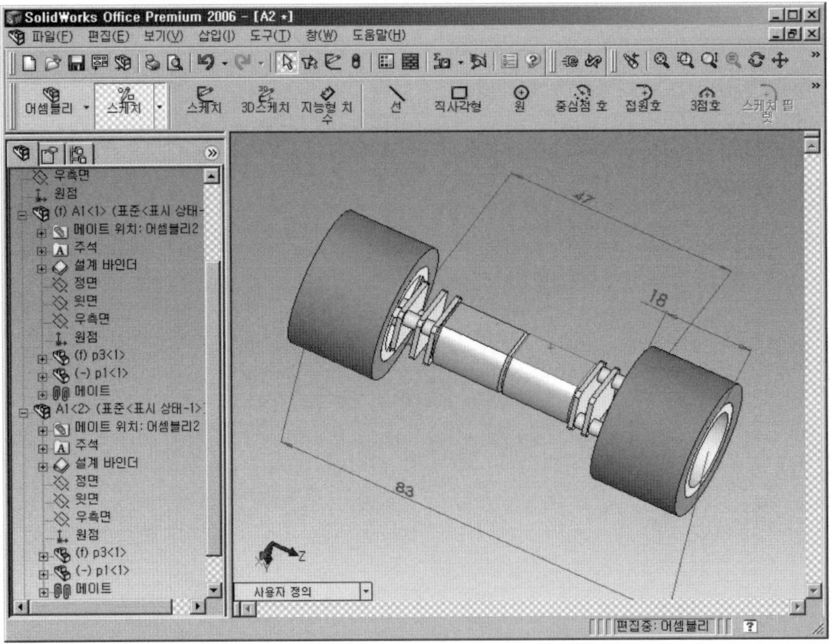

⑨ 다음과 같이 프레임을 원하는 모양으로 만들어 보도록 하자.

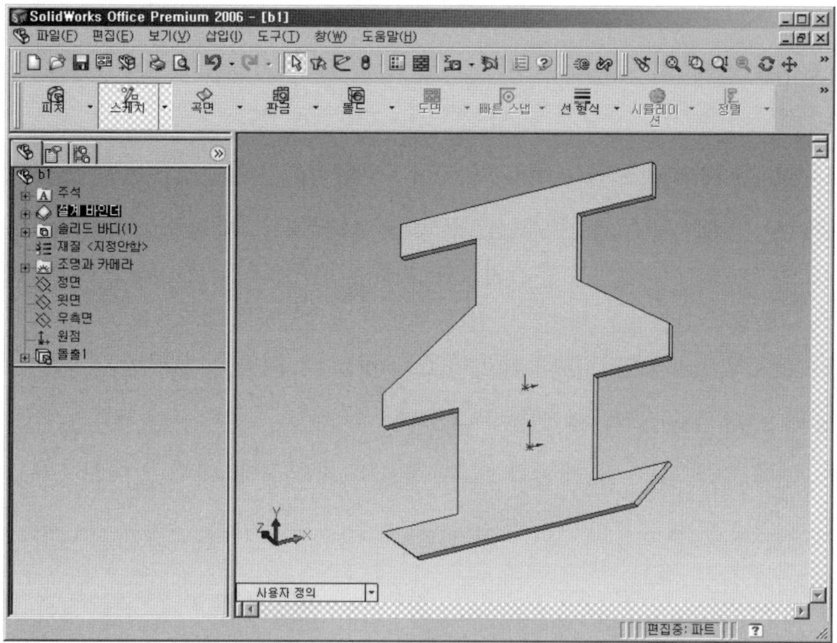

⑩ 다음과 같이 프레임과 모터 등을 결합해 봄으로써 앞으로 제작할 작품의 전반적인 외형을 만들어 보도록 하자.

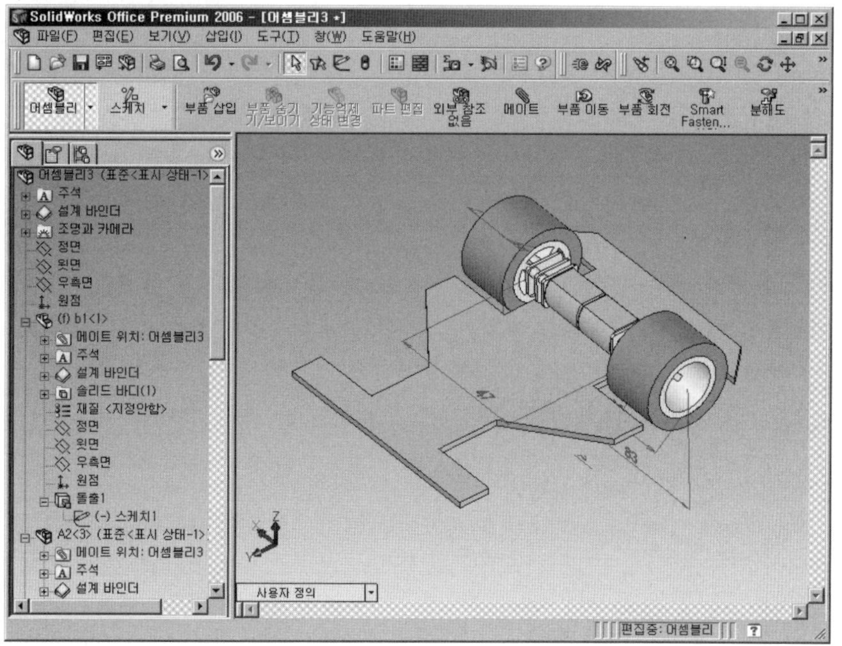

2 OrCAD LayOut

1) Layout(Artwork) 소개

① Layout이란?

Layout은 OrCAD의 여러 가지 기능 중 하나로 PCB 설계를 할 수 있도록 해 주는 툴로서, 회로 설계 단계부터(Capture), 시뮬레이션(PSpice), 기판 설계(Layout)까지 모든 단계를 OrCAD 프로그램 안에서 지원한다. 온라인상에 풍부한 라이브러리를 바탕으로 세상에 존재하는 거의 모든 회로의 부품들을 라이브러리로 제공한다. 본 교재에서는 비교적 아주 간단한 예를 들었지만, 복잡한 회로의 경우 레이아웃은 고도의 기술을 요구한다.

② PCB(Printed Circuit Board : 인쇄 회로 기판)란?

아래 사진을 통해 일반 수작업 제품과 PCB 제품의 차이점에 대해 알아보도록 하자.

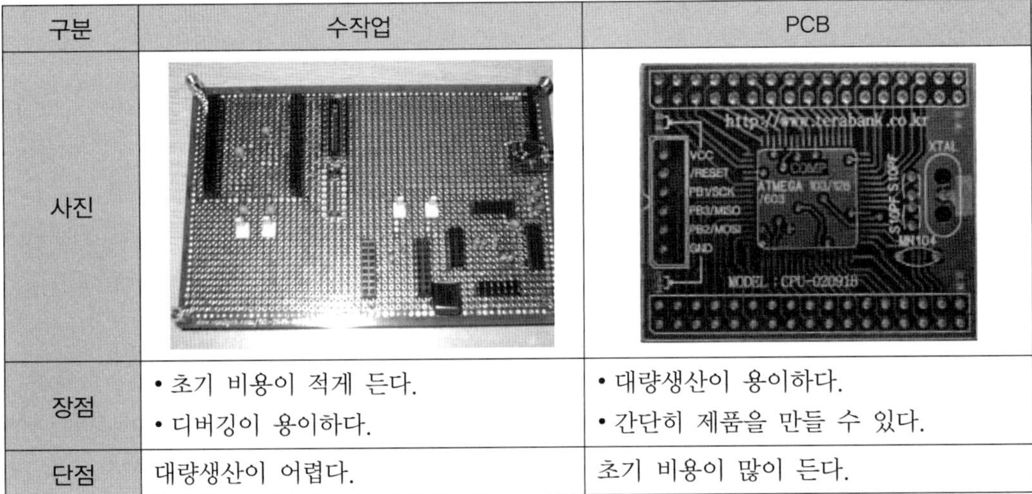

구분	수작업	PCB
사진		
장점	• 초기 비용이 적게 든다. • 디버깅이 용이하다.	• 대량생산이 용이하다. • 간단히 제품을 만들 수 있다.
단점	대량생산이 어렵다.	초기 비용이 많이 든다.

위 사진에서 보듯 PCB를 사용하면 제품 생산 속도가 획기적으로 향상된다. 그렇게 하기 위해서는 초반에 PCB를 실수하지 않고 꼼꼼히 설계하는 것이 무엇보다 중요하다. 한번 설계하고 나면 수십-수백 장의 똑같은 제품들이 쏟아져 나오기 때문에 수작업처럼 매 제품마다 몇 시간씩 걸리던 시간을 프로그램 등 다른 곳에 투자할 수 있는 시간이 생기게 된다.

2) OrCAD Layout 따라하기

① OrCAD Capture 실행한다.

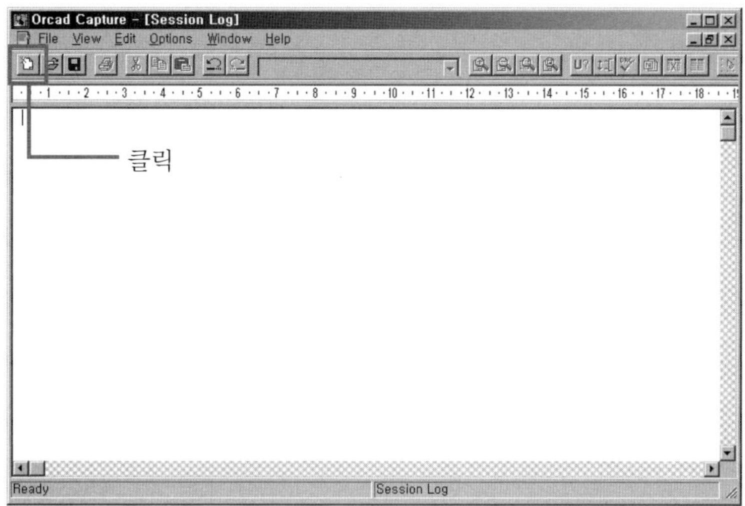

② File ⇨ New ⇨ Project 혹은 [새 문서] 버튼을 누르면 다음과 같은 화면이 나온다. 파일 이름과 저장위치를 지정 후 [OK] 버튼을 누른다.

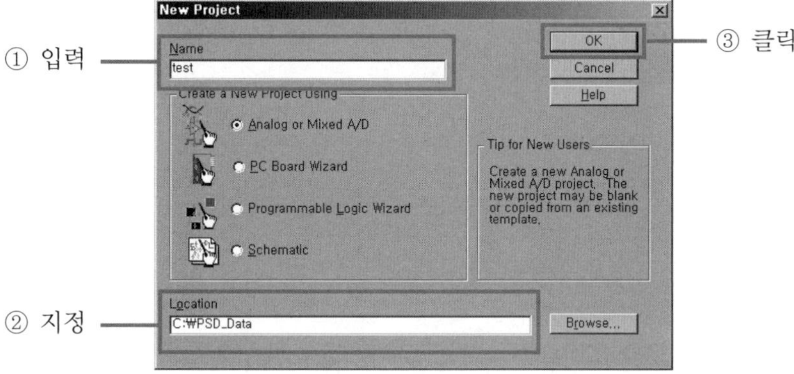

③ [OK] 버튼을 누른다.

④ 다음과 같이 화면이 바뀐다.

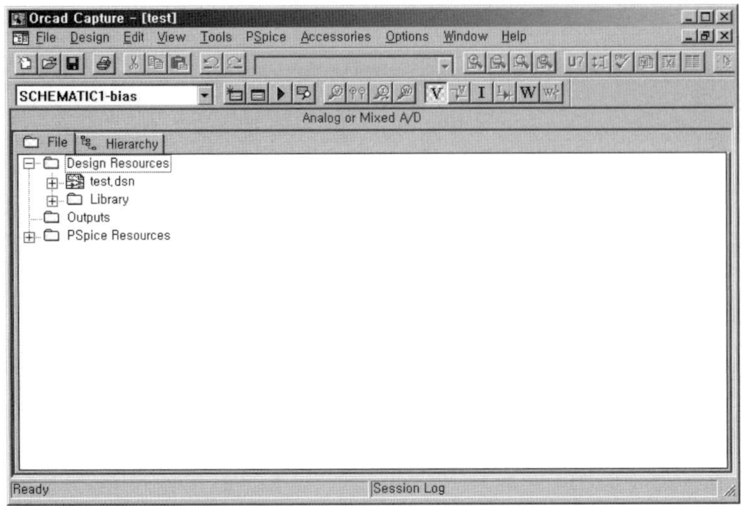

⑤ 다음과 같이 'PAGE1'을 선택한다.

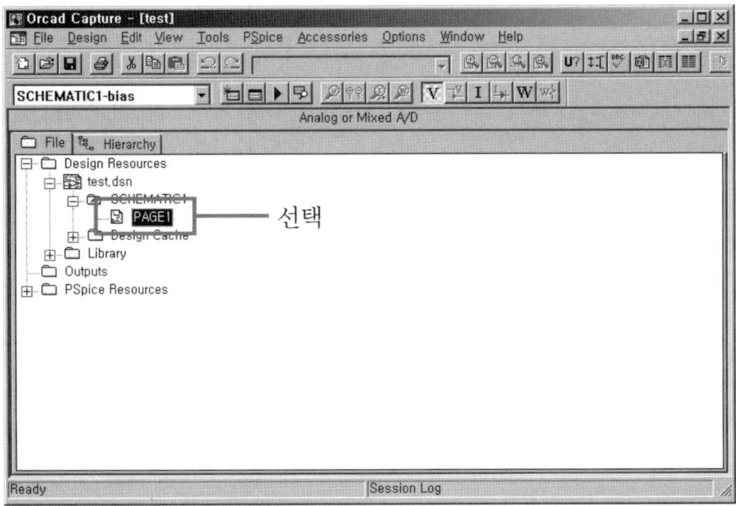

⑥ 'PAGE1'을 클릭하면 다음과 같이 화면이 바뀌게 된다.

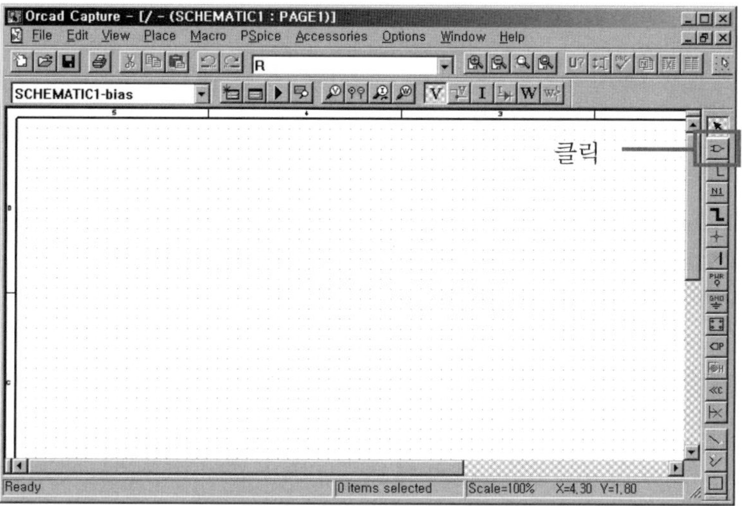

⑦ 위에 표시한 부품 삽입 창을 눌러보면 다음과 같은 창을 볼 수 있다. 처음 시작할 때는 Library가 몇 개밖에 없으므로 [Add Library]를 누른다.

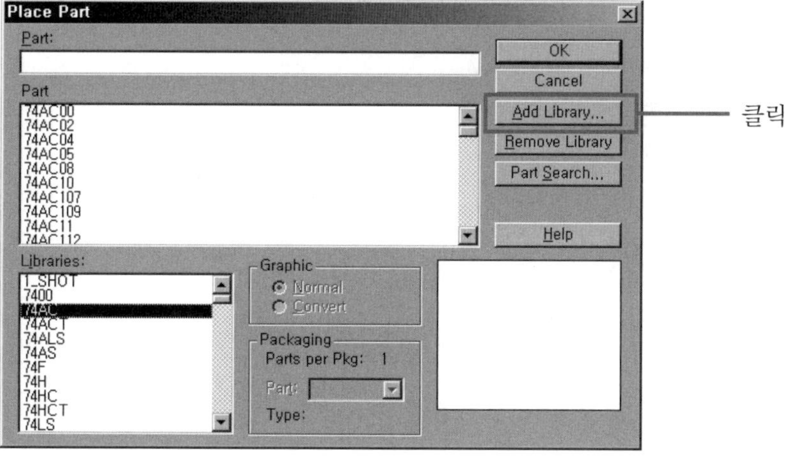

⑧ 모든 라이브러리를 추가해 준다. [Ctrl]+[A]를 누르면 된다.(폴더도 포함)

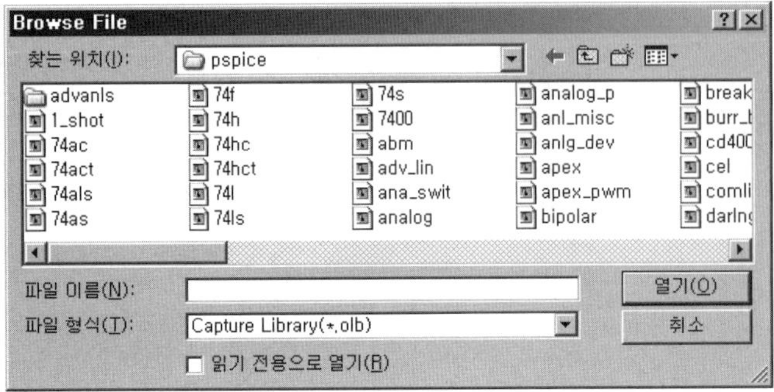

⑨ 다음과 같이 모든 라이브러리를 선택한 후, 파트에서 필요한 부품을 적는다.

⑩ [OK] 버튼을 누른 후 부품을 적당한 위치에 배치한다.

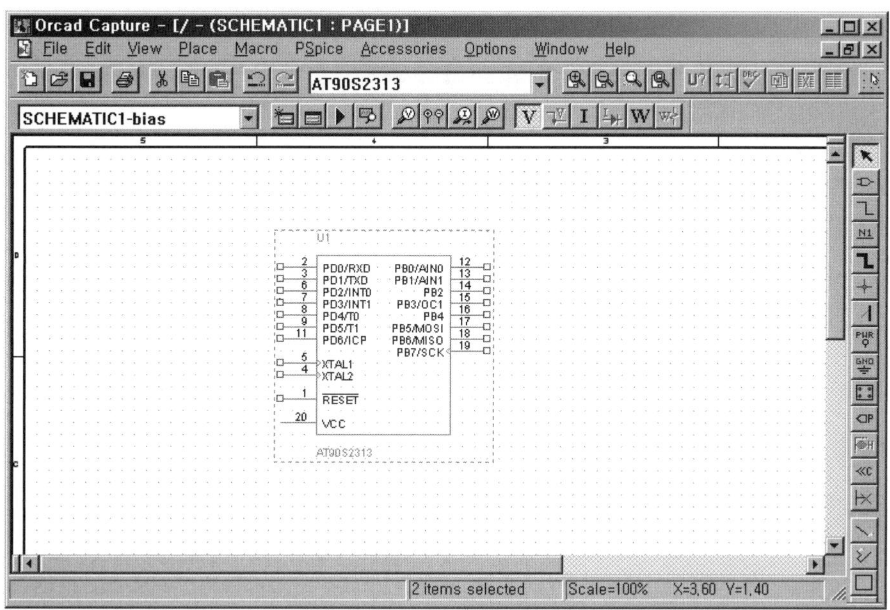

⑪ 적당히 부품을 몇 가지 삽입해 보자. 주의할 점은 같은 부품이라고 해서 "복사하기-붙여넣기"를 하면 안 된다. 부품마다 고유의 번호가 매겨지게 되는데, 복사하기를 하면 부품 간의 번호가 같아지기 때문에 에러가 발생한다.

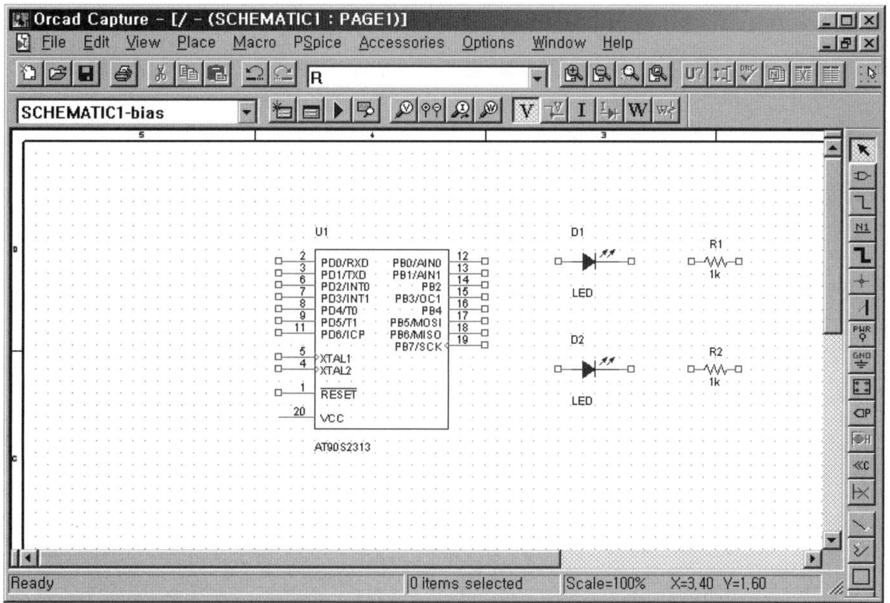

⑫ [W(wire)]키를 누른 후 선을 연결한다.

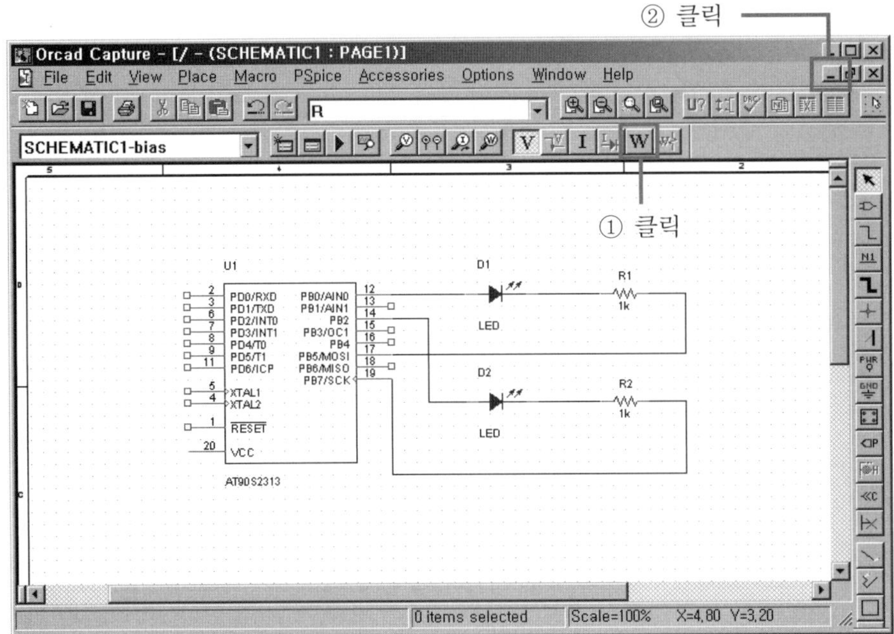

⑬ 최소화 버튼을 눌러서 창을 내려놓으면 아래처럼 메뉴가 활성화되었음을 볼 수 있다. [U?]를 클릭해 보자. 이는 혹시 모를 실수를 대비해서 부품 번호를 초기화한 후 재설정하는 것이다.

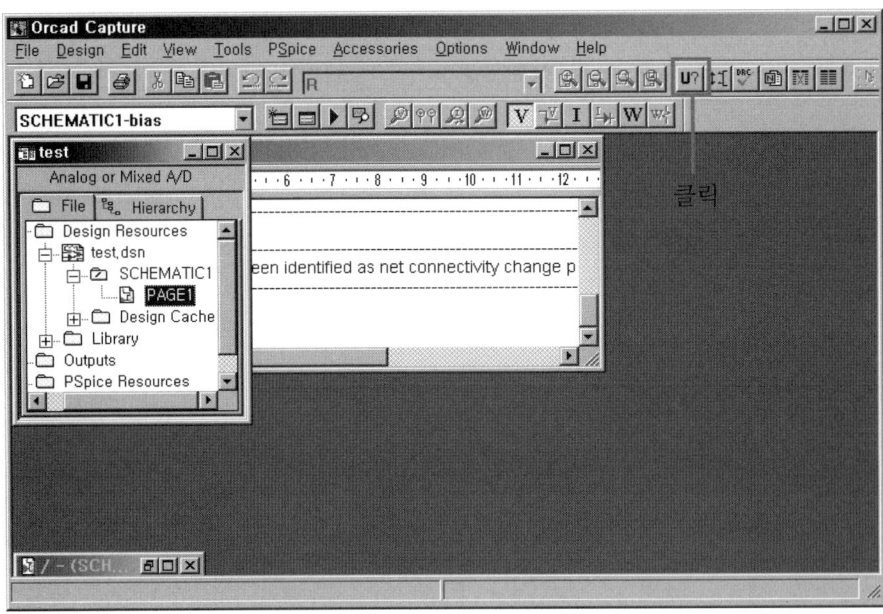

⑭ 다음 두 가지를 아래 있는 것부터 실행하자.(Reset... - Incremental...)

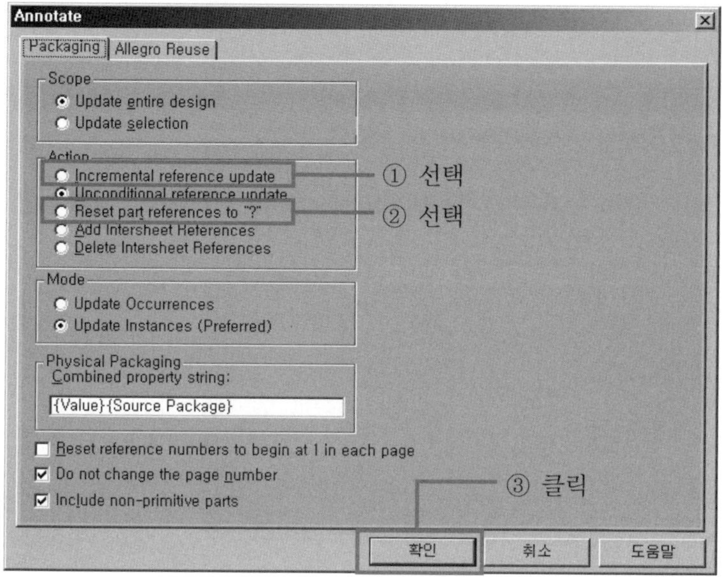

⑮ [Netlist] 버튼을 누른 후 아래와 같은 창이 나타나면 Layout 탭을 클릭 후 단위는 inch를 선택한다.(우리에게 익숙한 mm 단위를 선택하고 싶지만 대부분 칩들이 inch 단위를 쓰기 때문에 inch 단위를 쓰기로 한다.)

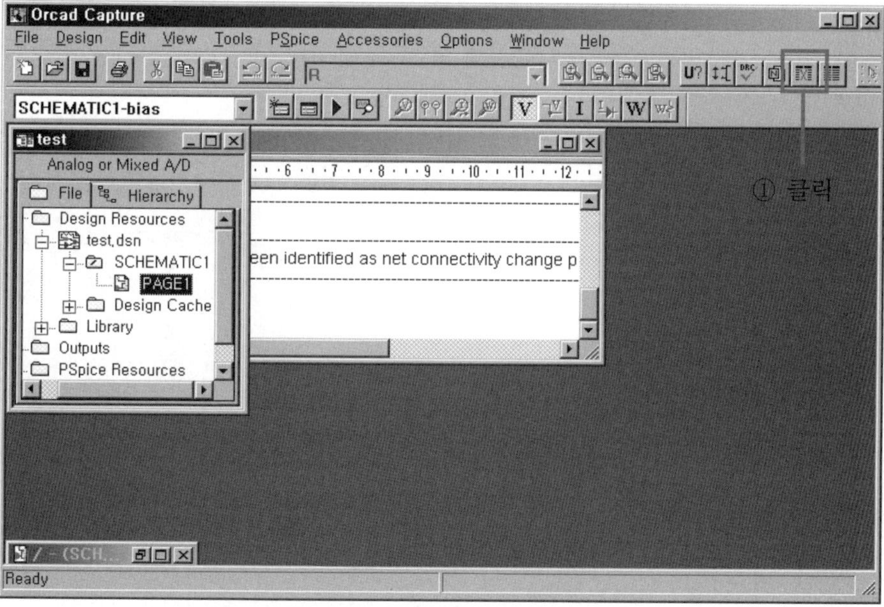

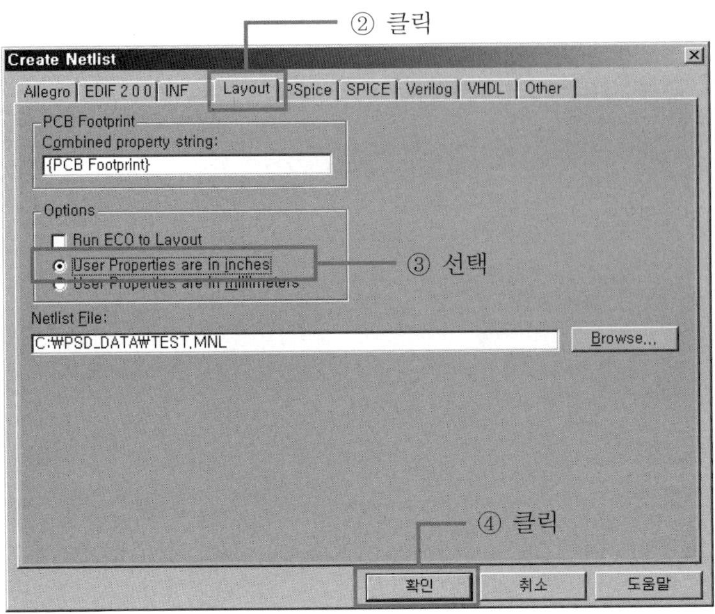

⑯ [확인] 버튼을 누르면 다음과 같은 메시지가 나온다.

⑰ 다음과 같이 Netlist 파일이 만들어졌음을 볼 수 있다. 이는 부품의 연결 상태를 데이터베이스화 해서 저장한 파일이다. 확장자는 "*.mnl"이다.

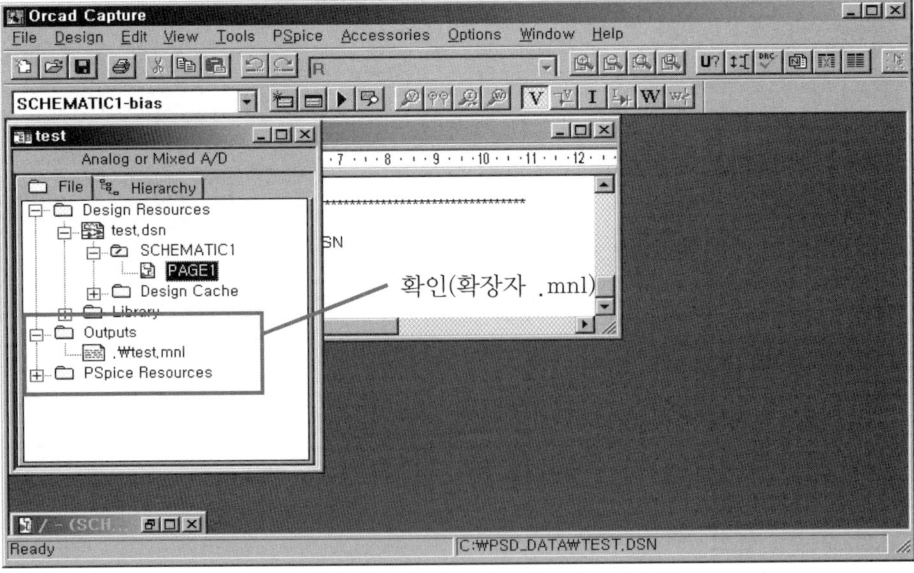

⑱ 레이아웃을 실행해 보도록 하자. 다음과 같은 첫 화면을 볼 수 있다.

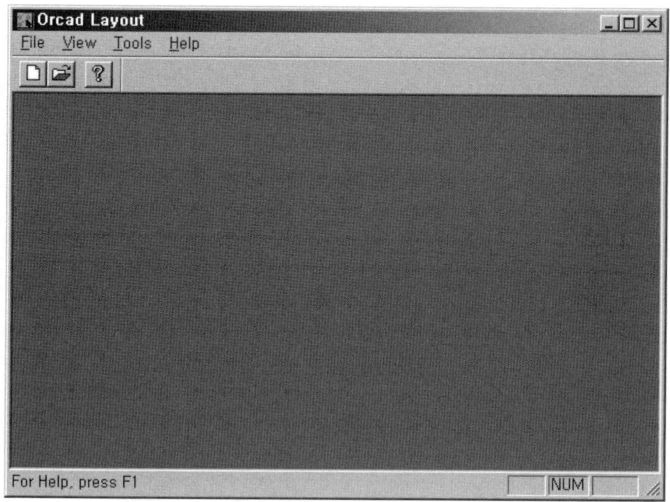

⑲ [새 문서] 버튼을 클릭하면 다음과 같은 창이 나온다. 파일 이름에 'default'를 확인하고 [열기] 버튼을 누른다.

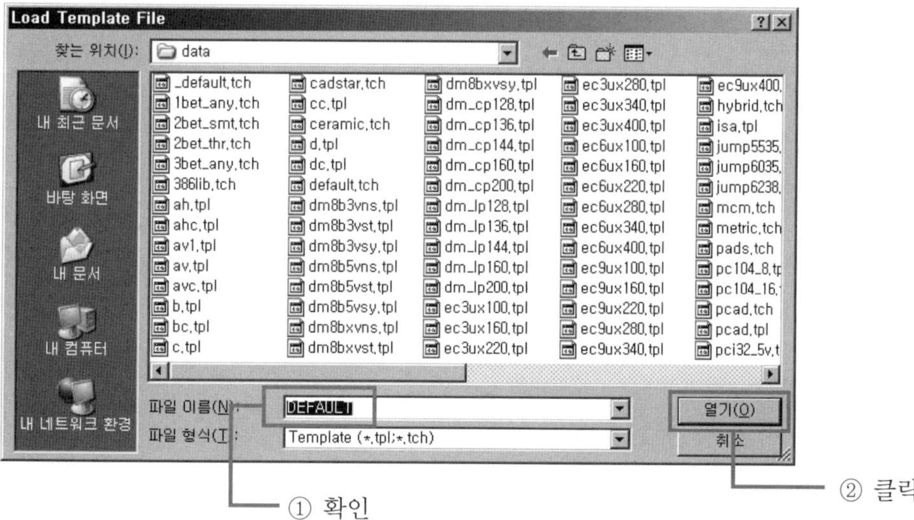

⑳ 다음과 같이 Netlist 파일을 찾는 창이 나온다. 아까 저장한 파일을 찾아주면 된다. 폴더를 별다르게 지정하지 않았으므로 기본폴더인 c : ₩PSD_Data를 선택한다.

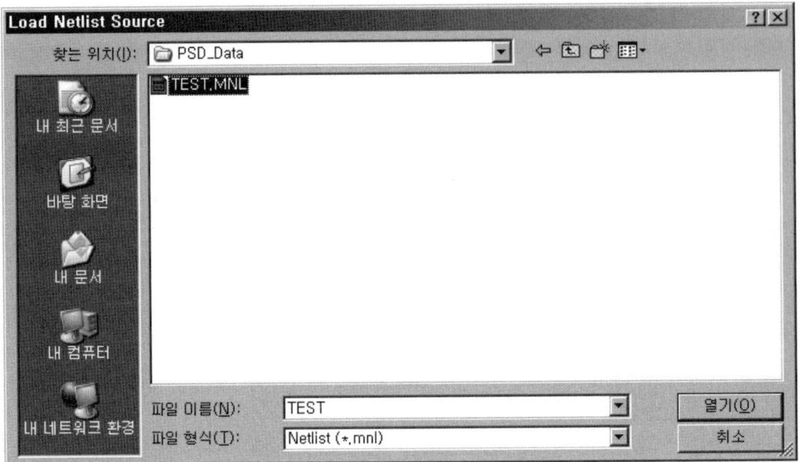

㉑ 보드 파일을 저장한다. 확장자는 "*.max"이다.

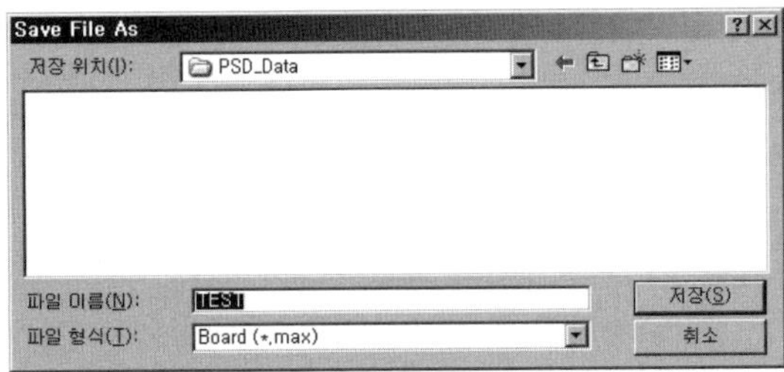

㉒ 다음과 같이 부품을 설정하는 창이 뜬다. R1에 해당하는 부품을 찾기 위해 가장 위에 있는 메뉴를 선택한다.

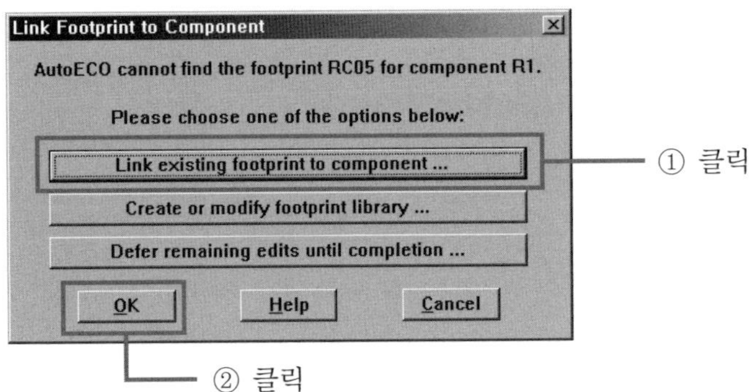

㉓ 다음과 같은 창이 나오게 되는데, 각 부품의 핀 수와 크기가 맞는 부품을 고른다. 100이란 숫자는 mil 단위로 100mil은 0.1inch를 말하며, 이는 표준형 만능기판의 두 구멍의 간격이다.

㉔ 모든 부품을 골라주게 되면 다음과 같은 화면을 볼 수 있다.

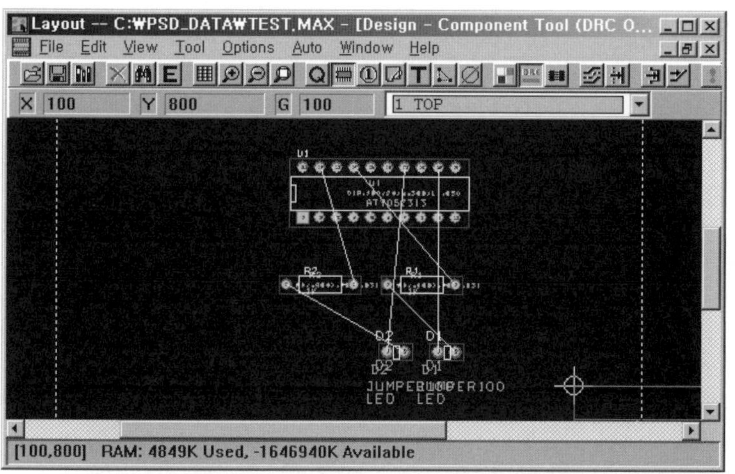

㉕ Netlist 파일 때문에 별도로 선을 연결하지 않았는데도 선이 연결되어 나옴을 확인하였다. 핀 툴을 선택 후 다음과 같이 부품을 적절한 위치에 배치하여 보자.

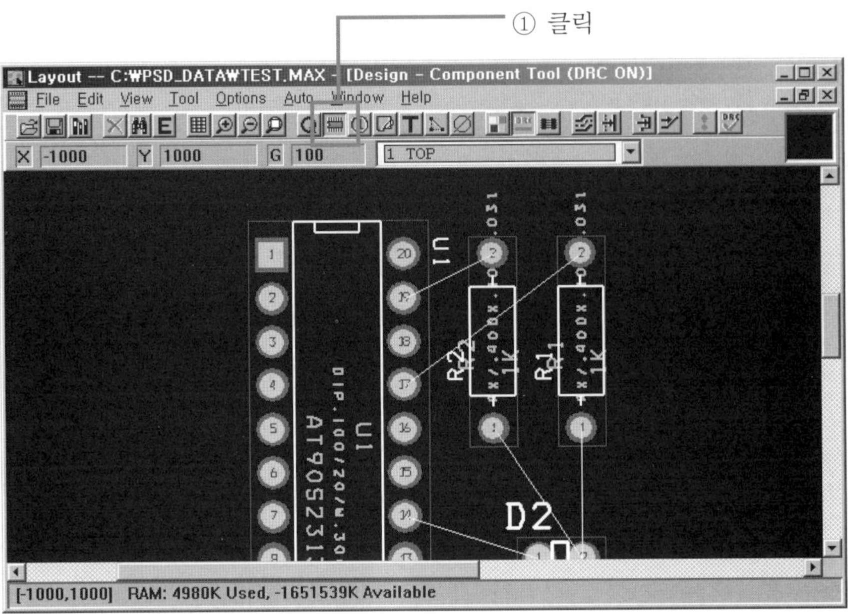

㉖ Obstacle Tool을 선택하여 외곽선을 긋는다.

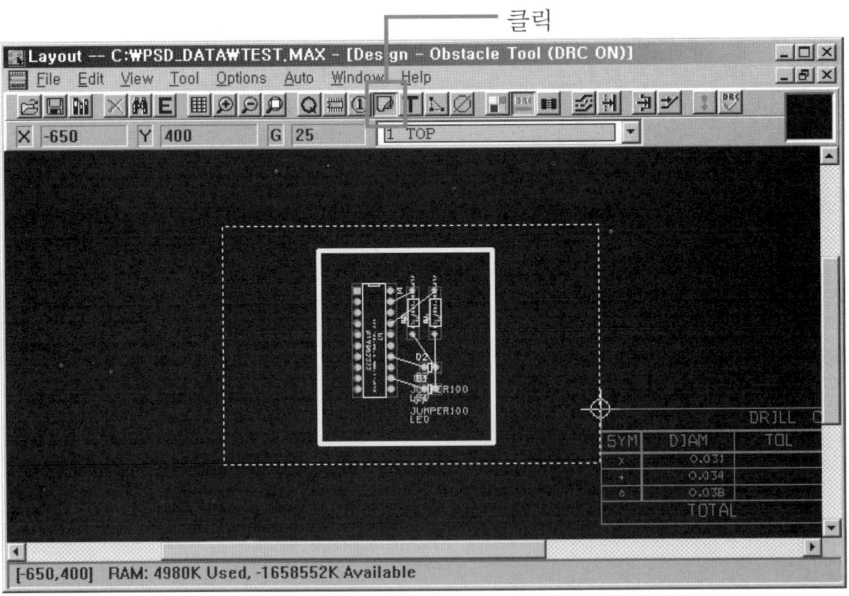

㉗ Options ⇨ Route Strategies ⇨ Route Layers... 선택한다.

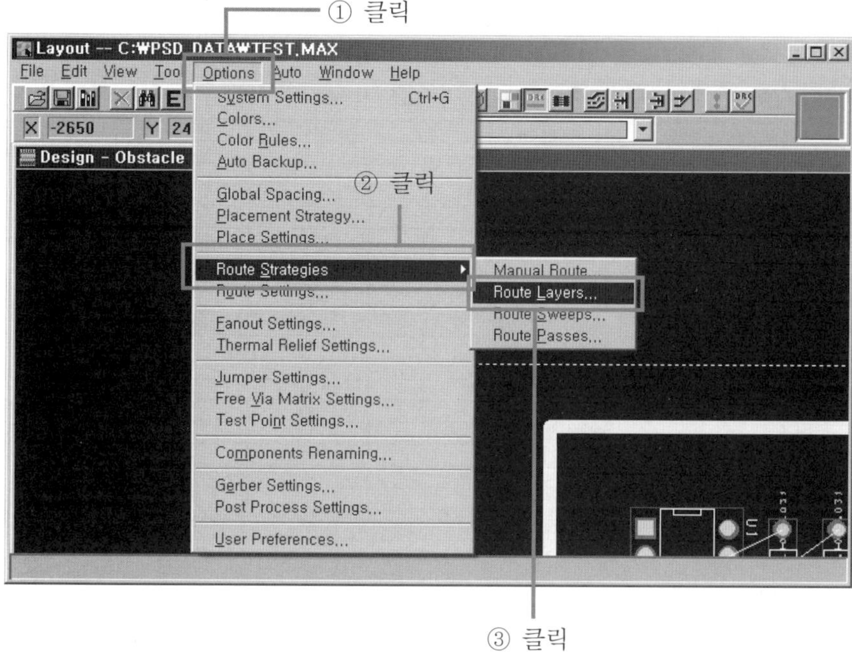

㉘ 다음과 같은 창이 나오게 되는데, TOP / BOTTOM 면을 제외하고 모두 'No'로 바꾸도록 하자. 이 과정을 통해 2층 기판을 만드는 것이다. 4층 기판으로 가면 단가가 급격히 상승하는 단점이 있다.

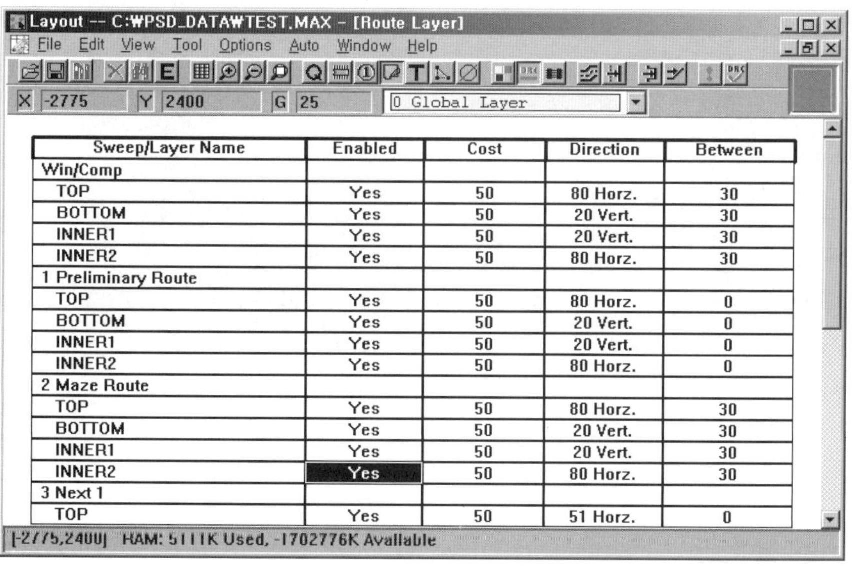

Sweep/Layer Name	Enabled	Cost	Direction	Between
Win/Comp				
TOP	Yes	50	80 Horz.	30
BOTTOM	Yes	50	20 Vert.	30
INNER1	Yes	50	20 Vert.	30
INNER2	Yes	50	80 Horz.	30
1 Preliminary Route				
TOP	Yes	50	80 Horz.	0
BOTTOM	Yes	50	20 Vert.	0
INNER1	Yes	50	20 Vert.	0
INNER2	Yes	50	80 Horz.	0
2 Maze Route				
TOP	Yes	50	80 Horz.	30
BOTTOM	Yes	50	20 Vert.	30
INNER1	Yes	50	20 Vert.	30
INNER2	Yes	50	80 Horz.	30
3 Next 1				
TOP	Yes	50	51 Horz.	0

㉙ 다음과 같이 'No'로 바꾸었다.

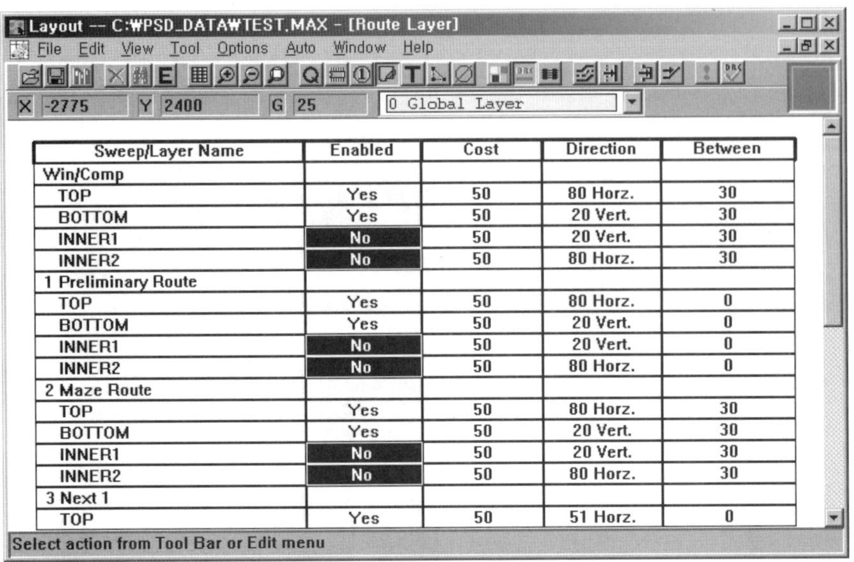

Sweep/Layer Name	Enabled	Cost	Direction	Between
Win/Comp				
TOP	Yes	50	80 Horz.	30
BOTTOM	Yes	50	20 Vert.	30
INNER1	No	50	20 Vert.	30
INNER2	No	50	80 Horz.	30
1 Preliminary Route				
TOP	Yes	50	80 Horz.	0
BOTTOM	Yes	50	20 Vert.	0
INNER1	No	50	20 Vert.	0
INNER2	No	50	80 Horz.	0
2 Maze Route				
TOP	Yes	50	80 Horz.	30
BOTTOM	Yes	50	20 Vert.	30
INNER1	No	50	20 Vert.	30
INNER2	No	50	80 Horz.	30
3 Next 1				
TOP	Yes	50	51 Horz.	0

㉚ 위 과정이 끝난 후 다음 메뉴를 선택한다.

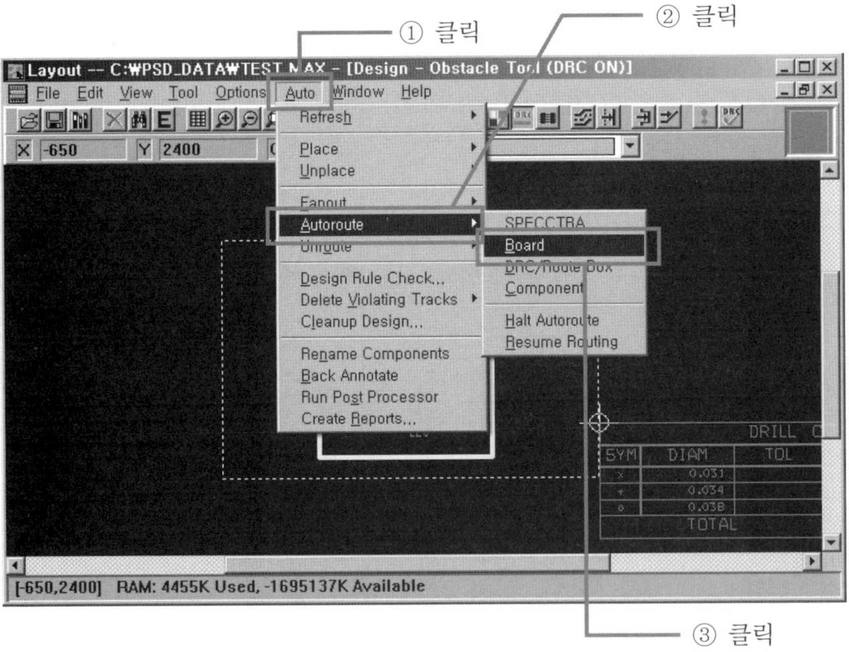

㉛ 다음과 같이 컴퓨터가 스스로 배선을 하는 장면을 볼 수 있다.

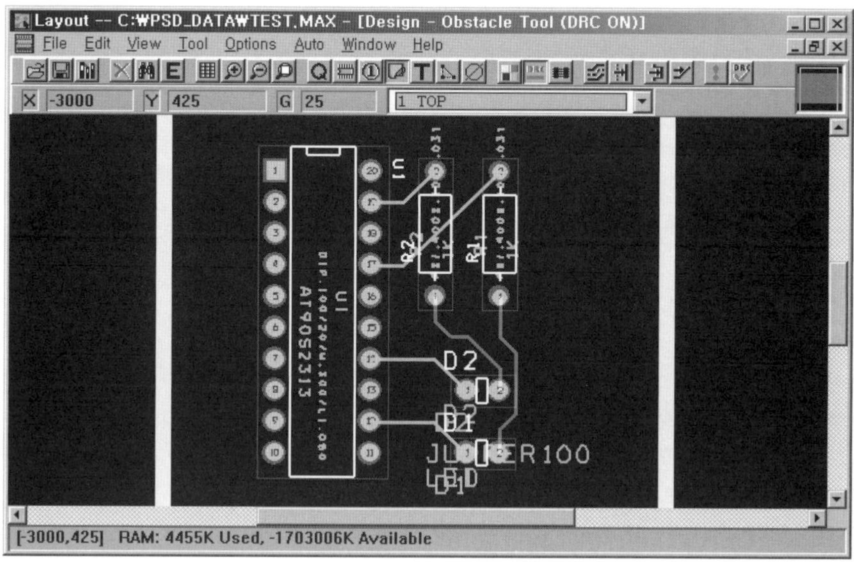

㉜ Auto ⇨ Run Post Processor를 실행한다.

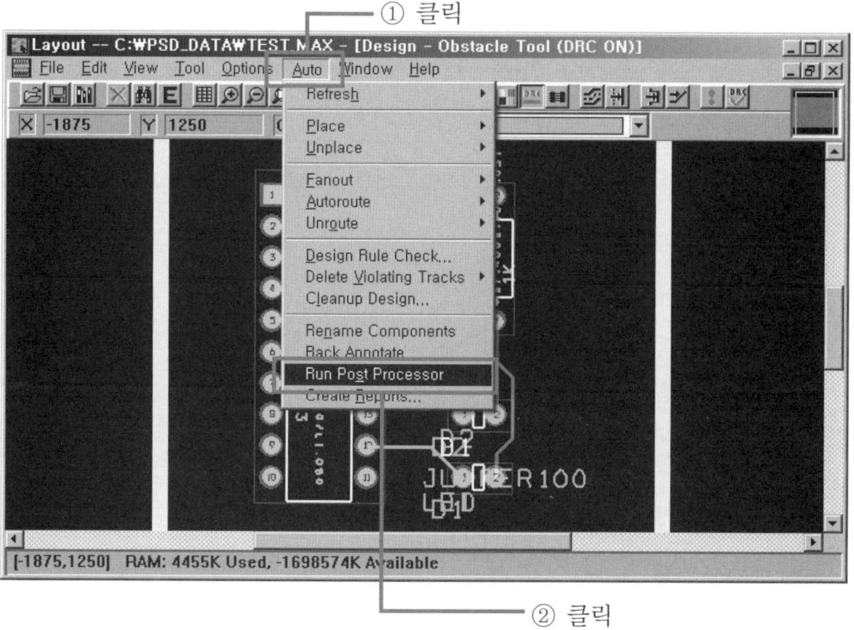

㉝ 몇 번의 버튼 클릭 후 다음과 같이 완료 화면이 뜬다.

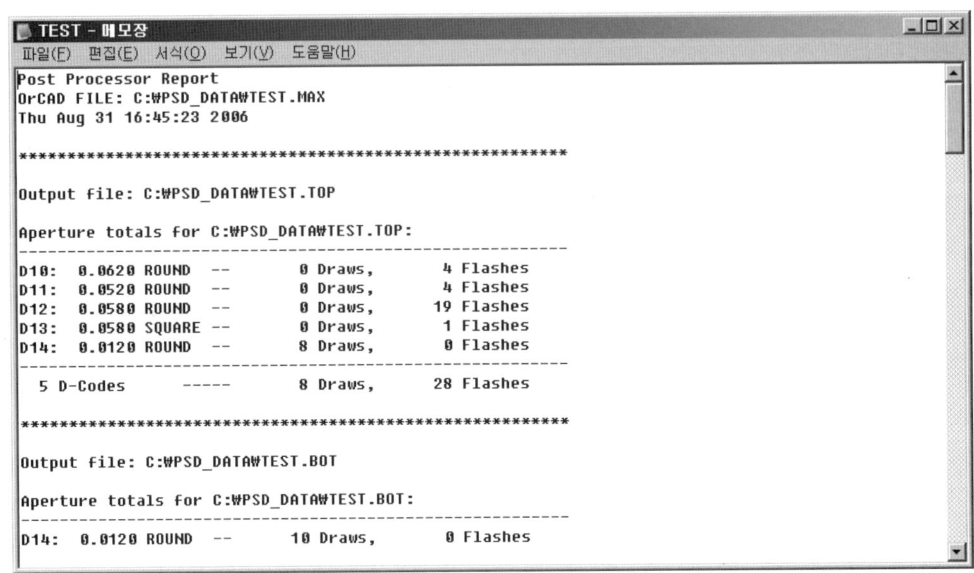


```
Post Processor Report
OrCAD FILE: C:₩PSD_DATA₩TEST.MAX
Thu Aug 31 16:45:23 2006

**********************************************************

Output file: C:₩PSD_DATA₩TEST.TOP

Aperture totals for C:₩PSD_DATA₩TEST.TOP:
----------------------------------------------------------
D10:  0.0620 ROUND  --        0 Draws,       4 Flashes
D11:  0.0520 ROUND  --        0 Draws,       4 Flashes
D12:  0.0580 ROUND  --        0 Draws,      19 Flashes
D13:  0.0580 SQUARE --        0 Draws,       1 Flashes
D14:  0.0120 ROUND  --        8 Draws,       0 Flashes
----------------------------------------------------------
  5 D-Codes      -----        8 Draws,      28 Flashes

**********************************************************

Output file: C:₩PSD_DATA₩TEST.BOT

Aperture totals for C:₩PSD_DATA₩TEST.BOT:
----------------------------------------------------------
D14:  0.0120 ROUND  --       10 Draws,       0 Flashes
```

㉞ 다음과 같은 파일들이 생성된 것을 볼 수 있다. 이 파일을 PCB 제조업체에 보내게 되면 완성된 PCB 기판을 받을 수 있다.

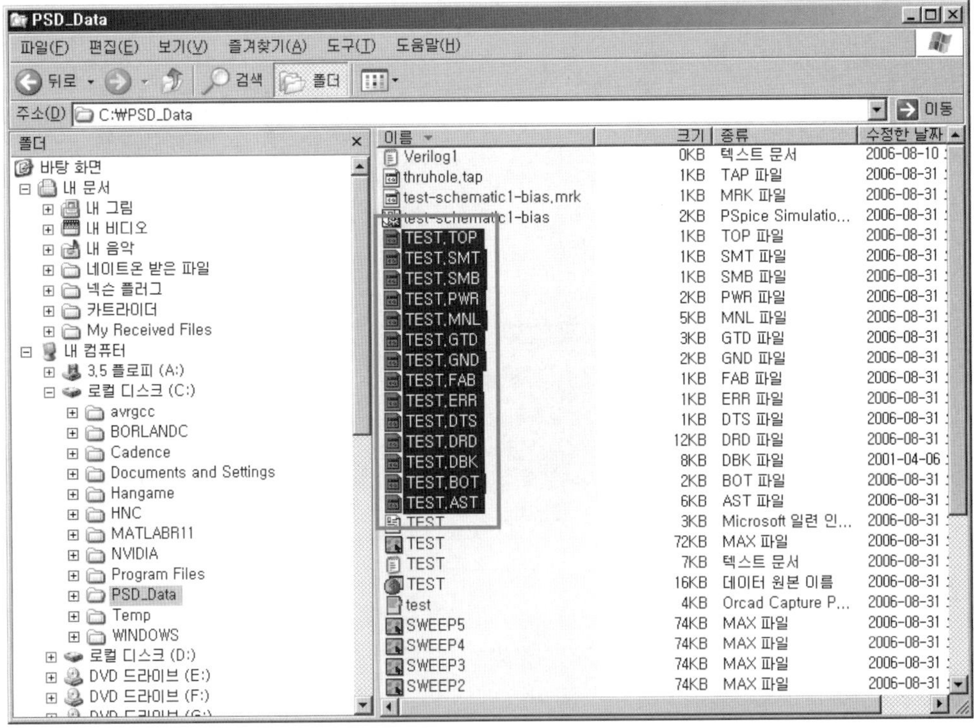

CHAPTER 04

작품 만들기

1 라인트레이서

1) 라인트레이서란?

라인트레이서란 바닥에 그려진 선을 따라 움직이는 로봇을 말하며, 라인트레이서 혹은 라인 스캐너라고 불린다. 로봇의 기본 원리를 알 수 있는 것으로, 교육의 목적으로 많은 대학교, 저학년 및 청소년층에서 제작을 하고 있다.

다음은 시중에서 판매되고 있는 라인트레이서들의 모습이다.

(주) 마이크로 로보트	(주) 마이크로 로보트	(주) 마이크로 로보트
• CPU : 논리소자 • 센서 : 적외선 2조 • 전원 : 6V • 모터 : DC 모터 • 속도 : 약 50cm/s	• CPU : 89C2051 • 모터 : DC 감속 모터 2개 • 센서 : 적외선 4조 • 전원 : 4.5V	• CPU : Am188ES(40MHz) • 모터 : Stepping Motor(H546) 프센서 : 적외선 8쌍 • 전원 : 14.4V • 기타 : 대회 룰 적용

(주) 로보블럭	(주) 로보블럭	(주) 로보블럭
• CPU : AT90S2313 • 센서 : 적외선 3조 • 모터 : Gear box - 2DC 모터 • 전원 : 4.5V	• CPU : 논리소자 • 센서 : 적외선 2조 • 모터 : Gear box - 2DC 모터 • 전원 : 4.5V	• CPU : AT89C2051 • 모터 : DC 감속 모터 2개 • 센서 : 적외선 센서 3조 • 전원 : 4.5V

2) 라인트레이서의 원리

빛은 흰색에서는 반사되고 검은색에서는 흡수되어 반사가 일어나지 않는다. 이 원리를 이용하여 빛의 한 종류인 적외선을 바닥에 쏜 후 반사되어 돌아오는 적외선을 감지해 검은 선이 있는지 없는지를 판단하게 되고, 검은 선이 없으면 모터를 돌리고, 검은 선이 있으면 모터를 멈추게 된다. 아래 그림을 통해 동작 원리를 살펴보자.

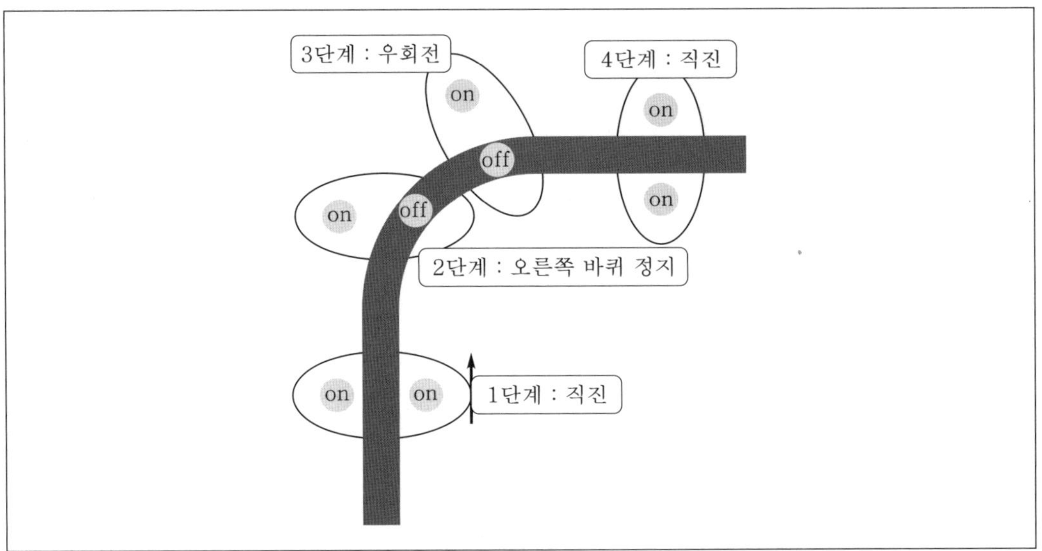

CodeVisionAVR C

1) 환경 설정

① CodeVisionAVR 프로그램을 시작할 때 로고 화면이다.

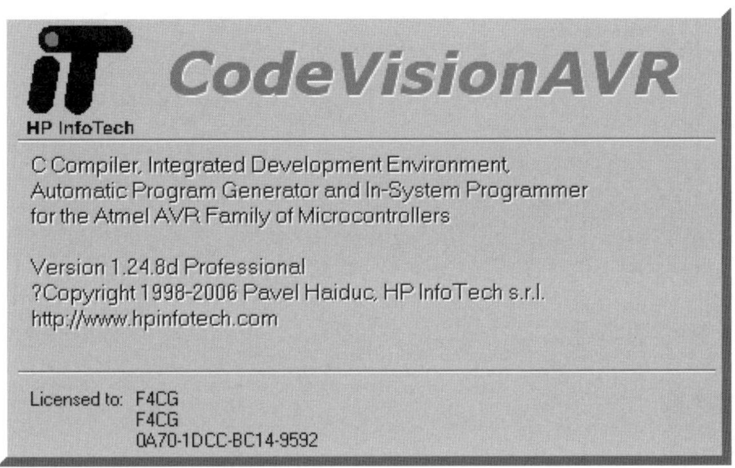

② 프로그램 첫 화면은 다음과 같다.

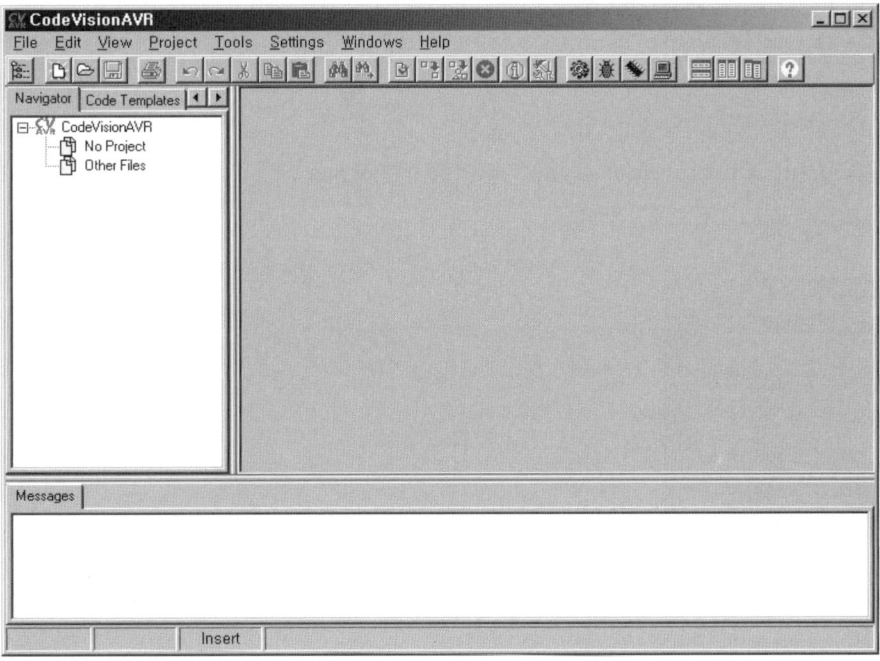

③ Settings ⇨ Programmer를 클릭해 보자.

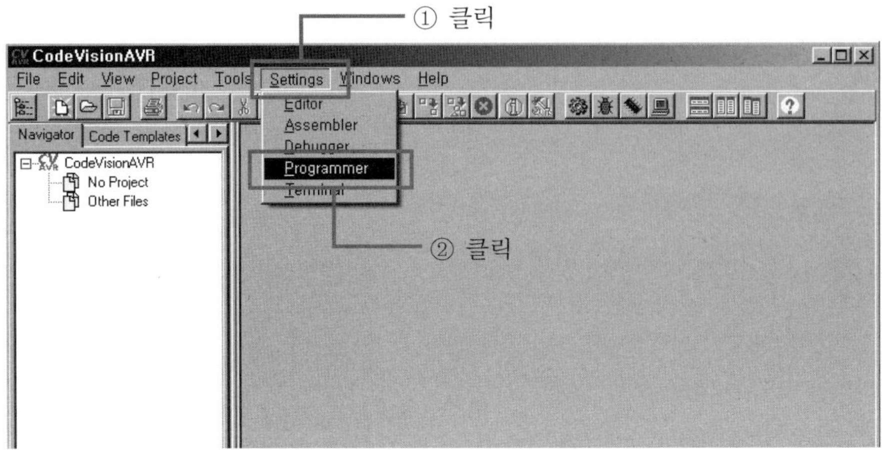

④ 다음과 같은 팝업창이 뜹니다.

⑤ 다음과 같이 바꾸도록 합니다.

- AVR Chip Programmer Type : Kanda Systems STK200+/300
- Printer Port : LPT1 : 378h

⑥ 이제 새로운 프로그램을 작성하기 위해 File ⇨ New를 클릭해 보자.

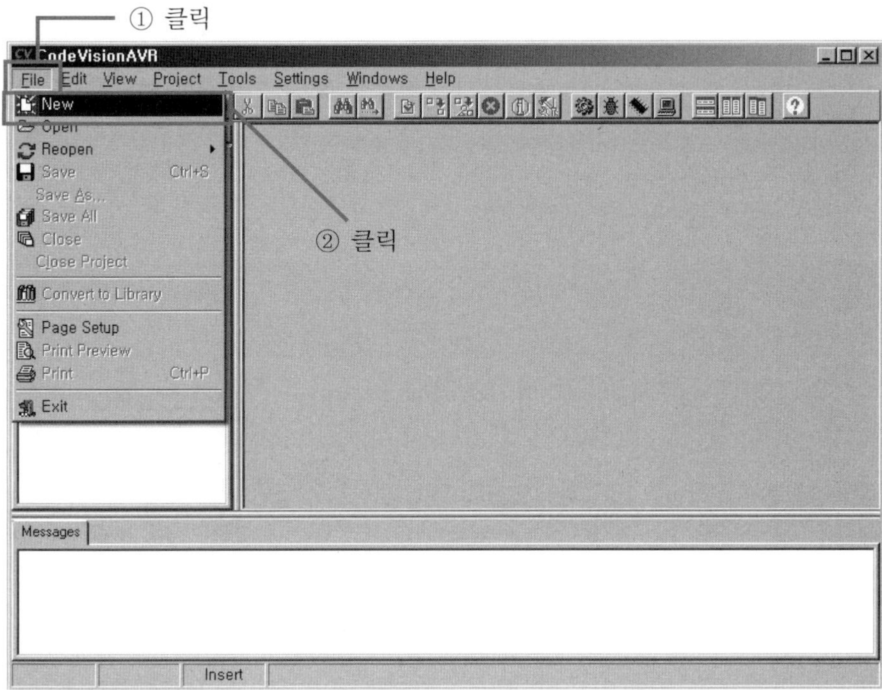

⑦ 다음과 같이 팝업창이 뜨는 것을 볼 수 있다. [Project]를 클릭하고 [OK] 버튼을 눌러보자.

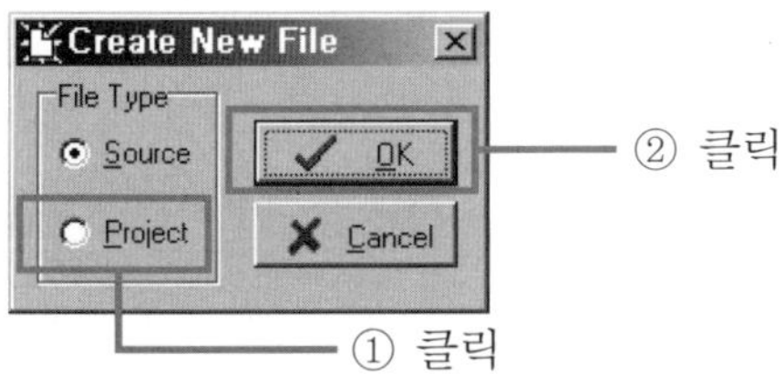

⑧ 다음과 같이 확인 메시지가 뜨는 것을 볼 수 있다.

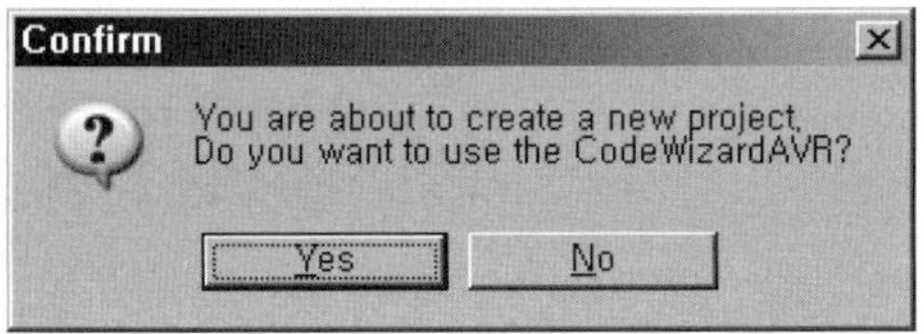

⑨ 이번에는 다음과 같이 조금 복잡한 팝업창이 뜨는 것을 볼 수 있다.

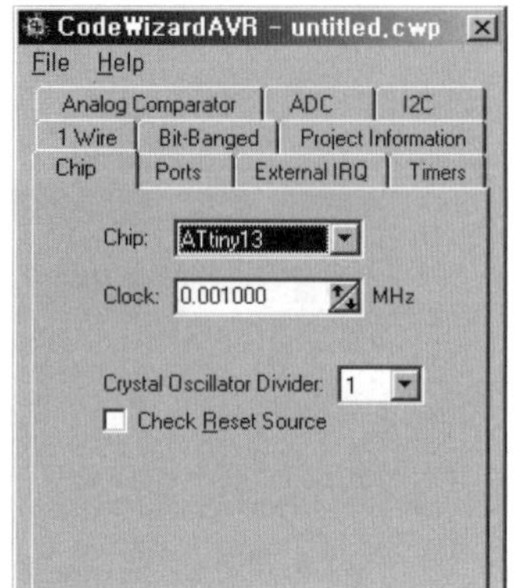

⑩ 다음과 같이 "Chip"과 "Clock"을 자신의 하드웨어와 동일하게 맞추도록 한다.
본 교재에서는 "ATmega128"과 "16MHz"로 설정하였다.

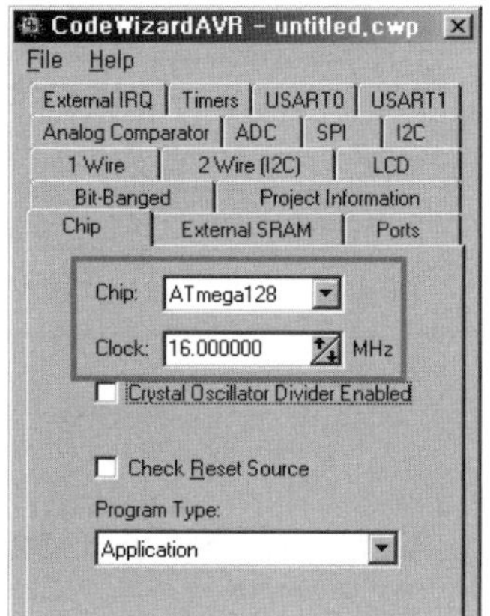

⑪ Project Information을 보자. 다음과 같이 프로젝트명, 버전, 제작자 등 여러 가지 정보를 담을 수 있는 것이 나온다. 원한다면 바꿔도 되나, 안 바꿔도 무방하다.

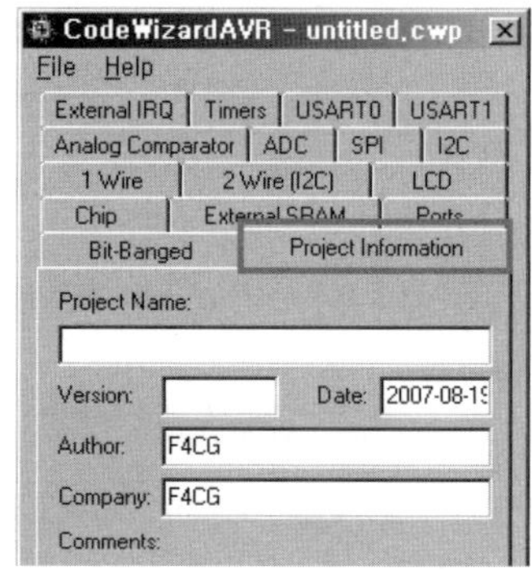

⑫ 팝업창의 위에 [File] 메뉴에서 “Generate, Save and Exit” 명령을 클릭하자.

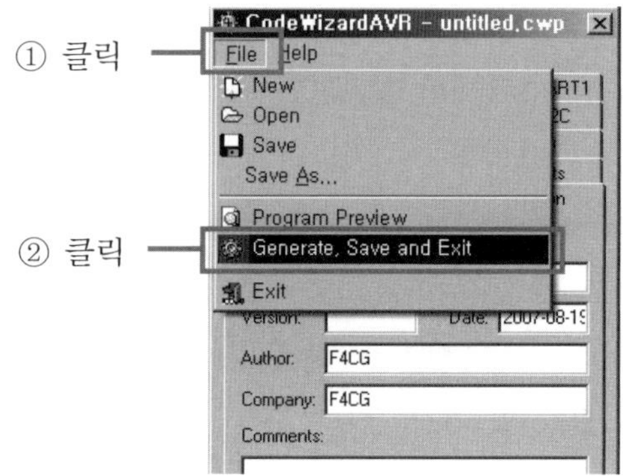

⑬ 다음과 같이 저장 메뉴가 나온다. 내부 창에서 마우스 오른쪽 버튼을 클릭 후 [새 폴더]를 클릭하여, [test]라는 폴더를 만들어 보도록 하자.

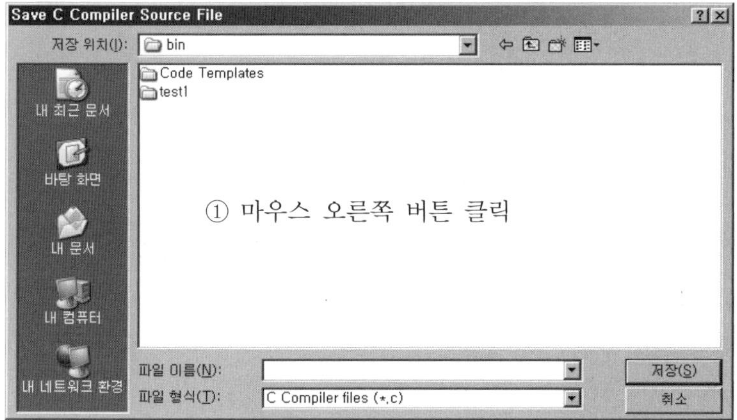

⑭ 다음과 같이 [test]라는 폴더가 생성되었다. 파일 이름을 “test”로 한 후 [저장] 버튼을 클릭하자. 총 3개의 파일을 저장하게 되는데, 편의상 3개의 파일 이름을 모두 “test”로 정하자.

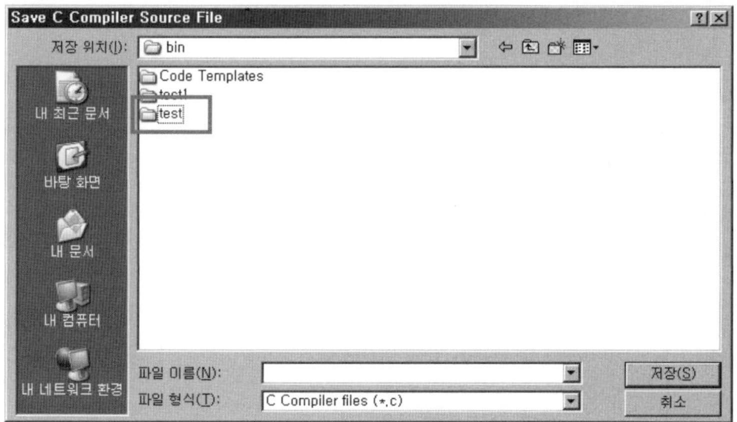

⑮ 파일 저장이 모두 끝나면 다음과 같이 "test.c"파일이 생성되는 것을 볼 수 있다. 또한, 자세히 살펴보면 위 과정에서 기록한 파일 정보, 버전 정보, 제작자 정보 등을 포함하며, 작성도 하지 않았지만 많은 프로그램 코드가 생성됨을 볼 수 있을 것이다.

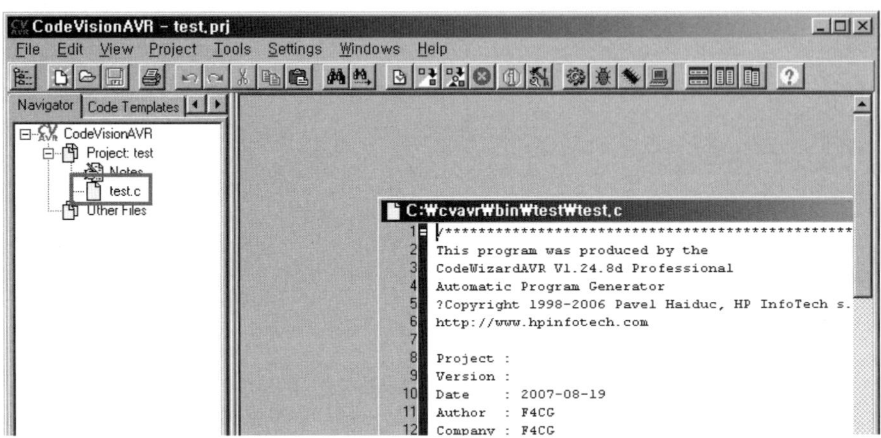

⑯ Project ⇨ Configure를 클릭해 보도록 하자.

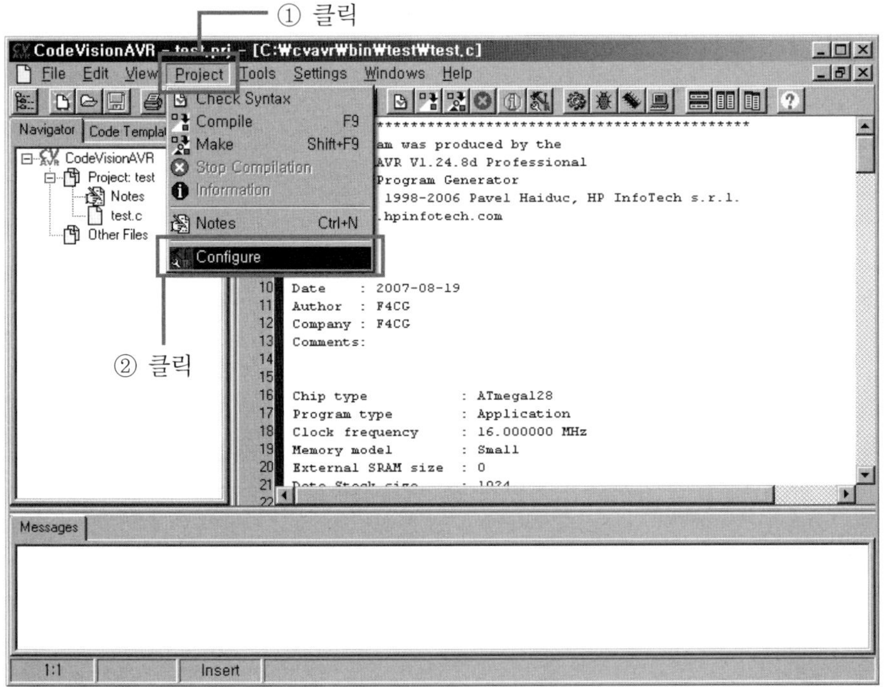

⑰ 다음과 같이 환경 설정을 위한 팝업창이 하나 뜬다. [After Make] 탭을 클릭해 보자.

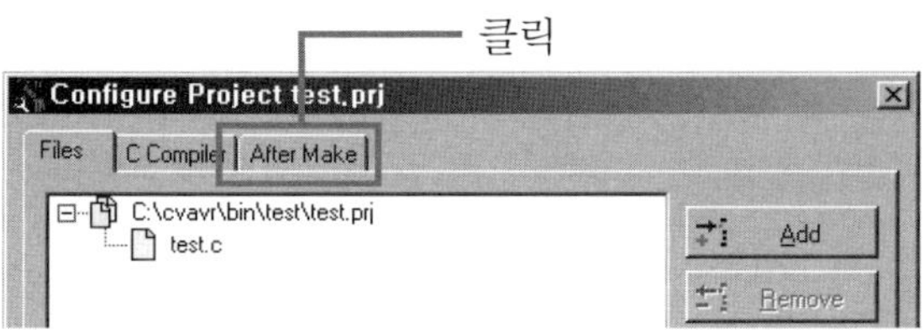

⑱ 다음과 같은 창이 뜬다. "Program the Chip"에 체크해 보자.

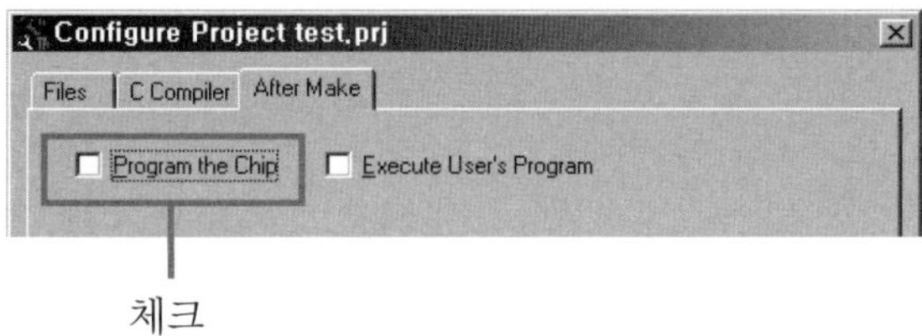

⑲ 다음과 같이 창이 바뀌면 [OK] 버튼을 누른다.

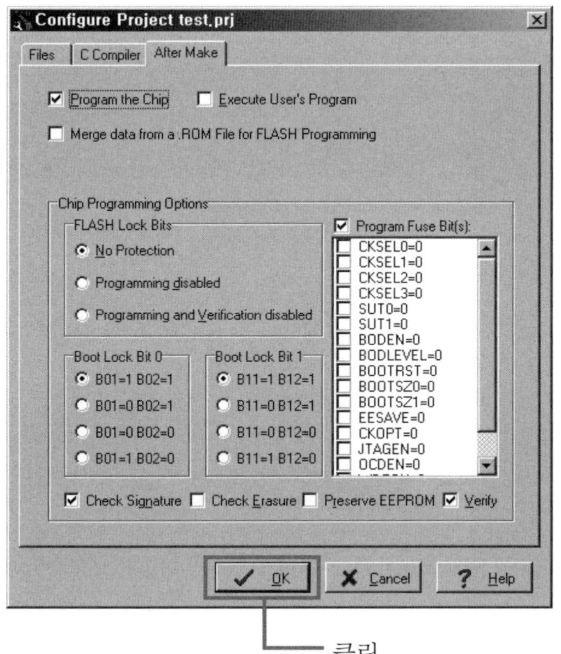

⑳ 이제 기본적으로 필요한 환경 설정은 모두 갖추었다. 이제 컴파일하는 방법 및 파일을 전송하는 방법을 알아보자. 다음과 같이 컴파일을 한다.

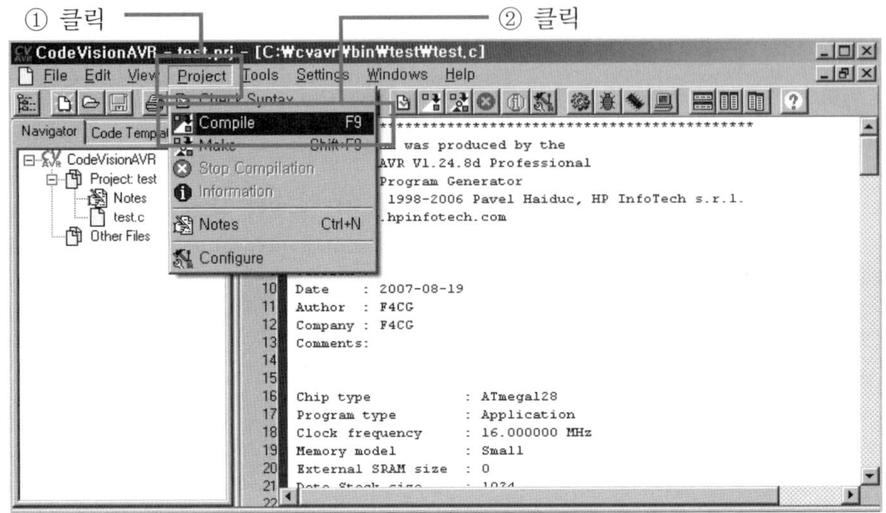

㉑ 다음과 같이 에러 메시지가 없이 팝업창이 뜨면 컴파일이 완료된 것이다.

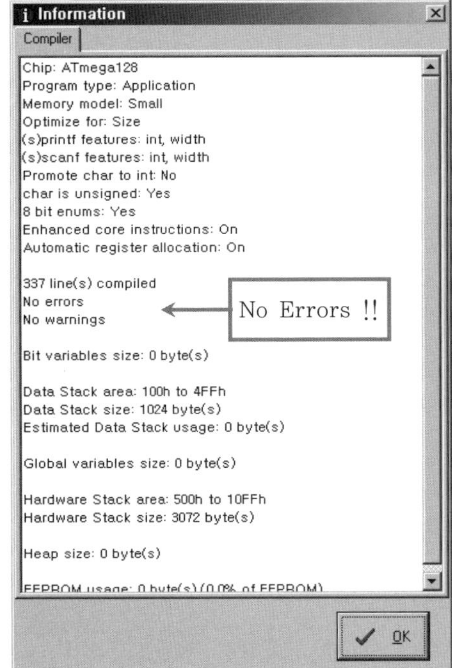

㉒ 컴파일을 마쳤으면 다음과 같이 [Make]를 한다.

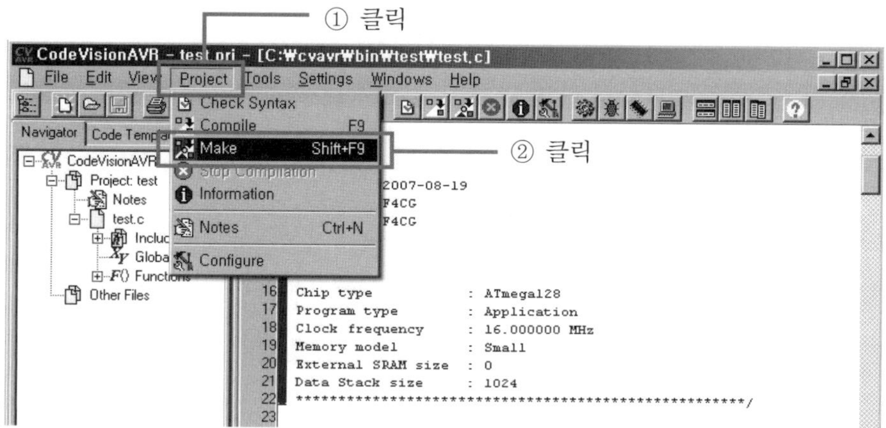

㉓ 다음과 같이 새로운 창이 뜨면서 "Make"가 완료되었다는 메시지가 뜬다. 이제 프로그램을 전송하기 위해 맨 아래 [Program the chip] 버튼을 눌러보자.

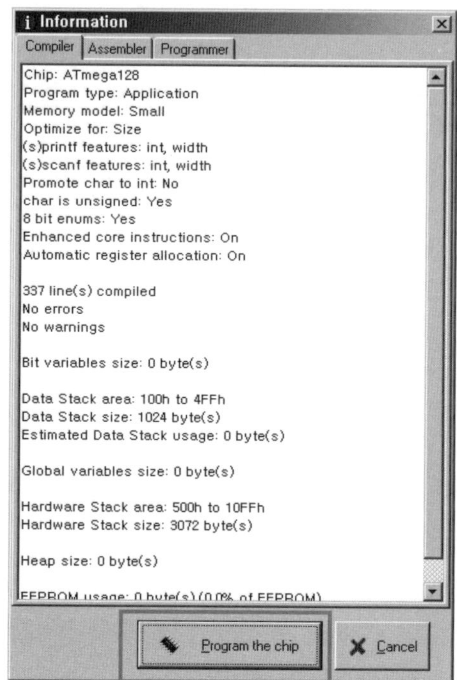

㉔ 이제 환경 설정 및 파일 전송에 관한 것이 모두 끝이 났다.

㉕ 참고로 주요 단축 아이콘들의 기능에 대해 알아보도록 하자.

- Compile the project : 소스 파일을 컴파일한다.
- Make the project : 소스 파일을 컴파일한 후, 다운로드할 수 있는 실행 파일을 생성한다.
- Configure the project : 프로젝트 환경을 설정한다.
- Run the Code Wizard AVR : Code Wizard AVR을 실행한다.
- Run the chip programmer : 생성한 실행 파일을 다운로드한다.
- Run the terminal : 터미널 프로그램을 실행한다.

2) 하드웨어 제작

① 회로도

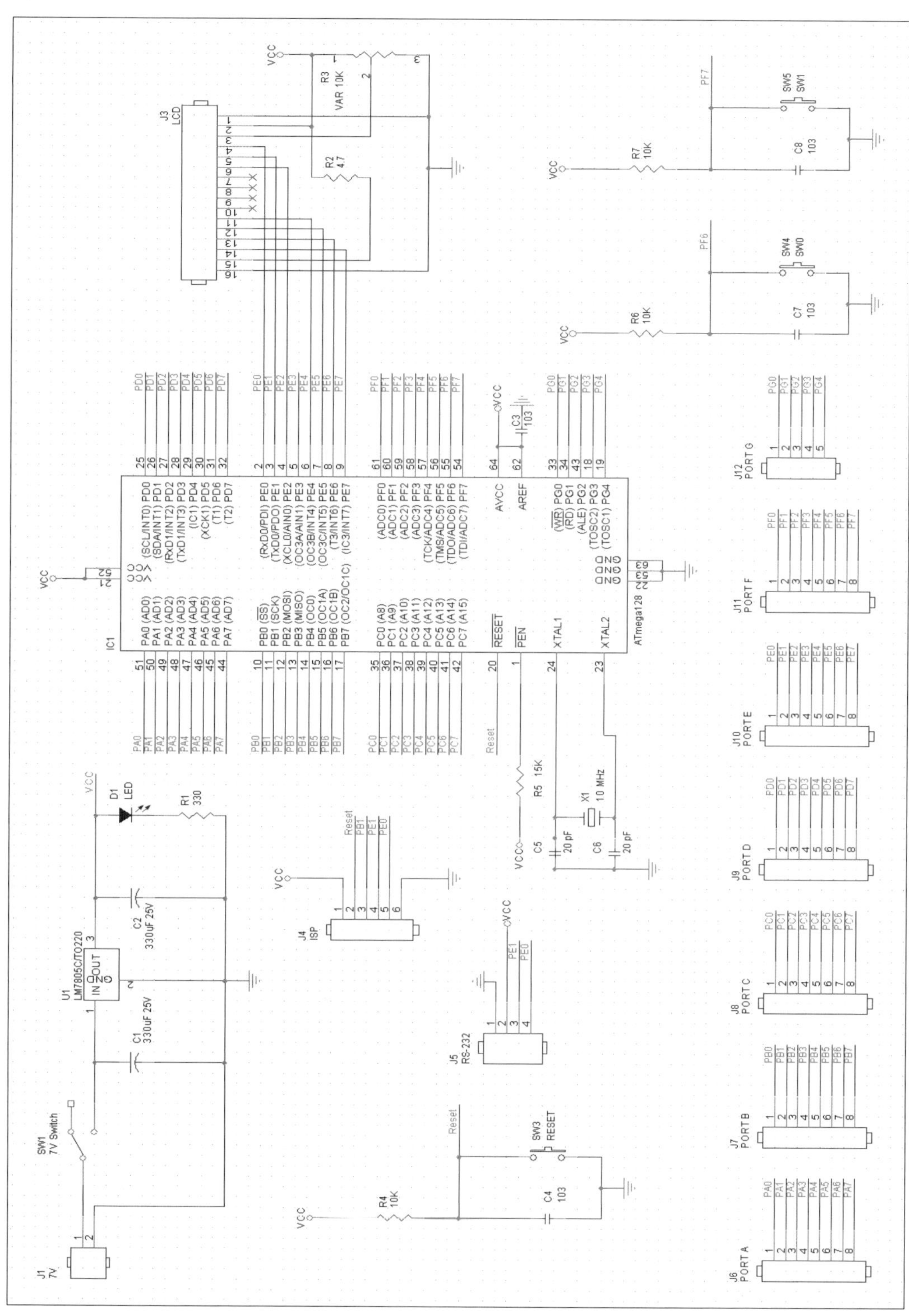

② 부품 배치도

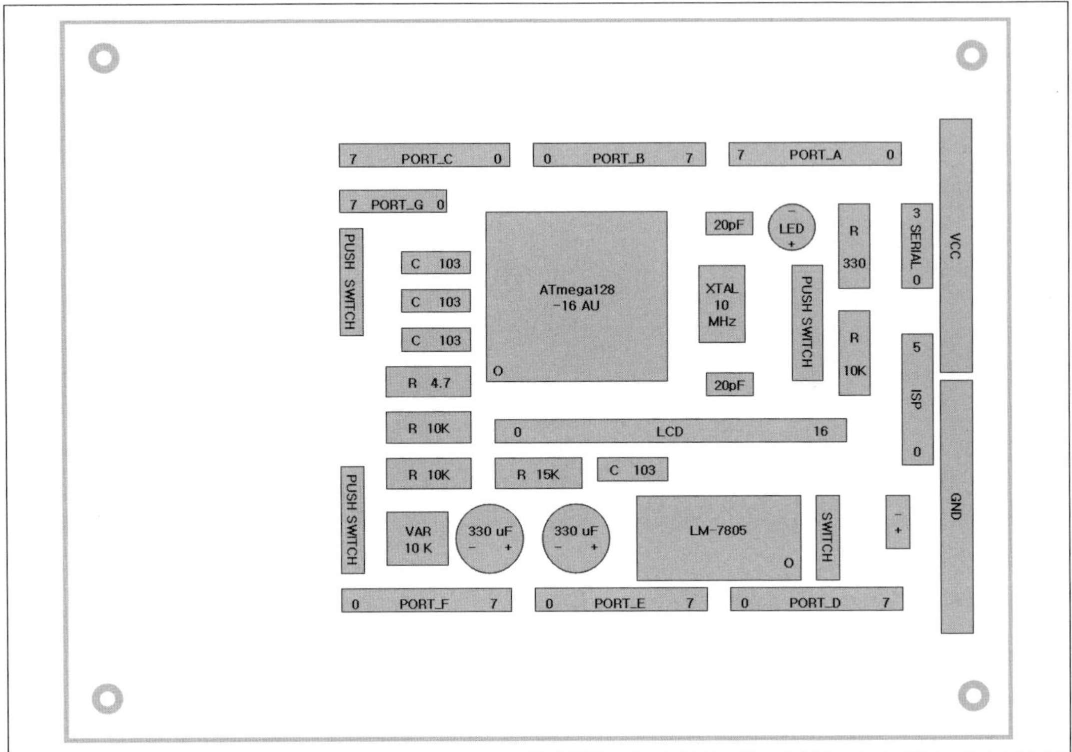

③ 부품 목록

번호	부품번호	품명	규격	비고
1	IC1	ATmega128 – 16 AU(혹은 AI)		
2	J1	Molex Connector	2pin	7V 입력
3	J3	Header	1×16pin	LCD(16×2)
4	J4	Molex Connector	6pin	ISP
5	J5	Molex Connector	4pin	RS–232
6	J6	–		PORT A
7	J7	–		PORT B
8	J8	–		PORT C
9	J9	–		PORT D
10	J10	–		PORT E
11	J11	–		PORT F
12	J12	–		PORT G

13	SW1	Toggle Switch	3pin	7V 전원용
14	SW3	Push Switch	2pin	Reset
15	SW4	Push Switch	2pin	스위치 1
16	SW5	Push Switch	2pin	스위치 2
17	U1	LM-7805		
18	D1	LED		
19	C1	전해 Capacitor	25V 330 uF	
20	C2	전해 Capacitor	25V 330 uF	
21	C3	Mono Capacitor	103	
22	C4	Mono Capacitor	103	
23	C5	Mono Capacitor	20	
24	C6	Mono Capacitor	20	
25	C7	Mono Capacitor	103	
26	C8	Mono Capacitor	103	
27	R1	저항	330Ω, 1/4Watt	
28	R2	저항	4.7Ω, 1/4Watt	
29	R3	가변저항	10KΩ	
30	R4	저항	10KΩ, 1/4Watt	
31	R5	저항	15KΩ, 1/4Watt	
32	R6	저항	10KΩ, 1/4Watt	
33	R7	저항	10KΩ, 1/4Watt	
34	X1	XTAL	16MHz, ATS Type	
35				
36				
37				

3) 포트 입출력

① 입출력 방향설정

포트의 입출력 방향설정이라 하는 것은 말 그대로, 하나의 포트를 입력 포트로 사용할 것인지, 출력 포트로 사용할지를 결정해 주는 것이다. 예를 들어 LED, 모터, LCD 등을 사용하기 위해서는 포트가 출력 포트로 설정되어 있어야 한다. 또한, 스위치, 각종 센서들을 사용하기 위해서는 포트는 입력 전용으로 설정되어 있어야 한다.

포트의 방향을 설정하기 위해서는 다음 레지스터의 값을 바꿔주면 된다.

```
DDRn : Data Direction Register - n Port

 · 1 : 출력 포트로 설정
 · 0 : 입력 포트로 설정
 · n : 포트 이름(A, B, C, D, E, F, G)

Ex)DDRB = 0x37;                // 0x37 = 00110111

 · 포트 B의 0, 1, 2, 4, 5번 비트 : 출력 전용 포트
 · 포트 B의 3, 6, 7번 비트 : 입력 전용 포트
```

Code Vision에서는 이러한 설정을 아주 쉽게 할 수 있도록 해 놓았다. 다음과 같이 Code Wizard 버튼을 눌러 Ports 메뉴로 들어가 원하는 포트만 출력 포트로 바꿔주면 된다. 파일을 생성한 후에 Main 함수를 살펴보면 다음과 같이 설정된 것을 볼 수 있다.

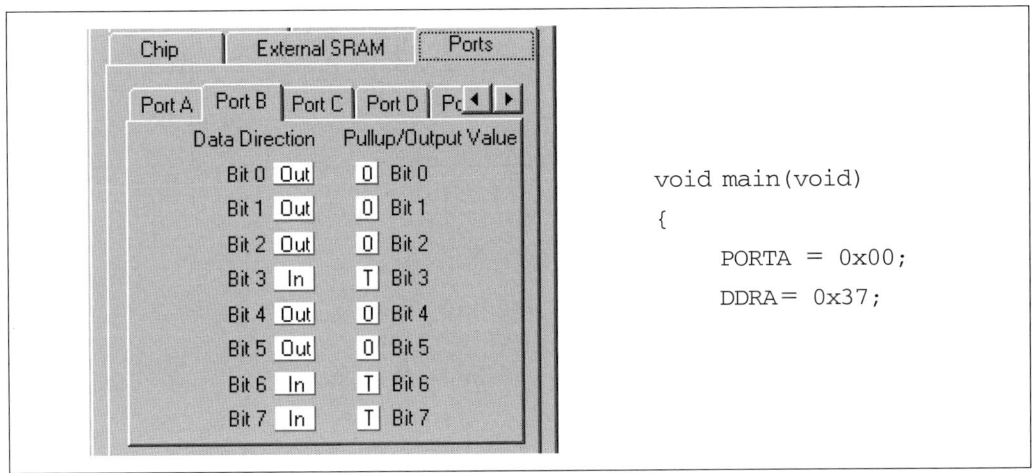

② 포트 출력

다음과 같이 회로가 연결되어 있다. 만약 PORT B.4=1이고, PORT B.5~7이 모두 0이라면 LED D1만 켜지게 된다. 이제 프로그램을 작성해 보도록 하자. 생성된 프로그램의 가장 아랫부분을 보면 while(1) 함수를 볼 수 있다. 다음과 같이 작성해 보자.

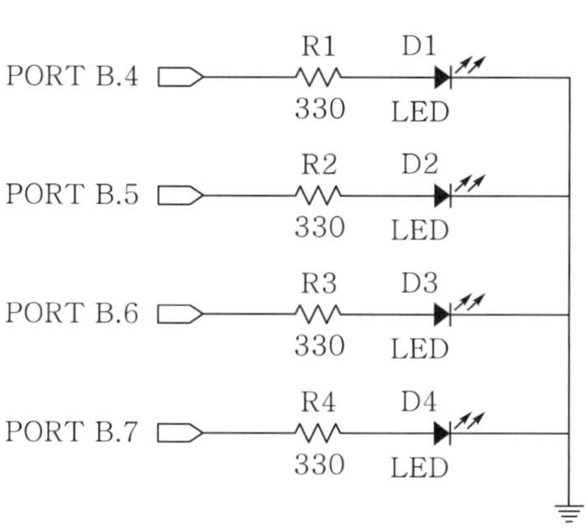

ATmega128은 다음과 같이 총 53개의 양방향 PORT를 가지고 있다.

PORTA : 8bit
PORTB : 8bit
PORTC : 8bit
PORTD : 8bit
PORTE : 8bit
PORTF : 8bit
PORTG : 5bit

```
while(1)
{
// Place your code here
PORTB.4 = 1;
PORTB.5 = 0;
PORTB.6 = 0;
PORTB.7 = 0;
};
}
```

혹은, 다음과 같이 짜도 된다.

```
while(1)
{
// Place your code here
PORTB = 0x10;
};
}
```

③ 포트 입력

다음과 같이 PORT B.3에는 스위치가 연결된 회로가 있다고 하자. 스위치가 열린 상태에서는 PORT B.3으로 "1"이 입력되고, 스위치가 닫히게 되면 아무런 신호도 가지 않기 때문에 "0"이 입력된다. 출력과 다르게 입력하기 위해서는 PORTn 레지스터 대신 PINn을 사용한다.

VCC, R1 4.7K, D1 1N4148, PORT B.3, C1 103, SW1

```
void main(void)
{
// Declare your local variables here
unsigned char in_data;

// 중략 //

while(1)
{
// Place your code here
in_data = PINB.3 ;
};
}
```

포트 출력은 어떤 외부 기기의 전원을 On/Off 할 때 쓰는 것을 확인하였다. 그렇다면 포트 입력은 어떠한 경우에 사용하게 되는지 간단한 예를 들어보자.

```
void main(void)
{
    // 중략 //
    while(1)
    {
    // Place your code here
      if(PINB.3 == 0)              // PORT B.3으로 "0" 신호가 들어오면
      {
            PORTB.4 = 1;           // PORT B.4를 켠다.
      }

      if(PINB.3 == 1)              // PORT B.3으로 "1" 신호가 들어오면
      {
            PORTB.4 = 0;           // PORT B.4를 끈다.
      }
    }
}
```

4) 인터럽트

인터럽트는 컴퓨터에 장착된 장치나 컴퓨터 내의 프로그램으로부터 오는 신호로서 운영체계가 하던 일을 멈추고 다음에 무엇을 할 것인지를 결정하게 한다. 오늘날 거의 모든 PC나 대형 컴퓨터들이 인터럽트 기반의 시스템인데, 즉 일단 프로그램 내의 컴퓨터 명령문이 시작되면 더 이상 작업을 진행할 수 없거나 인터럽트 신호가 감지될 때까지 명령문들을 실행한다. 인터럽트 신호가 감지되면 컴퓨터는 실행되고 있던 프로그램을 재개하거나 또는 다른 프로그램의 실행을 시작한다.
기본적으로 단일 컴퓨터는 오직 한 번에 한 개의 컴퓨터 명령어만을 수행할 수 있다. 그러나, 인터럽트 신호가 있기 때문에 다른 프로그램이나 명령문을 수행할 수 있는 순서를 가질 수 있다. 이렇게 하는 것을 멀티태스킹이라고 하는데, 이것은 사용자로 하여금 동시에 여러 개의 작업을 할 수 있도록 해준다. 컴퓨터는 사용자가 효과적으로 일할 수 있게끔, 단순히 그 프로그램들이 수행될 순서를 관리한다. 물론, 컴퓨터는 사용자의 모든 작업들이 동시에 수행되는 것처럼 보이게 빠른 속도로 동작한다.
운영체계는 대개 인터럽트 관리기능을 가지고 있다. 인터럽트 관리장치에서 만약 하나 이상의 인터럽트가 처리되어야 하는 경우라면, 인터럽트들 간의 우선순위를 정하고 그들을 큐 에 저장한다. 운영체계는 스케줄러라고 불리는 또 다른 작은 프로그램을 가지고 있는데, 이는 다음에 수행되어야 할 프로그램에 제어권을 넘겨준다.

① 외부 인터럽트

외부 인터럽트는 인터럽트 기능을 갖는 특정 포트에 사용자가 미리 설정해 둔 형태의 신호가 들어오게 되면 하던 일을 멈추고, 프로그램상의 지정된 위치로 가서 그곳의 명령어를 실행하게 되는 것을 말한다. ATmega128은 PORT D의 기능에 Interrupt 기능을 같이 넣어두었다. 따라서, PORT D에 사용자가 정의한 특정 신호, 즉 Rising Edge, Falling Edge 등의 신호가 들어오게 되면 자동으로 하던 일을 멈추고 인터럽트 함수가 있는 곳으로 이동하게 된다. 외부 인터럽트의 필요성은 사용자의 조작에 따라 곧바로 반응을 해야 할 필요가 있는 곳에 사용하게 된다. 또한, 위험물 감지 시스템 등에서는 위험 신호가 들어왔을 경우, 사람이 조작하지 않아도 즉각 반응을 하기 위해서 많이 사용하게 된다.
이제 외부 인터럽트를 사용하는 방법을 알아보도록 하자. 다음은 인터럽트 0번을 사용하는 방법에 대해 설명하였다. 다음과 같이 인터럽트 0번을 Enable로 설정하고, 모드는 Falling Edge로 설정하도록 하자. 인터럽트 실험을 위한 회로는 다음과 같다.

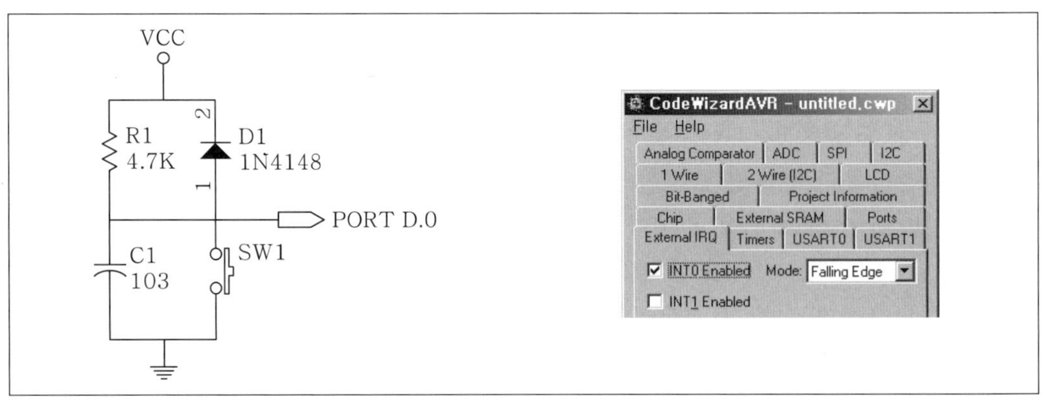

위 과정을 완료하게 되면 다음과 같은 함수가 새로 생겼음을 알 수 있다. 또한, main( ) 함수에 다음과 같이 몇 가지 레지스터의 값이 바뀌었음을 알 수 있다. 초기값은 모두 0x00값을 갖는다. ATmega128의 Data Sheet를 보면 쉽게 이해할 수 있을 것이다.

```
interrupt [EXT_INT0] void ext_int0_isr(void)
{
    // Place your code here
}


void main(void)
{
    // 중략 //

    EICRA = 0x02;                // Falling Edge Mode
    EICRB = 0x00;
    EIMSK = 0x01;                // 외부 인터럽트 활성화
    EIFR= 0x01;                  // 외부 인터럽트 플래그 활성화

    #asm("sei")                  // 인터럽트를 활성화한다.
    // 중략 //
}
```

인터럽트가 활성화된 이후 시점부터는 외부 인터럽트가 발생하게 되면 프로그램은 그 즉시 동작을 멈추고 위에 있는 인터럽트 함수의 내용을 실행하게 되는데, 이것을 외부 인터럽트라고 한다.

② 타이머 인터럽트

타이머 인터럽트의 개념을 알기 쉽게 설명하면 다음과 같다.

사람이라면 누구나 가지고 있는 매우 정확한 시계가 하나씩 있다. 그렇다. 바로 생리적인 '배꼽시계'이다. 그 누구도 식사에 대해서 언급을 하지 않는데 12시만 되면 허기가 밀려오는 것이 사람이다. 이것이 바로 타이머 인터럽트이다. 조물주가 인간을 만들 때 매일 12시마다 시장하도록 만들어 놓았다고 한다면, 여기서 조물주는 프로그램 제작자가 된다. 또한, 매일 12시마다 시장한 것은 미리 설정된 타이머 때문이라 생각할 수 있다.

그렇다면 여기서 우리가 타이머 인터럽트를 왜 사용하는지 그 이유를 알아야 할 필요가 있다. 일단, 일정한 시간마다 특정한 일을 처리해야 할 때 그 일정한 시간이 정확히 몇 분 몇 초를 다루어야 하는 상황이라면, 프로그램상에서 시간지연 함수를 이용해 적당히 딜레이를 주는 것으로는 정확한 시간을 표현하기 어렵다.

또 하나 주목할 것은, 뒤에 나오는 프로그램에서 보면 알겠지만 타이머는 '분주'라는 것을 하게 된다. 이는 프로그램의 진행 속도가 너무 빠르기 때문에 거기에 따른 외부 디바이스가 그 속도를 따라가지 못해 오작동을 하게 되는 것을 말한다. 위의 예에서 보면, 사람의 배꼽시계가 10분마다 식사를 요구할 때에 그때마다 밥을 먹게 되면, 그 사람은 채 두 시간이 되기도 전에 폭식으로 생리적인 곤란에 처하게 될 것이다. 여기서 분주란, 10분마다 배꼽시계가 신호를 알릴 때 6개를 묶어 한 개의 신호로 보는 것을 분주라 한다. 이렇게 되면 매 10분에서 매 1시간마다로 배꼽시계의 작동하는 횟수가 적어졌다고 볼 수 있다.

그렇지만 매 한 시간마다 식사를 한다고 해도 사람이 18시간 깨어 있다면 18끼를 먹게 되어, 역시 폭식으로 생리적인 곤란에 처하게 될 것이다. 여기에서 단호한 마음으로 다이어트 계획을 짜야 한다. 1시간마다 신호가 울리면 그때마다 메모장에 체크를 하고, 6개가 체크될 때마다 한 끼 식사를 하겠다는 확고한 계획을 세웠다고 하면, 하루에 적당히 3끼만으로 살아갈 수 있는 것이다.

이를 정리해 보면, 18시간 깨어 있을 때 하루에 식사하여야 할 그릇 수는 다음과 같다.

- 10분 간격으로 식사하면-108그릇 : TCCR을 이용해서 6번마다 한 번으로 낮춘다.
- 60분 간격으로 식사하면-18그릇 : TCNT를 이용해서 6번마다 한 번으로 또 낮춘다.
- 6시간 간격으로 식사하면-3그릇 : 최종 우리가 식사하게 되는 그릇 수

여기서 TCCR은 프리 스케일러(분주)를 조절하며, TCNT는 지정한 타이머값을 정한다. 두 명이 같이 식사할 때 한 명의 배꼽시계는 5분 간격으로, 또 한 명의 배꼽시계는 10분 간격으로 신호가 울린다면, 여기서 누구의 배꼽시계가 신호를 보낼 때 같이 식사하러 갈지 결정하는 것은 타이머 인터럽트의 소스를 고르는 것이다. 아마도 선배나 힘센 사람의 의견에 따르게 될 것이다. 이것이 타이머 인터럽트의 우선순위이다.

• 어떤 사람의 생리시계를 기준으로 삼는가? : TIMSK에서 설정

타이머 인터럽트를 사용할 때는 별다른 회로 구성이 필요 없다. 타이머 인터럽트는 내부 인터럽트이기 때문에 외부에 어떠한 부수적인 회로도 필요치 않은 것이다. 이제 타이머 인터럽트를 사용하는 방법을 알아보도록 하자.

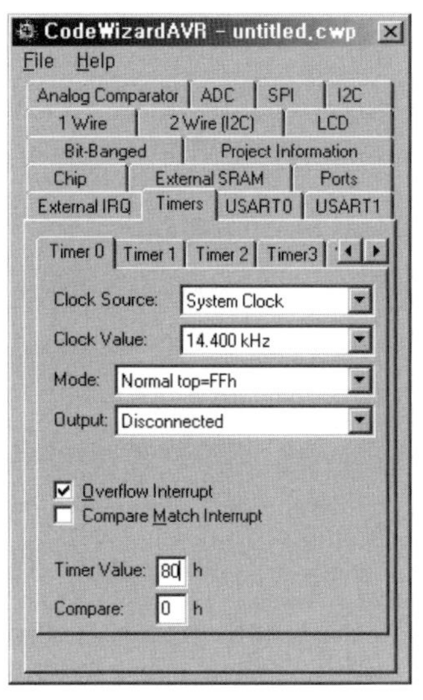


```
// Timer/Counter 0 initialization
// Clock source : System Clock
// Clock value : 14.400kHz
// Mode : Normal top=FFh
// OC0 output : Disconnected
ASSR= 0x00;
TCCR0 = 0x07;
TCNT0 = 0x80;
OCR0= 0x00;
```

다음과 같이 main() 함수의 두 가지 레지스터값이 변해 있다. main() 함수에 다음의 코드를 추가해 보자.

```
counter = 0;
while(1)
      {
      if(counter == 200)
              {
                  PORTB.4 = 1;
              }
      };
}
```

```
#include <mega128.h>

int counter;// 변수 counter를 선언한다.
// Timer 0 overflow interrupt service routine

interrupt [TIM0_OVF] void timer0_ovf_isr(void)
{
     // Reinitialize Timer 0 value
     TCNT0=0x80;
     // Place your code here
     counter++;// 다음과 같이 코딩을 해 보자.
}
```

3 AVR(ATmega128)

1) Features

- High-performance, Low-power AVR® 8-bit Microcontroller
- Advanced RISC Architecture
  - 133 Powerful Instructions -Most Single Clock Cycle Execution
  - 32×8 General Purpose Working Registers+Peripheral Control Registers
  - Fully Static Operation
  - Up to 16 MIPS Throughput at 16MHz
  - On-chip 2-cycle Multiplier
- Nonvolatile Program and Data Memories
  - 128K Bytes of In-System Reprogrammable Flash
    Endurance : 1,000 Write/Erase Cycles
  - Optional Boot Code Section with Independent Lock Bits
    In-System Programming by On-chip Boot Program
    True Read-While-Write Operation
  - 4K Bytes EEPROM
    Endurance : 100,000 Write/Erase Cycles
  - 4K Bytes Internal SRAM
  - Up to 64K Bytes Optional External Memory Space
  - Programming Lock for Software Security
  - SPI Interface for In-System Programming
- JTAG(IEEE std. 1149.1 Compliant) Interface
  - Boundary-scan Capabilities According to the JTAG Standard
  - Extensive On-chip Debug Support
  - Programming of Flash, EEPROM, Fuses and Lock Bits through the JTAG Interface
- I/O and Packages
  - 53 Programmable I/O Lines
  - 64-lead TQFP
- Operating Voltages
  - 2.7-5.5V for ATmega128L
  - 4.5-5.5V for ATmega128

- Peripheral Features
  - Two 8-bit Timer/Counters with Separate Prescalers and Compare Modes
  - Two Expanded 16-bit Timer/Counters with Separate Prescaler, Compare Mode and Capture Mode
  - Real Time Counter with Separate Oscillator
  - Two 8-bit PWM Channels
  - 6 PWM Channels with Programmable Resolution from 2 to 16Bits
  - Output Compare Modulator
  - 8-channel, 10-bit ADC
    8 Single-ended Channels
    7 Differential Channels
    2 Differential Channels with Programmable Gain at 1x, 10x, or 200x
  - Byte-oriented Two-wire Serial Interface
  - Dual Programmable Serial USARTs
  - Master/Slave SPI Serial Interface
  - Programmable Watchdog Timer with On-chip Oscillator
  - On-chip Analog Comparator
- Special Microcontroller Features
  - Power-on Reset and Programmable Brown-out Detection
  - Internal Calibrated RC Oscillator
  - External and Internal Interrupt Sources
  - Six Sleep Modes : Idle, ADC Noise Reduction, Power-save, Power-down, Standby, and Extended Standby
  - Software Selectable Clock Frequency
  - ATmega103 Compatibility Mode Selected by a Fuse
  - Global Pull-up Disable
- Speed Grades
  - 0-8MHz for ATmega128L
  - 0-16MHz for ATmega128

2) Pin Configurations

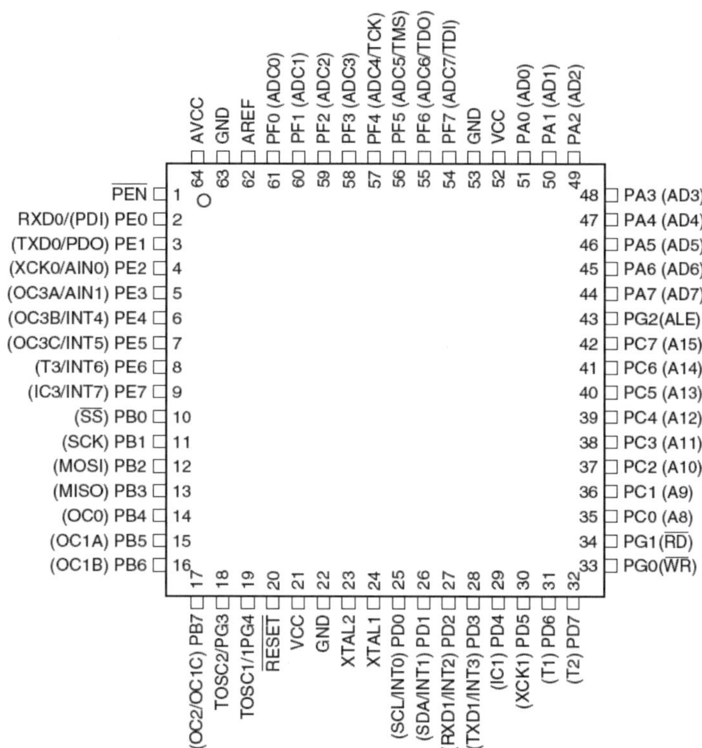

3) Pin Descriptions

핀 이름	기능	비고
VCC	전원 5V(ATmega128L-3.3V)	
GND	전원 0V	
Port A(PA7..PA0)	• A 포트 • 총 8비트로 구성된 양방향 포트 • Address/Data	
Port B(PB7..PB0)	• B 포트 • 총 8비트로 구성된 양방향 포트 • ISP/타이머 인터럽트	
Port C(PC7..PC0)	• C 포트 • 총 8비트로 구성된 양방향 포트 • Address	

Port D(PD7..PD0)	• D 포트 • 총 8비트로 구성된 양방향 포트 • 외부 인터럽트	
Port E(PE7..PE0)	• E 포트 • 총 8비트로 구성된 양방향 포트 • 외부 인터럽트 / 시리얼 통신	
Port F(PF7..PF0)	• F 포트 • 총 8비트로 구성된 양방향 포트 • ADC(Analog to Digital Converter)	
Port G(PG4..PG0)	• G 포트 • 총 5비트로 구성된 양방향 포트	
$\overline{\text{RESET}}$	• 리셋 기능 • 일정 시간 이상 LOW 신호를 입력하면 시스템 리셋	
XTAL1	크리스털	
XTAL2	크리스털	
AVCC	ADC를 위한 전원	
AREF	ADC 기준 전압	
PEN	SPI 시리얼 프로그래밍 모드 활성화	

4) 주요 레지스터

① MCUCR(MCU Control Register)

Bit	7	6	5	4	3	2	1	0	
	SRE	SRW10	SE	SM1	SM0	SM2	IVSEL	IVCE	MCUCR
Read/Write	R/W	R/W	R/W	R/W	R/W	R/W	R/W	R/W	
Initial Value	0	0	0	0	0	0	0	0	

SM2	SM1	SM0	Sleep Mode
0	0	0	Idle
0	0	1	ADC Noise Reduction
0	1	0	Power-down
0	1	1	Power-save
1	0	0	Reserved
1	0	1	Reserved
1	1	0	Standby
1	1	1	Extended Standby

② I/O(Ports as General Digital)

DDxn	PORTxn	PUD (in SFIOR)	I/O	Pull-up	Comment
0	0	X	Input	No	Tri-state(Hi-Z)
0	1	0	Input	Yes	Pxn will source current if ext. pulled low.
0	1	1	Input	No	Tri-state(Hi-Z)
1	0	X	Output	No	Output Low(Sink)
1	1	X	Output	No	Output High(Source)

③ PORT A

Bit	7	6	5	4	3	2	1	0	
	PORTA7	PORTA6	PORTA5	PORTA4	PORTA3	PORTA2	PORTA1	PORTA0	PORTA
Read/Write	R/W	R/W	R/W	R/W	R/W	R/W	R/W	R/W	
Initial Value	0	0	0	0	0	0	0	0	

Bit	7	6	5	4	3	2	1	0	
	DDA7	DDA6	DDA5	DDA4	DDA3	DDA2	DDA1	DDA0	DDRA
Read/Write	R/W	R/W	R/W	R/W	R/W	R/W	R/W	R/W	
Initial Value	0	0	0	0	0	0	0	0	

Bit	7	6	5	4	3	2	1	0	
	PINA7	PINA6	PINA5	PINA4	PINA3	PINA2	PINA1	PINA0	PINA
Read/Write	R	R	R	R	R	R	R	R	
Initial Value	N/A	N/A	N/A	N/A	N/A	N/A	N/A	N/A	

④ PORT B

Bit	7	6	5	4	3	2	1	0	
	PORTB7	PORTB6	PORTB5	PORTB4	PORTB3	PORTB2	PORTB1	PORTB0	PORTB
Read/Write	R/W	R/W	R/W	R/W	R/W	R/W	R/W	R/W	
Initial Value	0	0	0	0	0	0	0	0	

Bit	7	6	5	4	3	2	1	0	
	DDB7	DDB6	DDB5	DDB4	DDB3	DDB2	DDB1	DDB0	DDRB
Read/Write	R/W	R/W	R/W	R/W	R/W	R/W	R/W	R/W	
Initial Value	0	0	0	0	0	0	0	0	

Bit	7	6	5	4	3	2	1	0	
	PINB7	PINB6	PINB5	PINB4	PINB3	PINB2	PINB1	PINB0	PINB
Read/Write	R	R	R	R	R	R	R	R	
Initial Value	N/A	N/A	N/A	N/A	N/A	N/A	N/A	N/A	

이 외에 PORT C~PORT F는 똑같은 구성으로 되어 있기에 생략한다. 다음 5비트로 구성된 PORT G에 대해 알아보고 I/O 관련 레지스터는 끝내도록 한다.

⑤ PORT G

Bit	7	6	5	4	3	2	1	0	
	–	–	–	PORTG4	PORTG3	PORTG2	PORTG1	PORTG0	PORTG
Read/Write	R	R	R	R/W	R/W	R/W	R/W	R/W	
Initial Value	0	0	0	0	0	0	0	0	

Bit	7	6	5	4	3	2	1	0	
	–	–	–	DDG4	DDG3	DDG2	DDG1	DDG0	DDRG
Read/Write	R	R	R	R/W	R/W	R/W	R/W	R/W	
Initial Value	0	0	0	0	0	0	0	0	

Bit	7	6	5	4	3	2	1	0	
	–	–	–	PING4	PING3	PING2	PING1	PING0	PING
Read/Write	R	R	R	R	R	R	R	R	
Initial Value	0	0	0	N/A	N/A	N/A	N/A	N/A	

⑥ EICRA(External Interrupt Control Register A)

Bit	7	6	5	4	3	2	1	0	
	ISC31	ISC30	ISC21	ISC20	ISC11	ISC10	ISC01	ISC00	EICRA
Read/Write	R/W	R/W	R/W	R/W	R/W	R/W	R/W	R/W	
Initial Value	0	0	0	0	0	0	0	0	

ISCn1	ISCn0	Description
0	0	The low level of INTn generates an interrupt request.
0	1	Reserved
1	0	The falling edge of INTn generates asynchronously an interrupt request.
1	1	The falling edge of INTn generates asynchronously an interrupt request.

Note : 1. n=3, 2, 1 or 0

When changing the ISCn1/ISCn0 bits, the interrupt must be disabled by clearing its Interrupt Enable bit in the EIMSK Register. Otherwise an interrupt can occur when the bits are changed.

⑦ EICRB(External Interrupt Control Register B)

Bit	7	6	5	4	3	2	1	0	
	ISC71	ISC70	ISC61	ISC60	ISC51	ISC50	ISC41	ISC40	EICRB
Read/Write	R/W	R/W	R/W	R/W	R/W	R/W	R/W	R/W	
Initial Value	0	0	0	0	0	0	0	0	

ISCn1	ISCn0	Description
0	0	The low level of INTn generates an interrupt request.
0	1	Any logical change on INTn generates an interrupt request.
1	0	The falling edge between two samples of INTn generates an interrupt request.
1	1	The rising edge between two samples of INTn generates an interrupt request.

Note : 1. n=7, 6, 5 or 4

When changing the ISCn1/ISCn0 bits, the interrupt must be disabled by clearing its Interrupt Enable bit in the EIMSK Register. Otherwise an interrupt can occur when the bits are changed.

⑧ EIMSK(External Interrupt Mask Register)

Bit	7	6	5	4	3	2	1	0	
	INT7	INT6	INT5	INT4	INT3	INT2	INT1	INT0	EIMSK
Read/Write	R/W	R/W	R/W	R/W	R/W	R/W	R/W	R/W	
Initial Value	0	0	0	0	0	0	0	0	

⑨ EIFR(External Interrupt Flag Register)

Bit	7	6	5	4	3	2	1	0	
	INTF7	INTF6	INTF5	INTF4	INTF3	INTF2	INTF1	INTF0	EIFR
Read/Write	R/W	R/W	R/W	R/W	R/W	R/W	R/W	R/W	
Initial Value	0	0	0	0	0	0	0	0	

⑩ TCCR0(Timer/Counter Control Register)

Bit	7	6	5	4	3	2	1	0	
	FOC0	WGM00	COM01	COM00	WGM01	CS02	CS01	CS00	TCCR0
Read/Write	W	R/W	R/W	R/W	R/W	R/W	R/W	R/W	
Initial Value	0	0	0	0	0	0	0	0	

㉠ Waveform Generation Mode Bit Description

Mode	WGM01 (CTC0)	WGM00 (PWM0)	Timer/Counter Mode of Operation	TOP	Update of OCR0 at	TOV0 Flag Set on
0	0	0	Normal	0xFF	Immediate	MAX
1	0	1	PWM, Phase Correct	0xFF	TOP	BOTTOM
2	1	0	CTC	OCR0	Immediate	MAX
3	1	1	Fast PWM	0xFF	TOP	MAX

㉡ Compare Output Mode, non-PWM Mode

COM01	COM00	Description
0	0	Normal port operation, OC0 disconnected.
0	1	Toggle OC0 on compare match
1	0	Clear OC0 on compare match
1	1	Set OC0 on compare match

㉢ Compare Output Mode, Fast PWM Mode

COM01	COM00	Description
0	0	Normal port operation, OC0 disconnected.
0	1	Reserved
1	0	Clear OC0 on compare match, set OC0 at TOP
1	1	Set OC0 on compare match, clear OC0 at TOP

㉣ Compare Output Mode, Phase Correct PWM Mode

COM01	COM00	Description
0	0	Normal port operation, OC0 disconnected.
0	1	Reserved
1	0	Clear OC0 on compare match when up-counting. Set OC0 on compare match when downcounting.
1	1	Set OC0 on compare match when up-counting. Clear OC0 on compare match when downcounting.

CS02	CS01	CS00	Description
0	0	0	No clock source(Timer/Counter stopped)
0	0	1	clk_{tos}/(No prescaling)
0	1	0	clk_{tos}/8(From prescaler)
0	1	1	clk_{tos}/32(From prescaler)
1	0	0	clk_{tos}/64(From prescaler)
1	0	1	clk_{tos}/128(From prescaler)
1	1	0	clk_{tos}/256(From prescaler)
1	1	1	clk_{tos}/1024(From prescaler)

⑪ TCNT0(Timer/Counter Register)

Bit	7	6	5	4	3	2	1	0	
	TCNT0[7:0]								TCNT0
Read/Write	R/W	R/W	R/W	R/W	R/W	R/W	R/W	R/W	
Initial Value	0	0	0	0	0	0	0	0	

⑫ OCR0(Output Compare Register)

Bit	7	6	5	4	3	2	1	0	
	OCR0[7:0]								OCR0
Read/Write	R/W	R/W	R/W	R/W	R/W	R/W	R/W	R/W	
Initial Value	0	0	0	0	0	0	0	0	

⑬ TIMSK(Timer/Counter Interrupt Mask Register)

Bit	7	6	5	4	3	2	1	0	
	OCIE2	TOIE2	TICIE1	OCIE1A	OCIE1B	TICIE1	OCIE0	TICIE0	TIMSK
Read/Write	R/W	R/W	R/W	R/W	R/W	R/W	R/W	R/W	
Initial Value	0	0	0	0	0	0	0	0	

⑭ TIFR(Timer/Counter Interrupt Flag Register)

Bit	7	6	5	4	3	2	1	0	
	OCF2	TOV2	ICF1	OCF1A	OCF1B	TOV1	OCF0	TOV0	TIFR
Read/Write	R/W	R/W	R/W	R/W	R/W	R/W	R/W	R/W	
Initial Value	0	0	0	0	0	0	0	0	

CHAPTER 05 부록

1 여러 가지 작품들

1) 복지 및 의료 로봇

<table>
<tr><td>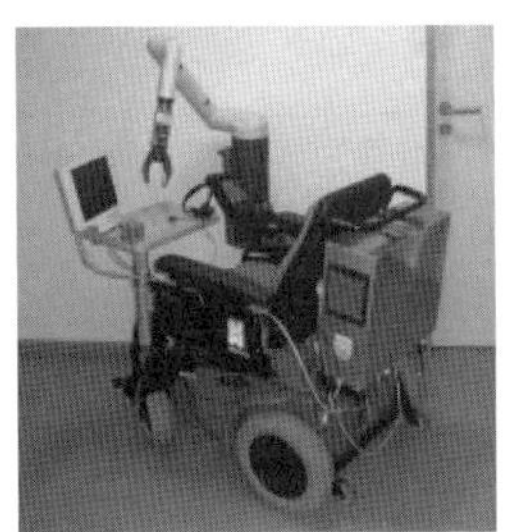</td><td></td></tr>
<tr><td>• 이름 : FRIEND
• 만든 곳 : IAT
• 특징
– 환자들의 시중을 들기 위한 로봇 시스템
– 휠체어 뒷면에 PC 부착
– 얇은 평면 스크린이 휠체어 왼편에 부착</td><td>• 이름 : Bleex
• 만든 곳 : 버클대 로봇 연구실
• 특징
– 소아마비 환자의 보행 보조 로봇
– 사람이 느끼는 로봇 중량 : 2kg
– 실제 로봇 중량 : 82kg</td></tr>
</table>

<table>
<tr><td>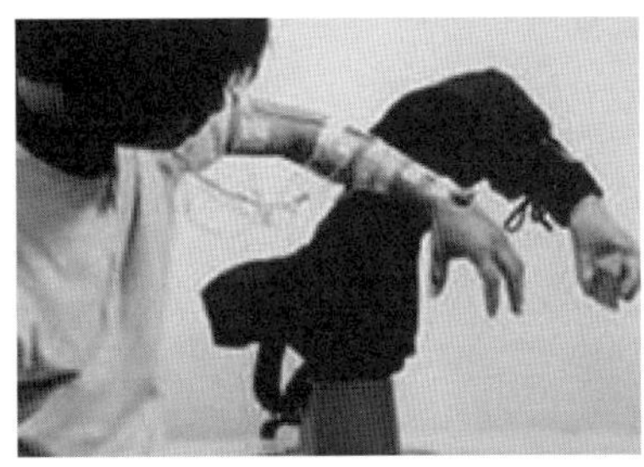</td><td></td></tr>
<tr><td>• 이름 : 근절 제어형 인간지원 로봇
• 만든 곳 : 히로시마대학 쓰지교수 연구실
• 특징
– 근전위
– 뇌파
– 심전도에 따라 반응</td><td>• 이름 : HAL-4
• 만든 곳 : 쓰쿠바대학 산카이연구실
• 특징
– 신체장애인, 구조대원 등 착용
– 가동 시간 : 2시간 이상</td></tr>
</table>

2) 오락용 로봇

	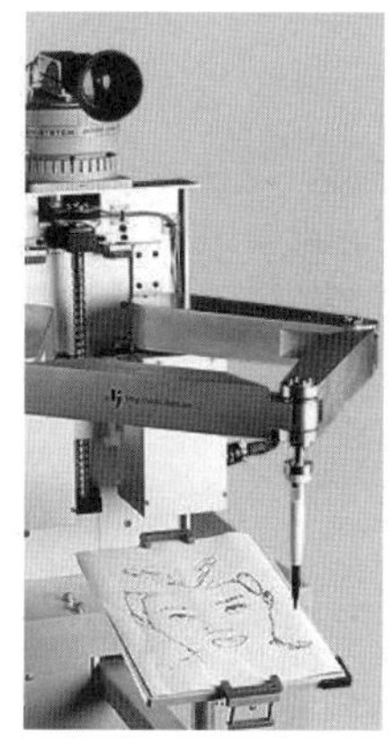
• 이름 : Vision NEXTA • 만든 곳 : 브이스톤 • 특징 - 역운동학에 의한 매끄러운 보행 - X선으로 폭발물 투시, 체포된 사람을 감시 - 이라크 투입	• 이름 : Paint Robot 2 • 만든 곳 : 야호커뮤니케이션 • 특징 - 스케치 영상으로 화상처리 - 6축 수직 로봇 1대 - 화상처리 시스템 / CCD 카메라

• 이름 : Transbot • 만든 곳 : 유진로봇 • 특징 - 신장 : 51cm / 체중 : 4.5kg - 자동 충전 기능 - 자동차와 로봇으로 변신 기능	• 이름 : 피노 • 만든 곳 : 유비체형 • 특징 - 대화형 로봇 / 마이크와 카메라를 탑재 - 목이나 손, 몸통의 동작 - 펭귄형 로봇

 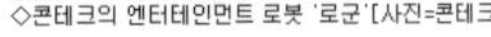 ◇콘테크의 엔터테인먼트 로봇 '로군'[사진=콘테크]	
• 이름 : 로군 • 만든 곳 : 콘테크 • 특징 – 페이스 트래킹 – 걷기, 악수, 주먹 쥐기 등 다양한 동작	• 이름 : 에코비 • 만든 곳 : 시티즌 시계 • 특징 – 손목시계의 소형모터 사용 – 적외선을 통한 원격 조종 – 소비전력이 적다.

• 이름 : Robovie-R • 만든 곳 : ATR 지능로봇연구소 • 특징 – 적외선 거리 센서 이용 – 초음파 센서의 버스트 노이즈 현상 제거	• 이름 : 춤추는 신형 아이보 • 만든 곳 : 일본 소니 • 특징 – MP3 재생 – 집 지키기 – 동영상 녹화 가능

3) 휴머노이드 로봇

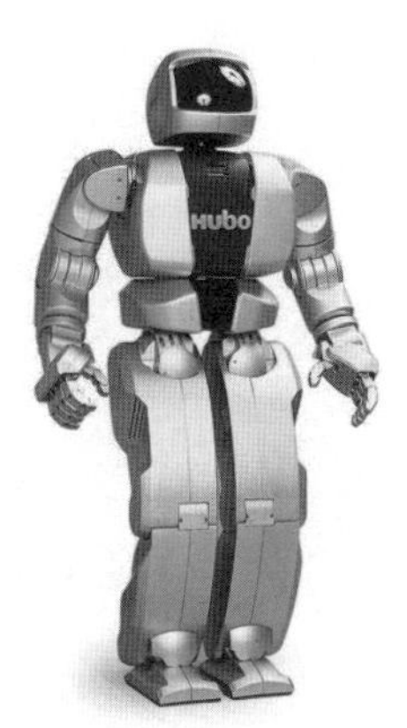	

• 이름 : 휴보
• 만든 곳 : KAIST 기계공학과 오준호 교수팀
• 특징
  - 구동기와 감속기를 빼고는 모두 국산화
  - 일본 '아시모'에 필적
  - 시각, 청각을 갖추고 있음
	• 이름 : H7
	• 만든 곳 : 도쿄대 제어시스템연구실
	• 특징
	  - 감각 행동 통합형 로봇 플랫폼
	  - 손끝 주도형 전신 행동 제어 시스템
	  - 장갑형 조작 인터페이스

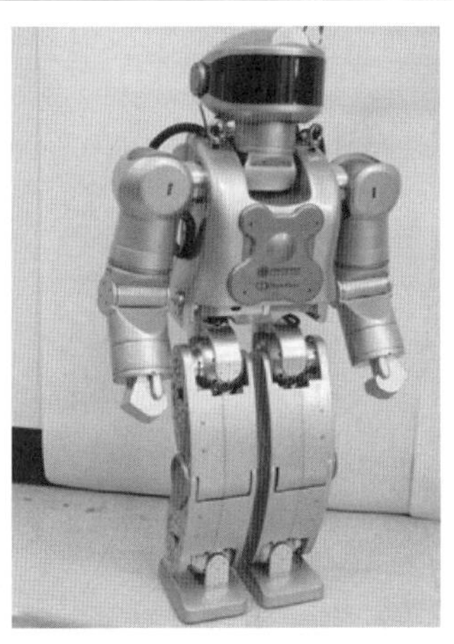	

• 이름 : 보노보
• 만든 곳 : 테크노비전
	• 이름 : 아시모
	• 만든 곳 : 혼다
	• 특징
	  - 자타 공인 세계 1위 로봇
	  - 걷기, 뛰기, 춤, 계단 오르기
	  - 사람 행동 인식

4) 위험물 탐사 로봇

• 이름 : Hibiscus • 만든 곳 : 치바공업대학 미래로봇연구소 • 특징 - 6개의 무한궤도가 각각 독립적으로 작동 - 약 10미터 이내에 넘어져 있는 사람 발견 - 빌딩 내의 지도를 제작 가능	• 이름 : 롭해즈(ROBHAZ) DT4 • 만든 곳 : 한국과학기술연구원(KIST) • 특징 - 자이툰 부대 파병 로봇의 후속 작품 - 고글을 통해 로봇에서 보낸 영상 수신 - 음성인식

5) 기타 로봇

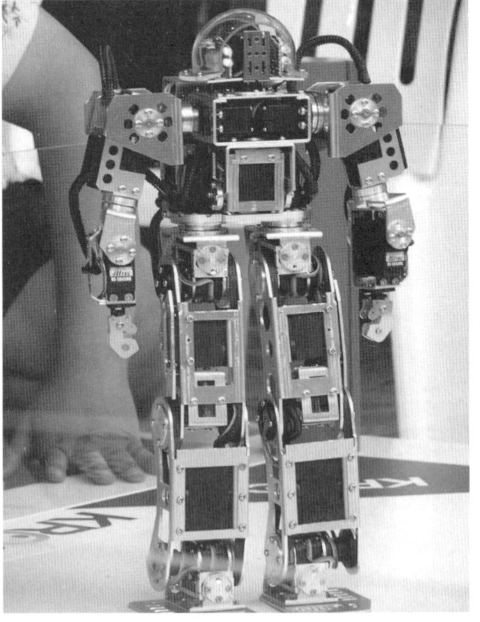

2 도움이 되는 사이트

1) 부품 판매처

구분	회사명	홈페이지	비고
1	미니로봇	http ://www.minirobot.co.kr	
2	마이크로 로봇	http ://www.microrobot.co.kr	
3	Brite Stone	http ://www.segyung.com	
4	디바이스 마트	http ://www.devicemart.co.kr	
5	엘레파츠	http ://www.eleparts.co.kr	
6	샘플전자	http ://www.robot.co.kr	
7	로보블럭	http ://www.roboblock.co.kr	
8	금일모터	http ://www.kumilmotor.co.kr	
9	싱크웍스	http ://www.tms320.co.kr	
10	컴파일 테크놀로지	http ://www.comfile.co.kr	
11	인터보드	http ://www.interboard.co.kr	
12	로보티즈	http ://www.robotis.com	
13	테라뱅크	http ://www.terabank.co.kr	
14	AVR mall	http ://www.avrmall.com	

2) 카페 및 블로그

구분	사이트명	사이트 주소	비고
1	마사모	http ://cafe.daum.net/oxford	
2	로봇 자작천국	http ://cafe.daum.net/tinyrobo	
3	당근이의 AVR 갖고 놀기	http ://cafe.naver.com/carroty	
4	볼랜드 포럼	http ://www.borlandforum.com	
5	우키의 AVR 세상	http ://micro.new21.org/avr	

3) 기타 사이트

구분	사이트명	사이트 주소	비고
1	로보시안	http : //www.robotian.net	
2	한국 로봇공학회	http : //www.kros.org	
3	한국 과학기술 정보 연구원	http : //www.kisti.re.kr	
4	한국 로봇 협회	http : //www.kora2003.org/	

4) 반도체 및 전자부품 제조사

구분	사이트명	사이트 주소	비고
1	National Semiconductor	http : //www.national.com	
2	Texas Instruments	http : //www.ti.com	
3	ALTERA	http : //www.altera.com	
4	ATMEL	http : //www.atmel.com	
5	MAXIM	http : //www.maxim-ic.com	
6	MicroMo Electronics	http : //www.micromo.com	

5) 관련 서적

구분	제목	저자	출판사	비고
1	I Love ATmega128	황해권 외	복두 출판사	
2	내 손으로 만드는 원격 제어 로봇	조창호 외	진영사	
3	CodeVision AVR C 로봇 스터디	이재창	동일출판사	
4	Solid Works 2006 따라하기	엄정섭 외	성안당	
5	OR CAD 10.5를 이용한 쉽게 배우는 PCB 설계	황아윤 외	지앤북	
6	생각의 창의성 TRIZ(트리즈)	김효준 외	지혜	

연습문제 정답 및 해설

49쪽 연습문제

1. 진수 변환

① 267_{10}	② 346_8	③ $47D_{16}$
$=100001011_2$	$=11100110_2$	$=10001111101_2$
$=413_8$	$=230_{10}$	$=4175_8$
$=10B_{16}$	$=E6_{16}$	$=637_{10}$
$=0010,0110,0111_{BCD}$	$=0010,0011,0000_{BCD}$	$=0110,0011,0111_{BCD}$

④ 10110101011_2	⑤ $0100,\ 1001,\ 0110_{BCD}$
$=2653_8$	$=111110000_2$
$=1451_{10}$	$=760_8$
$=5AB_{16}$	$=496_{10}$
$=0001,0100,0101,0001_{BCD}$	$=1F0_{16}$

2. 2의 보수

① $317_{10}-45_{10}$

$317_{10}=100111101_2$

$45_{10}=000101101_2$

$=111010010_{1's\ complement}$

$=111010011_{2's\ complement}$

$317_{10}-45_{10}=272_{10}$

$=100111101_2+111010011_{2's\ complement}$

$=100010000_2$

② $4C_{16}-2A_{16}$

$4C_{16}=1001100_2$

$2A_{16}=0101010_2$

$=1010101_{1's\ complement}$

$=1010110_{2's\ complement}$

$4C_{16}-2A_{16}=22_{16}$

$=1001100_2+1010110_{2's\ complement}$

$=100010_2$

③ $4D3_{16}-237_8$

$4D3_{16}=10011010011_2$

$237_8=00010011111_2$

$=11101100000_{1's\ complement}$

$=11101100001_{2's\ complement}$

$4D3_{16}-237_8=1076_{10}$

$=10011010011_2+11101100001_{2'scomplement}$

$=10000110100_2$

④ $562_{10}-431_8$

$562_{10}=1000110010_2$

$431_8=0100011001_2$

$=1011100110_{1's\ complement}$

$=1011100111_{2's\ complement}$

$562_{10}-431_8=281_{10}$

$=1000110010_2+1011100111_{2's\ complement}$

$=100011001_2$

3. Boole 대수식

① $A\overline{A}+AB+BC$ $=0+AB+BC$ $=B(A+C)$	③ $\overline{(A+B)}+A\overline{B}$ $=\overline{AB}+A\overline{B}$ $=\overline{B}(A+\overline{A})$ $=\overline{B}\cdot(1)$ $=\overline{B}$
② $ABC+BC+\overline{BC}$ $=BC(A+1)+\overline{BC}$ $=BC+\overline{BC}$ $=1$	④ $AB+AC+A\overline{B}+A\overline{BC}+\overline{AC}$ $=A(B+C+\overline{B})+\overline{C}(A\overline{B}+\overline{A})$ $=A+\overline{C}(A\overline{B}+\overline{A})$

4. Boole 대수식을 이용한 논리회로 최소화

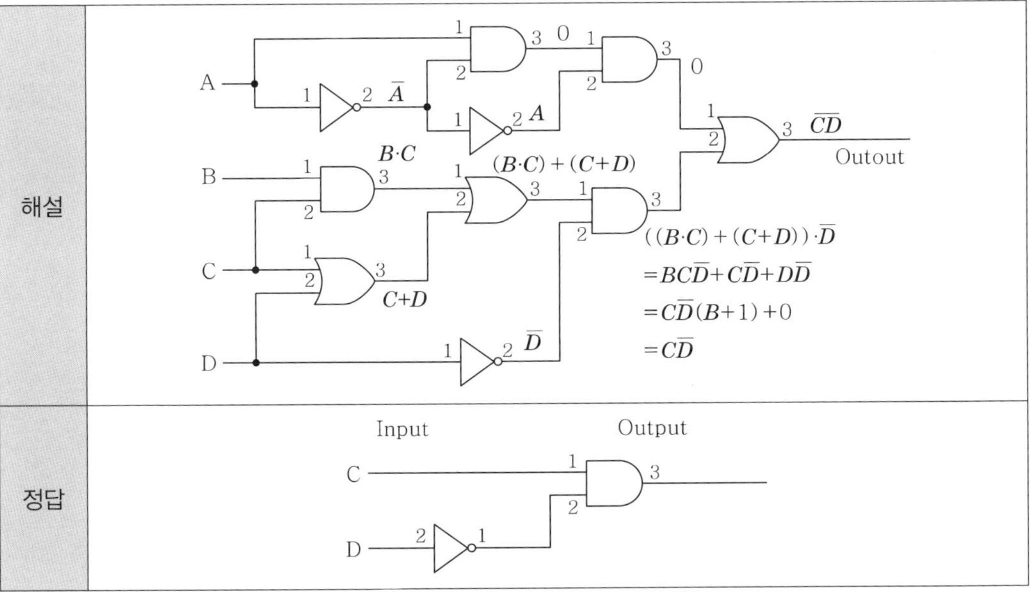

90쪽 연습문제

1. For 문

```
///////////////////////////////////////////////////////////////
//    for 문을 사용한 프로그램 예제                                //
//    *****                                                  //
//     ****       왼쪽 그림처럼 출력하는 프로그램을 작성하라.       //
//      ***       - 조건 : for 문 사용, 함수 사용할 것          //
//       **                                                  //
//        *       개발환경 : Visual C/C++ 6.0                  //
///////////////////////////////////////////////////////////////

#include <stdio.h>              // scanf, printf 함수를 사용하기 위해서

void print_star();              // 사용자정의 함수의 프로토타입 설정

void main(void)                 // 메인함수_프로그램이 시작되는 위치
{
     print_star();              // 별을 그리는 함수 호출
}

void print_star(void)           // 별을 그리는 사용자정의 함수
{
     int i, j, k;               // 변수 선언

     for (i=0 ; i<5 ; i++){              // 5줄
        for (j = i ; j>0 ; j--){         // 빈칸 (0-1-2-3-4)
        printf(" ");
        }
        for (k = 5-i ; k>0 ; k--){       // 별 (5-4-3-2-1)
                printf("*");
        }
        printf("\n");                  // 한 줄을 다 그린 후 다음 줄로 이동
     }
}
```

2. 2차 방정식의 근을 구하는 프로그램

```
//////////////////////////////////////////////////////////////////////
//    이차 방정식의 근을 구하는 프로그램                              //
//    Ax^2+Bx+C=0                                                     //
//    - 입력 변수 : A, B, C                                           //
//    - 출력 변수 : R1, R2(단, 근이 허수일 경우에는 i를 사용)         //
//                                                                    //
//    개발환경 : Visual C/C++ 6.0                                     //
//////////////////////////////////////////////////////////////////////

#include <stdio.h>              // scanf, printf 함수를 사용하기 위해서
#include <math.h>               // pow, sqrt 등 수학 함수를 사용하기 위해서
#include <conio.h>              // getch() 함수를 사용하기 위해서

void main(void)         // 메인함수_(입력파라미터 : X, 리턴 : X)
{
    float A, B, C, R1, R2;                      // 실수형 변수 선언
    float temp1, temp2, temp3;          // 계산을 위한 임시 변수 설정

    printf ("Input Num. A, B, C : ");   // 메시지 출력 - A, B, C를 입력하세요.

    scanf  ("%f %f %f", &A, &B, &C);    // 실수 (A, B, C) 입력

    temp1=pow(B, 2)-(4*A*C);            // B^2 - 4AC (판별식)을 temp1에 저장

    if (temp1>=0)
    {                                   // 판단 : 판별식이 0보다 크거나 같으면
      temp2=sqrt(temp1);                // temp1을 root 씌운다.

      R1=(-B+temp2)/(2*A);   // 첫 번째 근 계산
      R2=(-B-temp2)/(2*A);   // 두 번째 근 계산

      printf("R1 = %f\n", R1);          // 첫 번째 근 출력
      printf("R2 = %f\n", R2);          // 두 번째 근 출력
    }                                   // 단, 중근도 여기에 포함
    if(temp1<0)
```

```
    {                                       // 판단 : 판별식이 0보다 작으면
      temp2=abs(temp1);                     // temp1의 절대값을 취한다.
      temp3=sqrt(temp2);                    // 위 결과를 루트 씌운다.

      R1=(-B)/(2*A);                        // 실수부 결과 계산
      R2=temp3/(2*A);                       // 허수부 결과 계산

      printf("R1=%f+%fi\n", R1, R2); // 첫 번째 근 출력
      printf("R2=%f-%fi\n", R1, R2); // 두 번째 근 출력

    }

    getch();                                        // 키 입력 대기

}
```

3. 혜택(switch – case)

```
//////////////////////////////////////////////////////////////////////
//   학점에 따른 혜택을 출력하는 프로그램                              //
/////////////////////////////////////////////////////////////////////

#include <stdio.h>

int main(void)
{
    START:
    float point;                                    // 평점 입력받을 변수
    unsigned char grade;                            // 평점 등급을 나눌 변수
    printf ("평점을 입력하시오 :   ");   // 평점을 입력하시오. 메시지 출력
    scanf  ("%f", &point );                         // 평점 입력

    if (   point>(float) 4.5 )
    {
      grade=0;                              // 0등급
    }
```

```
if ( ( point>=(float) 4.4 ) && ( point<=(float) 4.5 ) )
{
   grade=1;                          // 1등급
}

if ( ( point>=(float) 4.3 ) && ( point<(float) 4.4 ) )
{
   grade=2;                          // 2등급
}

if ( ( point>=(float) 4.2 ) && ( point<(float) 4.3 ) )
{
   grade=3;                          // 3등급
}

if ( ( point>=(float) 0.0 ) && ( point<(float) 4.2 ) )
{
   grade=4;                          // 4등급
}

if (   point<(float) 0.0 )
{
   grade=0;                          // 0등급
}


switch (grade)                                 // 등급에 따라서,
{
   case 0 :                          // 4.5 이상 입력하면 에러 메시지 출력
   {       printf ("잘못 입력했습니다. \n");
           break;
   }

   case 1 :                          // A등급은 3가지 혜택
   {       printf ("받는 혜택 : 장학금과 해외연수, 겨울특강 수강자격 \n");
           break;
   }
```

```
        case 2 :                          // B등급은 2가지 혜택
        {       printf ("받는 혜택 : 장학금, 겨울특강 수강자격 \n");
                break;
        }

        case 3 :                          // C등급은 1가지 혜택
        {       printf ("받는 혜택 : 겨울특강 수강자격 \n");
                break;
        }

        case 4 :                          // D등급은 혜택 없음
        {       printf ("혜택이 없습니다. 감사합니다. \n");
                break;
        }
    }
    printf ("\n\n");                      // 한번 출력이 끝난 후 두 줄 띄워줌
    goto START;                                   // 프로그램 반복 실행
    return 0;                             // 반환값 없음
}
```

4. 내림차순 정리

```
//////////////////////////////////////////////////////////////////////
//    숫자 5개를 입력받아 내림차순으로 정리하는 프로그램              //
//                                                                  //
//    개발환경 : Visual C/C++ 6.0                                   //
//////////////////////////////////////////////////////////////////////

#include <stdio.h>

void main(void)
{
    int input[5], i, j, temp;
```

```
    for (i=0 ; i<=4 ; i++)
    {
       scanf ("%d", &input[i]);
    }

    for (i=0 ; i<=4 ; i++)
    {
       for (j=i+1 ; j<=4 ; j++)
       {
               if (input[i] < input[j])
               {
                       temp=input[i];
                       input[i]=input[j];
                       input[j]=temp;
               }
       }
    }

    for (i=0 ; i<=4 ; i++)
    {
       printf ("%d\n", input[i]);
    }

}
```

5. N – 팩토리얼(재귀함수)

```
//////////////////////////////////////////////////////////////////////
//    정수 N을 입력받아 N! (팩토리얼=N*(N-1)* ... *2*1)을           //
//    구하는 프로그램                                               //
//    - 입력변수 : N(단, N>0)                                       //
//    - 출력변수 : N_pact                                           //
//                                                                  //
//    개발환경 : Visual C/C++ 6.0                                   //
//////////////////////////////////////////////////////////////////////
```

```
#include <stdio.h>                  // scanf, printf 함수를 사용하기 위해서

int n_fact(int);                    // 사용자정의 함수의 프로토타입 설정

void main(void)                     // 메인함수_프로그램이 시작되는 위치
{
    int N, k;                       // 변수 설정(정수형)

    printf ("Input Num..");                 // 메시지 출력
    scanf  ("%d", &N);              // 입력받은 정수를 변수 N에 저장

    k = n_fact(N);                          // n 팩토리얼을 구하는 함수 호출

    printf("%d factorial is %d.\n", N, k);    // 결과를 출력

}

int n_fact(int a)                                 // n 팩토리얼을 구하는 함수
{
    if   (a==1){                                  // 만약 a==1이면
       return (1);                          // 1을 리턴
    }

    else {                                        // 그렇지 않으면
       return(a*n_fact(a-1)); // 재귀호출 - 팩토리얼 계산
    }
}
```

6. 행렬 곱(배열 사용)

```
//////////////////////////////////////////////////////////////////
//    두 행렬의 곱을 구하는 프로그램                              //
//    - 배열 사용                                                 //
//    개발환경 : Visual C/C++ 6.0                                  //
////////////////////////////////////////////////////////////////
```

```
#include <stdio.h>

int a[2][2];                            // 입력받은 값을 저장할 공간 확보
int b[2][2];
int c[2][2];

int i, j;                               // 임시 변수 선언

void input_A_matrix(void);              // 함수의 원형
void input_B_matrix(void);
void calcu_C_matrix(void);
void print_C_matrix(void);

void main(void)
{
     input_A_matrix();          // A 행렬을 입력하는 함수 호출
     input_B_matrix();          // B 행렬을 입력하는 함수 호출
     calcu_C_matrix();          // C 행렬을 계산하는 함수 호출
     print_C_matrix();          // C 행렬을 출력하는 함수 호출
}

void input_A_matrix()                   // A 행렬을 입력받는 함수
{
     for ( i=0; i<=1; i++ ) {
        for ( j=0 ; j<=1 ; j++ ) {
                printf ( "Input A[%d][%d] = ", i, j);
                scanf ("%d", & a[i][j] );
        }
     }
}

void input_B_matrix()                   // B 행렬을 입력받는 함수
{
     for ( i=0; i<=1; i++ ) {
        for ( j=0 ; j<=1 ; j++ ) {
                printf ("Input B[%d][%d]=", i, j);
```

```
                scanf ("%d", & b[i][j] );
            }
        }
}


void calcu_C_matrix()                           // C 행렬을 계산하는 함수
{
    for ( i=0 ; i<=1 ; i++ ) {
        for ( j=0 ; j<=1 ; j++ ) {
            c[i][j]=a[i][0]*b[0][j]+a[i][1]*b[1][j];
        }
    }
}


void print_C_matrix()                           // C 행렬을 출력하는 함수
{
        for ( i=0; i<=1; i++ ) {
            for ( j=0 ; j<=1 ; j++ ) {
                printf ( "C[%d][%d]= %d \n", i, j, c[i][j] );
            }
        }
}
```

7. 이름 복사하기(File-Open)

```
//////////////////////////////////////////////////////////
//    파일을 읽어서 다른 파일에 쓰기                           //
//    - 읽을 파일  :  a.txt                                 //
//    - 쓸 파일    :  b.txt                                 //
//    개발환경 : Visual C/C++ 6.0                            //
//////////////////////////////////////////////////////////

#include <stdlib.h>
```

```
#include <stdio.h>
#include <conio.h>
#include <string.h>

void file_open (void)
{
    int end=14;                                  // 총글자 수

    char temp;                                   // 읽은 내용을 임시 저장할 곳

    FILE *stream1;                               // 파일을 읽을 곳
    FILE *stream2;                               // 파일을 쓸 곳

    stream1 = fopen("a.txt", "rt");              // 읽는다+텍스트 방식
    stream2 = fopen("b.txt", "wt");              // 쓴다+텍스트 방식

    while (end--)                                // 글자 수 만큼
    {
       temp = fgetc ( stream1 );                 // 한 글자씩 읽어서
       fputc ( temp , stream2 );                 // 한 글자씩 쓴다.
    }

    fclose(stream1);                             // 파일 하나를 닫는다.
    fclose(stream2);                             // 파일 하나를 또 닫는다.
}

void main(void)
{
    file_open();
}
```

8. 비트 연산

```
#include <stdio.h>

int main ( void )                          // 프로그램 시작
{
    inta;                          // 수를 입력받을 변수 설정
    intbit2, bit4;                 // 2번, 4번 비트를 저장할 변수 설정

    printf ("Please Input 1 Number : ");  // 숫자를 입력받기 위한 메시지 출력
    scanf  ("%d", &a);                     // 숫자를 입력받는다.

    bit2=(a&0x02)>>1;              // bit 2번의 값만 골라낸다.

    bit4=(a&0x08)>>3;              // bit 4번의 값만 골라낸다.


//////////////////////////////////////////////////////////////////////
//  예) 25=11001(2)와 0x02(=00010(2))를 &(AND) 비트 연산하게 되면      //
//      00000(2)가 된다.                                              //
//                                                                    //
//          여기서 두 번째 비트를 오른쪽으로 한 칸 시프트(SHIFT)         //
//          똑같은 방법으로, 25와 0x08(=01000(2))를 & 연산하게 되면,    //
//          01000(2)가 된다. 여기서 네 번째 비트 1을 오른쪽으로 3칸 옮기면 //
//          4번 비트의 값만 남게 된다.                                  //
//////////////////////////////////////////////////////////////////////

    printf ("Bit 2=%d\n", bit2 );

    printf ("Bit 4=%d\n", bit4 );

    return 0;

}               // 프로그램 종료
```

105쪽 연습문제

1. 시계 그리기

```
#include "graphics.h"

#include < stdio.h >
#include < conio.h >
#include <   dos.h >
#include <  math.h >

void gr_ini     ( void );                // 함수 원형 선언
void gr_end     ( void );
void my_work    ( void );

#define PI      3.14                     // 원주율

void main ( void )
{
     gr_ini ();                   // 그래픽 초기화 함수 실행
     my_work ();                         // 이 함수에서 핵심 프로그램 실행
     gr_end ();                   // 그래픽 종료 함수 실행
}

void gr_ini(void)                        // 그래픽 초기화 함수
{
     int gdriver = DETECT, gmode;
     initgraph ( &gdriver, &gmode, "" );
}

void gr_end(void)                        // 그래픽 종료하는 함수
{
     getch();
     closegraph();
}

void my_work ( void )                                  // 핵심 프로그램
{
```

```
    int theta;                                          // 각도 변수 선언
    double x1, x2, x3, y1, y2, y3 ;                        // 좌표 변수 선언

    circle( 320, 240, 100 );
    circle( 320, 240, 90 );

    for ( theta=0 ; theta<=3600 ; theta ++ )    // 각도가 0~360도까지
    {
      x1=320+40*cos ( (theta+90)*PI/180/120 );        // 계산 - 시

      y1=240+40*sin ( (theta+90)*PI/180/120 );

      x2=320+50*cos ( (theta+90)*PI/180/10 );         // 계산 - 분

      y2=240+50*sin ( (theta+90)*PI/180/10 );

      x3=320+70*cos ( (theta+90)*PI/180*6 );          // 계산 - 초

      y3=240+70*sin ( (theta+90)*PI/180*6 );

      setcolor ( WHITE );                             // 그려주는 부분-시
      line ( 320, 240, (int) x1, (int) y1 );

      setcolor ( GREEN );                             // 그려주는 부분-분
      line ( 320, 240, (int) x2, (int) y2 );

      setcolor ( YELLOW );                            // 그려주는 부분-초
      line ( 320, 240, (int) x3, (int) y3 );

      delay (30);                                     // 그림이 보이는 시간 확보

      setcolor ( BLACK );                             // 지워주는 부분

      line ( 320, 240, (int) x1, (int) y1 );
      line ( 320, 240, (int) x2, (int) y2 );
      line ( 320, 240, (int) x3, (int) y3 );
    }
}
```

2. 포트리스 게임

```
/////////////////////////////////////////////////////////////
//   포트리스 게임  Ver. 1.0                                //
//   Environment :   Visual C/C++ 6.0                       //
//   Date        :   2007. 8.                               //
//   Programmed by  U.K.Yeo  &  J.H. Lee   Korea Univ.      //
/////////////////////////////////////////////////////////////

#include "graphics.h"                     // 필요한 헤더파일 추가
#include < stdio.h >
#include < conio.h >
#include <   dos.h >
#include <  math.h >

#define UP              'w'               // 각종 키 설정 부분
#define DOWN            's'
#define LEFT            'a'
#define RIGHT           'd'

#define POWER           'p'
#define FIRE            'f'
#define RESET           'r'

void gr_ini             ( void );         // 함수의 원형 선언
void gr_end             ( void );
void gr_test            ( void );
void start_image        ( void );
void fillbox            ( int x1, int y1, int x2, int y2, int color );
void winner();

int     key;
                                   // 전역변수 설정
int     x_pos ;
int     y_pos ;

double  angle, ang, ang1, t;
```

```
int      power, power1 ;
double          x5, y5 ;

void main ( void )
{
     gr_ini ();                   // 그래픽 모드를 초기화하는 함수를 호출해주고
     gr_test ();                  // 이 함수 안에서 모든 프로그램이 실행된다.
     winner ();                   // VICTORY 문구 출력
     getch ();                    // 아무 키나 누르면
     gr_end ();                   // 그래픽 모드가 종료된다.
}


void gr_ini ( void )                        // 그래픽 모드 초기화해주는 함수
{
     int gdriver=DETECT, gmode;
     initgraph ( &gdriver, &gmode, "" );
}


void gr_end ( void )                        // 그래픽 모드 끝내는 함수
{
     getch();
     closegraph();
}


void fillbox  ( int x1, int y1, int x2, int y2, int color )
{                                  // 내부가 가득 채워진 사각형
     int x, y;

     for ( y=y1 ; y<=y2 ; y++) {
        for (x=x1; x<=x2 ; x++) {
                putpixel (x, y, color);
        }
     }
```

```
}

void start_image ( void )
{
    fillbox ( 50+x_pos-20, 320, 80+x_pos+20, 399, BLACK ); // 탱크 이미지 삭제
    setcolor ( WHITE );                              // 탱크 이미지 생성
    circle   ( 50+x_pos, 390,  10 );                 // 뒷바퀴
    circle   ( 80+x_pos, 390,  10 );                 // 앞바퀴
    fillbox  ( 40+x_pos, 355,  90+x_pos, 379, WHITE );     // 탱크 몸체
    fillbox  ( 60+x_pos, 345,  70+x_pos, 354, YELLOW );    // 포탑

    line ( 65+x_pos, 344,  65+x_pos+(20*cos(angle)),
    344-(20*sin(angle)));                                  // 포
    fillbox  ( 20*power+10, 10, 20*power+25, 30, GREEN ); // 파워 게이지
    fillbox  ( 540, 10, 630, 90, BLACK );                 // 각도 표시 제거

    setcolor  ( WHITE );                                  // 각도 표시

    circle   ( 590, 50, 40 );                        // 각도 게이지 틀
    line   ( 590, 50, 590+40*cos(angle), 50-40*sin(angle)); // 각도 표시 화살표
}

void gr_test ( void )
{
    x_pos=0;                                         // 변수 초기화
    y_pos=0;
    angle=0;
    power=0;
                                                          // 배경 설정
    fillbox  ( 0, 400, 639, 479, GREEN );                 // 땅
     fillbox  ( 550, 370, 600, 399, LIGHTBLUE );          // 성
    fillbox  ( 574, 330, 576, 369, YELLOW );              // 깃대
    fillbox  ( 577, 330, 595, 340, RED );                 // 깃발

    setcolor  ( LIGHTBLUE );                         // 글씨 색깔 설정

    outtextxy ( 10,  60,  "Programmed by  U.K.Yeo  &  J.H. Lee");
```

```
// 글씨 출력
    outtextxy ( 10,  40,  "Push=P" );          // 글씨 출력
    outtextxy ( 570, 100,  "Angle" );          // 글씨 출력
    outtextxy ( 35, 430,  "Fire=F" );          // 글씨 출력
    outtextxy ( 30, 450,  "RESET=R" );         // 글씨 출력

    setcolor  ( WHITE );
    start_image ( );   // 이미지 초기화

    do
    {
       key=getch();    // 키입력 받은 걸 key 변수에 저장

       switch (key)    // key값에 따른 case문 동작
       {
              case UP        :                 // 포탑 각도 높임
              {
                     angle+=6.28/180;
                     ang=angle;
                     start_image();
                     // 이미지 갱신
                     break;
              }

              case DOWN      :                 // 포탑 각도 낮춤
              {
                     angle-=6.28/180;
                     ang=angle;
                     start_image();            // 이미지 갱신
                     break;
              }

              case LEFT      :                 // 후진(좌로 이동)
              {
                     x_pos-=10 ;
                     start_image();            // 이미지 갱신
```

```
        break;
}

case RIGHT  :                       // 전진(우로 이동)
{
        x_pos+=10 ;
        start_image();              // 이미지 갱신
        break;
}

case POWER      :                   // 파워 증가
{
        power+=1 ;
        if ( power>15 ) // 파워가 15를 넘으면 초기화
        {
                fillbox ( 10, 10, 350, 30, BLACK );
                                    // 파워게이지 Reset
                power=0;
        }
        start_image();              // 이미지 갱신
        break;
}

case RESET      :                   // 배경화면 리셋
{
        fillbox  ( 0, 400, 639, 479, GREEN );   // 땅
        fillbox  ( 550, 370, 600, 399, LIGHTBLUE ); // 성
        fillbox  ( 574, 330, 576, 369, YELLOW ); // 깃대
        fillbox  ( 577, 330, 595, 340, RED );   // 깃발

        setcolor ( LIGHTBLUE );         // 글씨 색깔 설정

        outtextxy ( 10,  40, "Push = P" );  // 글씨 출력
        outtextxy ( 570, 100, "Angle" );    // 글씨 출력
        outtextxy ( 35, 430, "Fire=F" );  // 글씨 출력
        outtextxy ( 30, 450, "RESET=R" ); // 글씨 출력
```

```
                setcolor(WHITE);

                start_image ( );                // 이미지 갱신
                break;
            }
        }
    }

    while ( getpixel(590,336)==4 );  // 깃발 부분의 점을 계속 체크하고 있다가
                                     // 검은색으로 변하면 게임 종료
}

void winner()
{
    setcolor  ( RED );
                                              // 글씨 색깔 설정
    outtextxy ( 250, 200, "V I C T O R Y !" ); // 글씨 출력
    outtextxy ( 255, 220, "Press any key" );         // 글씨 출력
}
```

PART
02

아이디어 창출

PART 2 아이디어 창출에서는, 3D프린터, 드론, RC카를 비롯한 다양한 하드웨어와 소프트웨어를 이용하여 실제 키트를 제작해본다.

ERGONOMIC DESIGN

CHAPTER 01

아두이노 강좌 ME-02(36종 부품)

1 LED 점멸

• 아두이노를 이용하여 LED를 제어하고, 디지털 포트 출력에 대해 알아본다.
•준비물 : LED, 저항(220 Ω)

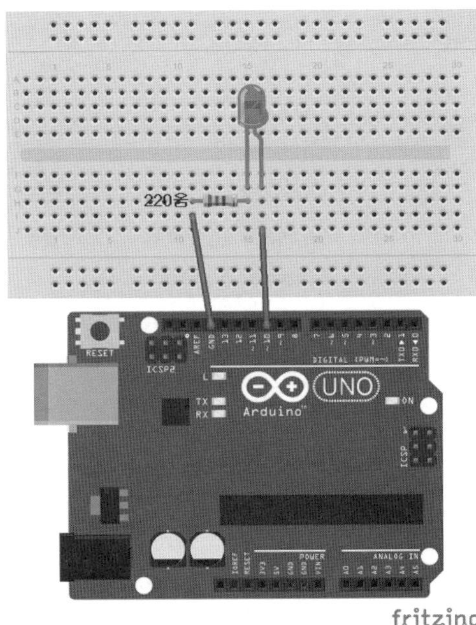

① 회로 구성

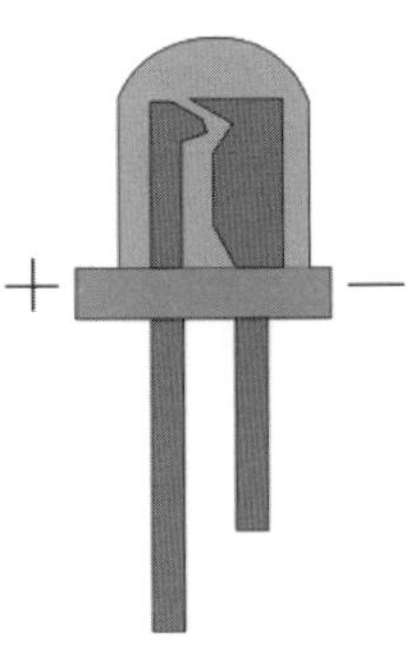

• LED는 극성이 있다.
다리가 긴 쪽이 + (10번 PIN과 연결), 짧은 쪽이 - (GND와 연결)이다.
• 저항은 극성이 없다.

② 코드

01_LED 점멸

```
int ledPin = 10;  //변수 ledPin을 D10으로 초기화 한다.
void setup()
{
  pinMode(ledPin, OUTPUT);  //변수 ledPin의 pinMode설정//D10을 출력Pin으로
설정
}
void loop()
{
  digitalWrite(ledPin, HIGH);   //D10 Pin의 출력을 '1'로 한다.
  delay(1000);   //1초(s) 대기
  digitalWrite(ledPin, LOW);   //D10 Pin의 출력을 '0'으로 한다.
  delay(1000);   //1초(s) 대기
}
```

2 Hello World 출력

- 아두이노를 이용하여 시리얼모니터에 ""Hello World""를 출력해본다.
- 준비물 : 아두이노UNO

① 코드

02_Hello World 출력 - Serial Moniter 출력

```
void setup()
{
  Serial.begin(9600);  //시리얼 통신 전송속도 9600
}
void loop()
{
  Serial.println("Hello world!");      // "Hello world!" 출력
  delay(1000);
}
```

② **시리얼모니터 출력**

- 오른쪽의 네모 칸을 클릭한다.

- 위의 소스코드에서는 저절로 1초에 한 번씩 "Hello world"가 출력된다.

3 스위치의 LED 제어

- 한 스위치당 하나의 LED가 연결되어 있는 것을 확인할 수 있다.
- 준비물 : 스위치, LED, 저항(220Ω, 10kΩ)

① **회로 구성**

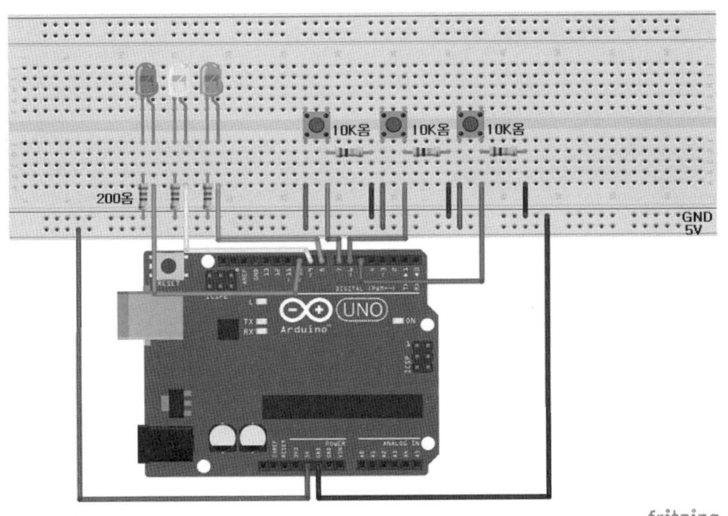

- 스위치 연결방법

⇨ 핀이 4개 달린 스위치는 핀 4개 중 2개만 사용하면 된다.

② 코드

03_스위치의 LED 제어

```
int redled=10; //redled를 D10으로 초기화
intyellowled=9; //yellowled를 D9로 초기화
intgreenled=8; //greenled를 D8로 초기화
intredpin=7;    //redpin button을 D7로 초기화
intyellowpin=6;  //yellowpin button을 D6으로 초기화
int greenpin=5;  //greenpin button을 D5로 초기화
int red;    //변수선언
int yellow;  //변수선언
int green;  //변수선언
void setup()
{
  pinMode(redled,OUTPUT);    //redled의 pinMode 출력으로 설정
  pinMode(yellowled,OUTPUT);  //yellowled의 pinMode 출력으로 설정
  pinMode(greenled,OUTPUT);  //greenled의 pinMode 출력으로 설정
  pinMode(redpin,INPUT);     //redpin의 pinMode 입력으로 설정
  pinMode(yellowpin,INPUT);   //yellowpin의 pinMode 입력으로 설정
  pinMode(greenpin,INPUT);  //greenpin의 pinMode 입력으로 설정
}
void loop()
{
  red=digitalRead(redpin);  //변수 red가 redpin값을 읽어옴
  if(red==LOW)    //만약 red가 LOW라면,
  { digitalWrite(redled,LOW);}  //redled는 '0'
 else   //만약 red가 HIGH라면
  { digitalWrite(redled,HIGH);}  //redled는 '1'

  yellow=digitalRead(yellowpin);  //변수 yellow가 yellowpin값을 읽어옴
  if(yellow==LOW)  //만약 yellow가 LOW라면,
  { digitalWrite(yellowled,LOW);}  //yellow는 '0'
  else   //만약 yellow가 HIGH라면
  { digitalWrite(yellowled,HIGH);}  //yellowled는 '1'

  green=digitalRead(greenpin);  //변수 green이 greenpin값을 읽어옴
  if(green==LOW)  //만약 green이 LOW라면
  { digitalWrite(greenled,LOW);}  //green은 '0'
  else  //만약 green이 HIGH라면
  { digitalWrite(greenled,HIGH);}  //green은 '1'
}
```

*<소스코드>조건문 제어

4 부저

- 전원과 GND를 연결하면 부저에서 소리가 나는 것을 들을 수 있다.
- 준비물 : 부저, 저항(220Ω)

① 회로 구성

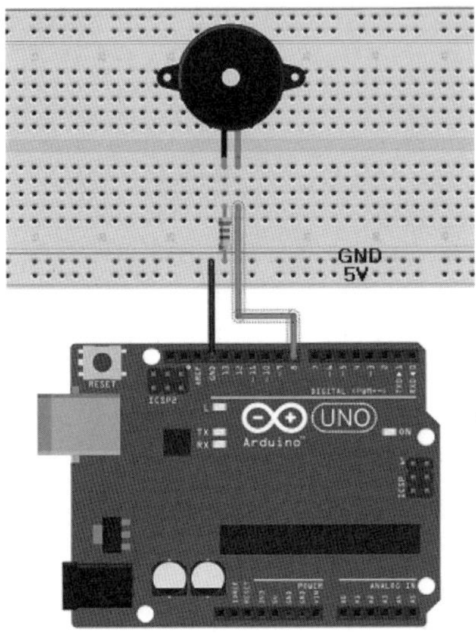

- 부저에는 극성이 윗부분에 표시되어 있으니, 보고 알맞게 연결하면 된다.

② 코드

04_buzzer

```
int buzzer=8;  //변수 buzzer을 D8로 초기화시킨다.
int i = 0;  //변수 i 초기화
void setup()
{
pinMode(buzzer,OUTPUT);  //D8의 pinMode를 OUTPUT으로 설정
}
void loop()
{

    for(i=0;i<80;i++)  //변수 i를 초기값인 0부터 80 미만이 될 때까지 1씩 ++
    {
      digitalWrite(buzzer,HIGH);  //D8 pin의 출력을 '1'로 한다.
      delay(1);  //0.001초(s) 대기
      digitalWrite(buzzer,LOW);  //D8 pin의 출력을 '0'으로 한다.
      delay(1);  //0.001초(s) 대기
}
    for(i=0;i<100;i++)  //변수 i를 초기값인 0부터 100 미만이 될 때까지 1씩 ++
    {
      digitalWrite(buzzer,HIGH);  //D8 pin의 출력을 '1'로 한다.
      delay(2); //0.002초(s) 대기
      digitalWrite(buzzer,LOW);  //D8 pin의 출력을 '0'으로 한다.
      delay(2);  ////0.001초(s) 대기
    }
}
```

5 Analog Value

- 가변저항을 이용하여 아날로그값을 시리얼모니터에 입력 받는다.
- delay값을 바꿔주면서 led의 점멸속도가 바뀌는 것을 확인한다.
- 준비물 : 가변저항, LED, 저항(220Ω)

① 회로 구성

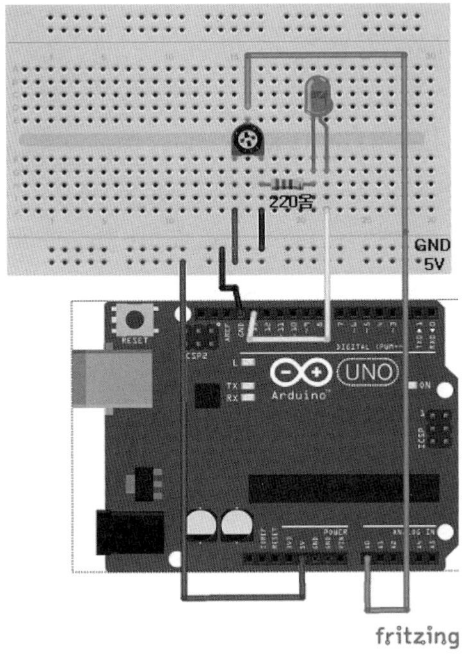

- LED 연결방법은 01_LED 점멸 참고
- 시리얼모니터 출력은 02_Hello World 참고
- 가변저항 연결법

② 코드

05_Analog Value

```
int potpin=0;  //변수 potpin 초기화
int ledpin=13;  //변수 ledpin을 D13으로 초기화
int val=0;  //변수 val 초기화
void setup()
{
  pinMode(ledpin,OUTPUT);  //변수 ledpin의 pinMode설정 //D13을 출력pin으로 
설정
  Serial.begin(9600);  //시리얼 통신 전송속도 9600
}
void loop()
{
  digitalWrite(ledpin,HIGH);  //D13 pin의 출력을 '1'로 한다.
  delay(50);  //0.05초(s) 대기
  digitalWrite(ledpin,LOW);  //D13 pin의 출력을 '0'으로 한다.
  delay(50);  //0.05초(s) 대기
  val=analogRead(potpin);  //변수 val의 analog값을 읽어옴
  Serial.println(val);  //시리얼모니터에 val의 값을 띄움
}
```

6 PWM

- PWM의 개념을 이해하고 가변저항으로 LED의 밝기를 조절한다.
  *PWM = Pulse Width Modulation, 펄스 폭 변조
- 준비물 : LED, 저항(220Ω), 가변저항

① 회로 구성

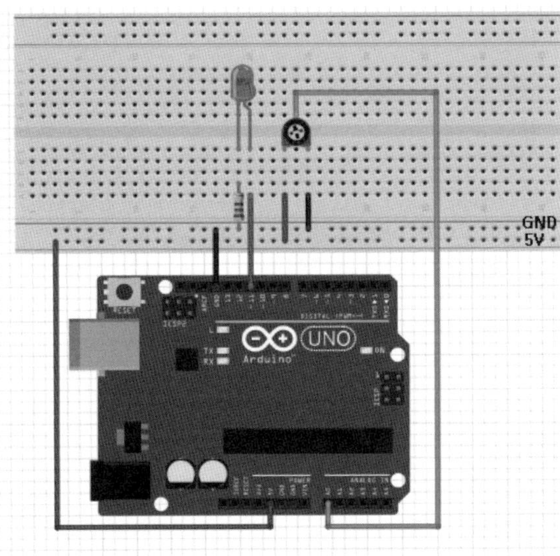

- 가변저항 연결방법은 05_아날로그값 참고
- 시리얼모니터 출력은 02_Hello World 참고

② 코드

06_PWM

```
int potpin=0;  //변수 potpin 초기화
int ledpin=11;  //변수 ledpin을 D11로 초기화
int val=0;  //변수 val 초기화
void setup()
{
  pinMode(ledpin,OUTPUT);  //변수 ledpin의 pinMode를 출력으로 설정
  Serial.begin(9600);  //시리얼 통신 전송속도 9600
}
void loop()
{
  val=analogRead(potpin);  //변수 val은 변수 potpin의 아날로그값을 읽어옴
                         //analogRead는 0~1023
  Serial.println(val);  //변수 val의 값을 시리얼모니터에 출력
  analogWrite(ledpin,val/4); //변수 led핀에 val/4의 값을 출력(PWM 输出最大值255)
                          //analogwrite는 0~255
  delay(10);  //0.001초 대기
}
```

7 수동 부저

- 부저의 소리를 조절해 본다.
- 준비물 : 부저, 저항(220Ω), 가변저항

① 회로 구성

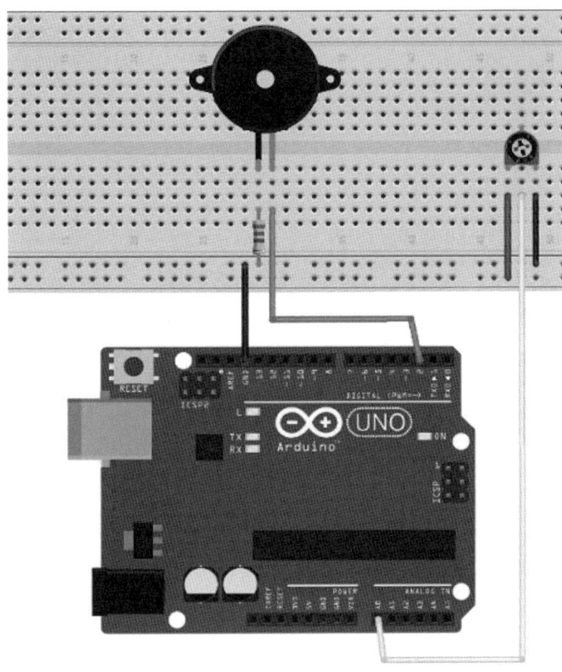

- 부저에는 극성이 윗부분에 표시되어 있으니 보고 알맞게 연결하면 된다.
- 가변저항 연결법

② 코드

07_수동 부저

```
#define Pot A0
#define Buzzer 2

int PotBuffer = 0;
void setup()
{
pinMode(buzzer,OUTPUT);  //D2의 pinMode를 OUTPUT으로 설정
}
void loop()
{
    PotBuffer = analogRead(Pot);
    for(i=0;i<100;i++)  // 변수 i를 초기값인 0부터 80 미만이 될 때까지 1씩 ++
    {
      digitalWrite(buzzer,HIGH);  //D8 pin의 출력을 '1'로 한다.
      delay(PotBuffer);  //0.001초(s) 대기
      digitalWrite(buzzer,LOW);  // D8 pin의 출력을 '0'으로 한다.
      delay(100);  //0.001초(s) 대기
}
delay(1000)
}
```

8 부저&CDS 센서

- CDS 센서를 이해하고 CDS 센서로 부저 소리의 크기를 조절해 본다.
  ※ CDS 센서란 빛의 세기에 따라 저항값이 변하는 소자이다.

※ 준비물 : 부저, CDS 센서

① 회로 구성

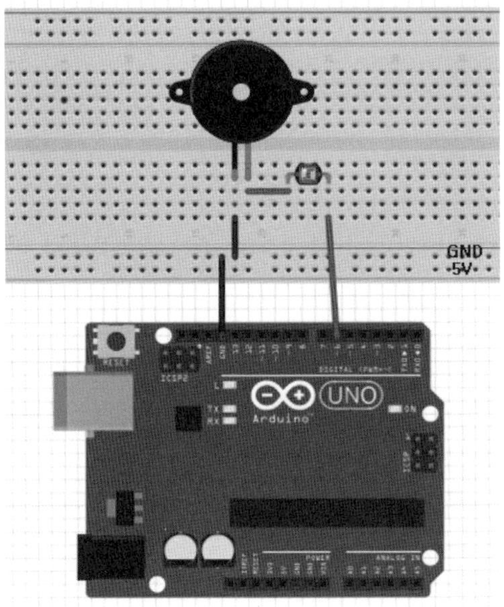

- 부저 연결방법은 04_부저 참고
- CDS 센서는 극성이 없다.

② **코드**

08_부저&CDS 센서 - CDS 센서로 부저 소리의 크기를 변화시켜 본다.

```
int buzzer=6;  //변수 buzzer를 D6으로 초기화
int i = 0;  //변수 i 초기화
void setup()
{
pinMode(buzzer,OUTPUT);  //D6을 출력으로 설정
}
void loop()
{
    for(i=0;i<80;i++)
    {
      digitalWrite(buzzer,HIGH);  //buzzer 출력 '1'
      delay(1);  //0.001초 대기
      digitalWrite(buzzer,LOW);  //buzzer 출력 '0'
      delay(1);  //0.001초 대기
    }
    for(i=0;i<100;i++)
    {
      digitalWrite(buzzer,HIGH);  // buzzer 출력 '1'
      delay(2);  //0.002초 대기
      digitalWrite(buzzer,LOW);  // buzzer 출력 '0'
      delay(2);  //0.002초 대기
    }
}
```

※ 08_부저와 코드가 같은 이유는 CDS 센서는 저항처럼 동작하기 때문이다.

9 FND

• FND(7-segment)에 대해 이해하고 FND에 1~9까지 나타내보도록 한다.

※ FND(애노드 type, 캐소드 type)

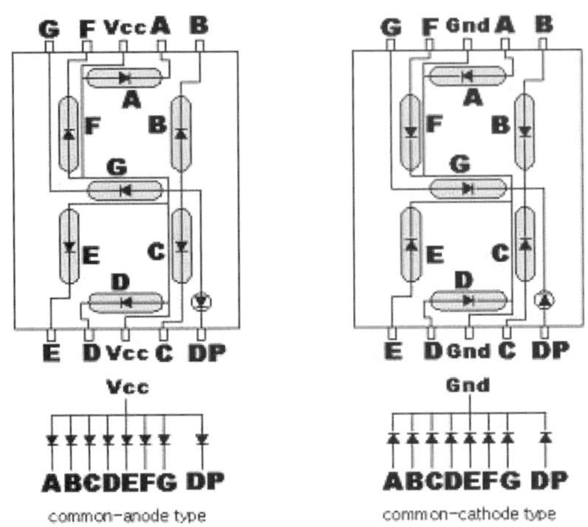

• 준비물 : FND, 저항(220Ω (또는 330Ω))

① 회로 구성

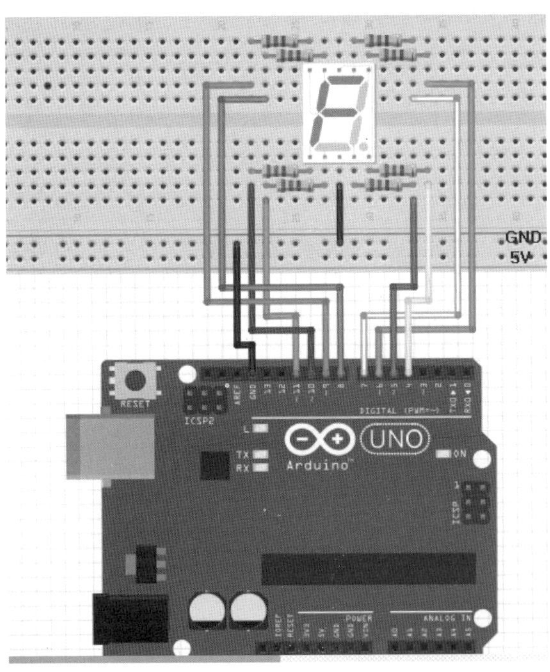

② 코드

09_FND

```
int a=7;  //FND의 a를 아두이노 7번과 연결
int b=6;  //FND의 b를 아두이노 6번과 연결
int c=5;  //FND의 c를 아두이노 5번과 연결
int d=11;  //FND의 d를 아두이노 11번과 연결
int e=10;  //FND의 e를 아두이노 10번과 연결
int f=8;  //FND의 f를 아두이노 8번과 연결
int g=9;  //FND의 g를 아두이노 9번과 연결
int dp=4;  //FND의 dp를 아두이노 4번과 연결
void digital_1(void) //숫자1 //1은 b, c가 HIGH
{
unsigned char j;  //문자형 변수 j
digitalWrite(c,HIGH);  //c HIGH
digitalWrite(b,HIGH);  //b HIGH
for(j=7;j<=11;j++)  //a,f,g,e,d에 대해
digitalWrite(j,LOW);  //'0' 출력
digitalWrite(dp,LOW);  //dp에도 '0' 출력
}
void digital_2(void) //숫자2 //2는 a, b, g, e, d가 HIGH
{
unsigned char j;  //문자형 변수 J
digitalWrite(b,HIGH);  //b HIGH
digitalWrite(a,HIGH);  //a HIGH
for(j=9;j<=11;j++)  //g, e, d에 대해
digitalWrite(j,HIGH);  //'1' 출력
digitalWrite(dp,LOW);  //dp에는 '0' 출력
digitalWrite(c,LOW);  //c는 '0'
digitalWrite(f,LOW);  //f는 '0'
}
void digital_3(void)  //숫자3 //3은 a, b, c, d, g, f가 HIGH
{
unsigned char j;  //문자형 변수 J
digitalWrite(g,HIGH);  //g HIGH
digitalWrite(d,HIGH);  //d HIGH
for(j=5;j<=7;j++)  //a, b, c, d에 대해
digitalWrite(j,HIGH);  //'1' 출력
digitalWrite(dp,LOW);  //dp에는 '0'
```

```
digitalWrite(f,LOW);  //f는 '0'
digitalWrite(e,LOW);  //e는 '0'
}
void digital_4(void)  //숫지4 //4는 f, g, b, c가 HIGH
{
digitalWrite(c,HIGH);  //c HIGH
digitalWrite(b,HIGH);  //b HIGH
digitalWrite(f,HIGH);   //f HIGH
digitalWrite(g,HIGH);  //g HIGH
digitalWrite(dp,LOW);  // dp LOW
digitalWrite(a,LOW);   //a LOW
digitalWrite(e,LOW);   //e LOW
digitalWrite(d,LOW);   //d LOW
}
void digital_5(void)  //숫자5 //5는 a, f, g, c, d가 HIGH
{
unsigned char j;  //문자형 변수 J
for(j=7;j<=9;j++)  //a, f, g에 대해
digitalWrite(j,HIGH);  //'1' 출력
digitalWrite(c,HIGH);  //c HIGH
digitalWrite(d,HIGH);  //d HIGH
digitalWrite(dp,LOW);  //dp LOW
digitalWrite(b,LOW);  //b LOW
digitalWrite(e,LOW);  //e LOW
}
void digital_6(void)  //숫자6 //6은 a, f, e, d, c, g가 HIGH
{
unsigned char j;  //문자형 변수 J
for(j=7;j<=11;j++)  //a, f, e, d, g에 대해
digitalWrite(j,HIGH);  //'1' 출력
digitalWrite(c,HIGH);  //c HIGH
digitalWrite(dp,LOW);  //dp LOW
digitalWrite(b,LOW);  //b LOW
}
void digital_7(void)  //숫자7 //7은 a, b, c, f가 HIGH
{
unsigned char j;  //문자형 변수 J
for(j=5;j<=7;j++)  //a, b, c에 대해
digitalWrite(j,HIGH);  //HIGH
```

```
digitalWrite(dp,LOW);  //dp는 LOW
for(j=8;j<=11;j++)  //f, g, e, d에 대해
digitalWrite(j,LOW);  //'0' 출력
}
void digital_8(void) //숫자8 //8은 a, b, c, d, e, f, g가 HIGH
{
unsigned char j;  //문자형 변수 J;
for(j=5;j<=11;j++)  //a, b, c, d, e, f, g에 대해
digitalWrite(j,HIGH);  //'1'을 출력
digitalWrite(dp,LOW);  //dp는 LOW
}

void digital_9(void)  //숫자9 //9는 a, b, c, d, f, g가 HIGH
{
digitalWrite(a,HIGH);  //a HIGH
digitalWrite(b,HIGH);  //b HIGH
digitalWrite(c,HIGH);  //c HIGH
digitalWrite(d,HIGH);  //d HIGH
digitalWrite(e,LOW);  //e LOW
digitalWrite(f,HIGH);  //f HIGH
digitalWrite(g,HIGH);  //g HIGH
digitalWrite(dp,HIGH);  //dp HIGH
}
void setup()
{
     int i;  //변수i
     for(i=4;i<=11;i++)  //4~11에 대해
        pinMode(i,OUTPUT);  //pinMode는 출력
}
void loop()
{
  while(1) //무한반복
  {
    digital_1();  //숫자1
    delay(1000);  //대기 1초
    digital_2();  //숫자2
    delay(1000);  //대기 1초
    digital_3();  //숫자3
    delay(1000);  //대기 1초
```

```
    digital_4();   //숫자4
    delay(1000);   //대기 1초
    digital_5();   //숫자5
    delay(1000);   //대기 1초
    digital_6();   //숫자6
    delay(1000);   //대기 1초
    digital_7();   //숫자7
    delay(1000);   //대기 1초
    digital_8();   //숫자8
    delay(1000);   //대기 1초
    digital_9();   //숫자9
    delay(1000);   //대기 1초
  }
}
```

10 4Digit FND

- FND(7-segment)를 이용해서 디지털 관에 대해 이해하고 FND 4개에 1, 2, 3, 4 숫자를 순서대로 돌아가면서 나타내보도록 한다.
- FND의 종류

- 준비물 : FND 4개(붙어있는, Pin 12개), 저항(220Ω 또는 330Ω)

① 회로 구성

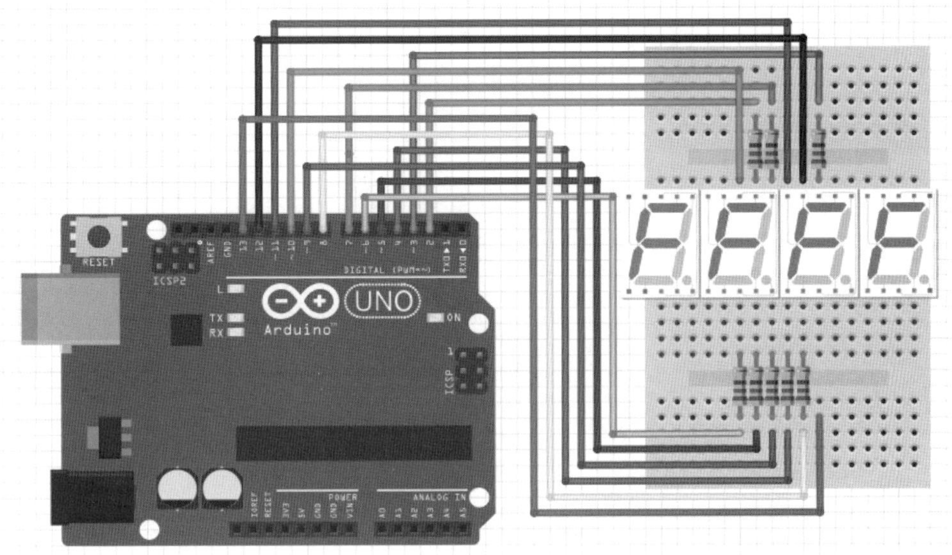

• FND(애노드 type, 캐소드 type)는 15_디지털 관을 참고.

② 코드

10_4Digit FND

```
#define SEG_A 2  //Arduino Pin2--->SegLed Pin11
#define SEG_B 3  //Arduino Pin3--->SegLed Pin7
#define SEG_C 4  //Arduino Pin4--->SegLed Pin4
#define SEG_D 5  //Arduino Pin5--->SegLed Pin2
#define SEG_E 6  //Arduino Pin6--->SegLed Pin1
#define SEG_F 7  //Arduino Pin7--->SegLed Pin10
#define SEG_G 8  //Arduino Pin8--->SegLed Pin5
#define SEG_H 9  //Arduino Pin9--->SegLed Pin3

#define COM1 10  //Arduino Pin10--->SegLed Pin12
#define COM2 11  //Arduino Pin11--->SegLed Pin9
#define COM3 12//Arduino Pin12--->SegLed Pin8
#define COM4 13  //Arduino Pin13--->SegLed Pin6


unsigned char table[10][8] = //10개의 숫자, 8개 ledpin
{
    {0, 1, 1, 1, 1, 1, 1, 1},  //0
```

```
    {0, 0, 0, 0, 0, 1, 1, 0},  //1
    {0, 1, 0, 1, 1, 0, 1, 1},  //2
    {0, 1, 0, 0, 1, 1, 1, 1},  //3
    {0, 1, 1, 0, 0, 1, 1, 0},  //4
    {0, 1, 1, 0, 1, 1, 0, 1},  //5
    {0, 1, 1, 1, 1, 1, 0, 1},  //6
    {0, 0, 0, 0, 0, 1, 1, 1},  //7
    {0, 1, 1, 1, 1, 1, 1, 1},  //8
    {0, 1, 1, 0, 1, 1, 1, 1}   //9
}

void setup()
{   //pinMode OUTPUT 설정
    pinMode(SEG_A,OUTPUT);
    pinMode(SEG_B,OUTPUT);
    pinMode(SEG_C,OUTPUT);
    pinMode(SEG_D,OUTPUT);
    pinMode(SEG_E,OUTPUT);
    pinMode(SEG_F,OUTPUT);
    pinMode(SEG_G,OUTPUT);
    pinMode(SEG_H,OUTPUT);

    pinMode(COM1,OUTPUT);
    pinMode(COM2,OUTPUT);
    pinMode(COM3,OUTPUT);
    pinMode(COM4,OUTPUT);
}

void loop()
{
    Display(1,1);                  //첫 번째 FND, 1출력
    delay(500);
    Display(2,2);                  //두 번째 FND, 2출력
    delay(500);
    Display(3,3);                  //세 번째 FND, 3출력
    delay(500);
    Display(4,4);                  //네 번째 FND, 4출력
    delay(500);
}
```

```
void Display(unsigned char com, unsigned char num)
{
     digitalWrite(SEG_A,LOW);
     digitalWrite(SEG_B,LOW);
     digitalWrite(SEG_C,LOW);
     digitalWrite(SEG_D,LOW);
     digitalWrite(SEG_E,LOW);
     digitalWrite(SEG_F,LOW);
     digitalWrite(SEG_G,LOW);
     digitalWrite(SEG_H,LOW);

     switch(com)
     {
        case 1: //첫 번째 case
                 digitalWrite(COM1,LOW);        //COM1이 '0'이면
                 digitalWrite(COM2,HIGH);
                 digitalWrite(COM3,HIGH);
                 digitalWrite(COM4,HIGH);
                 break;
        case 2: //두 번째 case
                 digitalWrite(COM1,HIGH);
                 digitalWrite(COM2,LOW);        //COM2가 '0'이면
                 digitalWrite(COM3,HIGH);
                 digitalWrite(COM4,HIGH);
                 break;
        case 3: //세 번째 case
                 digitalWrite(COM1,HIGH);
                 digitalWrite(COM2,HIGH);
                 digitalWrite(COM3,LOW);        //COM3이 '0'이면
                 digitalWrite(COM4,HIGH);
                 break;
        case 4: //네 번째 case
                 digitalWrite(COM1,HIGH);
                 digitalWrite(COM2,HIGH);
                 digitalWrite(COM3,HIGH);
                 digitalWrite(COM4,LOW);        //COM4가 '0'이면

break;
```

```
        default : break;
    }

    digitalWrite(SEG_A,table[num][7]);
    digitalWrite(SEG_B,table[num][6]);
    digitalWrite(SEG_C,table[num][5]);
    digitalWrite(SEG_D,table[num][4]);
    digitalWrite(SEG_E,table[num][3]);
    digitalWrite(SEG_F,table[num][2]);
    digitalWrite(SEG_G,table[num][1]);
    digitalWrite(SEG_H,table[num][0]);
}
```

11 4개의 FND 카운터

• 준비물 : FND 4개(붙어있는, Pin 12개), 저항(220Ω (또는 330Ω))

① 회로 구성

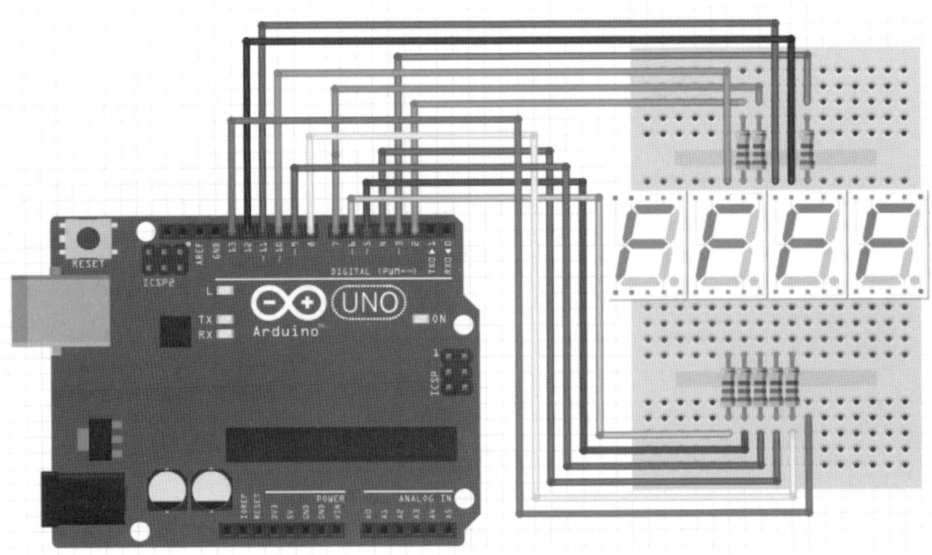

• FND(애노드 type, 캐소드 type)

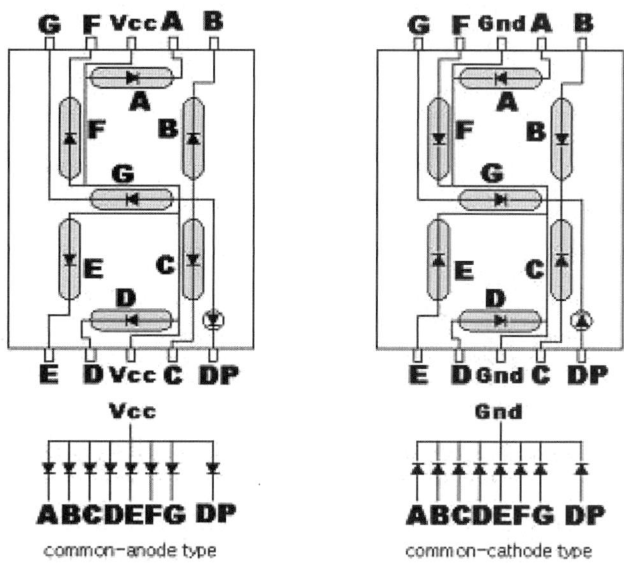

② 코드

16_4개의 FND

```
#include <Arduino.h>
#define SEG_A 2  //Arduino Pin2--->SegLed Pin11
#define SEG_B 3  //Arduino Pin3--->SegLed Pin7
#define SEG_C 4  //Arduino Pin4--->SegLed Pin4
#define SEG_D 5  //Arduino Pin5--->SegLed Pin2
#define SEG_E 6  //Arduino Pin6--->SegLed Pin1
#define SEG_F 7  //Arduino Pin7--->SegLed Pin10
#define SEG_G 8  //Arduino Pin8--->SegLed Pin5
#define SEG_H 9  //Arduino Pin9--->SegLed Pin3

#define COM1 10  //Arduino Pin10--->SegLed Pin12
#define COM2 11  //Arduino Pin11--->SegLed Pin9
#define COM3 12  //Arduino Pin12--->SegLed Pin8
#define COM4 13  //Arduino Pin13--->SegLed Pin6

#define KEY 0

int SUM = 0;
int Flag_up = 1;
```

```
unsigned char table[10][8] = //10개의 숫자, 8개 ledpin
{
     {0, 1, 1, 1, 1, 1, 1, 1},  //0
     {0, 0, 0, 0, 0, 1, 1, 0},  //1
     {0, 1, 0, 1, 1, 0, 1, 1},  //2
     {0, 1, 0, 0, 1, 1, 1, 1},  //3
     {0, 1, 1, 0, 0, 1, 1, 0},  //4
     {0, 1, 1, 0, 1, 1, 0, 1},  //5
     {0, 1, 1, 1, 1, 1, 0, 1},  //6
     {0, 0, 0, 0, 0, 1, 1, 1},  //7
     {0, 1, 1, 1, 1, 1, 1, 1},  //8
     {0, 1, 1, 0, 1, 1, 1, 1}   //9
}

void setup()
{    //pinMode OUTPUT 설정
     pinMode(SEG_A,OUTPUT);
     pinMode(SEG_B,OUTPUT);
     pinMode(SEG_C,OUTPUT);
     pinMode(SEG_D,OUTPUT);
     pinMode(SEG_E,OUTPUT);
     pinMode(SEG_F,OUTPUT);
     pinMode(SEG_G,OUTPUT);
     pinMode(SEG_H,OUTPUT);

     pinMode(COM1,OUTPUT);
     pinMode(COM2,OUTPUT);
     pinMode(COM3,OUTPUT);
     pinMode(COM4,OUTPUT);
     pinMode(KEY,INPUT_PULLUP);
}

void loop()
{
 if( ScanKey() == 1)
  {
    SUM++;
    if(SUM>9999)
    {
```

```
      SUM = 9999;
    }
  }

      Display(1, SUM/1000);                        //첫 번째 FND, 1출력
      delay(3);
      Display(2, SUM%1000/100);                    //두 번째 FND, 2출력
      delay(3);
      Display(3, SUM%100/10);                      //세 번째 FND, 3출력
      delay(3);
      Display(4, SUM%10);                          //네 번째 FND, 4출력
      delay(3);
}

unsigned char ScanKey()
{
  if(Flag_up  && digitalRead(KEY) == LOW)
  {
    Flag_up = 0;
    delay(20);

    if(digitalRead(KEY) == LOW)
    {
      return 1;

    }
  }
  if(digitalRead(KEY) == HIGH)
  {
    Flag_up = 1;

  }
  return 0;

}
void Display(unsigned char com, unsigned char num)
{
      digitalWrite(SEG_A,LOW);
      digitalWrite(SEG_B,LOW);
```

```
    digitalWrite(SEG_C,LOW);
    digitalWrite(SEG_D,LOW);
    digitalWrite(SEG_E,LOW);
    digitalWrite(SEG_F,LOW);
    digitalWrite(SEG_G,LOW);
    digitalWrite(SEG_H,LOW);

    switch(com)
    {
       case 1 : //첫 번째 case
              digitalWrite(COM1,LOW);          //COM1이 '0'이면
              digitalWrite(COM2,HIGH);
              digitalWrite(COM3,HIGH);
              digitalWrite(COM4,HIGH);
              break;
       case 2 : //두 번째 case
              digitalWrite(COM1,HIGH);
              digitalWrite(COM2,LOW);          //COM2가'0'이면
              digitalWrite(COM3,HIGH);
              digitalWrite(COM4,HIGH);
              break;
       case 3 : //세 번째 case
              digitalWrite(COM1,HIGH);
              digitalWrite(COM2,HIGH);
              digitalWrite(COM3,LOW);          //COM3이 '0'이면
              digitalWrite(COM4,HIGH);
              break;
       case 4 : //네 번째 case
              digitalWrite(COM1,HIGH);
              digitalWrite(COM2,HIGH);
              digitalWrite(COM3,HIGH);
              digitalWrite(COM4,LOW);          //COM4가 '0'이면

break
       default : break
    }

    digitalWrite(SEG_A,table[num][7]);
    digitalWrite(SEG_B,table[num][6]);
```

```
        digitalWrite(SEG_C,table[num][5]);
        digitalWrite(SEG_D,table[num][4]);
        digitalWrite(SEG_E,table[num][3]);
        digitalWrite(SEG_F,table[num][2]);
        digitalWrite(SEG_G,table[num][1]);
        digitalWrite(SEG_H,table[num][0]);
}
```

12 스테핑모터 제어

• 준비물 : 스테핑모터, ULN2003

① 회로 구성

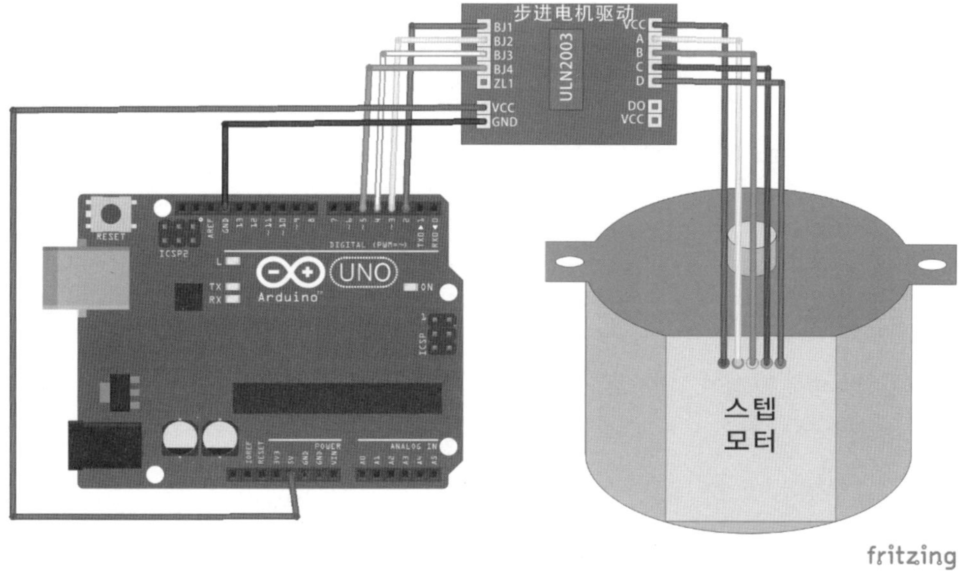

② 코드

12_스테핑모터 제어

```
#include <Arduino.h>
#define A1 2            //포트 정의
#define B1 3
#define C1 4
#define D1 5

void setup()
{
    pinMode(A1,OUTPUT);              //포트 출력 설정
    pinMode(B1,OUTPUT);
    pinMode(C1,OUTPUT);
    pinMode(D1,OUTPUT);
}

void loop()
{
    Phase_A();               //A상
    delay(10);               //시간 지연

    Phase_B();               //B상
    delay(10);

    Phase_C();               //C상
    delay(10);

    Phase_D();               //D상
    delay(10);
}

void Phase_A()
{
    digitalWrite(A1,HIGH);
    digitalWrite(B1,LOW);
    digitalWrite(C1,LOW);
    digitalWrite(D1,LOW);
}
```

```
void Phase_B()
{
    digitalWrite(A1,LOW);
    digitalWrite(B1,HIGH);
    digitalWrite(C1,LOW);
    digitalWrite(D1,LOW);
}

void Phase_C()
{
    digitalWrite(A1,LOW);
    digitalWrite(B1,LOW);
    digitalWrite(C1,HIGH);
    digitalWrite(D1,LOW);
}

void Phase_D()
{
    digitalWrite(A1,LOW);
    digitalWrite(B1,LOW);
    digitalWrite(C1,LOW);
    digitalWrite(D1,HIGH);
}
```

13 LM35 온도 센서

- LM35 온도 센서란 섭씨 1도당 10mV의 전압을 선형적으로 출력하는 센서이다.
- 측정 가능한 온도범위는 -55도~+150도이다.
- 준비물 : LM35 온도 센서, UNO

① 회로 구성

② 코드

13_LM35 온도 센서

```
#define LM35 A0
int val = 0;
float temp = 0;

void setup()
{
  Serial.begin(9600);
}

void loop()
{
  val = analogRead(LM35);
  temp = val · 0.48876;
  Serial.print("LM35 = ");
  Serial.println(temp);
  delay(1000);
}
```

14 1602 LCD

- 1602 LCD와 아두이노를 연결하고, LCD에 글자를 띄워본다.
  또한, 가변저항으로 LCD의 밝기를 조절할 수 있다.
- 준비물 : LCD, 가변저항

① 회로 구성

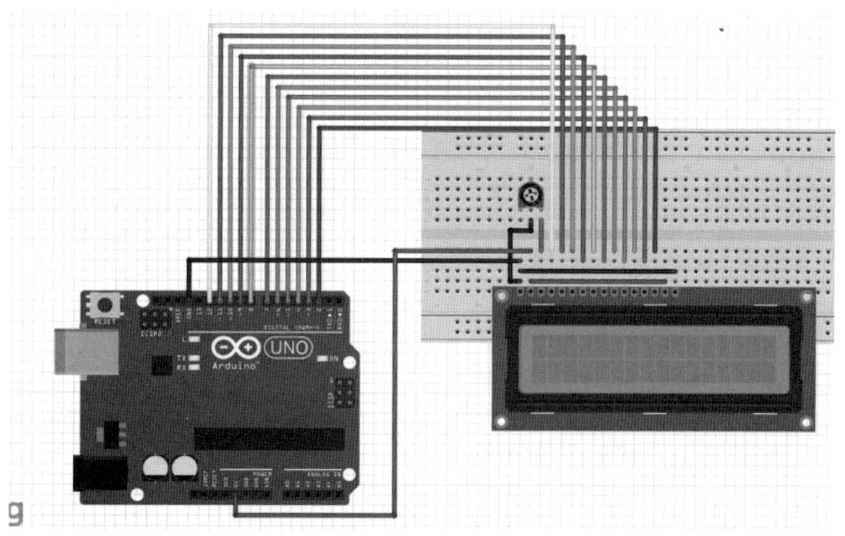

- 가변저항 연결법

② 코드

14_1602 LCD

```
#include <LiquidCrystal.h> //LCD 헤더
LiquidCrystal lcd(12,11,10,9,8,7,6,5,4,3,2);  //LCD와 D(12~2)연결
int i;  //변수 i
void setup()
{
  lcd.begin(16,2);  //LCD는 2행, 16열
  while(1)
  {
    lcd.home();        //에
    lcd.print("Hello World"); //LCD에 “Hello World” 출력
    lcd.setCursor(0,1);   1행 0열에
    lcd.print("Welcome to BST-Arduino");   //"Welcome to BST-Arduino" 출력
    delay(500) //대기 0.5초
    for(i=0;i<3;i++)
    {
      lcd.noDisplay();  =>lcd에 글자가 나타났다, 안 나타났다를 0~2까지 3번 반복
      delay(500);
      lcd.display();
      delay(500);
    }
    for(i=0;i<24;i++)
    {
      lcd.scrollDisplayLeft();    =>24번 동안 스크롤이 왼쪽으로 하나씩 이동
      delay(500);
    }
    lcd.clear();  //LCD 초기화
    lcd.setCursor(0,0);     //커서를 0행 0열로 맞춤
    lcd.print("Hi,");  //LCD화면에 “HI” 출력
    lcd.setCursor(0,1);    //커서를 1행0열로 맞춤
    lcd.print("Arduino is fun");   //LCD화면에 "Arduino is fun" 출력
    delay(2000); //대기 2초
  }
}
void loop()
{}  //무한반복
```

15 틸트 스위치

• 스위치의 기울기를 조절해 led를 점멸시켜 본다.

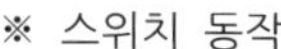
※ 스위치 동작

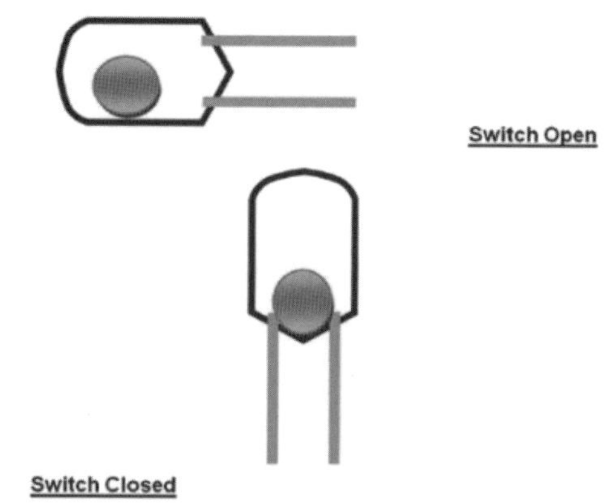

• 준비물 : 틸트 스위치, LED, 저항(220Ω, 10kΩ)

① 회로 구성

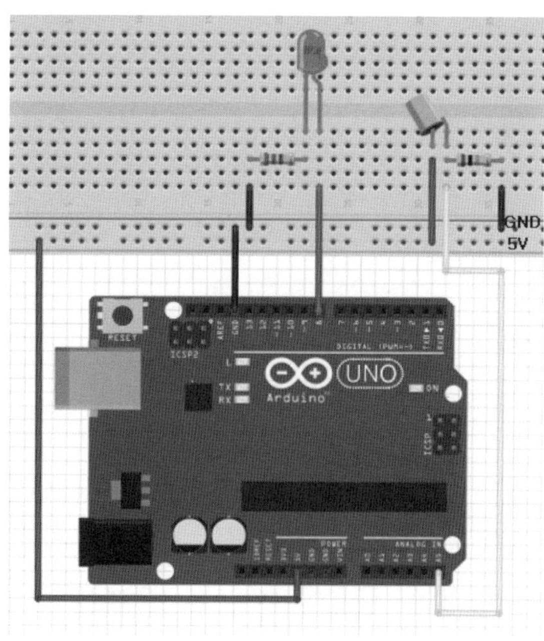

② 코드

15_틸트 스위치

```
int switchpin = 5;  //변수 switchpin을 D5로 초기화
int ledpin = 8;  //변수 ledpin을 D8로 초기화
int val = 0;  //변수 val 초기화
void setup()
{
pinMode(ledpin,OUTPUT);  //D8을 출력으로 설정
Serial.begin(9600); //시리얼 통신 전송속도 9600
}
void loop()
{
       val = analogRead(switchpin);  //val은 switchpin의 아날로그값
         if(val>512)  //만약 val이 512보다 크면
              digitalWrite(ledpin,HIGH);  //ledpin은 '1'
         else  //그렇지 않으면
              digitalWrite(ledpin,LOW);  //ledpin은 '0'
       Serial.println(val);  //시리얼모니터에 val 출력
}
```

16 Flame sensor

- 화염감지 센서(=flame sensor)를 통한 부저의 화재경보(직접 센서에 라이터를 대어 본다).

※ 화염감지 센서는 불꽃에서 발생하는 적외선을 감지하여 on/off 작용을 한다(형광등, 햇빛, 난방장치 등 다양한 적외선 발생장치가 있다).

- 준비물 : 화염감지 센서, 부저, 저항(10kΩ)

① 회로 구성

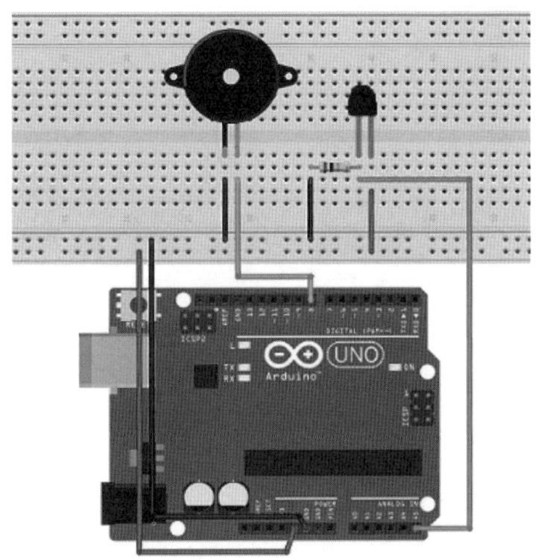

- 화염감지 센서는 다리가 긴 쪽이(+), 짧은 쪽이 (-)이다.
- 부저 연결방법은 08_부저 참고

② 코드

16_flame sensor

```
int flame=A5;  //변수 flame을 A5로 초기화
int Beep=8;  //변수 Beep를 D8로 초기화
int val=0;  //변수 val초기화
void setup()
{
     pinMode(Beep,OUTPUT);  //변수 Beep의 pinMode는 출력
     pinMode(flame,INPUT);  //변수 flame의 pinMode는 입력
     Serial.begin(9600);  //시리얼 통신 전송속도 9600
}
void loop()
```

```
{
        Val=analogRead(flame);
        Serial.println(val);  //시리얼모니터에 flame의 아날로그값을 출력
        if(val>=100)
          {  digitalWrite(Beep,HIGH); }
        else
             {  digitalWrite(Beep,LOW); }
 }
```

17 3색 LED

- 3색 LED를 통한 빛 합성&출력
- 준비물 : 3색 LED, 저항(220Ω)

① 회로 구성

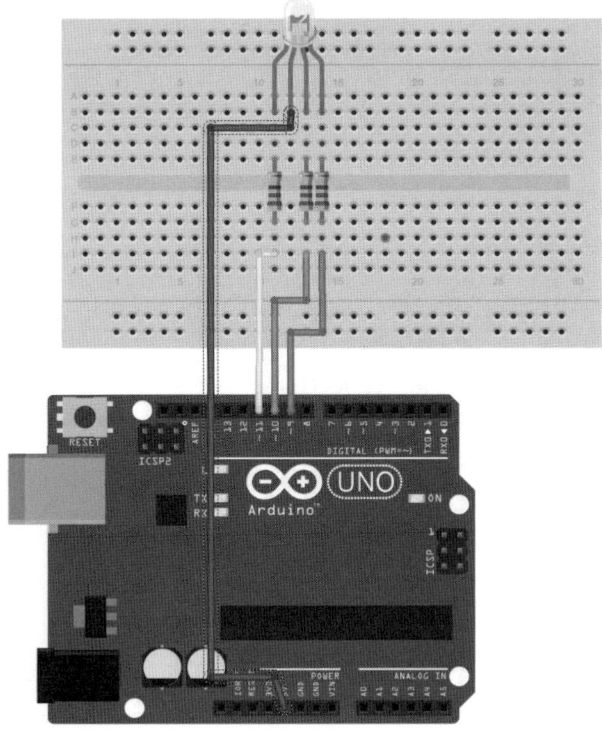

② 코드

17_3색 LED

```
const int redPin = 11;
 const int greenPin = 10;
 const int bluePin = 9;



 void setup()
 {
 pinMode(redPin, OUTPUT);
 pinMode(greenPin, OUTPUT);
 pinMode(bluePin, OUTPUT);
}

void loop()
{
  setColor(255, 0, 0); //red
  delay(1000);
  setColor(0, 0, 255); //blue
  delay(1000);
  setColor(255, 0, 255); //purple
  delay(1000);
  setColor(255, 255, 0); //yello
  delay(1000);
  setColor(0, 255, 255); //aqua
  delay(1000);
  setColor(0, 255, 0); //green
  delay(1000);
}
void setColor(int red, int green, int blue)
{
  analogWrite(redPin, 255-red);
  analogWrite(greenPin, 255-green);
  analogWrite(bluePin, 255-blue);
}
```

18 스위치 & 3색 LED 색상 전환

- 스위치&3색 LED를 통한 빛 합성&출력
- 준비물 : 3색 LED, 저항(220Ω), 스위치

① 회로 구성

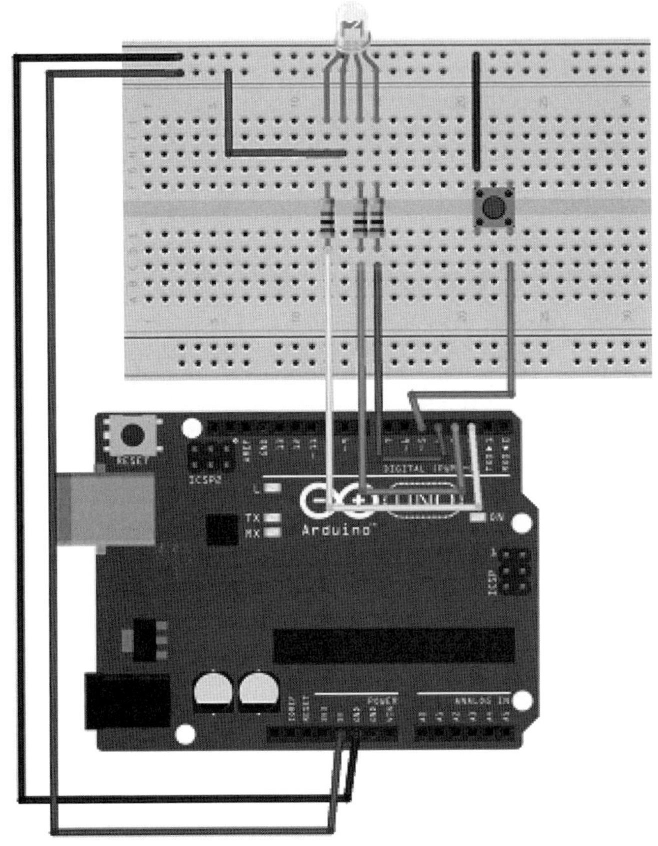

② 코드

18_스위치 & 3색 LED 색상 전환

```
#define LED_R 2
#define LED_G 3
#define LED_B 4
#define KEY 5
unsigned char KEY_NUM = 0;
```

```
unsigned char Color_Value = 0;
enum{Color_R,Color_G,Color_B,Color_RG,Color_RB,Color_GB,Color_RGB};

 void setup()
 {
 pinMode(LED_R, OUTPUT);
 pinMode(LED_G, OUTPUT);
 pinMode(LED_B, OUTPUT);
 pinMode(KEY,INPUT_PULLUP);
}
void loop()
{
Scan_KEY();
     if(KEY_NUM == 1)
{
         KEY_NUM = 0;
         Change_Color(Color_Value);
         Color_Value++;
         if(Color_Value == Color_RGB+1)
         {
                  Color_Value = Color_R;
         }
     }
} }
void Change_Color(unsigned char data_color)
{
 switch(data_color)
     {
         case Color_R :
                  digitalWrite(LED_R,LOW);
                  digitalWrite(LED_G,HIGH);
                  digitalWrite(LED_B,HIGH);
                  break;
         case Color_G :
                  digitalWrite(LED_R,HIGH);
                  digitalWrite(LED_G,LOW);
                  digitalWrite(LED_B,HIGH);
                  break;
         case Color_B :
                  digitalWrite(LED_R,HIGH);
```

```
                digitalWrite(LED_G,HIGH);
                digitalWrite(LED_B,LOW);
                break;
        case Color_RG :
                digitalWrite(LED_R,LOW);
                digitalWrite(LED_G,LOW);
                digitalWrite(LED_B,HIGH);
                break;
        case Color_RB :
                digitalWrite(LED_R,LOW);
                digitalWrite(LED_G,HIGH);
                digitalWrite(LED_B,LOW);
                break;
        case Color_GB :
                digitalWrite(LED_R,HIGH);
                digitalWrite(LED_G,LOW);
                digitalWrite(LED_B,LOW);
                break;
        case Color_RGB :
                digitalWrite(LED_R,LOW);
                digitalWrite(LED_G,LOW);
                digitalWrite(LED_B,LOW);
                break;
        default :
                break;
     }
}
void Scan_KEY()
{
     if( digitalRead(KEY) == 0 )
     {
        delay(20);
        if( digitalRead(KEY) == 0 )
        {
                KEY_NUM = 1;
                while(digitalRead(KEY) == 0);
        } } }
```

19 3색 LED 그라데이션

- 3색 LED를 통한 빛 합성&출력
- 준비물 : 3색 LED, 저항(220Ω)

① 회로 구성

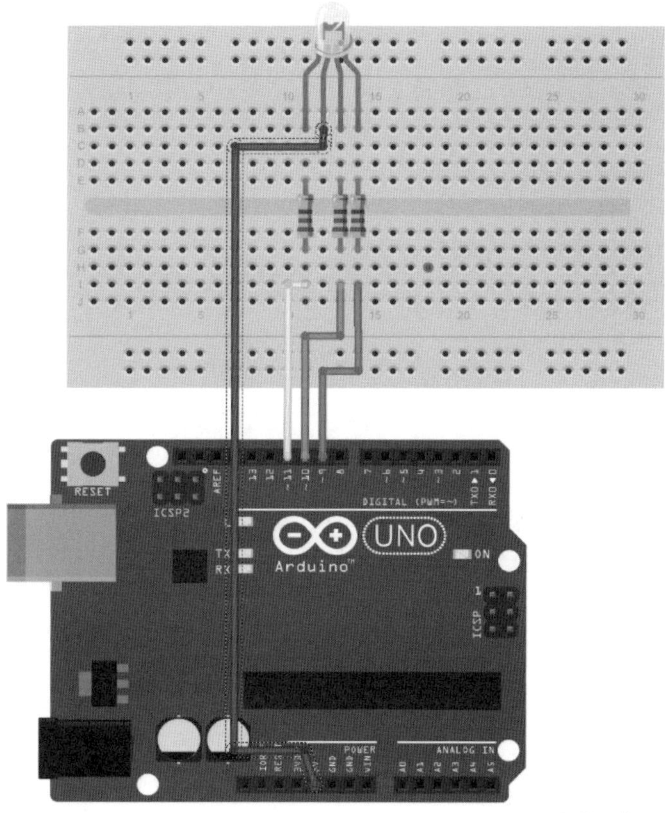

② 코드

19_3색 LED 그라데이션

```
#define LED_R 3
#define LED_G 5
#define LED_B 6

int PWMValue = 0;
 void setup()
```

```
 {
 pinMode(LED_R, 255);
 pinMode(LED_G, 255);
 pinMode(LED_B, 255);
}
void loop()
{
int i = 0;
  PWMValue = 255;
  for(i = 0 ; i < 255 ; i++)
  {
    analogWrite(LED_R,PWMValue--);
    analogWrite(LED_G,255);
    analogWrite(LED_B,255);
    delay(10);

  }
  PWMValue = 0;
  for(i = 0 ; i < 255 ; i++)
  {
    analogWrite(LED_R,PWMValue++);
    analogWrite(LED_G,255);
    analogWrite(LED_B,255);
    delay(10);
  }

   PWMValue = 255;
  for(i = 0 ; i < 255 ; i++)
  {
    analogWrite(LED_R,255);
    analogWrite(LED_G,PWMValue--);
    analogWrite(LED_B,255);
    delay(10);
  }
  PWMValue = 0;
  for(i = 0 ; i < 255 ; i++)
  {
    analogWrite(LED_R,255);
    analogWrite(LED_G,PWMValue++);
```

```
    analogWrite(LED_B,255);
    delay(10);
  }

  PWMValue = 255;
  for(i = 0 ; i < 255 ; i++)
  {
    analogWrite(LED_R,255);
    analogWrite(LED_G,255);
    analogWrite(LED_B,PWMValue--);
    delay(10);
  }
  PWMValue = 0;
  for(i = 0 ; i < 255 ; i++)
  {
    analogWrite(LED_R,255);
    analogWrite(LED_G,255);
    analogWrite(LED_B,PWMValue++);
    delay(10);
  }

}
{
```

20 74HC595

•74HC595는 Shift Resister이다. 실습을 통해 Shift의 동작에 대해 알아본다.

※ 74HC595

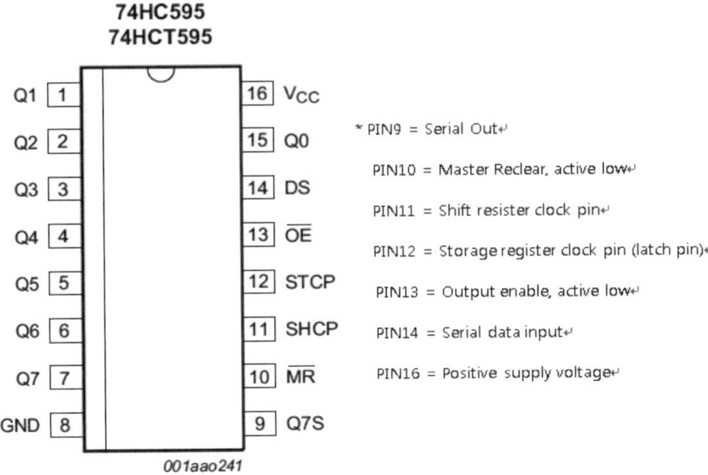

• 준비물 : 74HC595, 저항(220Ω), LED

① 회로 구성

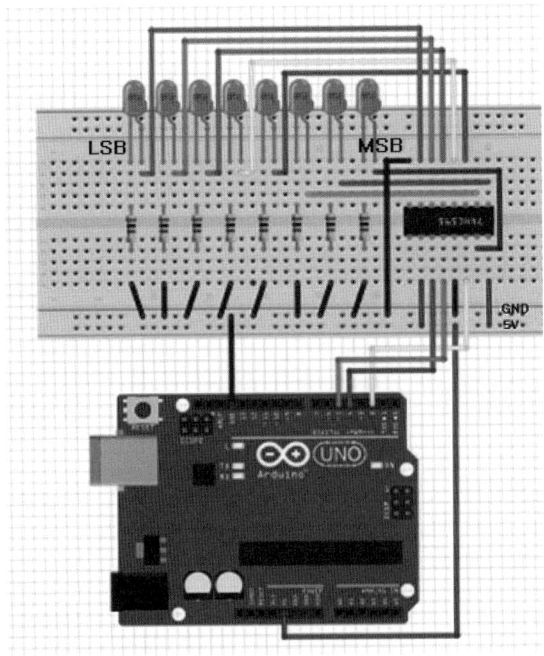

② 코드

20_74HC595

```
//connect 74hc595 pin10 : MR--->VCC; Pin13 : OE--->GND
int latchPin = 5;  //to 595 pin12
int clockPin = 4;  //to 595 pin11
int dataPin = 2;  //to 595 pin14
void setup ()
{
  pinMode(latchPin,OUTPUT);
  pinMode(clockPin,OUTPUT);
  pinMode(dataPin,OUTPUT);  //pinMode 출력
}
void loop()
{
for(int a=0; a<256; a++)
  {
    digitalWrite(latchPin,LOW);  // latchPin '0'
    shiftOut(dataPin, clockPin, LSBFIRST, a);  //(data, clock, LSB/MSB,
    실제 쓰여질 data)
    digitalWrite(latchPin,HIGH);  //latchPin '1'
    delay(1000);   //1초 대기
  }
}
```

21 8x8 도트매트릭스

• 행(row)과 열(col)을 이용해 원하는 모양을 만들어 볼 수 있다.
• 준비물 : 8x8 도트매트릭스, 저항(220Ω)

① 회로 구성

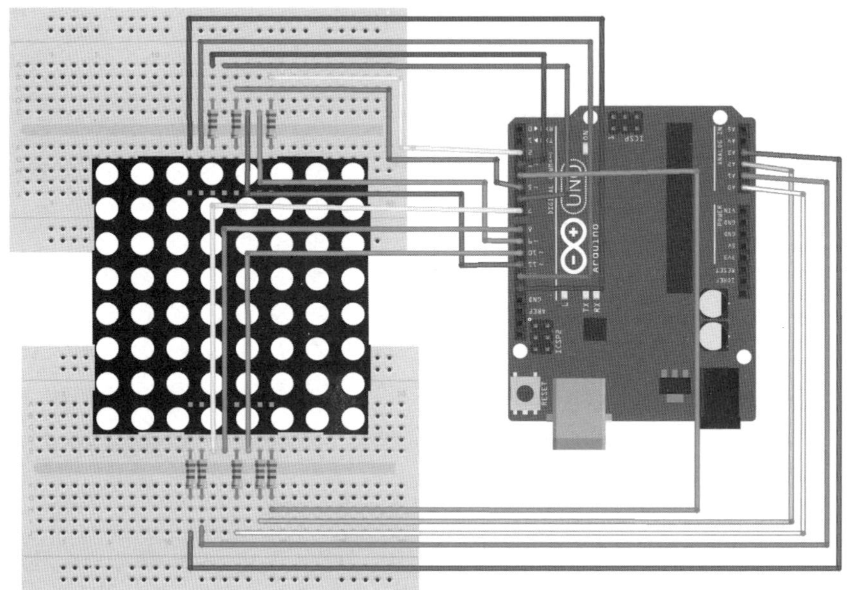

② 코드

21_8x8 도트매트릭스

```
//the pin to control ROW
const int row1 = 2; //Arduino Pin2와 도트매트릭스 9번 핀이 row1
const int row2 = 3; //Arduino Pin3과 도트매트릭스 14번 핀이 row2
const int row3 = 4; //Arduino Pin4과 도트매트릭스 8번 핀이 row3
const int row4 = 5; //Arduino Pin5와 도트매트릭스 12번 핀이 row4
const int row5 = 17; //Arduino Pin17(A3)과 도트매트릭스 1번 핀이 row5
const int row6 = 16; //Arduino Pin16(A2)과 도트매트릭스 7번 핀이 row6
const int row7 = 15; //Arduino Pin15(A1)과 도트매트릭스 2번 핀이 row7
const int row8 = 14; //Arduino Pin14(A0)과 도트매트릭스 5번 핀이 row8
//the pin to control COl
const int col1 = 6; //Arduino Pin6과 도트매트릭스 13번 핀이 col1
```

```
const int col2 = 7; // Arduino Pin7과 도트매트릭스 3번 핀이 col2
const int col3 = 8; //Arduino Pin8과 도트매트릭스 4번 핀이 col3
const int col4 = 9; //Arduino Pin9과 도트매트릭스 10번 핀이 col4
const int col5 = 10; //Arduino Pin10과 도트매트릭스 6번 핀이 col5
const int col6 = 11; //Arduino Pin11과 도트매트릭스 11번 핀이 col6
const int col7 = 12; //Arduino Pin12과 도트매트릭스 15번 핀이 col7
const int col8 = 13; //Arduino Pin13과 도트매트릭스 16번 핀이 col8
void setup()
{
    int i = 0 ;   //변수 i 초기화
    for(i=2;i<18;i++)
    {
      pinMode(i, OUTPUT); //변수 i를 출력으로 설정
    }

    for(i=2;i<18;i++) {
      digitalWrite(i, LOW); //변수 i는 '0'
    }

}
void loop()
{
    int i;
    //the row # 1 and col # 1 of the LEDs turn on
    digitalWrite(row1, HIGH);
    digitalWrite(row2, LOW);
    digitalWrite(row3, LOW);
    digitalWrite(row4, LOW);
    digitalWrite(row5, LOW);
    digitalWrite(row6, LOW);
    digitalWrite(row7, LOW);
    digitalWrite(row8, LOW);
    digitalWrite(col1, LOW);
    digitalWrite(col2, HIGH);
    digitalWrite(col3, HIGH);
    digitalWrite(col4, HIGH);
    digitalWrite(col5, HIGH);
    digitalWrite(col6, HIGH);
    digitalWrite(col7, HIGH);
```

```
        digitalWrite(col8, HIGH);
        delay(1000);

        for(i=2;i<18;i++) {
            digitalWrite(i, LOW);
        }
        delay(1000);
}
```

- 도트매트릭스의 1~8과 9~16번 핀의 구분을 정확히 한다.
- 연결이 복잡하므로 주의한다.

22 서보모터 제어

- 서보모터를 통해 각(degree)을 제어한다.
- 준비물 : 서보모터(SG90)

① 회로 구성

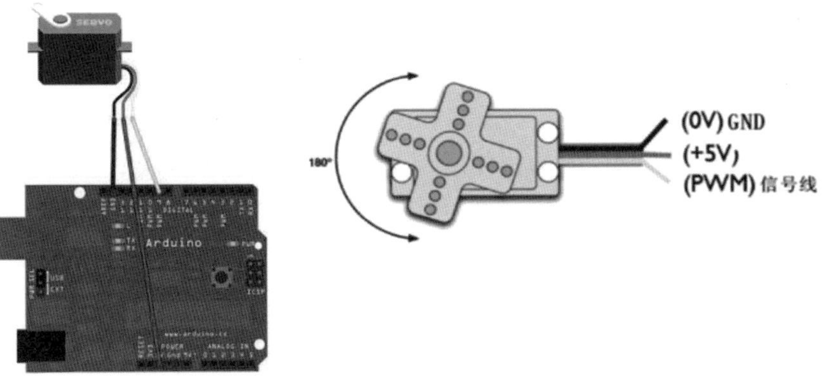

② 코드

22_서보모터 제어

```
#include<Servo.h>
//UART send 1~9==>20~180 degree
int servopin=9;  //servopin을 D9로 초기화
int myangle;  //변수 myangle 선언
int pulsewidth;  //변수 pulsewidth(신호폭) 선언
int val=0;
void setup(){
   pinMode(servopin,OUTPUT);  //servopin's pinMode : OUTPUT
   Serial.begin(9600);  //시리얼 통신 전송속도 9600
   Serial.println("servo=o_seral_simple ready" ) ;  //시리얼모니터에 띄움
}
void servopulse(int servopin,int myangle)
{
  pulsewidth=(myangle· 11)+500;    //myangle : 0((0· 11)+500))~180((180·
11)+500) degree
  digitalWrite(servopin,HIGH);  //servopin HIGH
  delayMicroseconds(pulsewidth);  //microsecond delay
  digitalWrite(servopin,LOW);  //servopin LOW
  delay(20-pulsewidth/1000);  //20ms-millisecond =low value
}
void loop()
{
     val=Serial.read();
     if(val>'0'&&val<='9')  //시리얼모니터에 0~9까지 입력
     {

        val=val-'0'// =0x39-0x30=9
        val=val· (180/9);  //1마다 20degree씩 변화(20~180degree)
        Serial.print("moving servo to ");
        Serial.print(val,DEC);
        Serial.println();
        for(int i=0;i<=180;i++)
        {
                servopulse(servopin,val);  //i = val
        }
     }}
```

23 적외선 원격제어

- 리모콘을 통해 적외선 센서를 원격으로 제어한다.
- 준비물 : 적외선 센서, 리모콘

① 회로 구성

② 코드

23_적외선 원격제어

```
#include <IRremote.h>
int RECV_PIN = 11;  //적외선 수신 센서의 출력이 D11과 연결
int LED1 = 2;
int LED2 = 3;
int LED3 = 4;
int LED4 = 5;
int LED5 = 6;
int LED6 = 7;
//0x00=어드레스, 0x48=데이터, 0Xff, ox57=반전데이터
long on1  = 0x00FF6897;//key0
long off1 = 0x00ff30CF; //key1
```

```
long on2 = 0x00FF9867;//-
long off2 = 0x00FF18E7; //key2
long on3 = 0x00FFB04F; //c
long off3 = 0x00FF7A85; //key3
long on4 = 0x00FF10EF;//key4
long off4 = 0x00FF42BD;//key7
long on5 = 0x00FF38C7;//key5
long off5 = 0x00FF4AB5; //key8
long on6 = 0x00FF5AA5;//key6
long off6 = 0x00FF52AD; //key9
IRrecv irrecv(RECV_PIN);  //IRrecv : 적외선 리모콘 사용을 위한 클래스 이름.
decode_results results;  //리모콘 수신 데이터의 디코딩 결과를 처리하는 클래스.
//Dumps out the decode_results structure.
//Call this after IRrecv : :decode()
//void · to work around compiler issue
//void dump(void · v) {
//decode_results · results = (decode_results · )v
void dump(decode_results · results)
{
     int count = results->rawlen;
     if (results->decode_type == UNKNOWN)  //일반(UNKNOWN)
     {
        Serial.println("Could not decode message");
     }
     else
     {
        if (results->decode_type ==NEC)  //NEC사
        {
                Serial.print("Decoded NEC : ");
        }
        else if (results->decode_type == SONY)  //SONY사
                    {
                            Serial.print("Decoded SONY : ");
                    }
                    else if (results->decode_type == RC5)  //RC5
                                 {
                                    Serial.print("Decoded RC5 : ");
                                 }
                            else if (results->decode_type == RC6)
```

```
                                                            {
  Serial.print("Decoded RC6 : ");
                                                            }
        Serial.print(results->value, HEX);
        Serial.print(" (");
        Serial.print(results->bits, DEC);
        Serial.println(" bits)");
    }
        Serial.print( "Raw (" );
        Serial.print(count, DEC);
            Serial.print ( “) : ” );

        for (int i = 0; i < count; i++)
         {
                if ((i % 2) == 1)
                {
                Serial.print(results->rawbuf[i]·USECPERTICK, DEC);
                }
                else
                {
                Serial.print(-(int)results->rawbuf[i]·USECPERTICK, DEC);
                }
                Serial.print(" ");
        }
        Serial.println("");
}

void setup()
{
    pinMode(RECV_PIN, INPUT);
    pinMode(LED1, OUTPUT);
    pinMode(LED2, OUTPUT);
    pinMode(LED3, OUTPUT);
    pinMode(LED4, OUTPUT);
    pinMode(LED5, OUTPUT);
    pinMode(LED6, OUTPUT);
    pinMode(13, OUTPUT);
    Serial.begin(9600);
    irrecv.enableIRIn(); // Start the receiver
```

```
}
int on = 0;
unsigned long last = millis();

void loop()
{
  if (irrecv.decode(&results))  //입력되는 리모콘 데이터를 디코딩한다.
   {
    // If it's been at least 1/4 second since the last
    // IR received, toggle the relay
    if (millis() - last > 250)
      {
       on = !on;
       digitalWrite(13, on ? HIGH : LOW);
       dump(&results); //덤프데이터 출력
      }
    if (results.value == on1 )
       digitalWrite(LED1, HIGH);
    if (results.value == off1 )
       digitalWrite(LED1, LOW);
    if (results.value == on2 )
       digitalWrite(LED2, HIGH);
    if (results.value == off2 )
       digitalWrite(LED2, LOW);
    if (results.value == on3 )
       digitalWrite(LED3, HIGH);
    if (results.value == off3 )
       digitalWrite(LED3, LOW);
    if (results.value == on4 )
       digitalWrite(LED4, HIGH);
    if (results.value == off4 )
       digitalWrite(LED4, LOW);
    if (results.value == on5 )
       digitalWrite(LED5, HIGH);
    if (results.value == off5 )
       digitalWrite(LED5, LOW);
    if (results.value == on6 )
       digitalWrite(LED6, HIGH);
    if (results.value == off6 )
```

```
        digitalWrite(LED6, LOW);
      last = millis();
      irrecv.resume();  //디코딩이 종료된 후 다시 입력을 받기 위한 설정을 초기화
    }
  }
```

24 USB 가상 키보드

※ 아두이노 레오나르도 보드 전용

- 레오나르도 보드로 스위치를 키보드처럼 동작하도록 해본다.
- 준비물 : 스위치, 아두이노 레오나르도 보드, 점퍼선

① 회로 구성

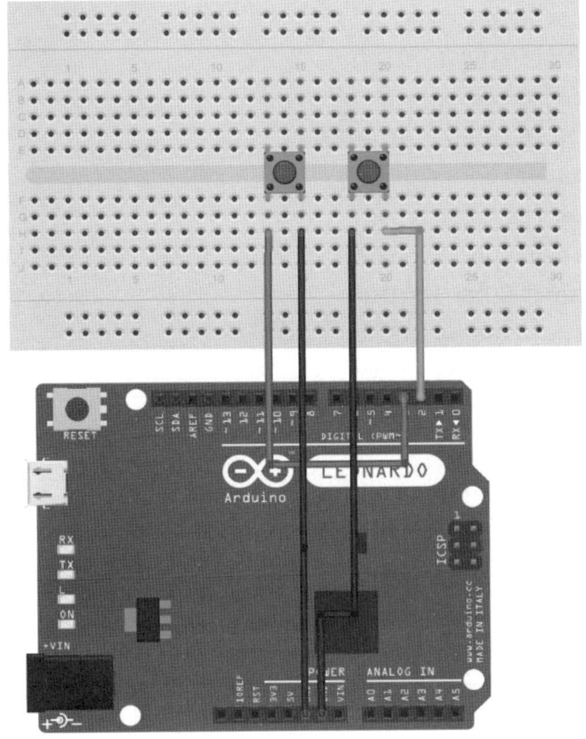

② 코드

24_USB 가상 키보드

```
#define KEY1 2
#define KEY2 3

int Flag_up = 1;

void setup()
{
  pinMode(KEY1, INPUT_PULLUP);
  pinMode(KEY2, INPUT_PULLUP);
  Keyboard.begin();
}

void loop()
{
  if(ScanKey(1) == 1)   //key1이 눌렸을 경우
  {
    Keyboard.press(KEY_LEFT_ARROW); // 마치 키보드의 왼쪽 화살표를 누른 것처럼
    delay(50);                         커서가 왼쪽으로 움직인다.
    Keyboard.releaseAll();
  }
  else if(ScanKey(1) == 2)      //key2가 눌렸을 경우
  {
    Keyboard.press(KEY_RIGHT_ARROW);  // 마치 키보드의 오른쪽 화살표를 누른
                                         것처럼
    delay(50);                          커서가 오른쪽으로 움직인다.
    Keyboard.releaseAll();
  }
}

unsigned char ScanKey(int mode)        //key동작 scan
{
  if(mode)
  {
    Flag_up = 1;
  }
```

```
  if(Flag_up  && (digitalRead(KEY1) == LOW || digitalRead(KEY2) == LOW)
)
  {
    Flag_up = 0;
    delay(10);
    if(digitalRead(KEY1) == LOW)
    {
      return 1;
    }
    if(digitalRead(KEY2) == LOW)
    {
      return 2;
    }
  }
  if(digitalRead(KEY1) == HIGH && digitalRead(KEY2) == HIGH)
  {
    Flag_up = 1;
  }
  return 0;

}
```

25 USB 가상 마우스

※ 아두이노 레오나르도 보드 전용

• 레오나르도 보드로 스위치를 키보드처럼 동작하도록 해본다.

• 준비물 : 스위치, 아두이노 레오나르도 보드, 점퍼선

① 회로 구성

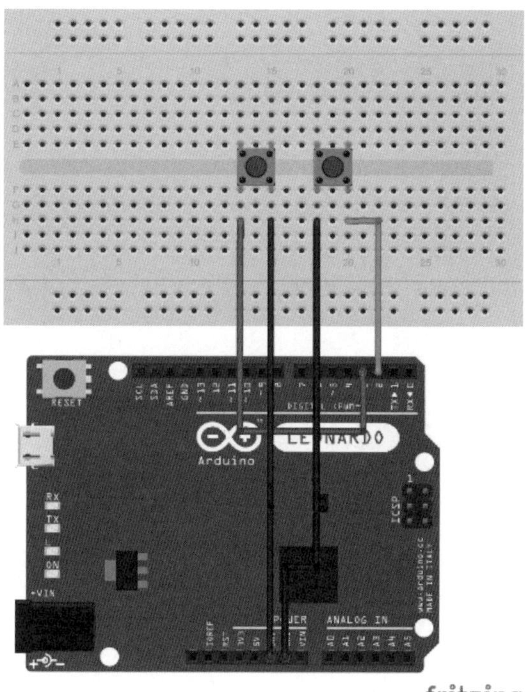

② 코드

24_USB 가상 마우스

```
#define KEY1 2
#define KEY2 3
#define KEY3 4       //왼쪽버튼(클릭)

int Flag_up = 1;

void setup()
{
```

```
  pinMode(KEY1, INPUT_PULLUP);
  pinMode(KEY2, INPUT_PULLUP);
  pinMode(KEY3, INPUT_PULLUP);
  Mouse.begin();
}

void loop()
{
  if(ScanKey(1) == 1)   //key1이 눌렸을 경우
  {
Mouse.move(-40, 0); //40정도만큼 마우스 이동(누르고 있는 시간 초에 따라 달라짐)

  }
  else if(ScanKey(1) == 2)      //key2가 눌렸을 경우
  {
    Mouse.move(40, 0); //40정도만큼 마우스 이동(누르고 있는 시간 초에 따라 달라짐)
}
  else if(ScanKey(1) == 3)      //key3가 눌렸을 경우
  {
    Mouse.click(MOUSE_LEFT);
  }
}
unsigned char ScanKey(int mode)         //key동작 scan
{
  if(mode)
  {
    Flag_up = 1;
  }

  if(Flag_up  && (digitalRead(KEY1) == LOW || digitalRead(KEY2) == LOW
|| digitalRead(KEY3) == LOW) )
  {
    Flag_up = 0;
    delay(30);
    if(digitalRead(KEY1) == LOW)
    {
      return 1;
    }
    if(digitalRead(KEY2) == LOW)
```

```
    {
      return 2;
    }
if(digitalRead(KEY3) == LOW)
    {
      return 3
    }
}
if(digitalRead(KEY1) == HIGH && digitalRead(KEY2) == HIGH &&
digitalRead(KEY3) == HIGH)

  {
    Flag_up = 1;
  }
  return 0;

}
```

26 DC모터 구동

• DC모터로 선풍기를 만들어 본다.
• 준비물 : DC모터, L9110

① 회로 구성

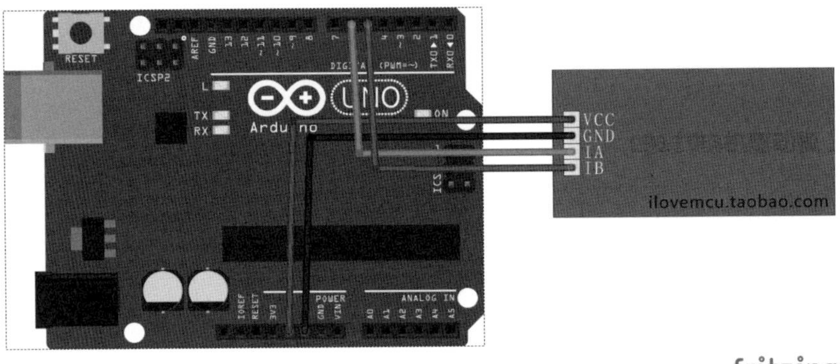

② 코드

26_DC모터 구동

```
int IApin = 6;
int IBpin = 5;

void setup()
{
  pinMode(IApin,OUTPUT);
  pinMode(IBpin,OUTPUT);
}

void loop()
{
  digitalWrite(IBpin,LOW);
  digitalWrite(IApin,HIGH);

}
```

27 DC모터 속도 제어

• 가변저항으로 DC모터의 속도를 제어해 본다.
• 준비물 : DC모터, L9110, 가변저항

① 회로 구성

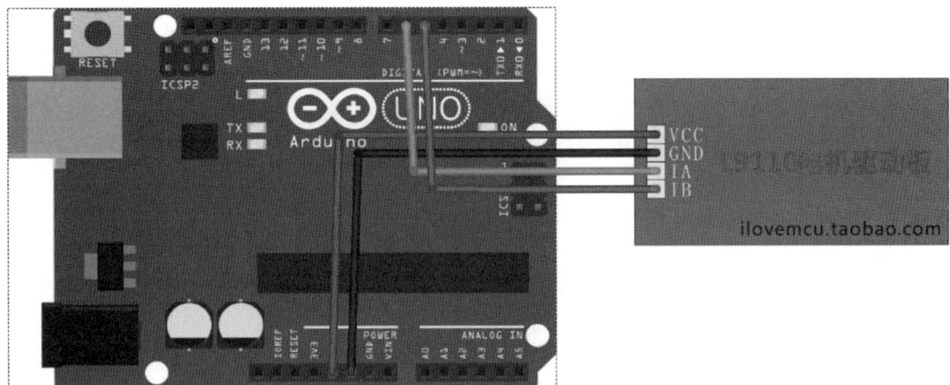

② 코드

27_DC모터 속도 제어

```
#define Pot A0
int IApin = 6;
int IBpin = 5;
int val = 0;
int PotBuffer = 0;

void setup()
{
  pinMode(IApin,OUTPUT);
  pinMode(IBpin,OUTPUT);
  digitalWrite(IBpin,LOW);
}

void loop()
{
PotBuffer = analogRead(Pot);
```

```
val = map(PotBuffer, 0, 1023, 0, 255);

  digitalWrite(IApin, val);
delay(100);
}
```

28 직렬 포트-데이터 수신

- 시리얼 통신을 통한 데이터 수신을 해본다.
- 준비물 : Cp2102, LED, 저항(220Ω)

① 회로 구성

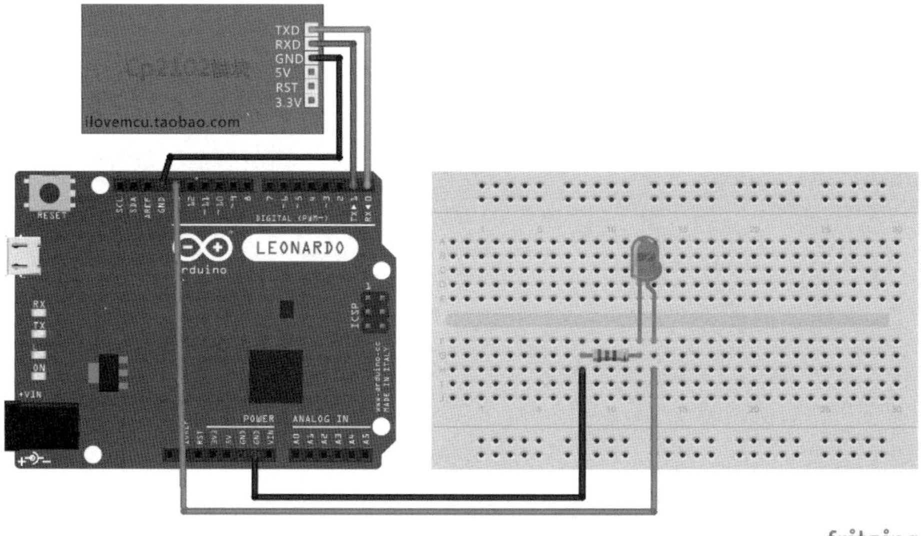

② 코드

28_직렬 포트-데이터 수신

```
char inByte = 0;
void setup()
{
  Serial.begin(9600);
  pinMode(13,OUTPUT);
}
void loop()
{
  if (Serial.available() > 0)
  {
    inByte = Serial.read();
    Serial.println(inByte);
  }

  digitalWrite(13,HIGH);
  delay(1000);
  digitalWrite(13,LOW);
  delay(1000);
}
```

29 직렬 포트-데이터 수신 중단

- 시리얼 통신을 통한 데이터 수신과 수신을 중단해본다.
- 준비물 : Cp2102, LED, 저항(220Ω)

① 회로 구성

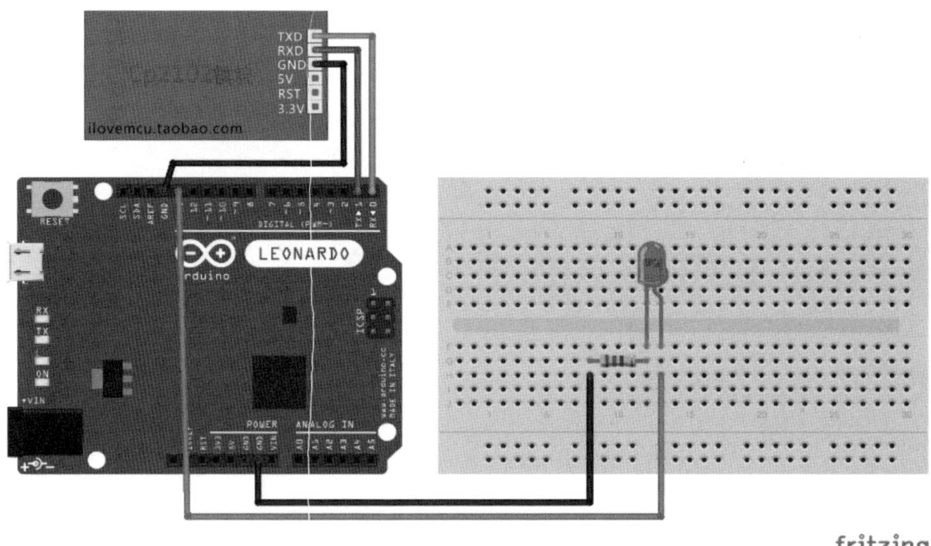

② 코드

29_직렬 포트-데이터 수신 중단

```
String inputString = "";         // a string to hold incoming data
boolean stringComplete = false;  // whether the string is complete
void setup()
{
  Serial.begin(9600);
  pinMode(13,OUTPUT);
}
void loop()
{
  digitalWrite(13,HIGH);
  delay(1000);
  digitalWrite(13,LOW);
  delay(1000);
```

```
}

void serialEvent() {
  while (Serial.available()) {  // get the new byte :
    char inChar = (char)Serial.read();  // add it to the inputString :
    inputString += inChar;
    // if the incoming character is a newline, set a flag
    // so the main loop can do something about it :
    if (inChar == '\n')
    {
      stringComplete = true;
    }

    if (stringComplete)
    {
      Serial.println(inputString);
      // clear the string :
      inputString = ""
      stringComplete = false;
    }
  }
}
```

30 블루투스 모듈 통신

- 블루투스 모듈을 통한 통신
- 준비물 : 블루투스 모듈, LED, 저항(220Ω)

① 회로 구성

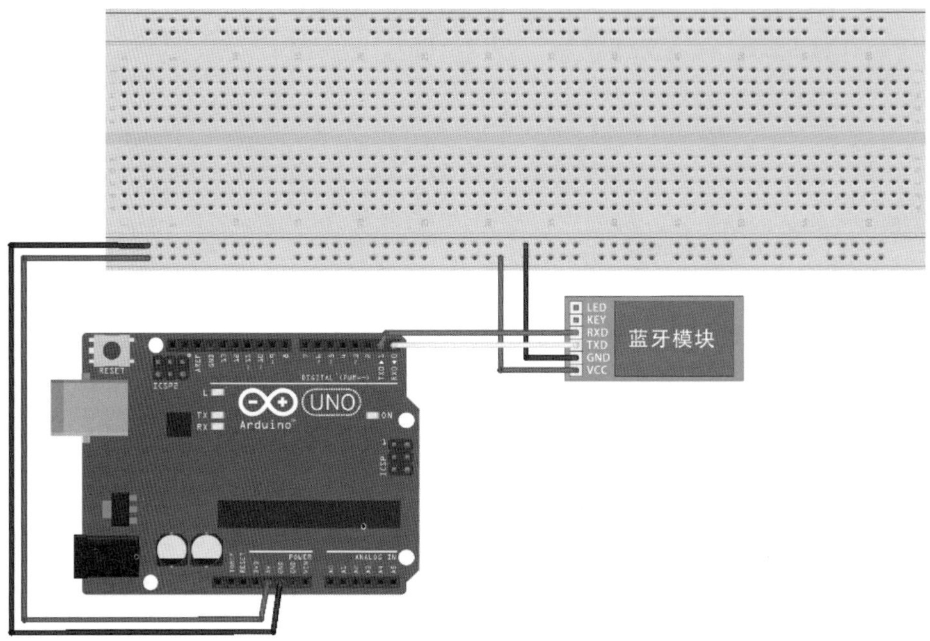

② 코드

30_블루투스 모듈 통신

```
String inputString = "";          // a string to hold incoming data
boolean stringComplete = false;  // whether the string is complete
void setup()
{
  Serial.begin(9600);
  pinMode(13,OUTPUT);
}
void loop()
{
  digitalWrite(13,HIGH);
```

```
  delay(1000);
  digitalWrite(13,LOW);
  delay(1000);
}

void serialEvent() {
  while (Serial.available()) {  // get the new byte:
    char inChar = (char)Serial.read();  // add it to the inputString:
    inputString += inChar;
    // if the incoming character is a newline, set a flag
    // so the main loop can do something about it:
    if (inChar == '\n')
    {
      stringComplete = true;
    }

    if (stringComplete)
    {
      Serial.println(inputString);
      // clear the string:
      inputString = ""
      stringComplete = false;
    }
  }
}
```

31 DHT11(온도 및 습도 센서)

- DHT11 센서를 통한 온습도 측정
- 준비물 : DHT11

① 회로 구성

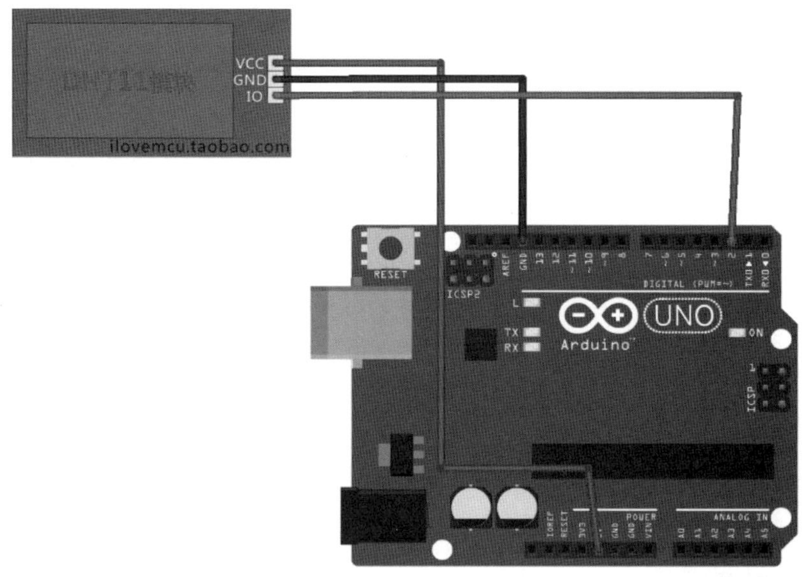

② 코드

31_DHT11(온도 및 습도 센서)

```
#include <Arduino.h>
#include "DHT11.h"

DHT11 myDHT11(2);

void setup()
{
     Serial.begin(9600);
     Serial.println("Welcome to use!");
     Serial.println("Ilovemcu.taobao.com");
}
void loop()
```

```
{
    myDHT11.DHT11_Read();

    Serial.print("HUMI = ");
    Serial.print(myDHT11.HUMI_Buffer_Int);
    Serial.println(" %RH");

    Serial.print("TMEP = ");
    Serial.print(myDHT11.TEM_Buffer_Int);
    Serial.println(" C");
    delay(1000);
}
```

CHAPTER 02

센서 키트 모듈

1 OMRON 푸시 버튼 스위치 모듈로 LED 제어

- 푸시 버튼 스위치 모듈로 LED를 제어할 수 있다.
- 준비물 : Uno, Uno R3 외부 확장 보드, LED, 케이블

① 회로 구성

- LED연결은 D3에 +극과 GND에 -극을 연결시킨다.
- 스위치연결은 모듈 G, V, S를 각각 D3 G, V, S에 연결시킨다.
- 작동 : Button을 누르면 LED가 On, Button을 떼면 LED가 Off된다.

② 코드

02_소스코드

```
int led = 3;  // LED를 3번 핀으로 설정
int sw = 12;  // 스위치를 12번 핀으로 설정
void setup() {
pinMode(led, OUTPUT);   // LED를 출력으로 설정
pinMode(sw, INPUT_PULLUP);   // 스위치를 입력으로 설정
}
void loop() {
if(digitalRead(sw)==LOW)
{
digitalWrite(led, HIGH);
}
else
{
digitalWrite(led, LOW);
}}
```

2 TCRT5000 IR 센서 모듈

- 적외선 반사 센서를 이용해 장애물을 감지할 수 있다.
- 준비물 : Uno, Uno R3 외부 확장 보드, 적외선 반사 센서, 케이블

① 회로 구성

• 센서모듈과 Uno의 연결 시 모듈 GND, Vcc는 각각 연결해주고, S는 Uno의 A0에 연결시킨다.
• 동작 : 시리얼 통신을 통해 센서가 탐지 거리 1mm~8mm를 적용하여 LED로 확인할 수 있다.

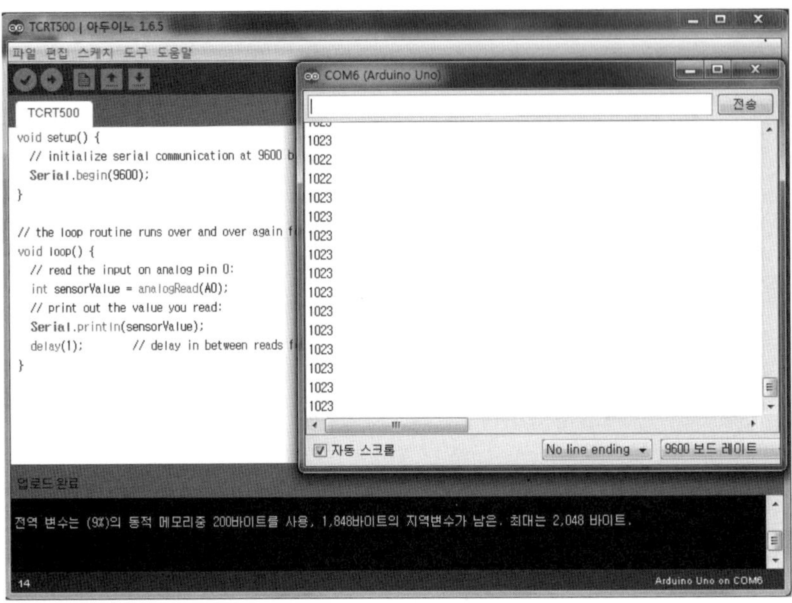

② 코드

02_소스코드

```
void setup() {
  Serial.begin(9600);
}
void loop() {
  int sensorValue = analogRead(A0);
  Serial.println(sensorValue);
  delay(1);
  }
```

3 8x8 Dot Matrix 모듈

- Dot Matrix 모듈로 원하는 글자를 출력할 수 있다.
- 준비물 : Uno, Uno R3 외부 확장 보드, Dot Matrix 모듈, 케이블

① 회로 구성

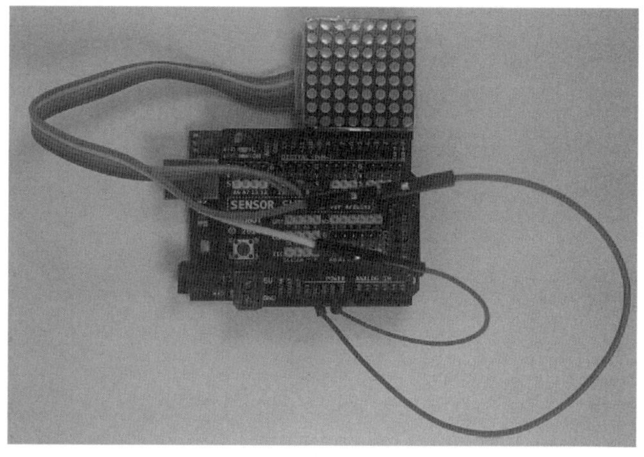

- 연결방법 : 모듈의 VCC,GND는 각각 Uno와 연결하고 SER은 D10, RCK는 D8, SRCK는 D7과 연결시킨다.
- 작동 : 업로딩을 하면 I Love Arduino가 출력되는 걸 확인할 수 있다.

② 코드

02_소스코드

```
int dataPin = 10;            // Pin SER
int latchPin = 8;            // Pin SRCK
int clockPin = 7;            // Pin RCK
byte letters[][6] = {
  {0x7F, 0x88, 0x88, 0x88, 0x7F, 0x00}, //  A
  {0xFF, 0x91, 0x91, 0x91, 0x6E, 0x00}, //  B
  {0x7E, 0x81, 0x81, 0x81, 0x42, 0x00}, //  C
  {0xFF, 0x81, 0x81, 0x42, 0x3C, 0x00}, //  D
  {0xFF, 0x91, 0x91, 0x91, 0x81, 0x00}, //  E
  {0xFF, 0x90, 0x90, 0x90, 0x80, 0x00}, //  F
  {0x7E, 0x81, 0x89, 0x89, 0x4E, 0x00}, //  G
  {0xFF, 0x10, 0x10, 0x10, 0xFF, 0x00}, //  H
```

```
{0x81, 0x81, 0xFF, 0x81, 0x81, 0x00}, // I
{0x06, 0x01, 0x01, 0x01, 0xFE, 0x00}, // J
{0xFF, 0x18, 0x24, 0x42, 0x81, 0x00}, // K
{0xFF, 0x01, 0x01, 0x01, 0x01, 0x00}, // L
{0xFF, 0x40, 0x30, 0x40, 0xFF, 0x00}, // M
{0xFF, 0x40, 0x30, 0x08, 0xFF, 0x00}, // N
{0x7E, 0x81, 0x81, 0x81, 0x7E, 0x00}, // O
{0xFF, 0x88, 0x88, 0x88, 0x70, 0x00}, // P
{0x7E, 0x81, 0x85, 0x82, 0x7D, 0x00}, // Q
{0xFF, 0x88, 0x8C, 0x8A, 0x71, 0x00}, // R
{0x61, 0x91, 0x91, 0x91, 0x8E, 0x00}, // S
{0x80, 0x80, 0xFF, 0x80, 0x80, 0x00}, // T
{0xFE, 0x01, 0x01, 0x01, 0xFE, 0x00}, // U
{0xF0, 0x0C, 0x03, 0x0C, 0xF0, 0x00}, // V
{0xFF, 0x02, 0x0C, 0x02, 0xFF, 0x00}, // W
{0xC3, 0x24, 0x18, 0x24, 0xC3, 0x00}, // X
{0xE0, 0x10, 0x0F, 0x10, 0xE0, 0x00}, // Y
{0x83, 0x85, 0x99, 0xA1, 0xC1, 0x00}, // Z
{0x06, 0x29, 0x29, 0x29, 0x1F, 0x00}, // a
{0xFF, 0x09, 0x11, 0x11, 0x0E, 0x00}, // b
{0x1E, 0x21, 0x21, 0x21, 0x12, 0x00}, // c
{0x0E, 0x11, 0x11, 0x09, 0xFF, 0x00}, // d
{0x0E, 0x15, 0x15, 0x15, 0x0C, 0x00}, // e
{0x08, 0x7F, 0x88, 0x80, 0x40, 0x00}, // f
{0x30, 0x49, 0x49, 0x49, 0x7E, 0x00}, // g
{0xFF, 0x08, 0x10, 0x10, 0x0F, 0x00}, // h
{0x00, 0x00, 0x5F, 0x00, 0x00, 0x00}, // i
{0x02, 0x01, 0x21, 0xBE, 0x00, 0x00}, // j
{0xFF, 0x04, 0x0A, 0x11, 0x00, 0x00}, // k
{0x00, 0x81, 0xFF, 0x01, 0x00, 0x00}, // l
{0x3F, 0x20, 0x18, 0x20, 0x1F, 0x00}, // m
{0x3F, 0x10, 0x20, 0x20, 0x1F, 0x00}, // n
{0x0E, 0x11, 0x11, 0x11, 0x0E, 0x00}, // o
{0x3F, 0x24, 0x24, 0x24, 0x18, 0x00}, // p
{0x10, 0x28, 0x28, 0x18, 0x3F, 0x00}, // q
{0x1F, 0x08, 0x10, 0x10, 0x08, 0x00}, // r
{0x09, 0x15, 0x15, 0x15, 0x02, 0x00}, // s
{0x20, 0xFE, 0x21, 0x01, 0x02, 0x00}, // t
{0x1E, 0x01, 0x01, 0x02, 0x1F, 0x00}, // u
```

```
  {0x1C, 0x02, 0x01, 0x02, 0x1C, 0x00}, // v
  {0x1E, 0x01, 0x0E, 0x01, 0x1E, 0x00}, // w
  {0x11, 0x0A, 0x04, 0x0A, 0x11, 0x00}, // x
  {0x00, 0x39, 0x05, 0x05, 0x3E, 0x00}, // y
  {0x11, 0x13, 0x15, 0x19, 0x11, 0x00}, // z
  {0x00, 0x41, 0xFF, 0x01, 0x00, 0x00}, // 1
  {0x43, 0x85, 0x89, 0x91, 0x61, 0x00}, // 2
  {0x42, 0x81, 0x91, 0x91, 0x6E, 0x00}, // 3
  {0x18, 0x28, 0x48, 0xFF, 0x08, 0x00}, // 4
  {0xF2, 0x91, 0x91, 0x91, 0x8E, 0x00}, // 5
  {0x1E, 0x29, 0x49, 0x89, 0x86, 0x00}, // 6
  {0x80, 0x8F, 0x90, 0xA0, 0xC0, 0x00}, // 7
  {0x6E, 0x91, 0x91, 0x91, 0x6E, 0x00}, // 8
  {0x70, 0x89, 0x89, 0x8A, 0x7C, 0x00}, // 9
  {0x7E, 0x89, 0x91, 0xA1, 0x7E, 0x00}, // 0
  {0x60, 0x80, 0x8D, 0x90, 0x60, 0x00}, // ?
  {0x00, 0x00, 0xFD, 0x00, 0x00, 0x00}, // !
  {0x00, 0x00, 0x00, 0x00, 0x00, 0x00} // SPACE
};
StringletterPositions =
 "ABCDEFGHIJKLMNOPQRSTUVWXYZabcdefghijklmnopqrstuvwxyz1234567890?! ";

  byte · textBytes;
  int nrLetters = 0;
  int columnPositions[8] = { 1, 2, 4, 8, 16, 32, 64, 128 };

  void setup() {
    pinMode(dataPin, OUTPUT);    // Configure Digital Pins
    pinMode(latchPin, OUTPUT);
    pinMode(clockPin, OUTPUT);

    loadString( " I Love Arduino  " );
}

void loadString( String text ) {
  nrLetters = text.length();
  textBytes = (byte ·)malloc(nrLetters · 6 · sizeof(byte));
  int pos = 0;
  for ( int i = 0 ; i < nrLetters ; ++i )
```

```
  {
    int chPos = letterPositions.indexOf( text[i] );
    if ( chPos == -1 )
      continue;
    for ( int j = 0 ; j < 6 ; ++j )
    {
      textBytes[pos++] = letters[chPos][j];
    }}}

void loop()  {
  for ( int p = 0 ; p < (nrLetters · 6) ; p++ )
  {
    int rowVal = 0;
    for (int repeat = 0; repeat < 50; repeat++ )
    {
      for ( int row = 0 ; row < 8 ; ++row )
      {
        rowVal = textBytes[p + row];
        writeOutput(~rowVal, columnPositions[row]);
      }}}}

void writeOutput( int rowVal, int col  )
{
  digitalWrite(latchPin, LOW);
  shiftOut(dataPin, clockPin, MSBFIRST, rowVal);
  shiftOut(dataPin, clockPin, MSBFIRST, col);
  digitalWrite(latchPin, HIGH);
}
```

4 U(포토인터럽트) 센서 모듈

- 포토인터럽트 센서를 이용하여 LED를 제어할 수 있다.
- 준비물 : Uno, Uno R3 외부 확장 보드, 포토인터럽트 센서, LED Display 모듈, 케이블

① 회로 구성

- 연결방법 : U센서 G, V, S는 Uno D10 G, V, S에 순서대로 연결하고 LED Display G, V, S 는 D11 G, V, S에 순서대로 연결시킨다.
- 동작 : 발광 다이오드가 내뿜는 빛을 포토트랜지스터가 수광해서 트랜지스터를 작동시키는 반도체 소자여서, U센서의 발광 다이오드 빛을 차단하면 트랜지스터는 작동하지 않는다.

② 코드

02_소스코드

```
int U_Pin = 10;
int LEDPin = 11;
int U_Val
void setup() {
  pinMode(LEDPin, OUTPUT);
}
void loop() {
  U_Val = digitalRead(U_Pin);
```

```
  if(U_Val == HIGH)
    digitalWrite(LEDPin, HIGH);
  else
    digitalWrite(LEDPin, LOW);
}
```

5 SW180(진동 센서) 모듈로 LED 제어

- 진동 센서 모듈로 진동을 감지하여 LED를 제어할 수 있다.
- 준비물 : Uno, Uno R3 외부 확장 보드, SW180, LED, 케이블, 저항

① 회로 구성

- LED연결은 D13에 +극을 연결하고 -극을 GND에 연결시킨다.
- 센서모듈 연결은 모듈 G, V, S를 D3 G, V, S에 순서대로 연결시킨다.
- 동작 : 모듈이 진동을 감지하면 LED가 ON, 진동을 감지 못하면 Off된다.

② 코드

02_소스코드

```
#define led 13
#define sensorPin 2
unsigned char state = 0;
void setup()
{
  pinMode(led, OUTPUT);
  pinMode(sensorPin, INPUT);
  attachInterrupt(0, blink, FALLING);
}
void loop()
{
  if(state != 0)
  {
   state = 0;
   digitalWrite(led, HIGH);
   delay(500);
  }
   else
   digitalWrite(led, LOW);
}
void blink()
{
   state++;
}
```

6 5516 광센서(빛 감지) 모듈

- 빛 감지 센서를 이용하여 값을 측정할 수 있다.
- 준비물 : Uno, Uno R3 외부 확장 보드, PT550 센서, 5516 센서 케이블

① 회로 구성

- 연결방법 : 5516 센서 G, V, S는 Uno D10 G, V, S, 그리고 LED Display G, V, S는 Uno D11 G, V, S와 순서대로 연결한다.
- 동작 : 5516(빛 감지) 센서가 빛의 양을 감지하여 어두워지면 LED Display가 ON이 되고, 밝으면 LED Display가 OFF된다.

② 코드

02_소스코드

```
int photoresistancePin = 10;
int ledPin = 11;
int sensorval = 0;
void setup() {
  pinMode(ledPin, OUTPUT);
}
void loop() {
  sensorval= digitalRead(photoresistancePin);
 if(sensorval == 0)
  digitalWrite(ledPin, LOW);
 else
  digitalWrite(ledPin, HIGH);
}
```

③ 회로 구성

• 연결방법 : PT550 센서 G, V, S는 Uno A0의 G, V, S와 연결한다.

• 동작 : PT550 센서는 빛의 양을 시리얼 통신을 통해 아날로그값으로 읽어 들일 수 있고, 시리얼 통신을 통해 확인할 수 있다.

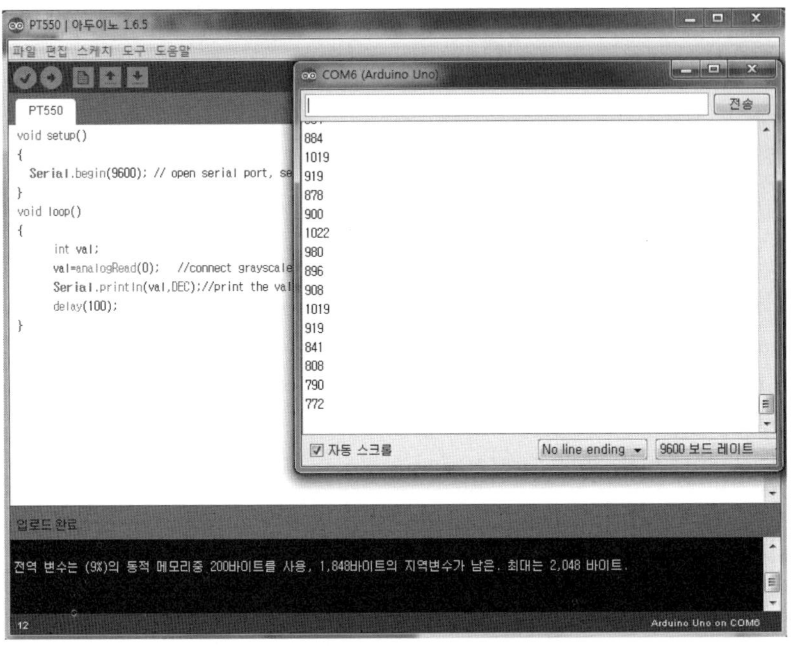

02_소스코드

```
void setup() {
  Serial.begin(9600); }
void loop() {
    int val;
    val=analogRead(0);
    Serial.println(val,DEC);
    delay(100);
}
```

7 Reed 스위치 센서 모듈

- Reed 스위치 센서 모듈로 LED를 제어할 수 있다.
- 준비물 : Uno, Uno R3 외부 확장 보드, Reed 스위치 센서, LED Display 모듈, 케이블

① 회로 구성

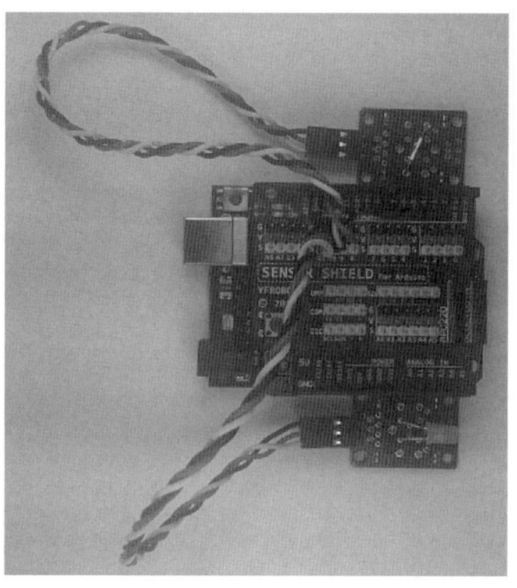

- Reed 센서와 Uno의 연결 시 모듈 G, V, S는 각각 Uno D10 G, V, S에 연결하고, LED Display 모듈은 D11 G, V, S에 차례대로 연결한다.
- 동작 : Reed 스위치의 중간 길쭉한 부분에 자석을 갖다 댓다가 떼면 LED가 ON/OFF되는 걸 확인할 수 있다.

② 코드

02_소스코드

```
#define ledPin 11
#define reed_switchPin 10
int reed_switchValue = 0;

void setup() {
  pinMode(ledPin, OUTPUT);
  pinMode(reed_switchPin, INPUT);
}
void loop() {
  reed_switchValue = digitalRead(reed_switchPin);
```

```
  if(reed_switchValue == LOW) {
  digitalWrite(ledPin, HIGH); //LED ON
}
else {
  digitalWrite(ledPin, LOW); //LED OFF
}}
```

8 A3144홀 센서 모듈

- 홀자기 센서를 이용해 자기장을 측정할 수 있다.
- 준비물 : Uno, Uno R3 외부 확장 보드, A3144, 원형자석, 케이블

① 회로 구성

- LED연결은 D13에 +극을 연결하고 -극을 GND에 연결시킨다.
- 센서모듈과 Uno의 연결 시 모듈 GND, Vcc는 각각 GND와 5V에 연결하고, S는 Uno의 D3에 연결시킨다.
- 동작 : 자기장을 발생시키는 원형자석을 센서가 감지함에 따라 LED가 on/off된다.

② **코드**

02_소스코드

```
int LED = 13;  //LED를 디지털 13번 핀에 연결.
int Sensor = 3;  //홀자기 센서를 디지털 3번 핀에 연결.
int val;  // val이라는 상수를 선언합니다. 센서값을 받아올 때 사용.
void setup() {
  pinMode(LED, OUTPUT);  //LED를 출력핀으로 설정.
  pinMode(Sensor, INPUT);  //홀자기 센서를 입력핀으로 설정.
}
void loop() {
  val=digitalRead(Sensor);  //val이라는 상수는 센서값을 받아온다.
  if(val==LOW) {   //만약 val(센서값)이 LOW일 때,
    digitalWrite(LED, HIGH);  //LED를 ON
  }
  Else  { //아닐 경우,
    digitalWrite(LED, LOW);  //LED를 OFF
  }}
```

9 Buzzer 모듈

- Buzzer 모듈로 소리를 낼 수 있다.
- 준비물 : Uno, Uno R3 외부 확장 보드, Buzzer 모듈, 케이블

① 회로 구성

- 센서모듈과 Uno의 연결 시 모듈의 G, V, S는 각각 Uno D11 G, V, S에 차례대로 연결시킨다.
- 동작 : 아래 코드는 단순한 소리가 반복해서 발생한다.

② 코드

02_소스코드

```
int buzzer=11;

void setup() {
  pinMode(buzzer,OUTPUT);
}
void loop() {
  unsigned char i,j;
  while(1)
  {
     for(i=0;i<80;i++)
    {
      digitalWrite(buzzer, HIGH);
      delay(1);
```

```
    digitalWrite(buzzer, LOW);
    delay(1);
  }
  for(i=0;i<100;i++)
  {
    digitalWrite(buzzer, HIGH);
    delay(2);
    digitalWrite(buzzer, LOW);
    delay(2);
  }}}
```

10 3-80cm IR장애물 감지 센서

- 3-80cm IR장애물 감지 센서를 이용해 장애물을 감지하고 LED로 확인할 수 있다.
- 준비물 : Uno, Uno R3 외부 확장 보드, 3-80cm IR장애물 감지 센서, LED Display 모듈, 케이블

① 회로 구성

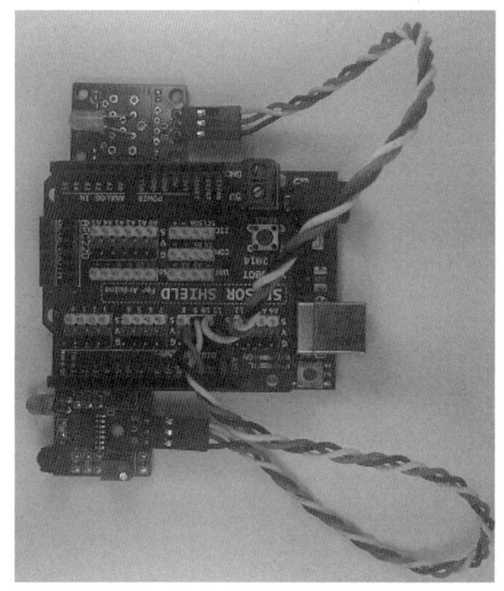

- 연결방법 : 장애물 센서 G, V, S는 Uno D10 G, V, S, 그리고 LED Display G, V, S는 Uno D11 G, V, S에 차례대로 연결시킨다.
- 동작 : 장애물 감지 센서가 장애물을 인식하면 LED가 OFF 되고 그 외 평상시에는 ON상태가 유지된다.

② **코드**

02_소스코드

```
int SPin = 10;
int LedPin = 11;
int SVal=0;

void setup() {
  pinMode(SPin, INPUT);
  pinMode(LedPin, OUTPUT);
}
void loop(){
  SVal = digitalRead(SPin);
  digitalWrite(LedPin, SVal);
}
```

11 Soil 토양수분 센서 모듈

- 토양수분 센서를 이용해 화분이나 기타 등등 수분양을 체크할 수 있다.
- 준비물 : Uno, Uno R3 외부 확장 보드, Soil 토양수분 센서, 케이블

① 회로 구성

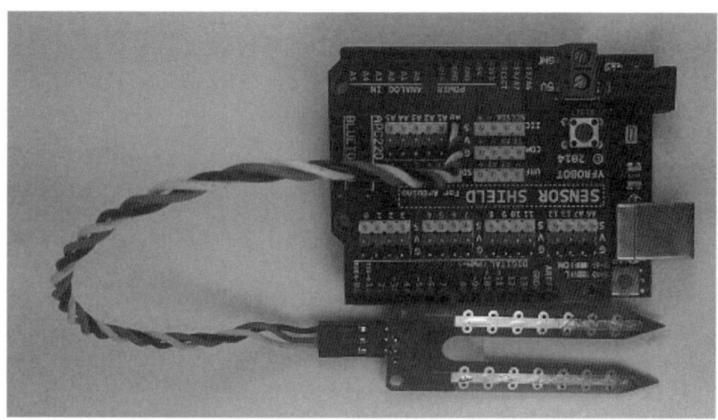

- 연결방법 : 센서의 G, V, S는 Uno A0 G, V, S에 순서대로 연결시킨다.
- 동작 : 시리얼 통신을 통해 센서를 컵 안에 넣으면 수분양을 체크할 수 있다.

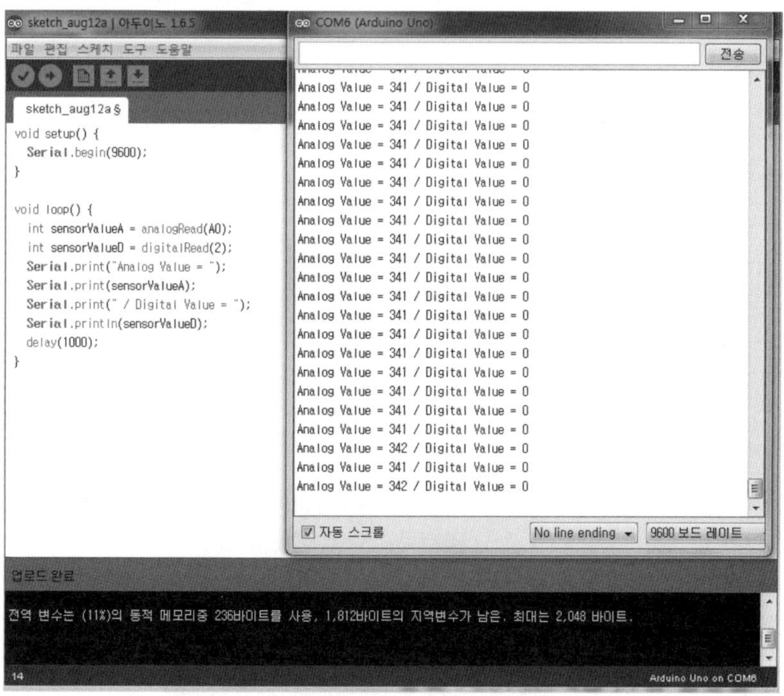

② 코드

02_소스코드

```
void setup() {
  Serial.begin(9600);
}

void loop() {
  int sensorValueA = analogRead(A0);
  int sensorValueD = digitalRead(2);
  Serial.print("Analog Value = ");
  Serial.print(sensorValueA);
  Serial.print(" / Digital Value = ");
  Serial.println(sensorValueD);
  delay(1000);
}
```

12 SR04초음파 센서 모듈

- 초음파 센서 모듈로 거리를 측정할 수 있다.
- 준비물 : Uno, Uno R3 외부 확장 보드, 초음파 센서, 케이블

① 회로 구성

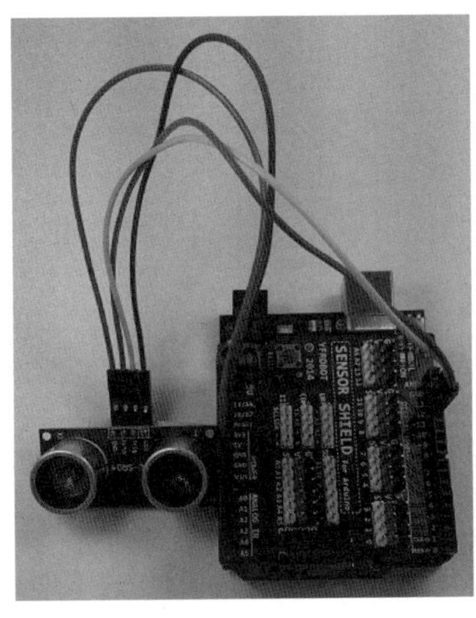

• 센서모듈과 Uno의 연결은 Echo와 Trig를 D12, D13에 각각 연결하고 Vcc, GND도 연결한다.
• 동작 : 시리얼 통신을 통해 터치 센서에 손을 갖다 댈 경우 파장을 이용해 거리를 감지할 수 있다.

② 코드

02_소스코드

```
#define trigPin 13
#define echoPin 12
void setup() {
  Serial.begin (9600);
  pinMode(trigPin, OUTPUT);
  pinMode(echoPin, INPUT);
}
void loop() {
  long duration, distance;
  digitalWrite(trigPin, LOW);
  delayMicroseconds(2);
  digitalWrite(trigPin, HIGH);
  duration = pulseIn(echoPin, HIGH);
  distance = (duration/2) / 29.1;
  Serial.print(distance);
  Serial.println(" cm");
  delay(500);
}
```

13 B10k 가변저항 모듈을 이용한 LED Display 제어

- 가변저항 모듈로 LED Display 모듈을 제어할 수 있다.
- 준비물 : Uno, Uno R3 외부 확장 보드, 가변저항 모듈, LED Display 모듈, 케이블

① 회로 구성

- 가변저항 모듈과 Uno의 연결 시 모듈의 G, V, S는 각각 A0의 G, V, S에 연결하고, LED Display의 G, V, S는 D11의 G, V, S에 차례대로 연결한다.
- 동작 : 가변저항을 조절하면 LED 밝기를 조절할 수 있다.

② 코드

02_소스코드

```
int ledPin = 11;
int sensorPin = A0;
int sensorValue = 0;

void setup() {
  pinMode(ledPin, OUTPUT);
}
void loop() {
  sensorValue = analogRead(sensorPin);
  analogWrite(ledPin , sensorValue/4);
}
```

14 Flame 센서 모듈

• 센서의 적외선 LED를 통해 불꽃에서 감지되는 적외선 파장을 감지하여 이를 아날로그 혹은 디지털 신호로 변환해 주는 구조를 이용해 값을 읽어 낼 수 있다.
• 준비물 : Uno, Uno R3 외부 확장 보드, Flmae 센서, 케이블

① 회로 구성

• LED연결은 D13에 +극과 GND에 -극을 연결시킨다.
• 센서모듈과 Uno의 연결 시 센서의 GND, Vcc는 각각 Uno GND, 5V에 연결시키고 센서의 S는 Uno D2에 연결시킨다.
• 동작 : 센서가 라이터(열)를 감지하면 LED가 자동으로 ON/OFF 되고 시리얼 통신을 통해 열에 의한 변화를 확인할 수 있다.

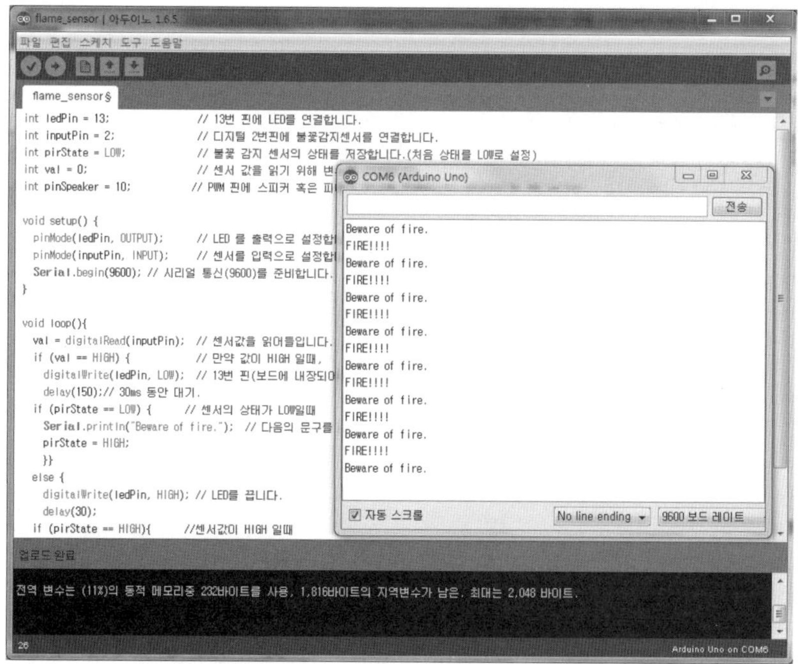

flame_sensor | 아두이노 1.6.5
파일 편집 스케치 도구 도움말
flame_sensor§
int ledPin = 13; // 13번 핀에 LED를 연결합니다.
int inputPin = 2; // 디지털 2번핀에 불꽃감지센서를 연결합니다.
int pirState = LOW; // 불꽃 감지 센서의 상태를 저장합니다.(처음 상태를 LOW로 설정)
int val = 0; // 센서 값을 읽기 위해 변
int pinSpeaker = 10; // PWM 핀에 스피커 혹은 피
void setup() {
pinMode(ledPin, OUTPUT); // LED 를 출력으로 설정합
pinMode(inputPin, INPUT); // 센서를 입력으로 설정합
Serial.begin(9600); // 시리얼 통신(9600)를 준비합니다.
}
void loop(){
val = digitalRead(inputPin); // 센서값을 읽어들입니다.
if (val == HIGH) { // 만약 값이 HIGH 일때,
digitalWrite(ledPin, LOW); // 13번 핀(보드에 내장되어
delay(150);// 30ms 동안 대기.
if (pirState == LOW) { // 센서의 상태가 LOW일때
Serial.println("Beware of fire."); // 다음의 문구를
pirState = HIGH;
}}
else {
digitalWrite(ledPin, HIGH); // LED를 끕니다.
delay(30);
if (pirState == HIGH){ //센서값이 HIGH 일때
COM6 (Arduino Uno)
전송
Beware of fire.
FIRE!!!!
Beware of fire.
FIRE!!!!
Beware of fire.
FIRE!!!!
Beware of fire.
FIRE!!!!
Beware of fire.
FIRE!!!!
Beware of fire.
FIRE!!!!
Beware of fire.
FIRE!!!!
Beware of fire.
자동 스크롤
No line ending
9600 보드 레이트
업로드 완료
전역 변수는 (11%)의 동적 메모리중 232바이트를 사용, 1,816바이트의 지역변수가 남음. 최대는 2,048 바이트.
26
Arduino Uno on COM6

② 코드

02_소스코드

```
int ledPin = 13;          // 13번 핀에 LED를 연결합니다.
int inputPin = 2;         // 디지털 2번 핀에 불꽃감지 센서를 연결합니다.
int pirState = LOW;    // 불꽃감지 센서의 상태를 저장합니다.
int val = 0;           // 센서값을 읽기 위해 변수를 선언합니다.

void setup() {
  pinMode(ledPin, OUTPUT);      // LED를 출력으로 설정합니다.
  pinMode(inputPin, INPUT);     // 센서를 입력으로 설정합니다.
  Serial.begin(9600); // 시리얼 통신(9600)을 준비합니다.
}
void loop() {
  val = digitalRead(inputPin);  // 센서값을 읽어 들입니다.
  if (val == HIGH) {            // 만약 값이 HIGH 일 때,
    digitalWrite(ledPin, LOW);  // 13번 핀 LED를 켭니다.
    delay(150);// 30ms 동안 대기.
  if (pirState == LOW) {       // 센서의 상태가 LOW일 때
    Serial.println("Beware of fire.");  // 다음 문구를 시리얼모니터로 출력
    pirState = HIGH;
    }}
  else {
    digitalWrite(ledPin, HIGH);  // LED를 끕니다.
    delay(30);
  if (pirState == HIGH){       //센서값이 HIGH 일 때
      Serial.println("FIRE!!!!");   // 다음 문구를 시리얼모니터로 출력
      pirState = LOW;
   }}}
```

15 IR 인체감지 센서로 LED 제어

- 인체감지 센서로 LED를 제어할 수 있다.
- 준비물 : Uno, Uno R3 외부 확장 보드, IR 인체감지 센서, LED, 케이블, 저항

① 회로 구성

- LED연결은 D13에 +극을 연결하고 -극을 GND에 연결시킨다.
- 센서모듈과 Uno의 연결은 아래와 같이 해준다.

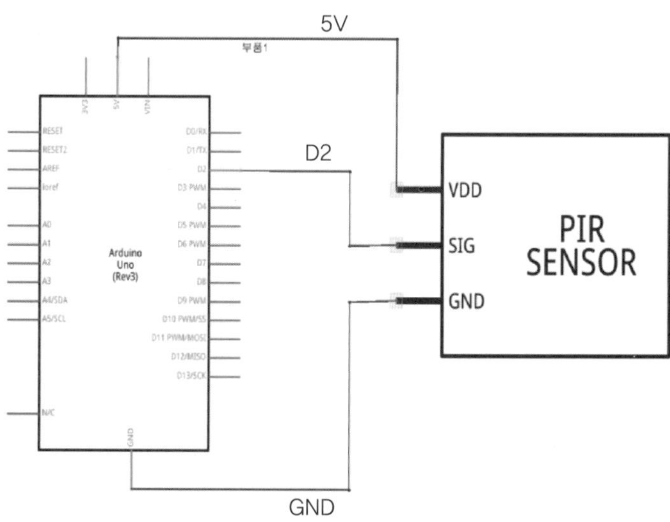

- 동작 : 센서값을 읽어 1이 출력될 경우에는 if문을 통해 13번 LED를 깜빡이게 되고, 센서값이 0일 경우에는 if문을 무시한 채 loop문을 반복하게 된다.

② 코드

02_소스코드

```
int motion = 2  //적외선 센서 핀번호 선언
int light = 13;  //13번 고정 LED 핀번호 선언
void setup() {
  pinMode(motion,INPUT);  //적외선 센서의 핀을 INPUT모드로 선언
  pinMode(light, OUTPUT); //13번 LED 센서의 핀을 OUTPUT모드로 선언
  Serial.begin(9600);  //시리얼 통신 속도 설정
}

void loop() {
int sensor = digitalRead(motion);   //적외선 감지 센서에서 값을 읽는다.
  Serial.println(sensor);   //센서값을 시리얼모니터에 출력
  if(sensor == HIGH) {   //센서값이 HIGH)일 경우 13번 LED가 깜빡인다.
    digitalWrite(light, HIGH);
    delay(500);
    digitalWrite(light,LOW);
    delay(500);
  }
  else{
    digitalWrite(light,LOW);
}}
```

16 S200 Roll Ball Switch 센서 모듈

- Roll Ball Switch 센서 모듈로 기울기 감지를 통해 LED를 제어할 수 있다.
- 준비물 : Uno, Uno R3 외부 확장 보드, Roll Ball Switch 센서, 케이블

① 회로 구성

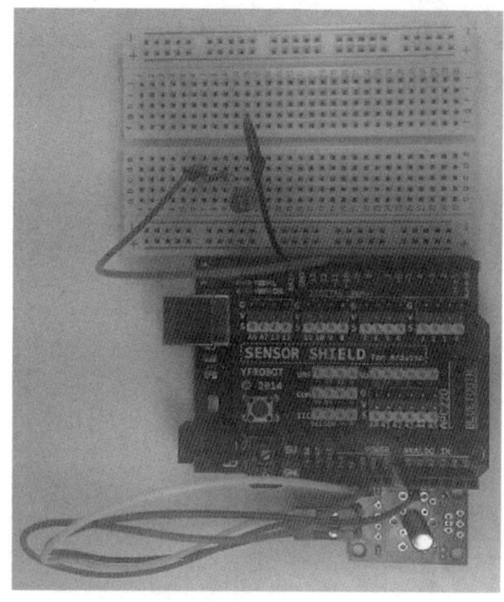

- LED연결은 D13에 +극을 연결하고 -극을 GND에 연결시킨다.
- 센서모듈과 Uno의 연결 시 모듈 GND, Vcc는 각각 연결해주고, S는 Uno의 A0에 연결시킨다.
- 동작 : 모듈 안에 금속볼이 기울기를 감지하여 움직임으로써 LED가 ON/OFF가 된다.

② 코드

02_소스코드

```
#define ledPin 13
#define sensorPin A0
int sensorValue = 0;

void setup() {
  pinMode(ledPin, OUTPUT);
}
void loop() {
  sensorValue = analogRead(sensorPin);
 if (sensorValue > 1000)
 digitalWrite(ledPin, LOW);   //LED OFF
 else
```

```
  digitalWrite(ledPin, HIGH);    //LED ON
}
```

17 적외선 수신모듈 & 리모컨

- 적외선 수신모듈과 리모컨을 이용해 입력되는 리모컨의 키 값을 출력할 수 있다.
- 준비물 : Uno, Uno R3 외부 확장 보드, 적외선 수신모듈, 리모컨, 케이블

① 회로 구성

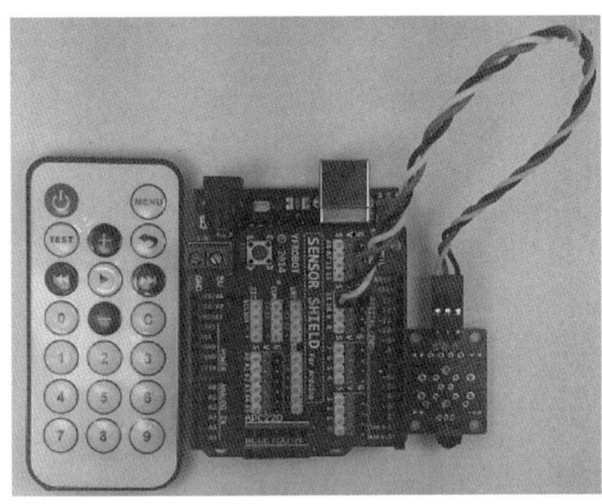

- 연결방법 : 적외선 센서를 이용하기 위해서는 라이브러리가 필요하다. IRremote.zip 압축 File을 설치하고 아래와 같은 방법으로 라이브러리를 추가한다.

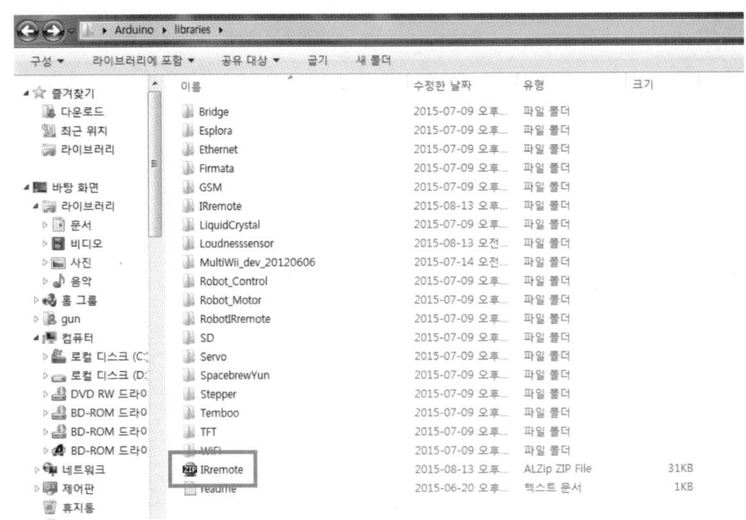

㉠ 아두이노 폴더 ⇨ libraries에 폴더를 추가한다.

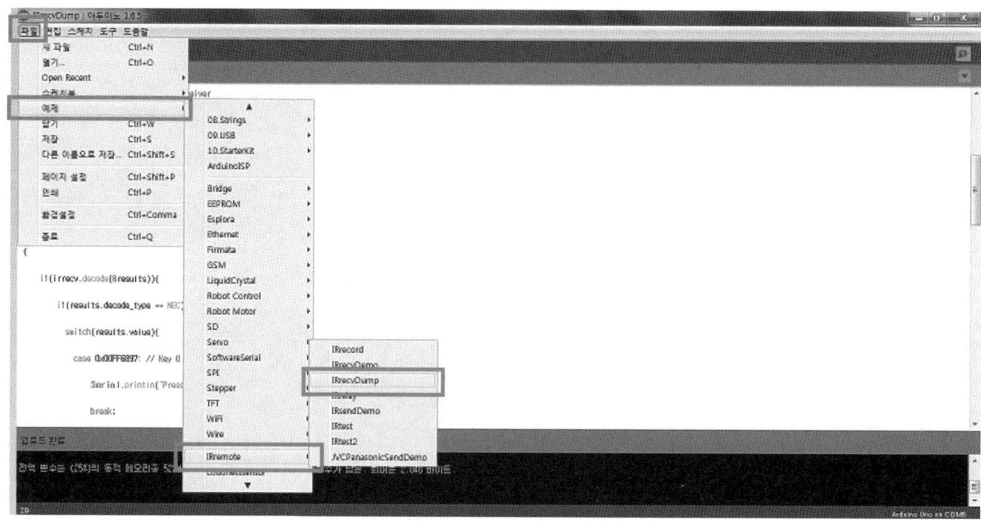

㉡ 예제에서 IRrecvDump를 실행하고 아래 소스코드를 코딩한다.

② 코드

02_소스코드

```
#include <IRremote.h>
int RECV_PIN = 11
IRrecv irrecv(RECV_PIN);
decode_results results;

void setup() {
    Serial.begin(9600);
    irrecv.enableIRIn();
}
void loop() {
    if(irrecv.decode(&results)){
        if(results.decode_type == NEC){
          switch(results.value){
            case 0x00FF6897 : // Key 0
                Serial.println("Press '0'");
                break;
            case 0x00FF30CF : // Key 1
                Serial.println("Press '1'");
```

```
            break;
        case 0x00FF18E7 : // Key 2
            Serial.println("Press '2'");
            break;
        case 0x00FF7A85 : // Key 3
            Serial.println("Press '3'");
            break;
        case 0x00FF10EF : // Key 4
            Serial.println("Press '4'");
            break;
        case 0x00FF38C7 : // Key 5
            Serial.println("Press '5'");
            break;
        case 0x00FF5AA5 : // Key 6
            Serial.println("Press '6'");
            break;
        case 0x00FF42BD : // Key 7
            Serial.println("Press '7'");
            break;
        case 0x00FF4AB5 : // Key 8
            Serial.println("Press '8'");
            break;
        case 0x00FF52AD : // Key 9
            Serial.println("Press '9'");
            break;
        default :
            break;
      }}
    irrecv.resume();
}}
```

• 동작확인

리모컨에 입력되는 값을 시리얼 통신으로 확인할 수 있다.

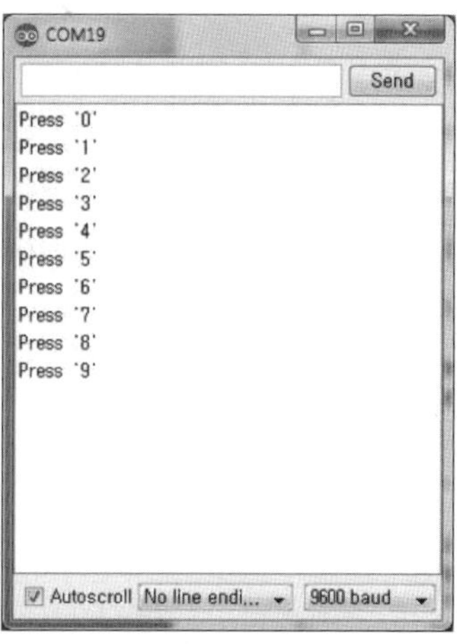

18 Joy stick 모듈

• Joy stick 모듈을 이용해 x, y 방향 및 Push 작동 여부를 확인할 수 있다.

• 준비물 : Uno, Uno R3 외부 확장 보드, Joy stick 모듈, 케이블

① 회로 구성

• 연결방법 : 모듈의 X축 G, V, S는 Uno A0 G, V, S와, 모듈의 Y축은 Uno A1과 연결, 모듈의 K축은 Uno D3와 순서대로 연결시킨다.

• 동작 : 시리얼 통신을 통해 Joy stick을 X, Y 방향 및 Push 되는 값을 확인할 수 있다.

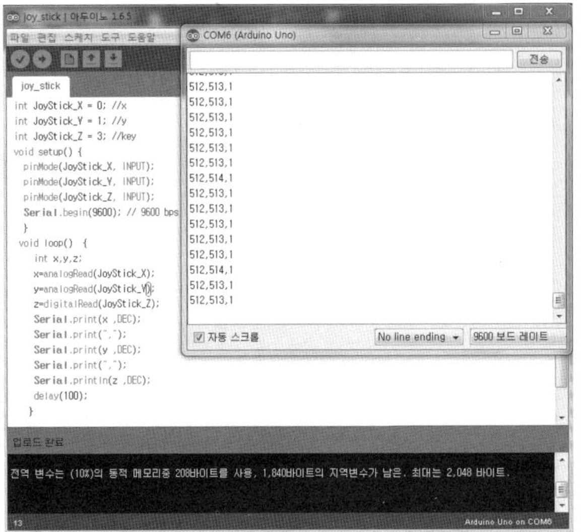

② 코드

02_소스코드

```
int JoyStick_X = 0; //x
int JoyStick_Y = 1; //y
int JoyStick_K = 3; //key
void setup() {
  pinMode(JoyStick_X, INPUT);
  pinMode(JoyStick_Y, INPUT);
  pinMode(JoyStick_K, INPUT);
  Serial.begin(9600);
  }
 void loop()  {
    int x,y,k
    x=analogRead(JoyStick_X);
    y=analogRead(JoyStick_Y);
    k=digitalRead(JoyStick_K);
    Serial.print(x ,DEC);
    Serial.print(",");
    Serial.print(y ,DEC);
    Serial.print(",");
    Serial.println(k ,DEC);
    delay(100);
   }
```

19 SRD-05 릴레이 모듈

- 릴레이 모듈을 스위치로 이용해 제어할 수 있다.
- 준비물 : Uno, Uno R3 외부 확장 보드, 릴레이 모듈, LED Display 모듈, 케이블

① 회로 구성

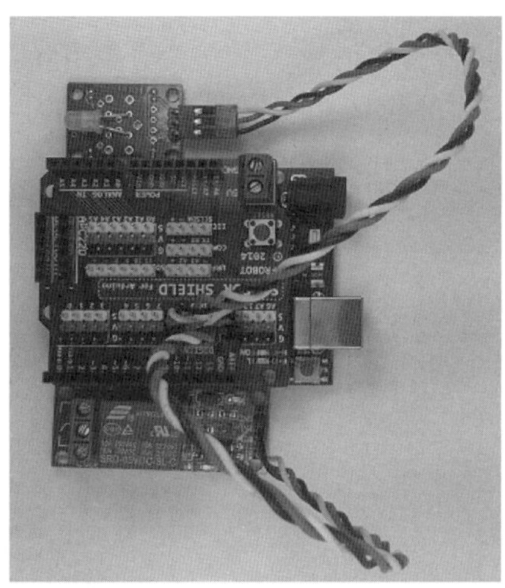

- 연결방법 : 릴레이 모듈의 G, V, S는 Uno D12에 순서대로 연결하고, LED Display 모듈은 D8에 순서대로 연결한다.
- 동작 : 스위치 역할을 하는 릴레이 모듈을 이용해 제어하고 LED로 확인할 수 있다.

② 코드

02_소스코드

```
const int sw = 12;
int led = 8;

void setup() {
pinMode(sw, OUTPUT);
pinMode(led, OUTPUT);
Serial.begin(9600);
}
void loop() {
Serial.println(LOW);
digitalWrite(sw, LOW);
digitalWrite(led, LOW);
```

```
delay(2000);
Serial.println(HIGH);
digitalWrite(sw, HIGH);
digitalWrite(led, HIGH);
delay(2000);
}
```

20 LM35 온도 센서 모듈

- 온도 센서 모듈로 온도를 측정할 수 있다.
- 준비물 : Uno, Uno R3 외부 확장 보드, 온도 센서, 케이블

① 회로 구성

• 센서모듈과 Uno의 연결 시 모듈 GND, Vcc는 각각 연결해주고, S는 Uno의 A0에 연결시킨다.
• 동작 : 시리얼 통신을 통해 센서가 현재 공간의 온도를 측정한다.

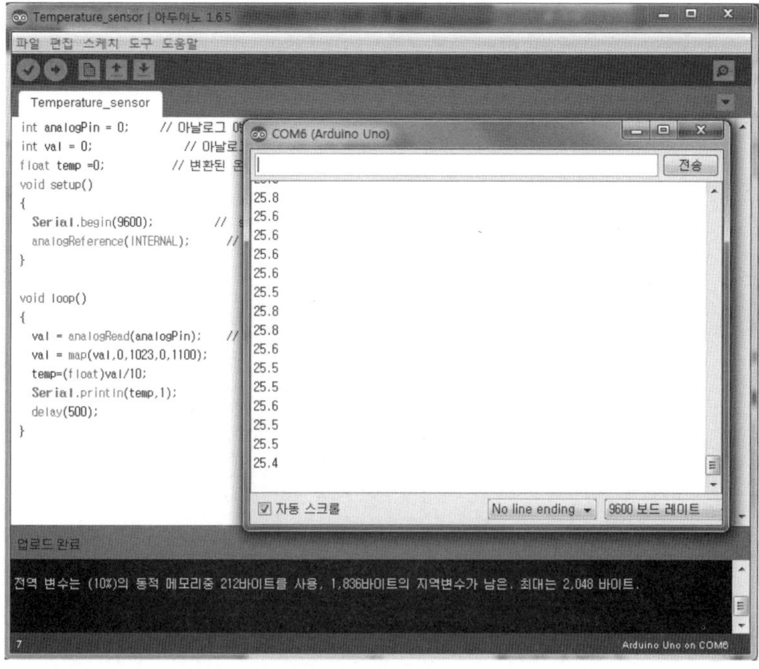

② 코드

02_소스코드

```
int analogPin = 0;     // 아날로그 0번 핀
int val = 0;               // 아날로그 데이터를 담을 변수
float temp =0;           // 변환된 온도값이 담길 변수
void setup() {
  Serial.begin(9600);          //  setup serial
  analogReference(INTERNAL);      // 내부 기준전압 1.1V 설정
}
void loop() {
  val = analogRead(analogPin);    // 온도 센서 ADC
  val = map(val,0,1023,0,1100);
  temp=(float)val/10;
  Serial.println(temp,1);  // float형 변수를 소수점 첫 번째 자리까지 출력
  delay(500);
}
```

21 LED Display 모듈

• LED Display 모듈을 이용해 LED를 깜빡일 수 있다.
• 준비물 : Uno, Uno R3 외부 확장 보드, LED Display 모듈, 케이블

① 회로 구성

• 센서모듈과 Uno의 연결 시 모듈 G, V, S는 Uno의 D11 G, V, S에 순서대로 연결시킨다.
• 동작 : LED가 주기적으로 깜빡이는 걸 확인할 수 있다.

② 코드

02_소스코드

```
void setup() {
  pinMode(11, OUTPUT);
}
void loop() {
  digitalWrite(11, HIGH);   // LED ON
  delay(1000);
  digitalWrite(11, LOW);    // LED OFF
  delay(1000
}
```

22 Touch 센서 모듈로 LED 제어

- 터치 센서 모듈로 터치를 감지하여 LED를 제어할 수 있다.
- 준비물 : Uno, Uno R3 외부 확장 보드, Touch Sensor, LED, 케이블, 저항

① 회로 구성

- LED연결은 D13에 +극을 연결하고 -극을 GND에 연결시킨다.
- 센서모듈과 Uno의 연결 시 모듈 G, V, S를 Uno D3 G, V, S에 순서대로 연결시킨다.
- 동작 : 터치센서에 손을 갖다 댈 경우 LED에 불이 들어오고 아무런 터치가 감지되지 않을 경우에는 LED는 꺼져있는 상태가 된다.

② 코드

02_소스코드

```
int Led = 13;
int buttonpin = 3;
int val;
void setup() {
  pinMode(Led, OUTPUT);    //13번 내장 LED핀 OUTPUT모드 설정
  pinMode(buttonpin, INPUT) ;  //터치 센서핀 INPUT모드 설정
}
void loop() {
  val = digitalRead (buttonpin);
```

```
if (val == HIGH) {
  digitalWrite(Led, HIGH);
}
else {
  digitalWrite(Led, LOW);
}}
```

23 DHT11 온습도 센서 모듈

- 온습도 센서 모듈로 온도와 습도를 측정할 수 있다.
- 준비물 : Uno, Uno R3 외부 확장 보드, 온습도 센서, 케이블

① 회로 구성

- 센서모듈과 Uno의 연결 시 모듈 GND, Vcc는 각각 연결해주고, S는 Uno의 A0에 연결시킨다.
- 동작 : 시리얼 통신을 통해 센서가 현재 공간의 온도, 습도를 측정한다.

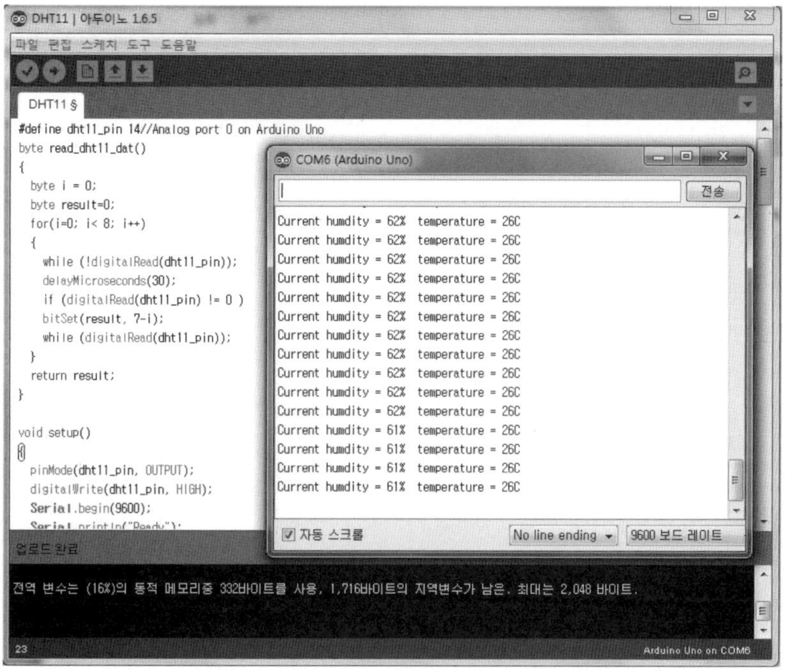

② 코드

01_LED 점멸

```
#define dht11_pin 14 //Analog port 0 on Arduino Uno
byte read_dht11_dat()
{
  byte i = 0;
  byte result=0;
  for(i=0; i< 8; i++)
  {
    while (!digitalRead(dht11_pin));
    delayMicroseconds(30);
    if (digitalRead(dht11_pin) != 0 )
    bitSet(result, 7-i);
    while (digitalRead(dht11_pin));
  }
  return result;
}

void setup() {
  pinMode(dht11_pin, OUTPUT)
```

```
  digitalWrite(dht11_pin, HIGH);
  Serial.begin(9600);
  Serial.println("Ready");
}
void loop() {
  byte dht11_dat[5];
  byte dht11_in;
  byte i;// start condition
  digitalWrite(dht11_pin, LOW);
  delay(18);
  digitalWrite(dht11_pin, HIGH);
  delayMicroseconds(1);
  pinMode(dht11_pin, INPUT);
  delayMicroseconds(40);
  if (digitalRead(dht11_pin))
  {
    Serial.println("dht11 start condition 1 not met");
    delay(1000);
    return;
  }
  delayMicroseconds(80);
  if (!digitalRead(dht11_pin))
  {
    Serial.println("dht11 start condition 2 not met");
    return;
  }
  delayMicroseconds(80);// now ready for data reception
  for (i=0; i<5; i++)
  {
    dht11_dat[i] = read_dht11_dat();}
  pinMode(dht11_pin, OUTPUT);
  digitalWrite(dht11_pin, HIGH);
  byte dht11_check_sum = dht11_dat[0]+dht11_dat[2];
  if(dht11_dat[4]!= dht11_check_sum)
  {
    Serial.println("DHT11 checksum error");
  }
  Serial.print("Current humdity = ");
  Serial.print(dht11_dat[0], DEC);
```

```
  Serial.print("%  ");
  Serial.print("temperature = ");
  Serial.print(dht11_dat[2], DEC);
  Serial.println("C  ");
  delay(2000);
}
```

24 SOUND 센서 모듈

- 소리 센서를 이용하여 음향을 측정할 수 있다.
- 준비물 : Uno, Uno R3 외부 확장 보드, 소리 센서, 케이블

① 회로 구성

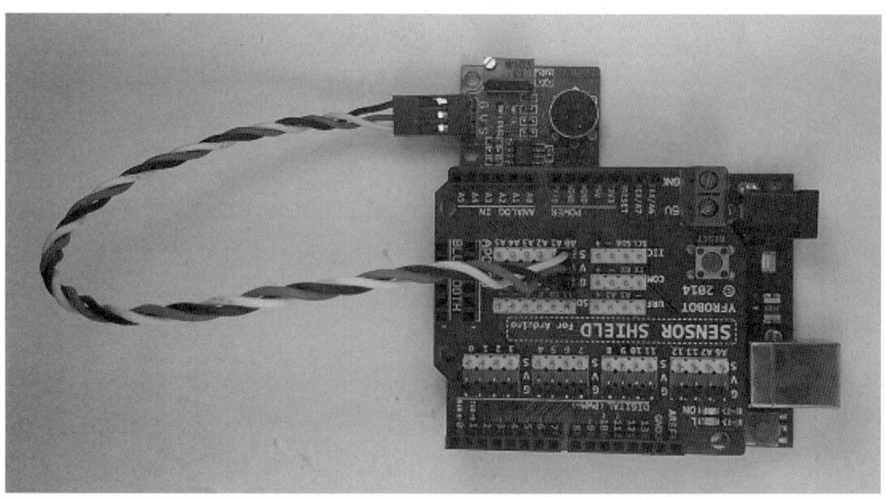

• 연결방법 : 센서의 G, V, S는 Uno A0의 G, V, S와 순서대로 연결시킨다.
• 동작 : 시리얼 통신을 통해 센서가 음향을 측정할 수 있다.

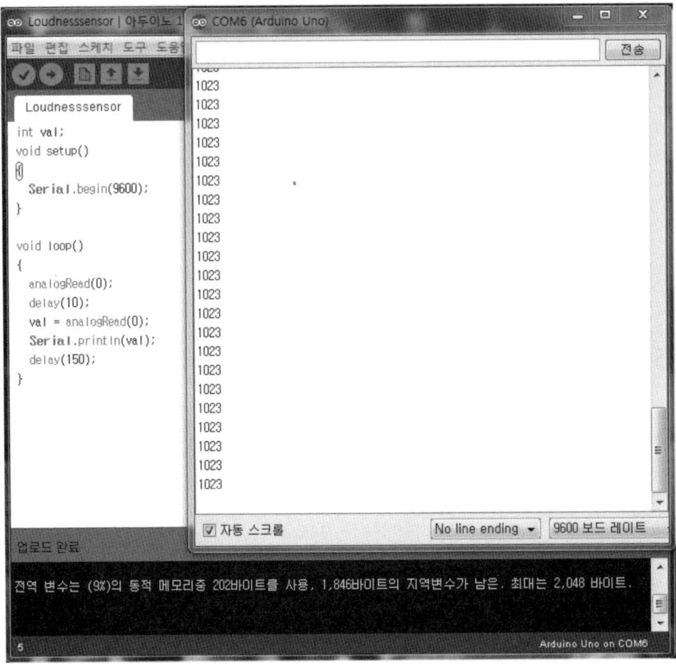

② 코드

02_소스코드

```
int val;
void setup() {
  Serial.begin(9600);
}
void loop() {
  analogRead(0);
  delay(10);
  val = analogRead(0);
  Serial.println(val);
  delay(150);
}
```

CHAPTER 03

AIR COPTER 아두이노 드론 키트 I

1 AIR COPTER 드론 보드 설명서

1) AIR COPTER 보드 사양

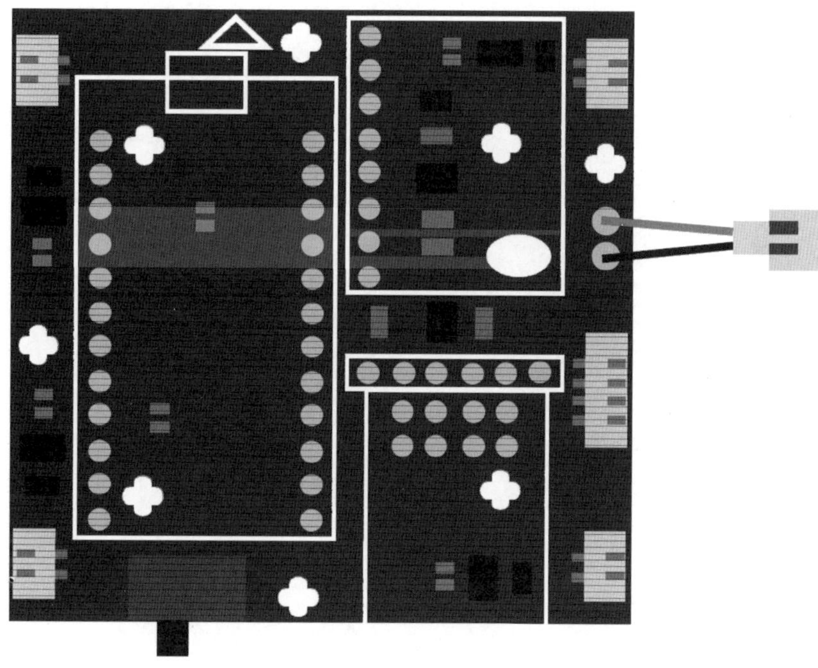

항목	사양	비고
사이즈	47×45mm	가로×세로
높이(A타입)	15mm	핀헤더 조립
높이(B타입)	8mm	모듈 직접 조립
모터	716, 720, 820모터 사용 가능	1CELL 모터 사용 가능
축	쿼드	4축
배터리	3.7V Li-po계열 사용	

Flight control	Air Copter V2.2	Multiwii Base
Processor	ATmega32u4(Arduino Pro Micro)	5V/16MHz
센서	MPU6050(GY-521)	3축 가속도, 3축 자이로
비행시간	5~10 minutes	
통신	Bluetooth or WIFI	
통신거리	Bluetooth(20m), WIFI(70m)	

2) AIR COPTER 보드 설명

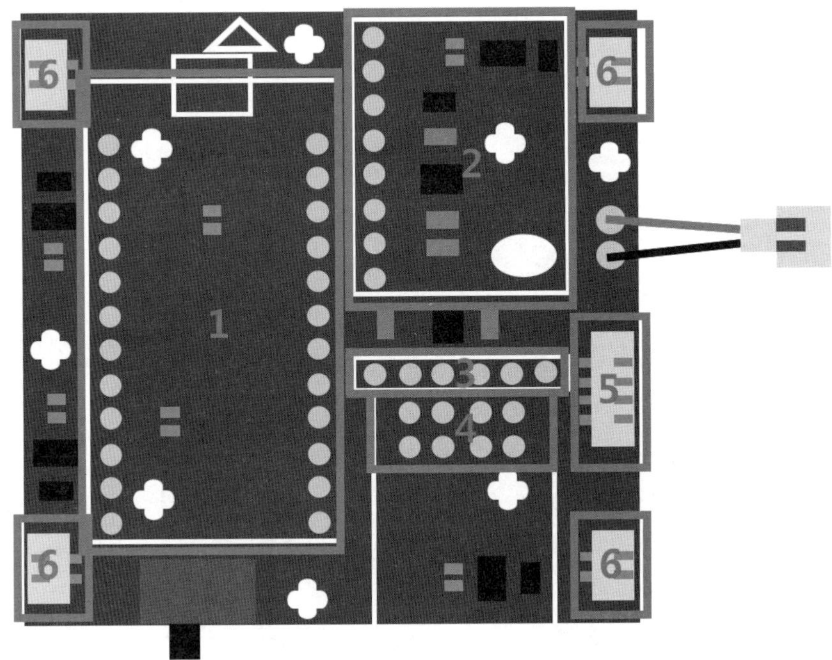

번호	설명
1	아두이노 프로마이크로
2	MPU6050(GY-521)
3	블루투스 모듈(HM-10)
4	WIFI 모듈(ESP-01)
5	SD카메라 커넥터
6	모터 커넥터 4개

• 보드에 삼각형으로 마크가 되어 있는 부분이 정면방향
• 드론을 조립하여 조종할 때 삼각형 마크가 방향의 기준이 된다.

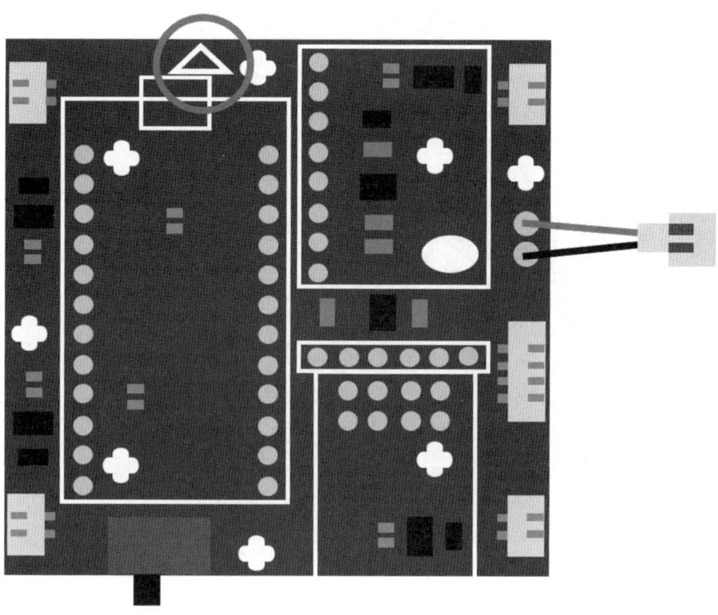

• 왼쪽 아래에 전원 스위치가 위치
• 왼쪽으로 위치 시 전원 ON, 오른쪽으로 위치 시 전원 OFF
• (왼쪽) ON ⇔ OFF (오른쪽)

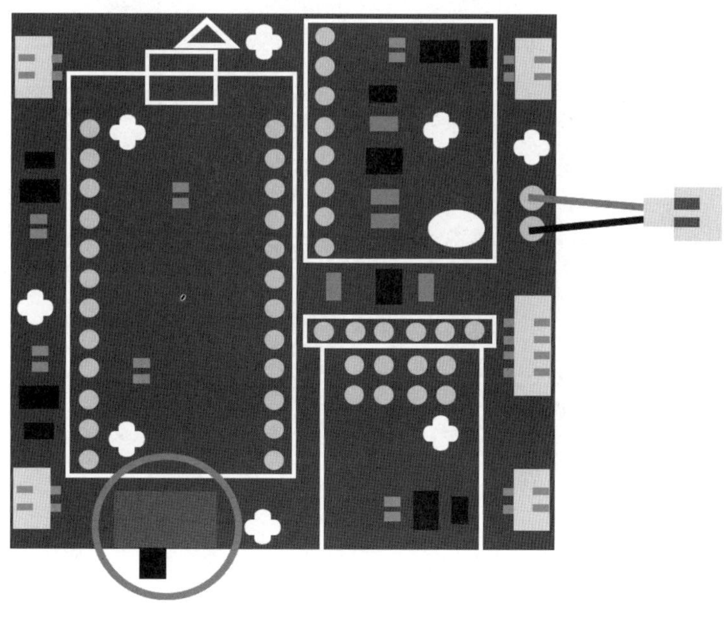

• 배터리 연결 커넥터부 1CELL Li-po 배터리와 연결되는 부분

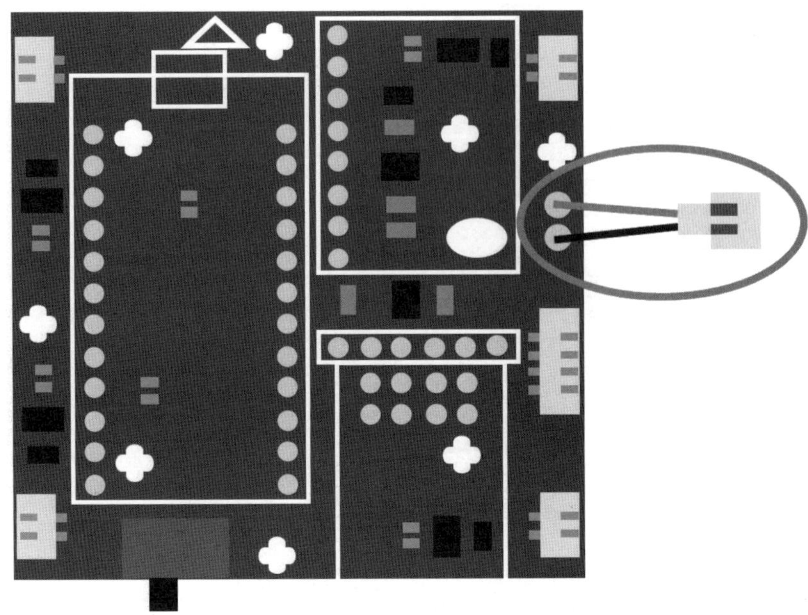

• 4개의 1.25mm 2PIN 커넥터가 보드 끝에위치 극성을 가진다.

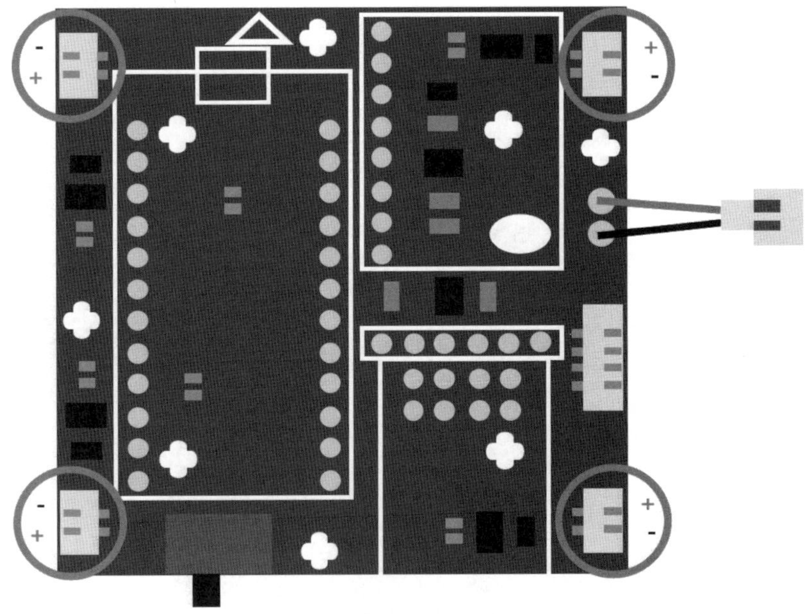

3) 조립방법 A타입(모듈 타입)

- 모듈타입은 보드의 높이가 높아지는 단점이 있지만, 모듈의 탈부착이 가능하므로 모듈을 다른 용도로 사용이 가능하다.
- 모듈높이는 핀헤더 + 모듈로 이루어진다.

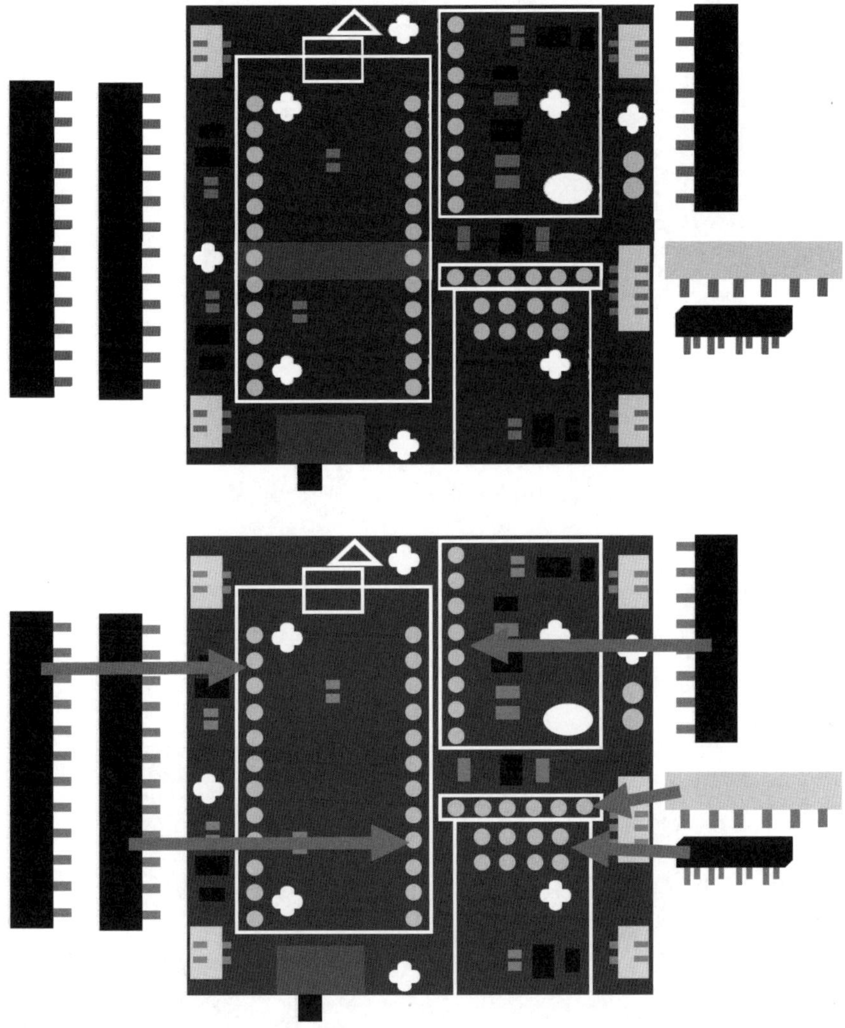

- A타입은 모듈을 핀헤더와 납땜하여 사용
- 준비물 : 12핀 1열 핀헤더(2개), 8핀 1열 핀헤더(1개), 6핀 1열 핀헤더(1개), 4핀 2열 핀헤더(1개)
- 핀헤더를 위의 그림과 같은 위치에 납땜

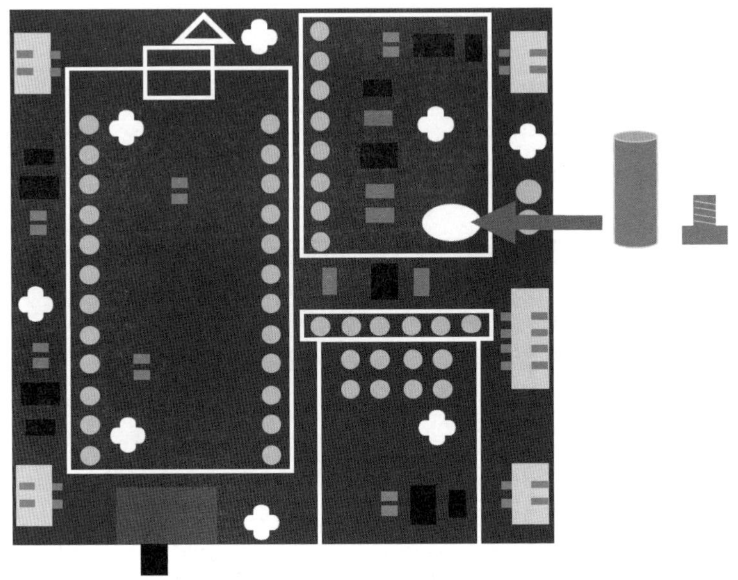

- M3x11 지지대와 M3x5 볼트를 위의 위치에 조립
- MPU6050(GY-521) 센서는 가속도+자이로 센서로 떨림이 심하면 센서의 오차가 커지므로 보드와 센서를 단단하게 고정하는 용도로 지지대 및 볼트를 고정용으로 사용

4) 조립방법 B타입(일체형 타입)

- 일체형 타입은 모듈이 직접 보드와 조립되므로 높이가 낮다.
- 작은 기체를 조립하기 위해서 필요한 타입

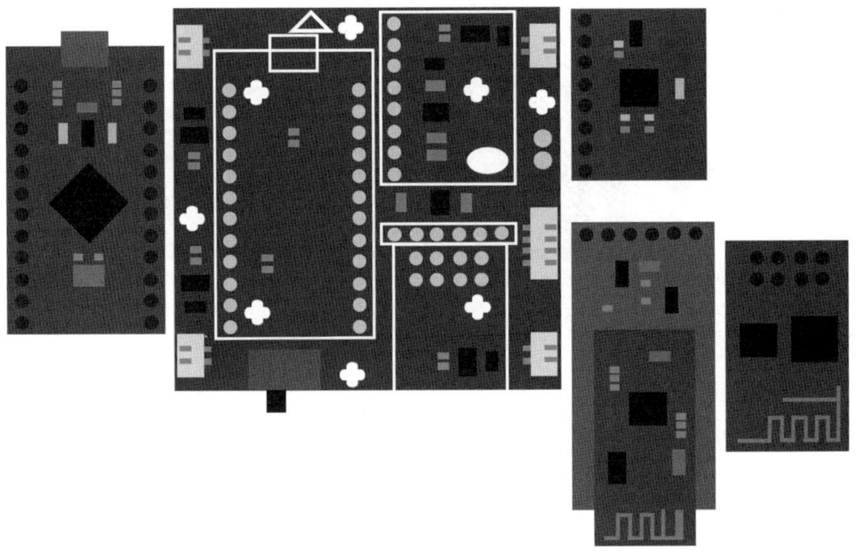

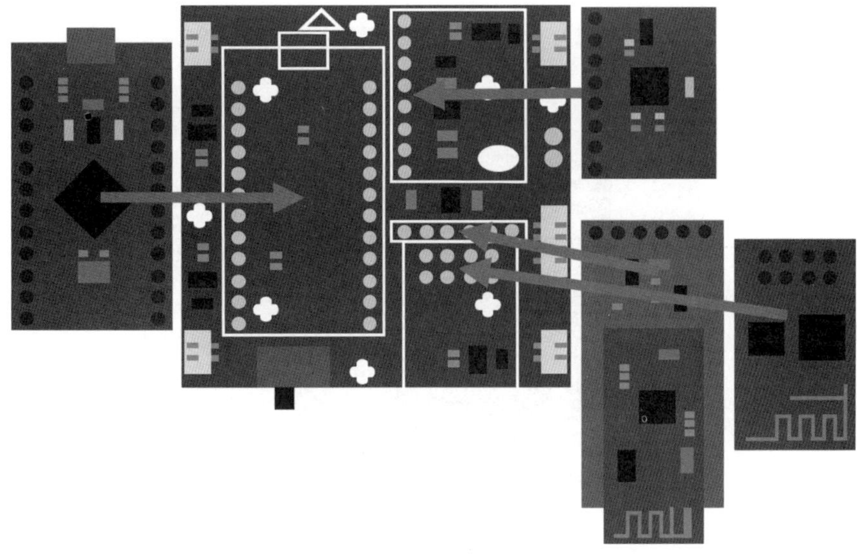

• 일체형 타입은 직접 베이스 보드와 조립이 된다.
• 블루투스 모듈 또는 WIFI 모듈 중 하나만 조립이 가능

5) 보드 사이즈 및 홀 위치

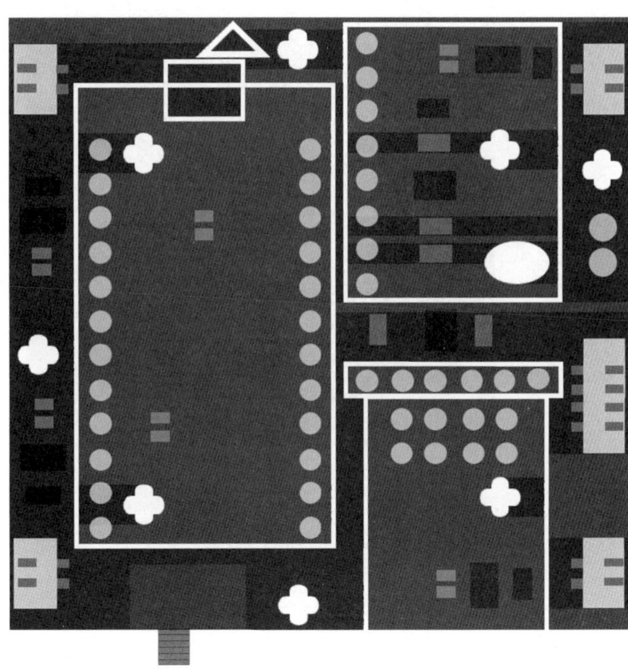

〈모듈 조립 전〉

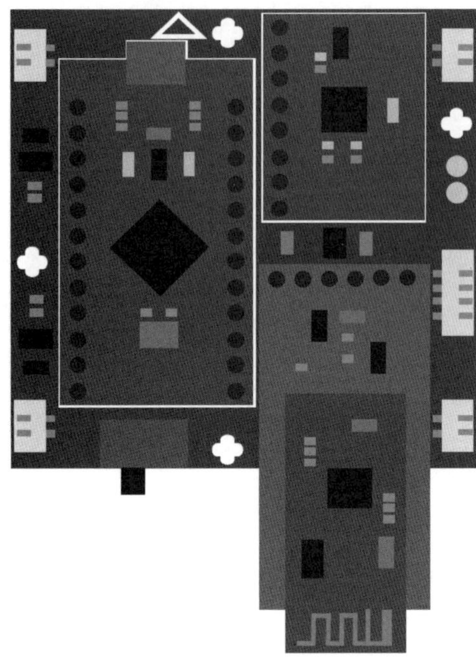

블루투스 조립

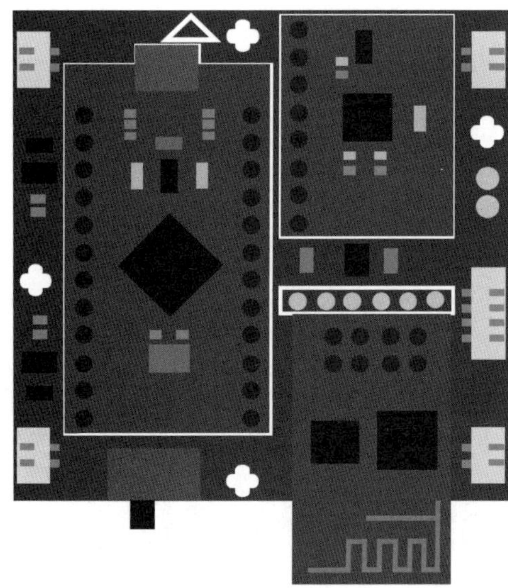

WIFI 조립

〈모듈 조립 후〉

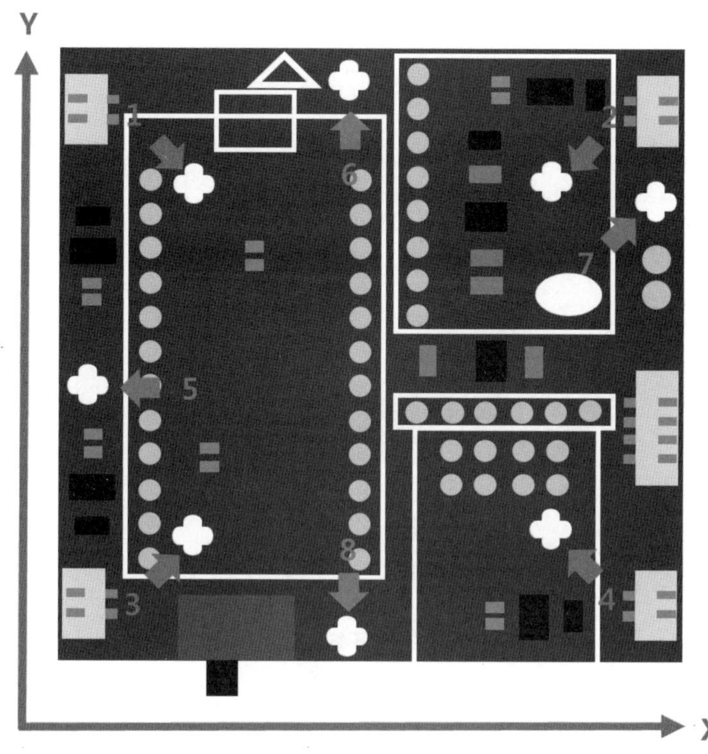

가로 47mm×세로 45mm

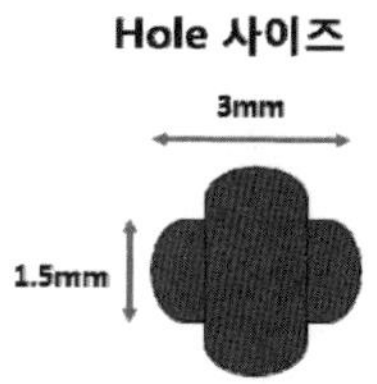

번호	위치 X(단위 : mm)	위치 Y(단위 : mm)	사용 가능	비고
1	10.75	35.25	A타입, B타입	모듈 안쪽 홀
2	36.25	35.25	A타입, B타입	모듈 안쪽홀
3	10.75	9.75	A타입, B타입	모듈 안쪽 홀
4	36.25	9.75	A타입, B타입	모듈 안쪽홀
5	2.3	22.5	B타입	모듈 밖 홀
6	22	42.7	B타입	모듈 밖 홀
7	44.7	32.4	B타입	모듈 밖 홀
8	22	2.3	B타입	모듈 밖 홀

- A타입(모듈 타입)으로 조립할 경우 1, 2, 3, 4, 5, 6, 7, 8번 모든 홀 사용 가능 - 모듈의 탈부착이 가능하므로 모든 홀이 사용 가능
- B타입(일체형 타입)으로 조립할 경우 5, 6, 7, 8번 홀만 사용 가능 - 모듈을 납땜하여 모듈 안쪽에 위치한 홀은 사용 불가능

2) AIR COPTER 아두이노 드론 기어타입 조립설명서

① 제품 구성

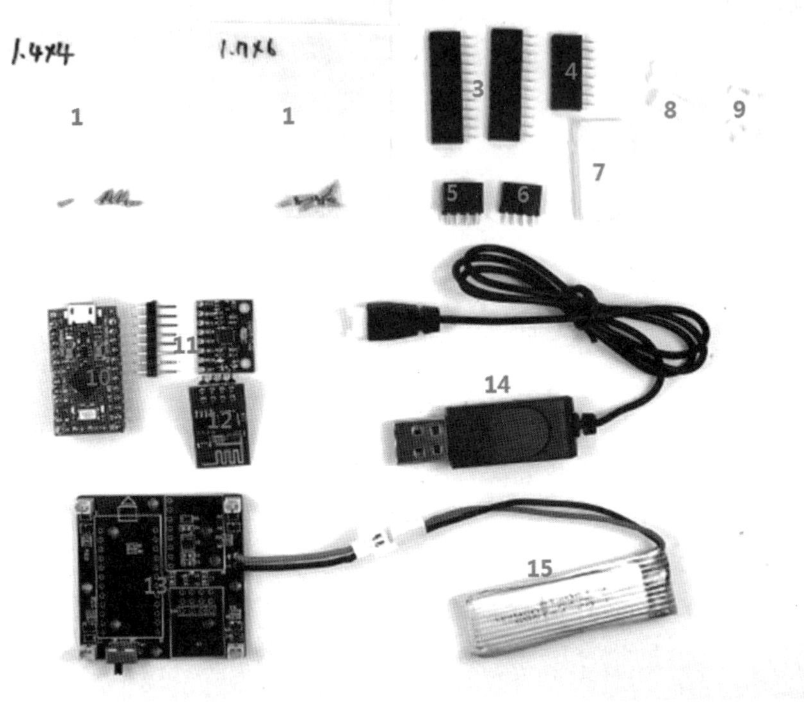

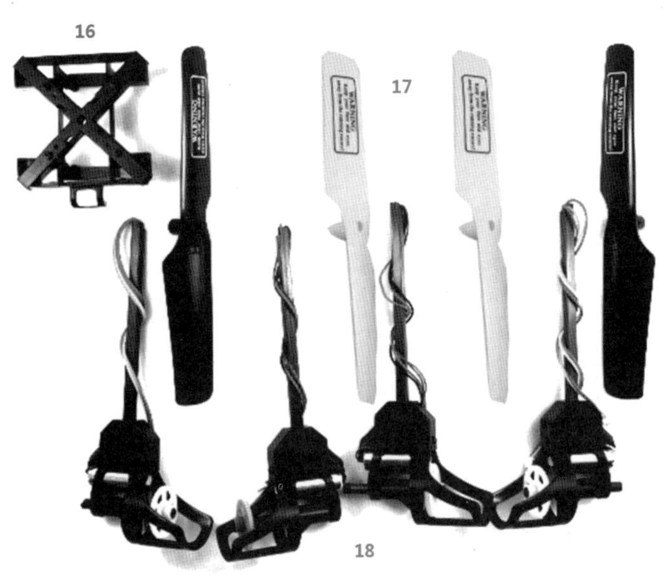

번호	이름	수량	용도
1	1.4x4 볼트	4개+@1~2개	드론 날개 조립용
2	1.7x6 볼트	4개+@1~2개	제어보드 지지용
3	1x12P 2.54mm 핀헤더	2개	아두이노 프로마이크로 커넥터
4	1x8P 2.54mm 핀헤더	1개	GY-521 커넥터
5	2x4P 2.54mm 핀헤더	1개	ESP-01 커넥터
6	1x4P 2.54mm 핀헤더	1개	블루투스용 커넥터(현재 미사용)
7	부직포	1쌍	배터리 고정용 부직포
8	M3x11 플라스틱 서포트	1개	GY-521 고정용
9	M3x5 플라스틱 볼트	2개+@1개	GY-521 고정용
10	아두이노 프로마이크로	1개	아두이노
11	GY-521	1개	센서
12	ESP-01	1개	WIFI
13	베이스보드	1개	
14	충전기	1개	
15	3.7V/500mA 배터리	1개	
16	바디	1개	
17	날개	4개	A타입 2개, B타입 2개
18	모터 지지대	4개	정모터×2개, 역모터×2개

② 날개와 모터 지지대를 조립한다(총4개). M1.4x4 볼트 사용

- 색깔은 모터에 연결된 케이블색을 의미
  - 빨파모터(정모터)와 날개(A1) 조립 - 흰색, 검정 날개 각각 하나씩
  - 흰검모터(역모터)와 날개(B1) 조립 - 흰색, 검정 날개 각각 하나씩

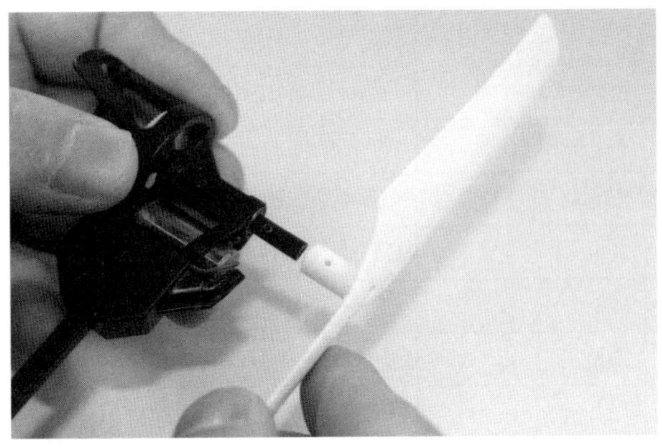

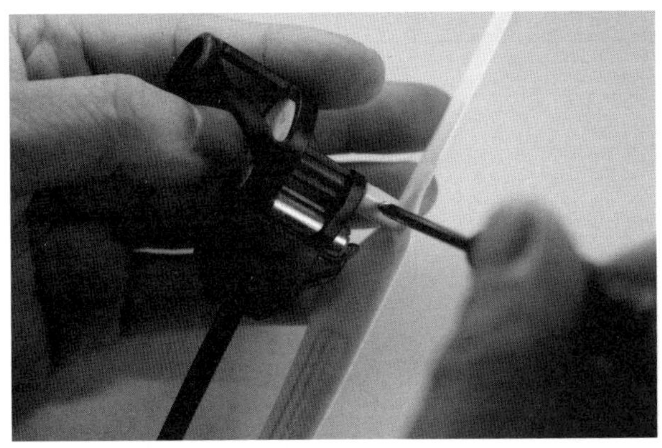

② 4개의 모터 지지대와 날개 모두 조립

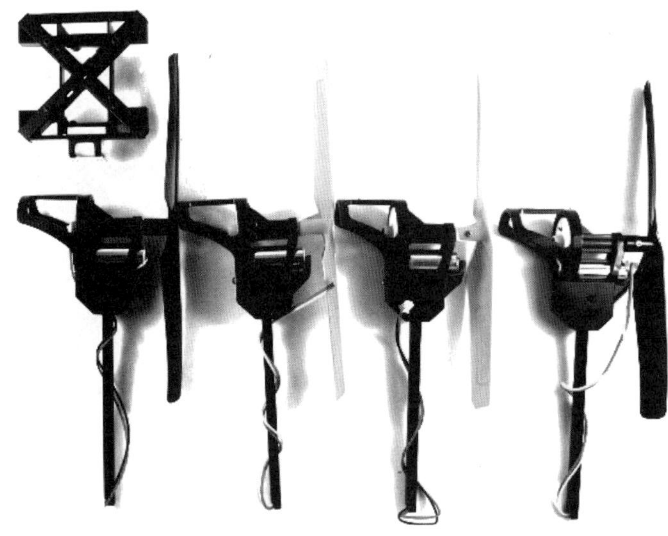

③ 바디와 날개를 조립

- 빨파모터(정), 흰검모터(역)를 위의 사진과 같이 위치
- 빨간색 화살표의 부분이 위로 가도록 조립

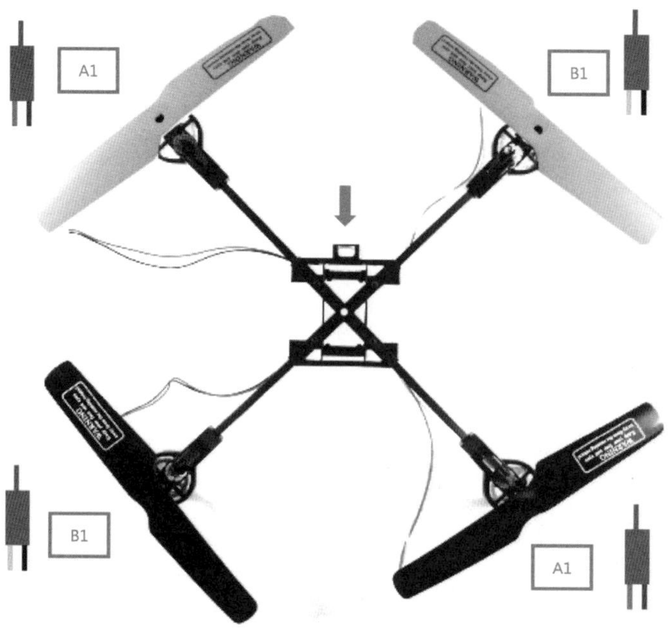

④ 베이스보드와 핀헤더를 납땜하여 연결

- 1×12P(2개), 1×8P(1개), 1×6P노란색(1개), 2×4P(1개)

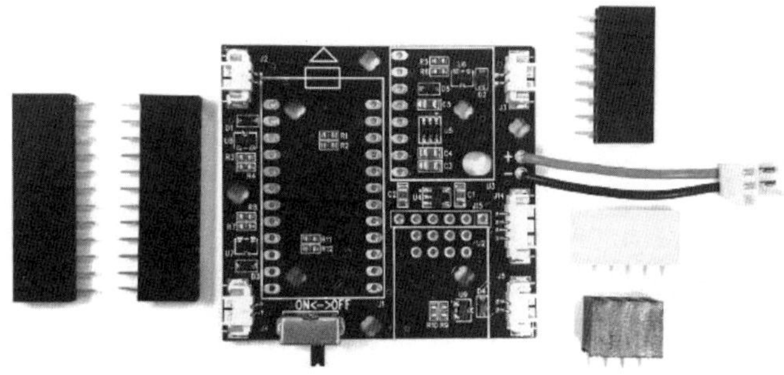

⑤ GY-521 센서 고정용 서포트를 조립

- M3x11 플라스틱 서포트
- M3x5 플라스틱 볼트

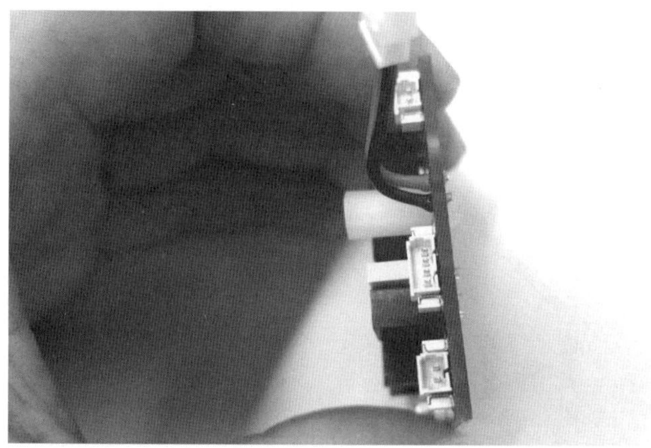

⑥ 커넥터별 조립 사진

- 노란색 6P 커넥터는 블루투스 연결
- 검정색 2x4P 커넥터는 WIFI 연결

〈블루투스 조립〉

〈WIFI 조립〉

⑦ AIR COPTER 보드와 드론바디 결합

- 1.7×6mm 볼트를 이용하여 4군데에 나사 체결

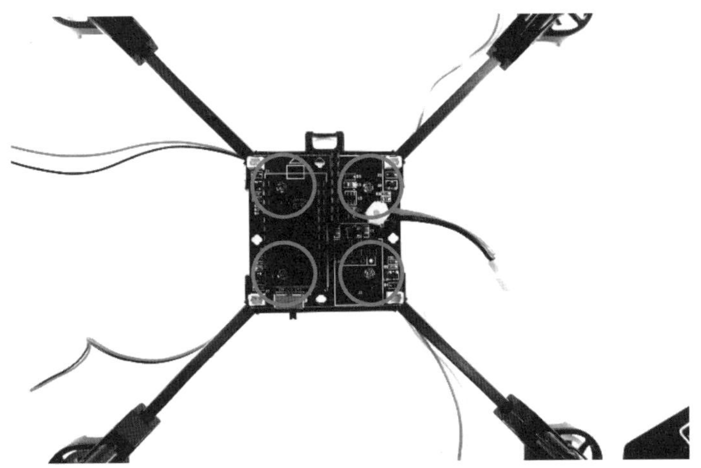

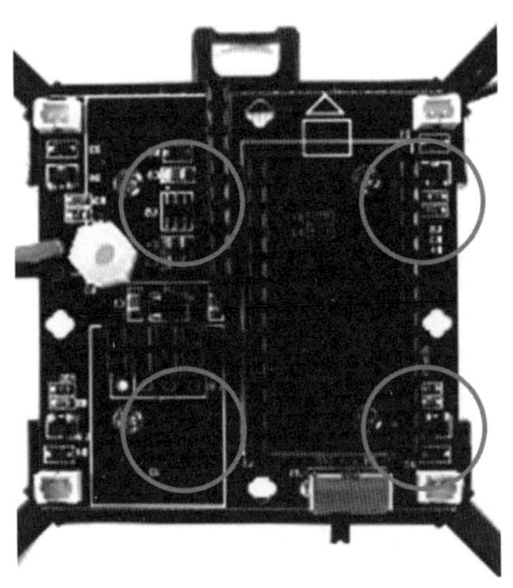

⑧ 아두이노 프로마이크로, GY-521, ESP-01 조립

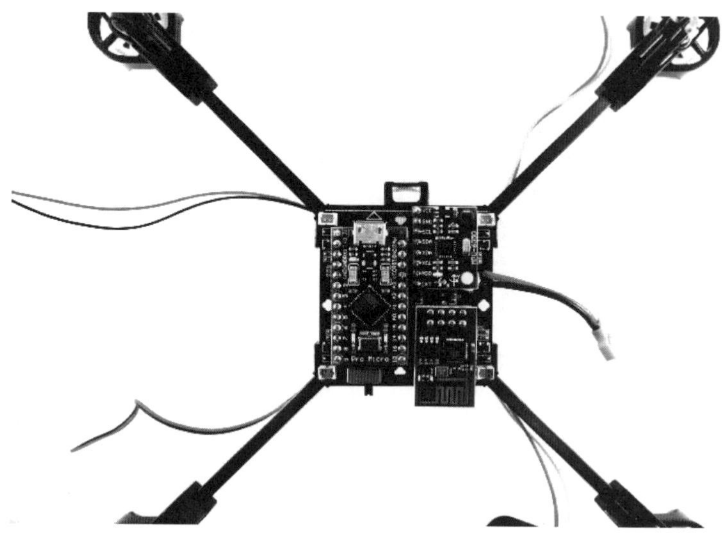

⑨ GY-521은 M3x5 플라스틱 볼트로 체결

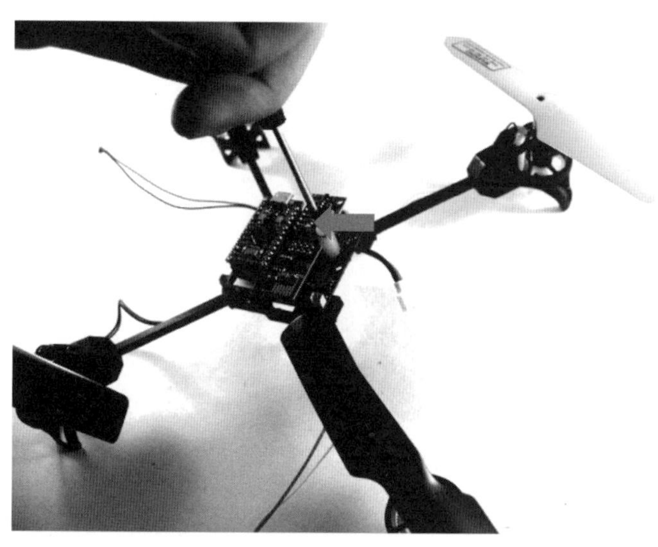

⑩ 드론바디 하단부에 부직포 부착 - 배터리 고정용 까끌한 부분

⑪ 배터리에도 부직포 부착 - 맨들한 부분

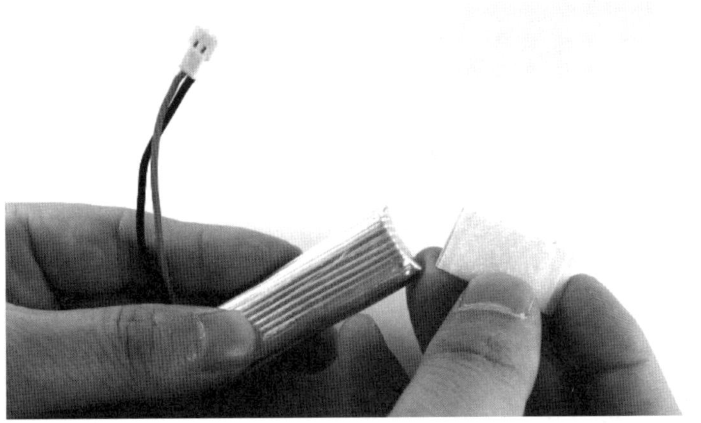

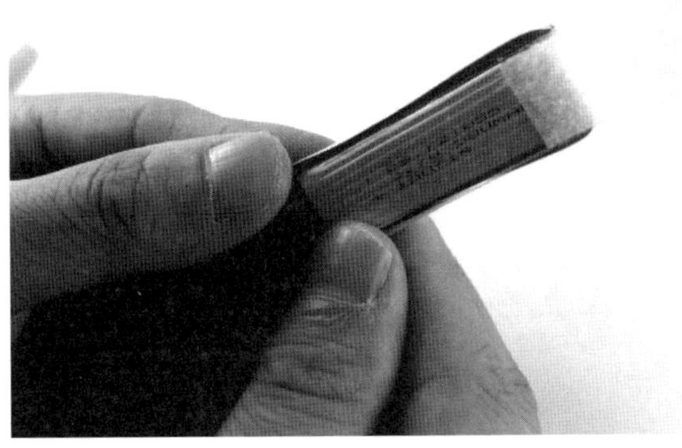

⑫ 배터리와 드론바디 연결

드론바디의 부직포와 배터리의 부직포가 붙어서 튼튼하게 고정된다.

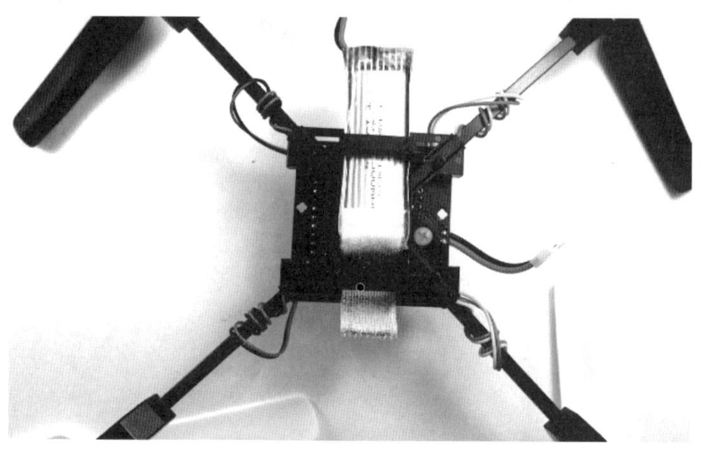

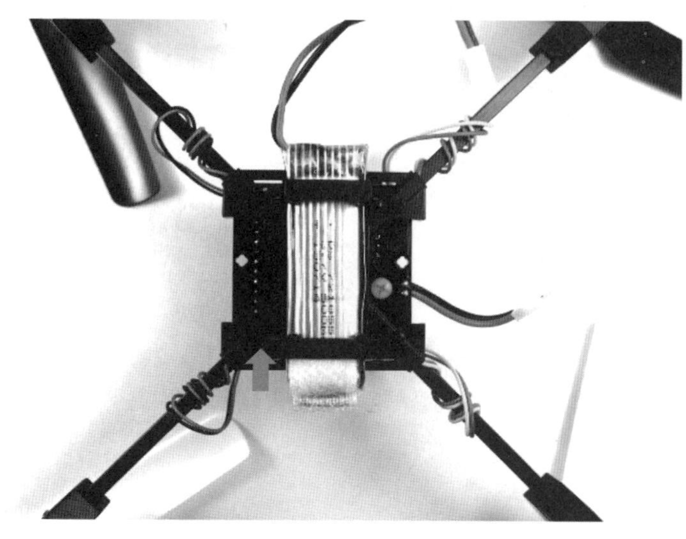

⑬ 배터리와 베이스보드 간 연결

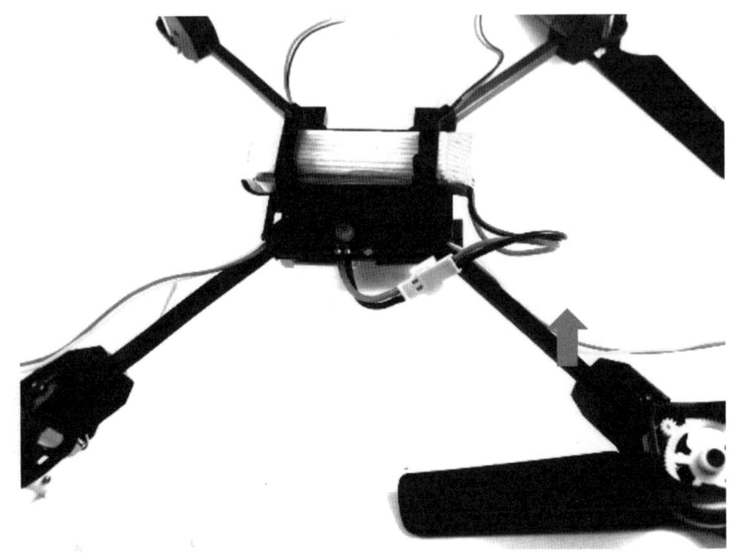

⑭ 모터커넥터와 베이스보드 간 연결

- 두세 바퀴 감아준 다음에 연결
- 케이블이 길면날개와 간섭이 생길 수 있다.

⑮ 완료된 모습

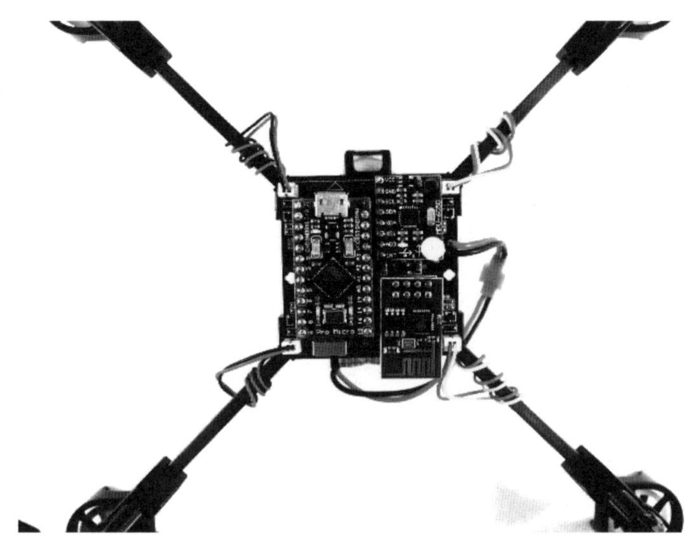

2 AIR 드론 어플 설명서

1) 어플설치 방법

① 어플을 다운로드 한다.

- 구글 플레이스토어에는 등록되어 있지 않다.
- 다두이노 제품 페이지(드론) ⇨ 관련자료 ⇨ "어플 다운로드 블루투스 버전"을 클릭하여 다운로드 후 apk 파일을 설치한다.

  ⇨ https://drive.google.com/file/d/0B4OcmZXpbDVbSjRyQlM0cVVtU2M/view 주소로 직접 다운로드

② 블루투스 ON

- 블루투스4.0 이상 지원되는 폰
- 블루투스를 켜두기만 한다. (연결은 하지 않음)

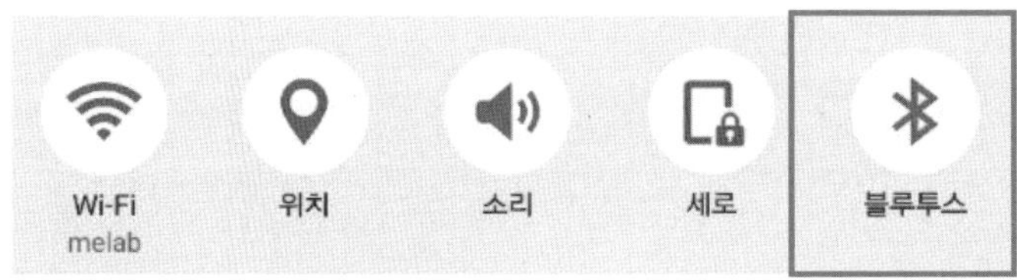

- 핸드폰 설정에 따라 블루투스를 연결하는 창이 나온다.
- 연결하지 않고 취소를 누른다. (조종 어플에서 자동으로 연결하기 때문에 핸드폰 설정에서 따로 연결할 필요가 없음)

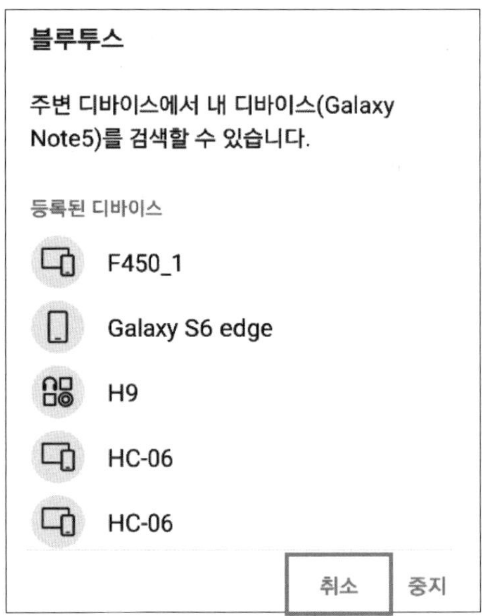

③ 설치 후 아래와 같은 아이콘이 생성되면 클릭한다.

④ 어플의 시작화면

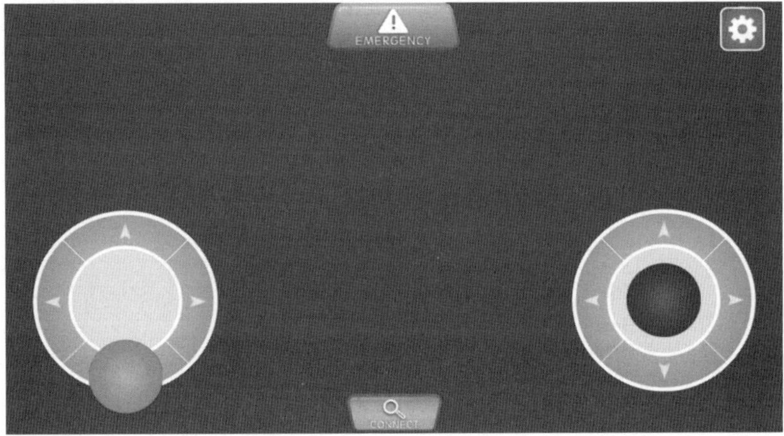

⑤ 설정을 클릭한다.

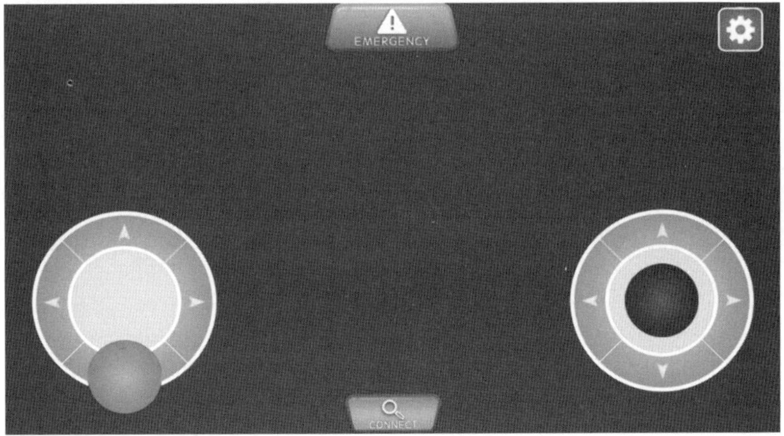

⑥ 드론 검색하기 위해 [Scan] 버튼을 클릭한다.

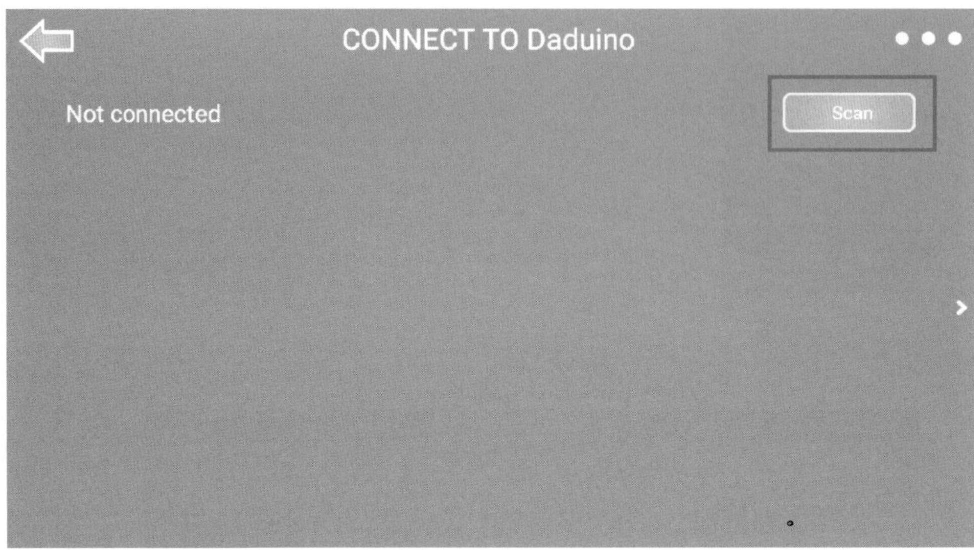

⑦ 드론 연결 AIR0000~9999까지 4자리 숫자가 검색되며, 번호는 랜덤

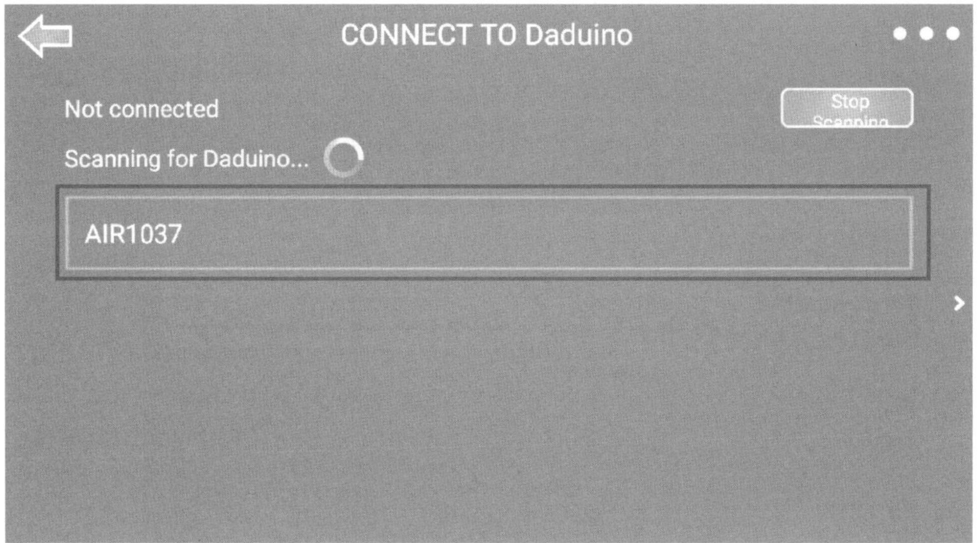

⑧ [YES] 버튼을 클릭한다.

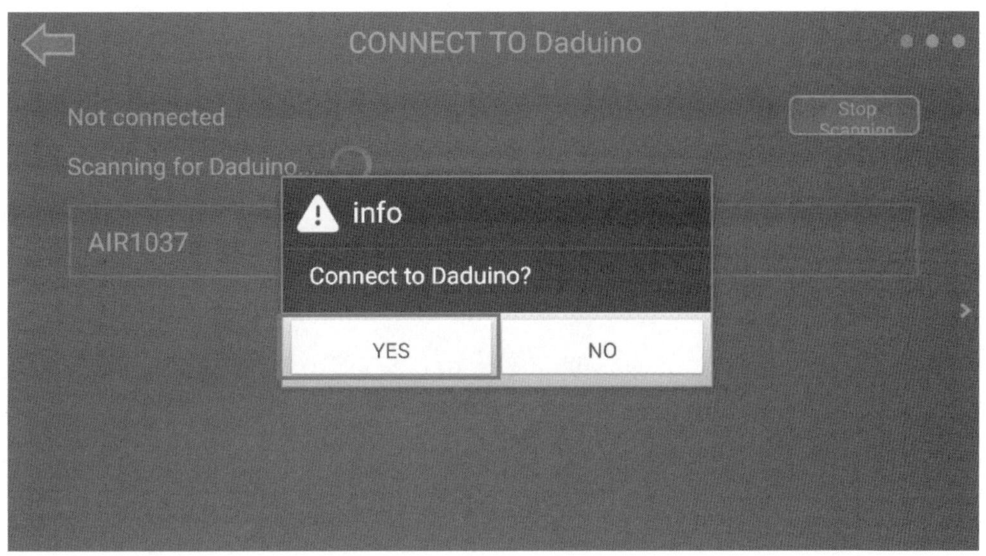

⑨ 연결 완료

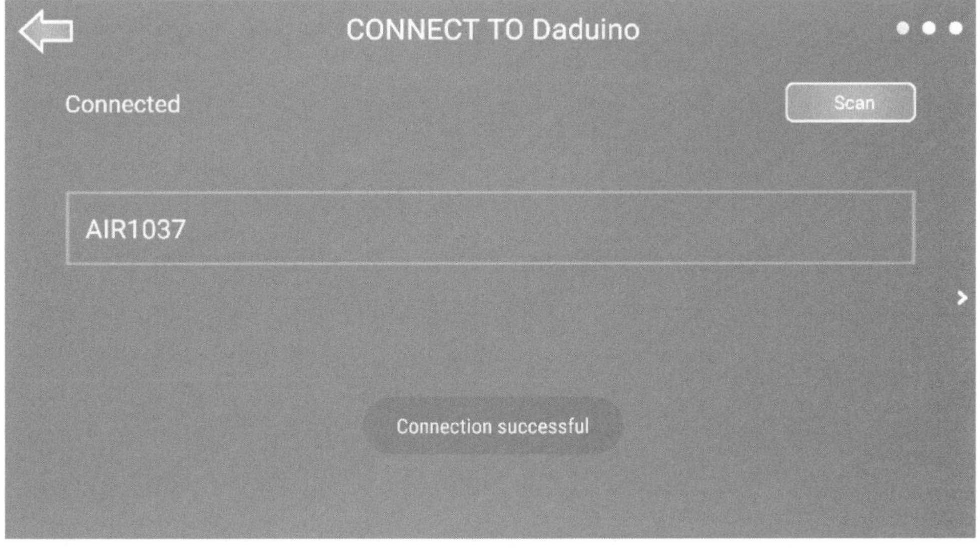

⑩ MODE SETTINGS 창으로 이동

좌우 화살표를 클릭하거나 손가락으로 끌면 이동할 수 있다.

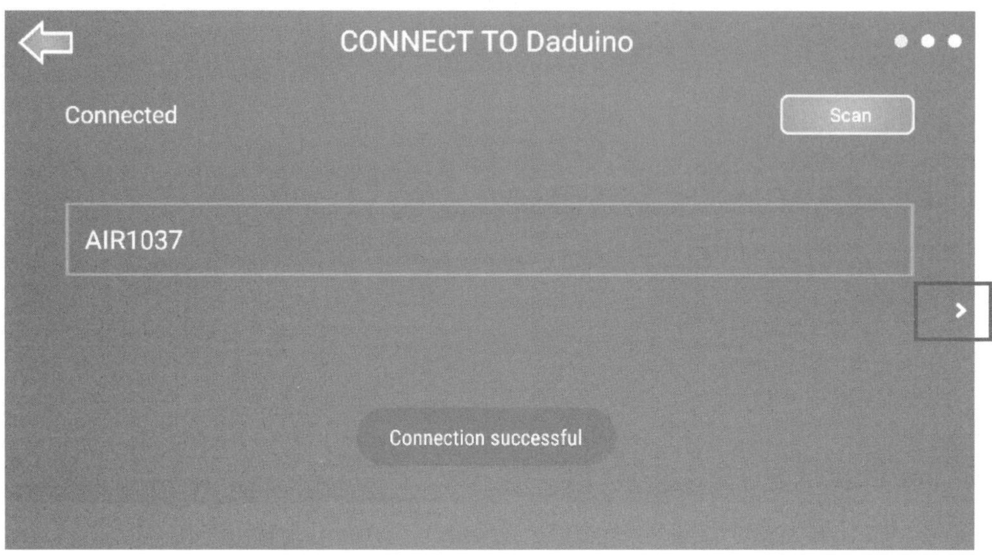

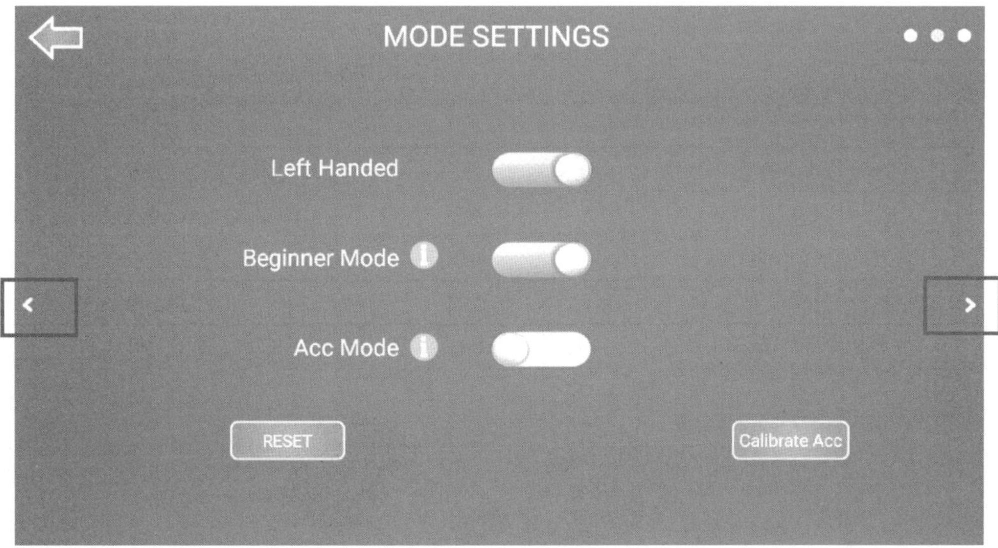

⑪ 가속도 보정 (매우 중요)

- 기체를 평평한 곳에 위치시킨 후 [Calibrate ACC] 버튼을 클릭한다.
- 이 과정은 드론 센서를 평평하게 인식시켜주는 과정으로 꼭 해야 드론이 정상적으로 비행이 가능하다.

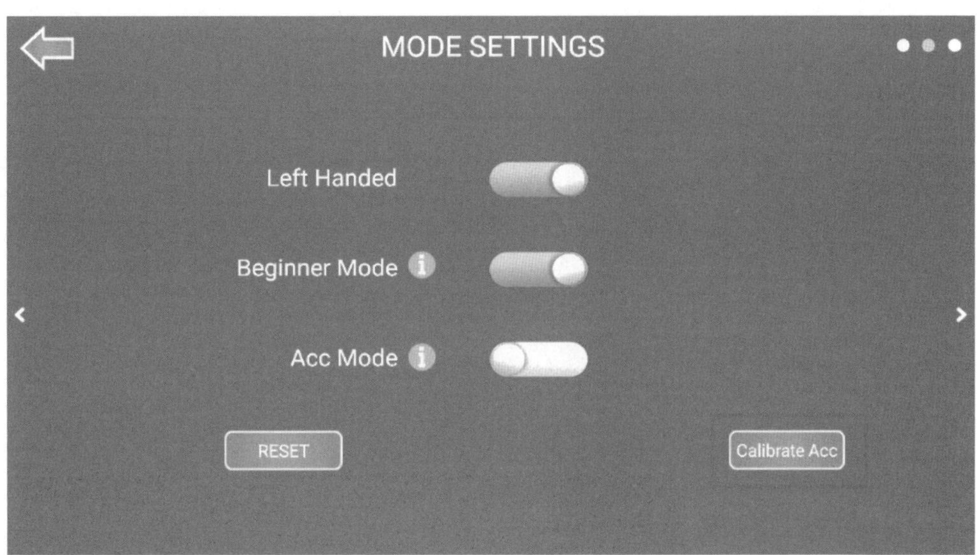

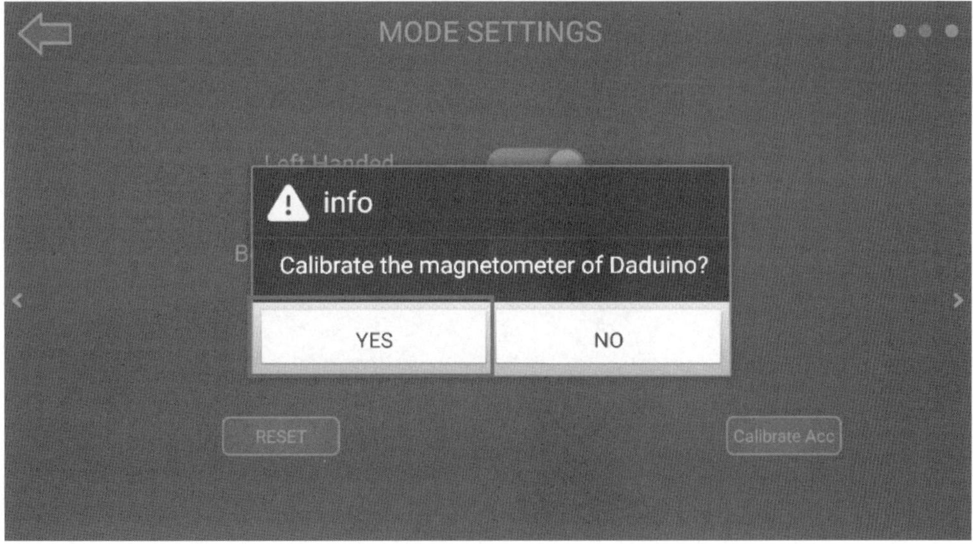

⑫ 시동

• 뒤로가기 화살표를 클릭하여 메인화면으로 이동

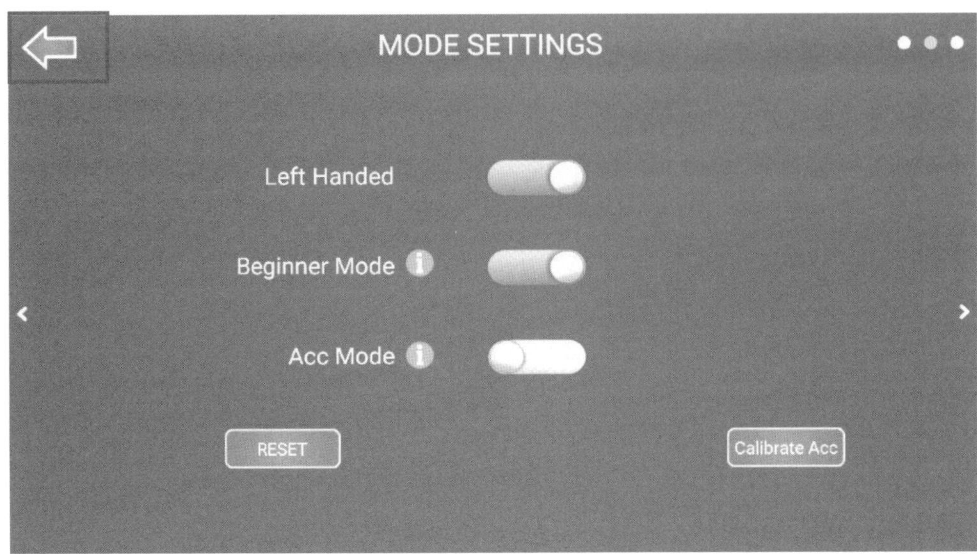

• [CONNECT] 버튼 클릭(시동)

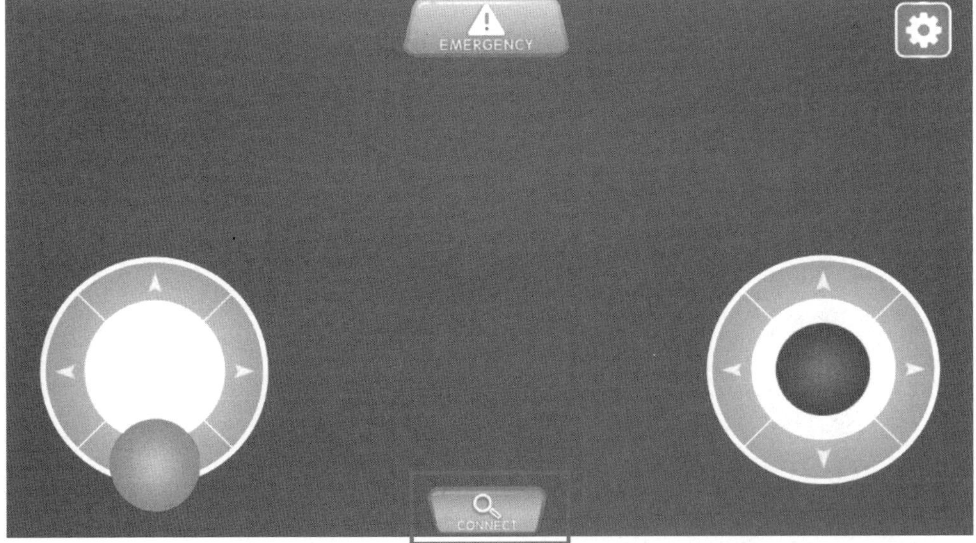

• 시동 완료

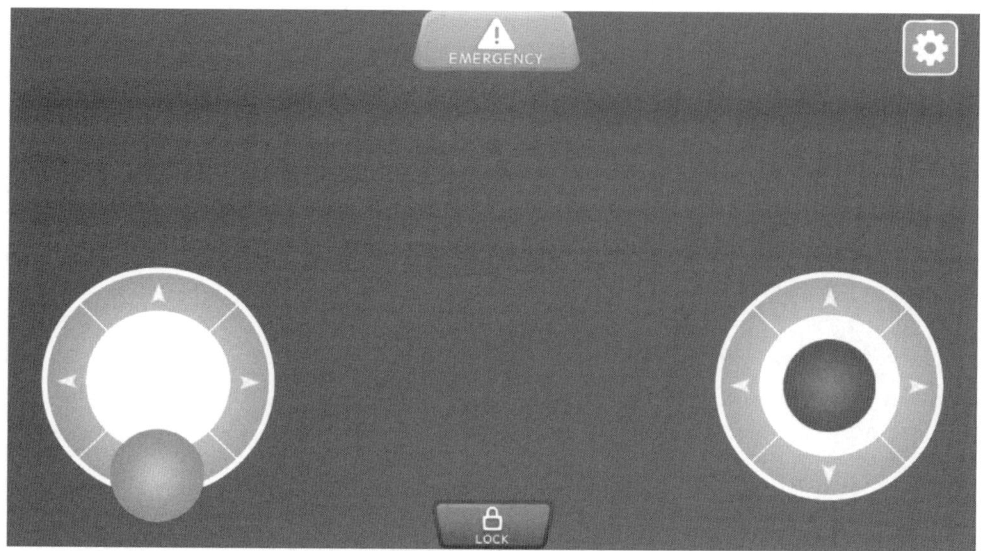

• [EMERGENCY] 버튼을 클릭하면 시동이 꺼진다.

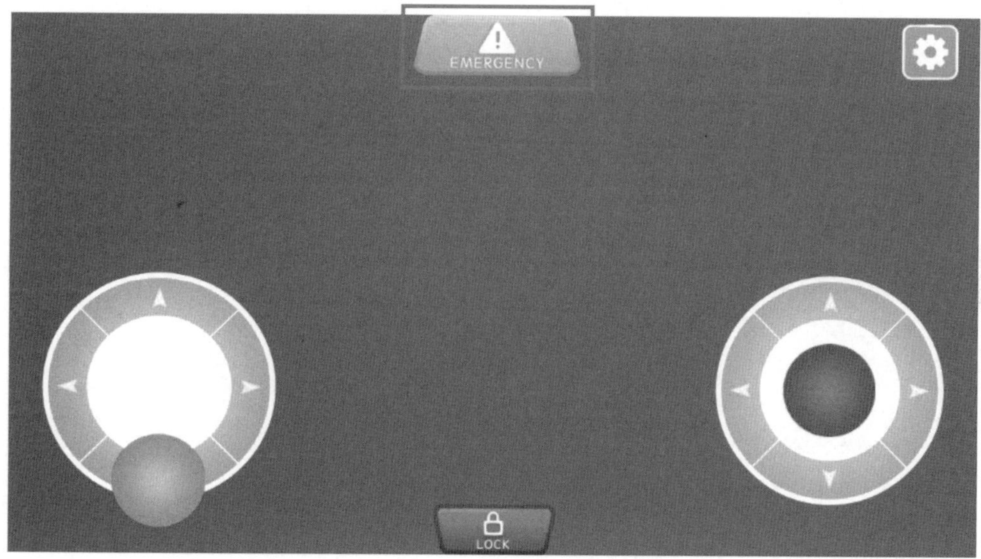

⑬ 조종

시동상태에서 스로틀 버튼을 위로 올리면 기체가 상승한다.

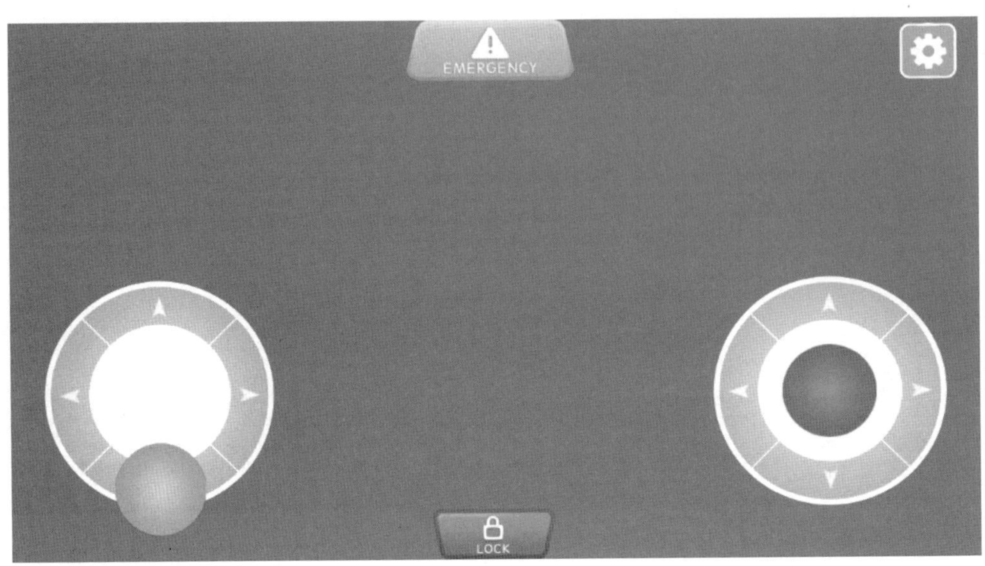

⑭ 각 버튼 설명

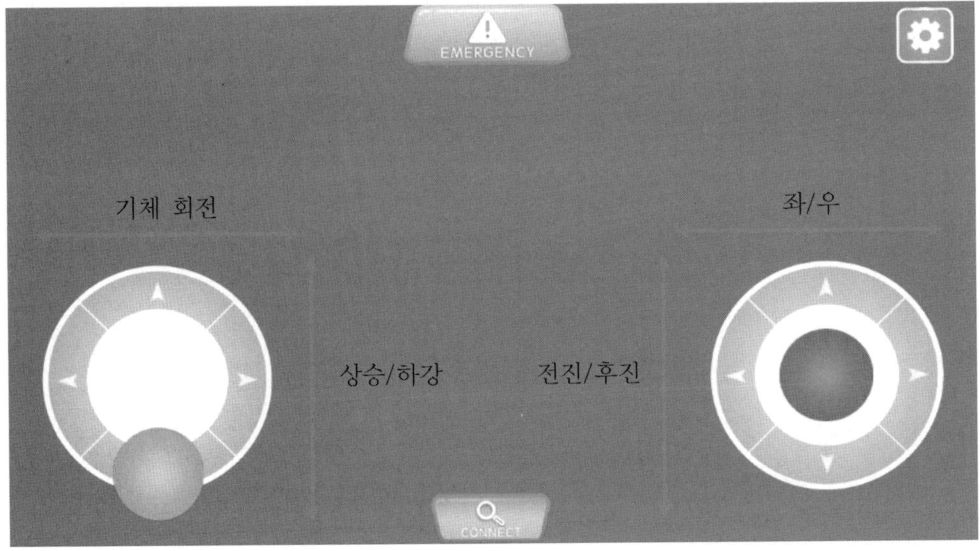

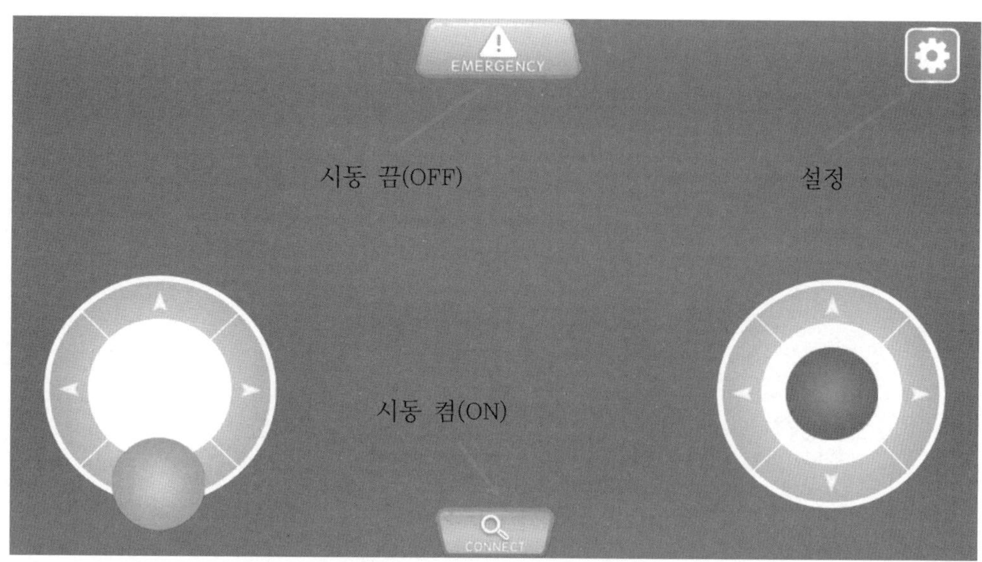
EMERGENCY
시동 끔(OFF)
설정
시동 켬(ON)
CONNECT

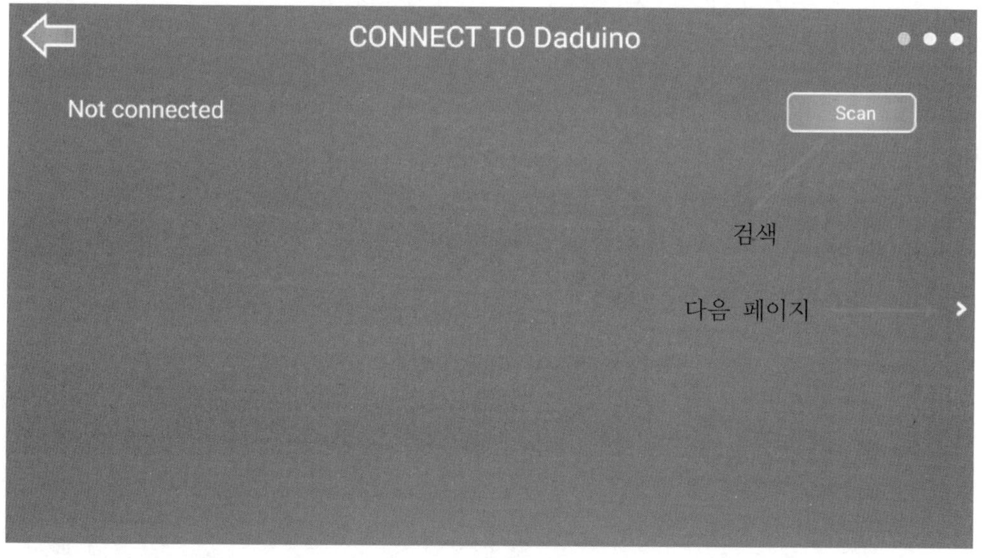
CONNECT TO Daduino
Not connected
Scan
검색
다음 페이지

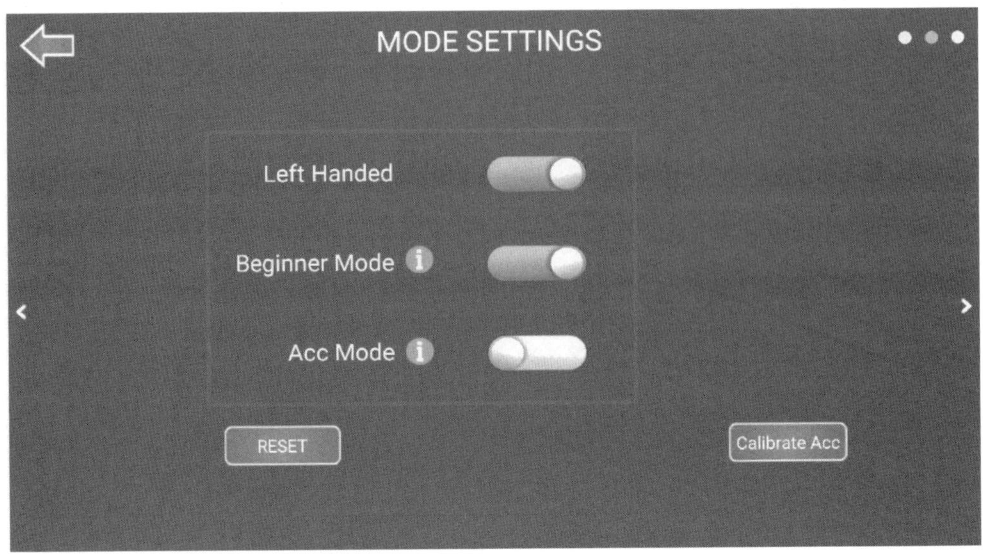

- Left Handed : 스로틀 버튼을 왼쪽 / 오른쪽으로 선택할 수 있다.
- Beginner Mode : 초보자용 모드로 기체가 조종버튼으로 회전하지 않는다.
  - 바람이나 외부요인으로는 기체가 회전할 수 있음
  - 프로그램에서만 버튼이 눌리지 않게 함
  - 조금 익숙해지면 OFF 시킨 후 사용을 권장
- Acc Mode : 스마트폰의 가속도 센서를 이용하여 조종
  - 조종하기가 매우 힘듦

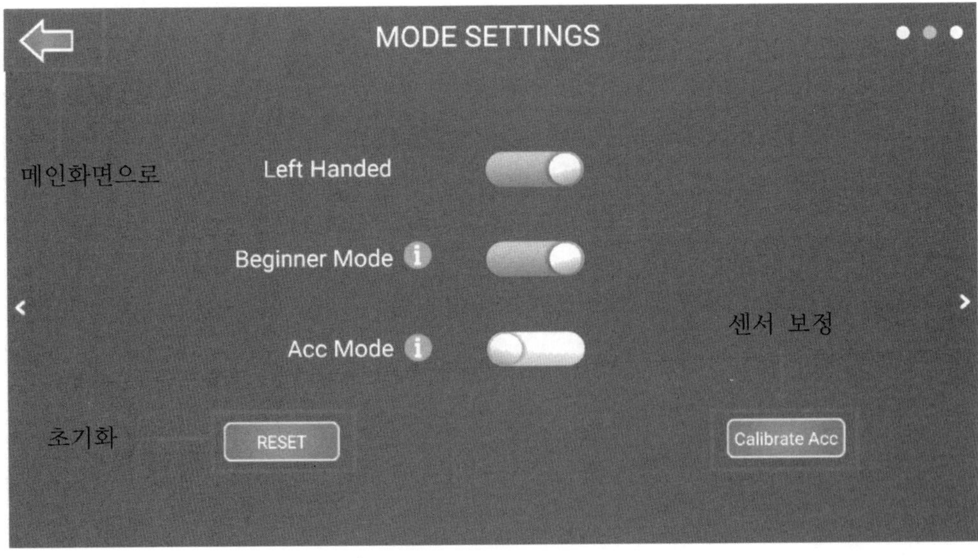

AIR Copter 소스 업로드 방법

1) 파일 열기

① AriCopter 파일을 클릭하여 폴더 안으로 이동

② AirCopter.ino 파일 클릭

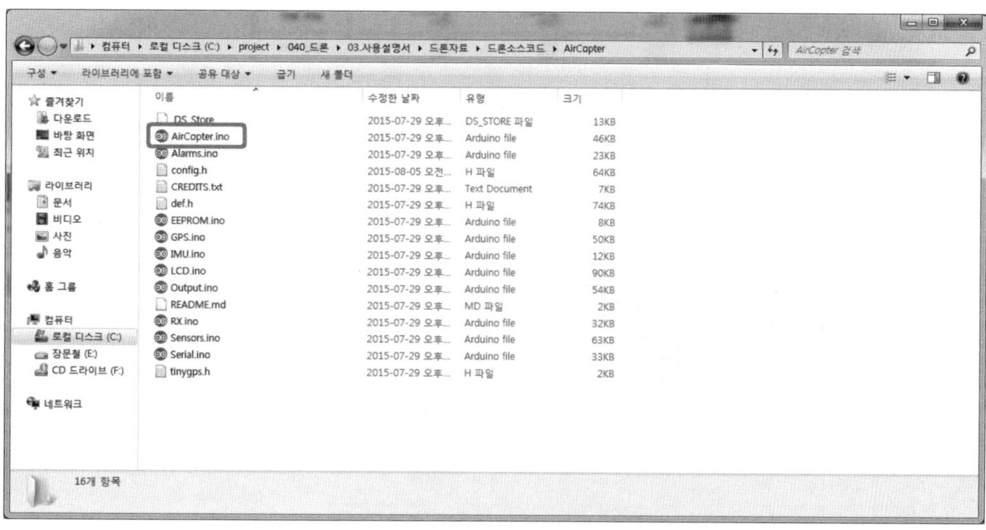

2) 보드 선택

① 도구 ⇨ 보드 ⇨ Arduino Leonardo 선택

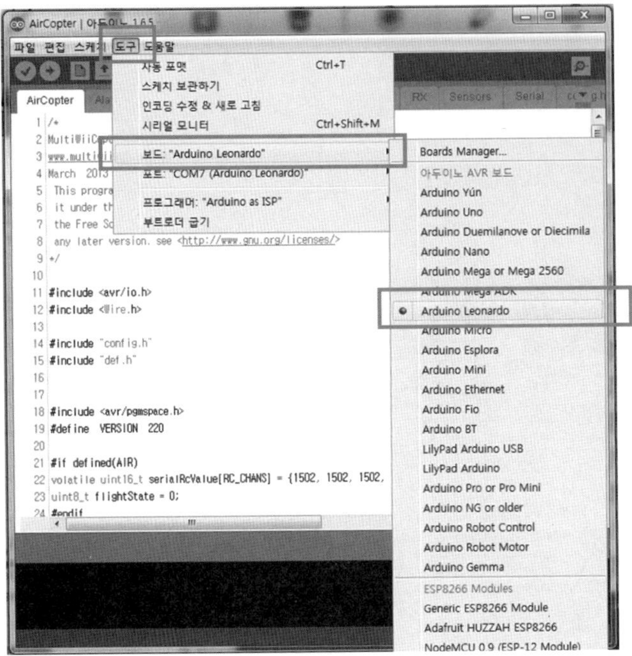

② 도구 ⇨ 포트 ⇨ Arduino Leonardo 포트 선택

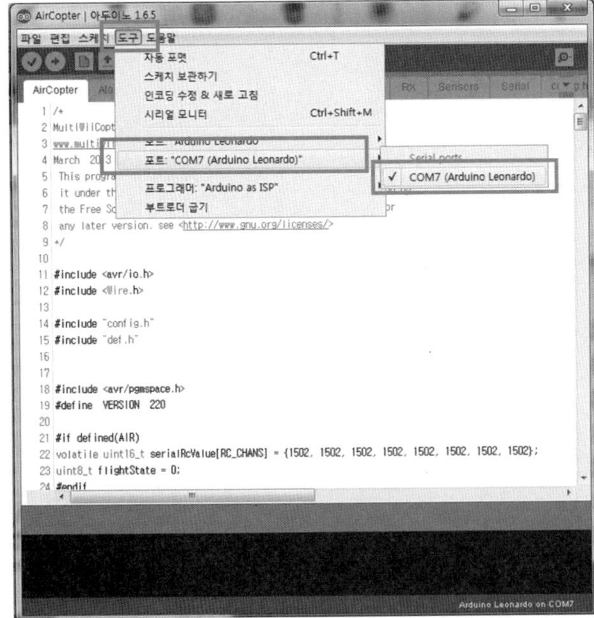

3) 업로드

① 업로드 버튼클릭 ⇨ 업로드 완료

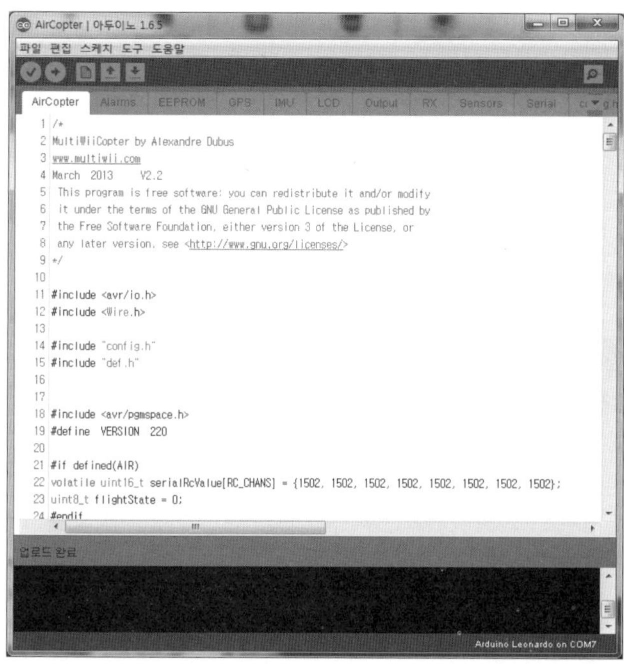

4 아두이노 IDE에 ESP8266 설치(ESP8266에 프로그램 다운로드 방법)

• 관련 웹사이트 : https : //github.com/esp8266/Arduino
• 아두이노 프로그램 1.6.9 사용

1) 아두이노 환경설정

① 아두이노 프로그램 실행

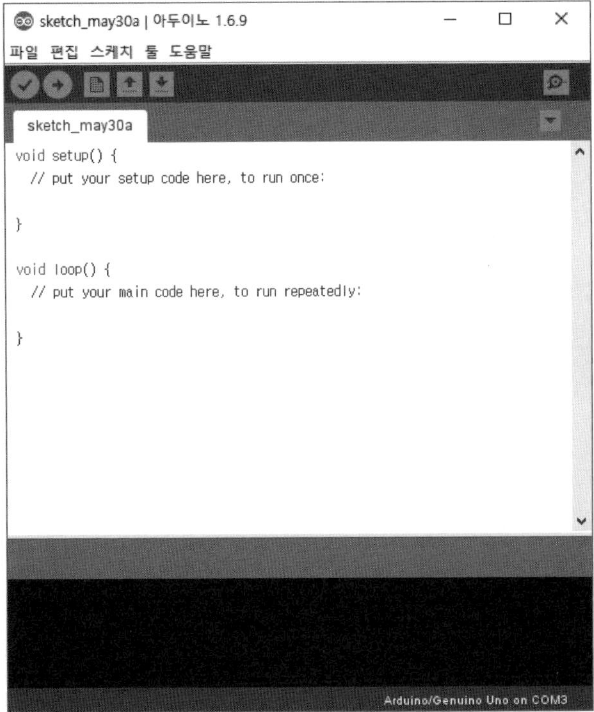

② 아두이노 ⇨ 파일 ⇨ 환경설정 클릭

추가적인 보드 매니저 URLs : 항목에 아래 주소를 복사하여 붙여 넣는다.

http : //arduino.esp8266.com/stable/package_esp8266com_index.json

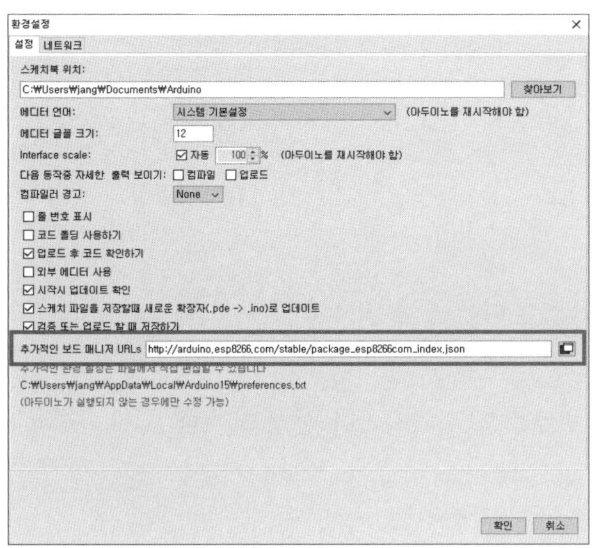

2) ESP8266 보드 추가

① 아두이노 ⇨ 툴 ⇨ 보드 ⇨ 보드 매니저… 클릭

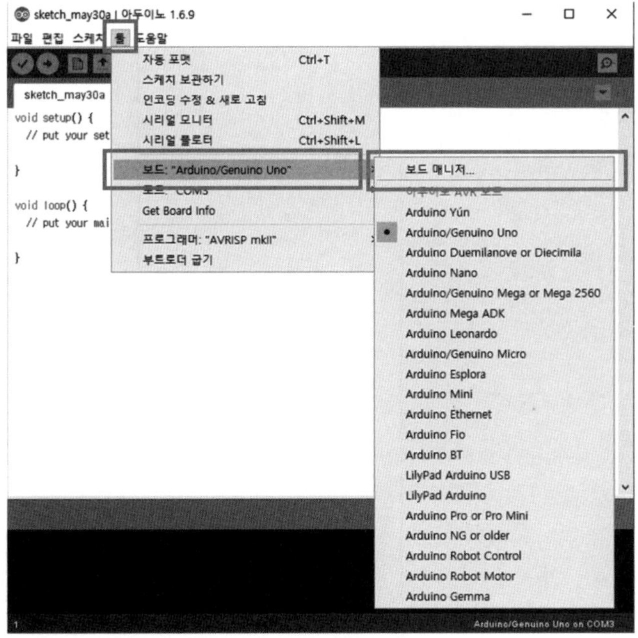

② ESP8266 검색

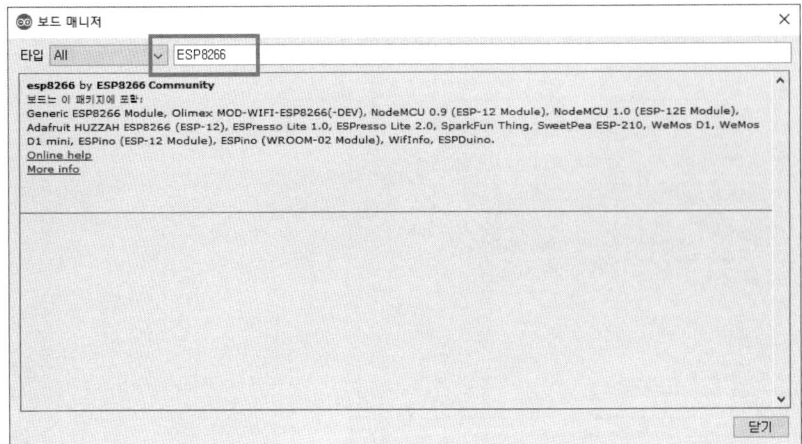

③ 프로그램 설치, 빨간색 쪽에 마우스를 위치시키면 활성화 된다.

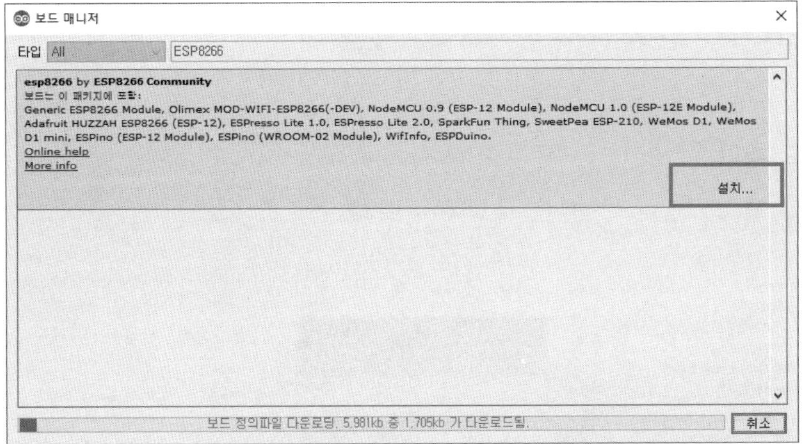

④ 정상적으로 설치가 완료되면
아두이노 ⇨ 툴 ⇨ 보드 하단에 ESP 보드가 추가되어 있다.

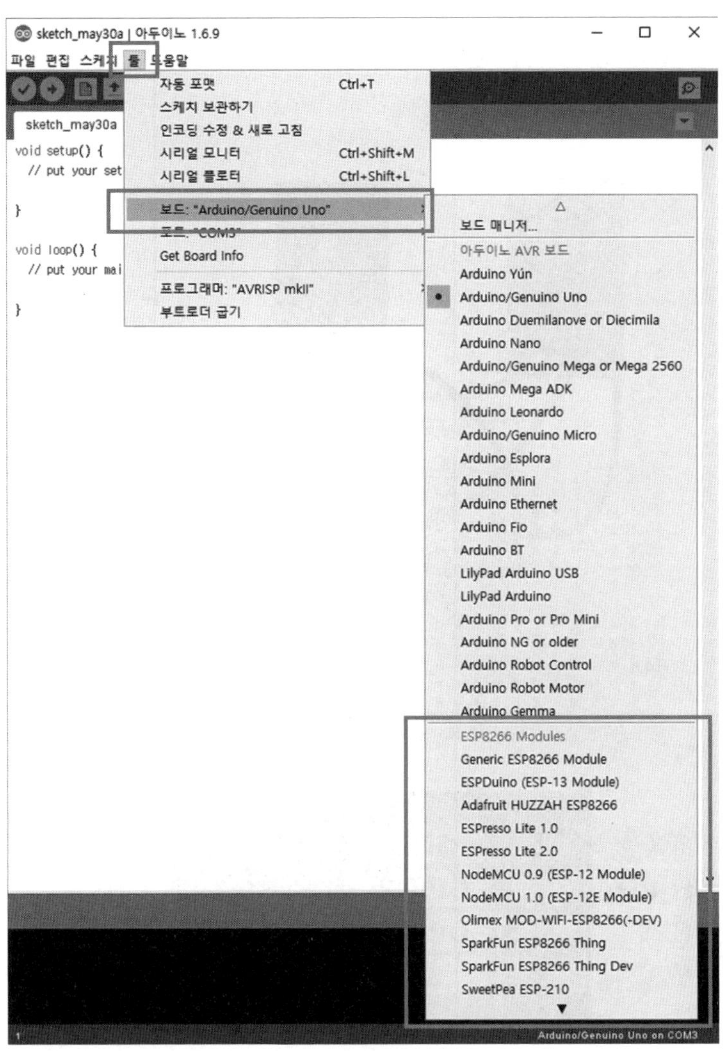

3) ESP8266 모듈과 하드웨어 연결

- USB to UART 모듈 필요, CP2102 모듈, CH340 모듈, PL2303 모듈, FTDI 모듈 모두 사용이 가능하다.
- ESP8266의 전원은 3.3V를 연결 (5V 연결 시 고장)
- 전원연결에 주의

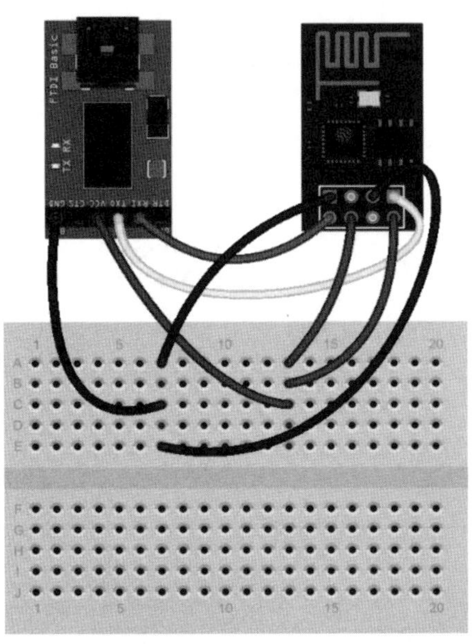

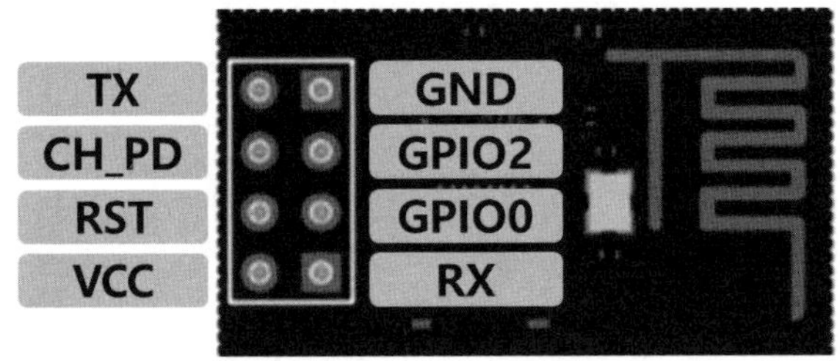

• 연결방법

USB to UART 모듈	ESP8266
VCC(3.3V)	VCC
GND	GND
TX	RX
RX	TX
GND	GPIO0
VCC(3.3V)	CH_PD

※ 주의사항 : ESP8266 모듈의 GPIO0은 프로그램 업로드 시 GND와 연결, 업로드 완료 후 사용시에는 제거하고 사용

4) 프로그램 다운로드

• 첨부된 폴더의 소스코드 파일 클릭
• [wifi_UDP_AP_FINAL] ⇨ [wifi_UDP_AP_FINAL.ino] 클릭

① 아두이노 ⇨ 툴 ⇨ 보드 ⇨ Generic ESP8266 Module 선택

아두이노 ⇨ 툴 ⇨ 포트 자신의 시리얼 to UART 모듈과 연결된 포트 클릭

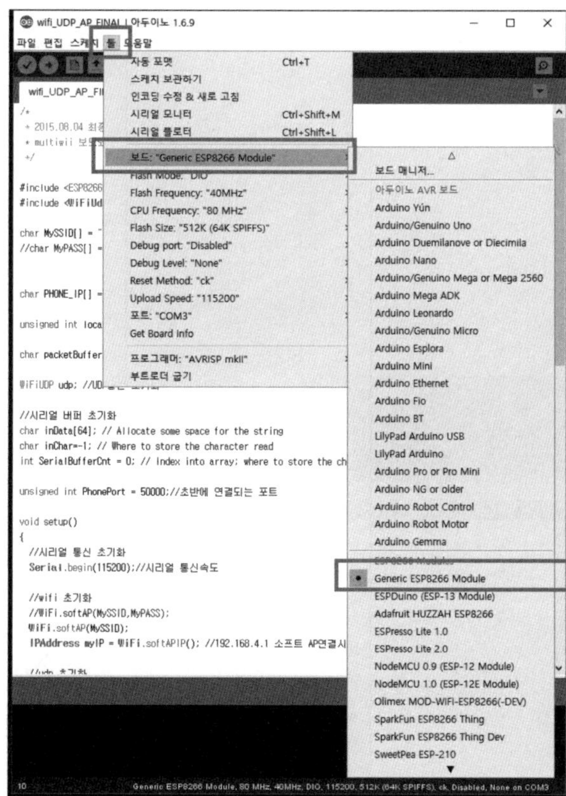

② **업로드 버튼 클릭 ⇨ 업로드 완료**

- 일반적인 아두이노 다운로드 보다 시간이 조금 더 소요됨 (30초~1분 가량 소요)
- WIFI 검색 확인
- WIFI의 SSID를 바꾸고 싶으면 소스코드의
- char MySSID[] = "AIR0504"; //SSID
- 위의 부분을 수정하여 SSID 수정

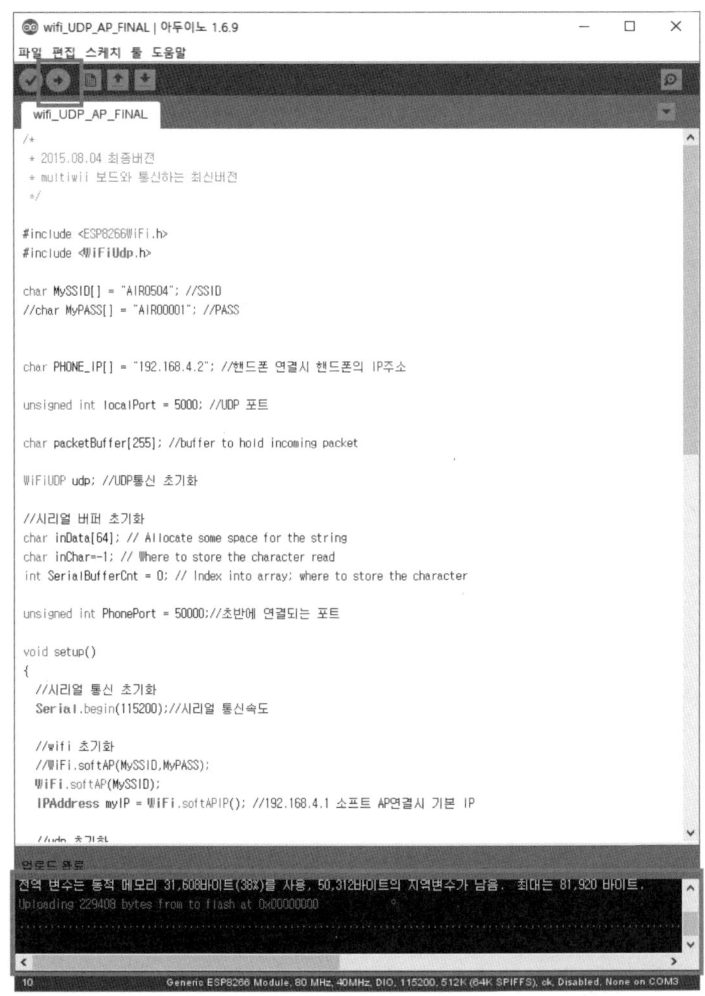

CHAPTER 04

AIR COPTER 아두이노 드론 키트 II

1 PCB 드론 조립 설명서 블루투스 타입

① 부품을 확인한다.

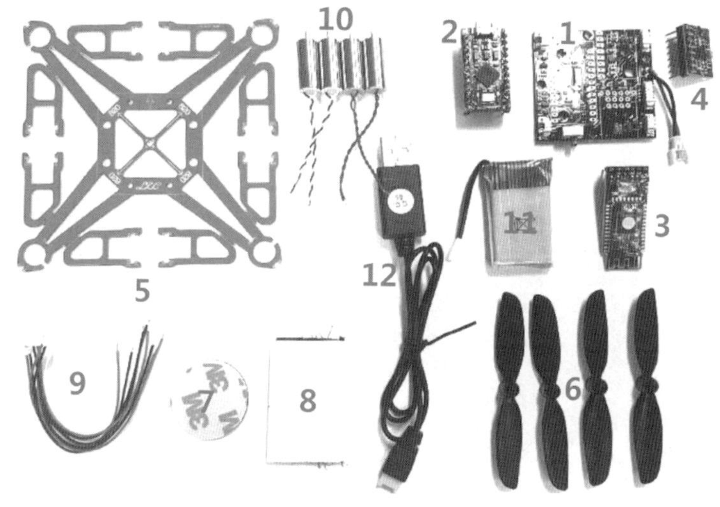

번호	이름	수량
1	베이스보드	1개
2	아두이노 프로마이크로	1개
3	HM-10 블루투스 모듈	1개
4	GY-521 가속도 센서 모듈	1개
5	바디 + 모터 지지대	1개
6	날개(정x2, 역x2)	4개
7	양면테이프	1개
8	벨크로테이프(부직포)	1쌍
9	모터 전원 케이블	4개
10	모터(정×2, 역×2)	4개
11	3.7V/600mA 배터리	1개
12	USB 배터리 충전기	1개

② 드론베이스 보드를 조립한다. 높이로 인해 베이스보드와 모듈은 납땜을 한다.

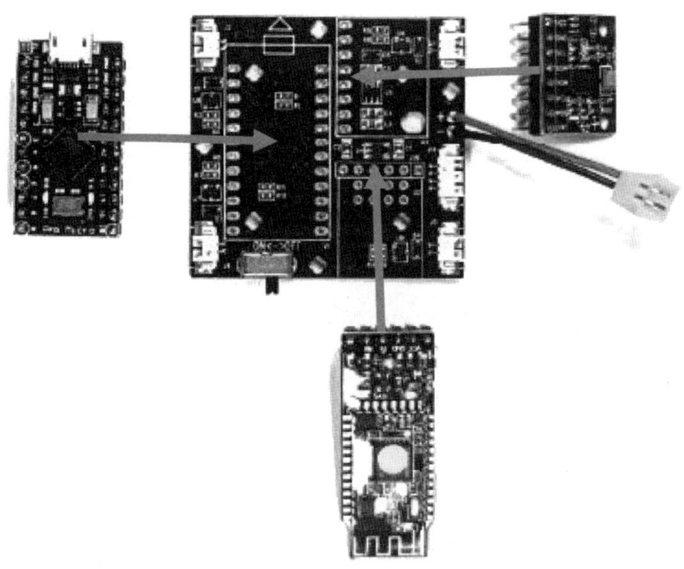

③ 녹색 화살표 포인트를 납땜한다. 납땜은 서로 뭉치지 않게 한다.

④ 납땜 완료

⑤ 납땜 후 길게 나온 핀을 니퍼를 이용하여 자른다.

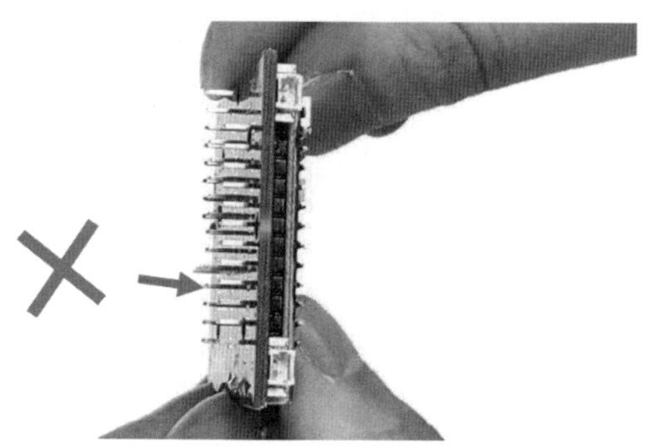

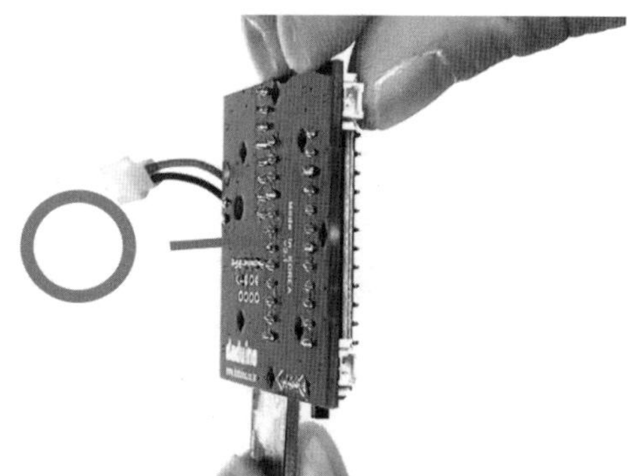

⑥ 보드에서 8개의 랜딩다리를 분리한다. 8개 중 4개만 사용하고 나머지 4개는 예비 부품이다.

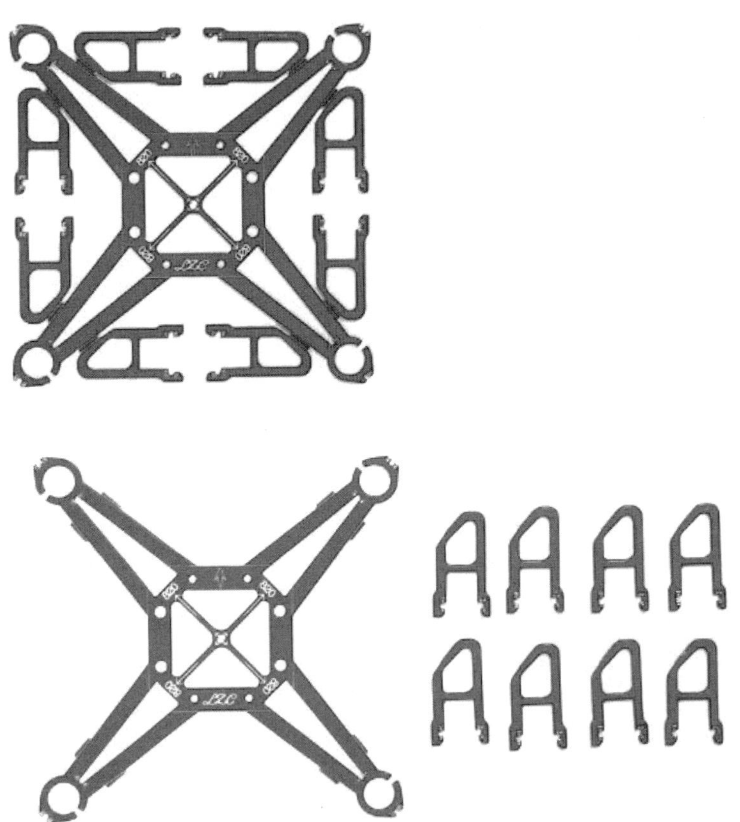

⑦ 보드의 화살표를 기준으로 왼쪽 위 모터를 조립한다. 모터의 색상은 빨파 케이블 모터

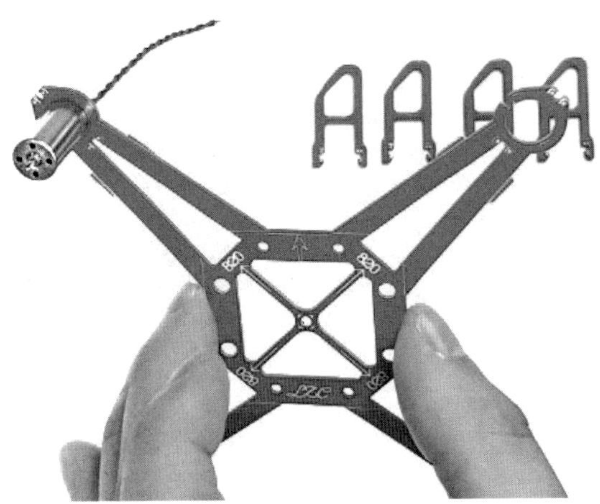

⑧ 모터를 모드의 끝 쪽에 위치시킨다.

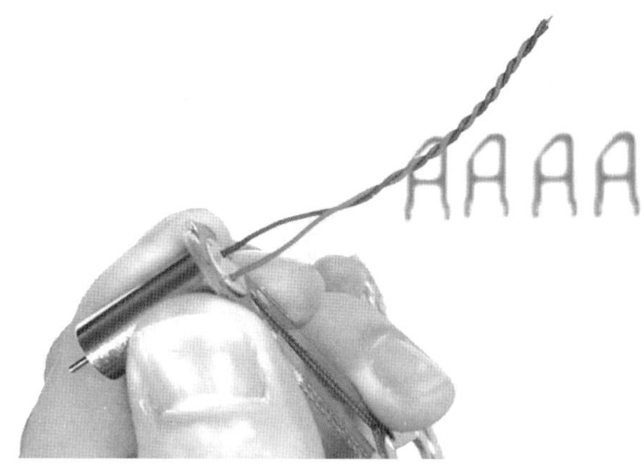

⑨ 랜딩다리를 끼운다. 랜딩다리는 보드의 바깥쪽부터 끼우며, 완만한 경사가 있는 곳이 바깥쪽을 향하게 한다.

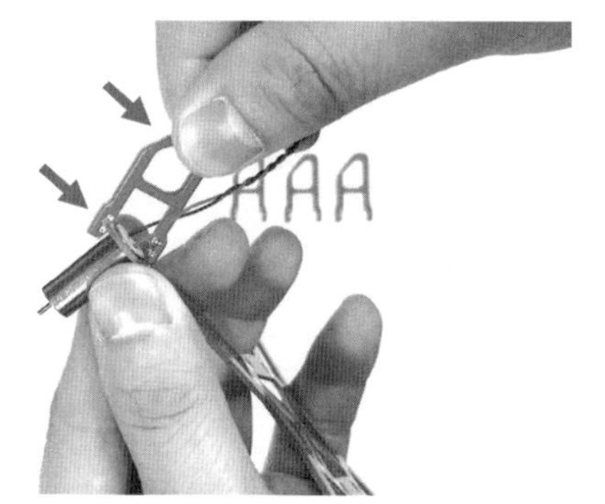

⑩ 랜딩다리를 힘을 주어 눌러 끼운다.

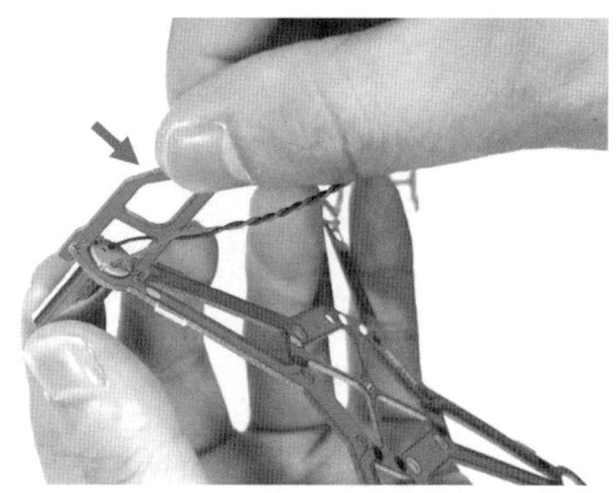

⑪ 랜딩 다리를 끼운 후 모터를 랜딩다리 쪽으로 붙인다.

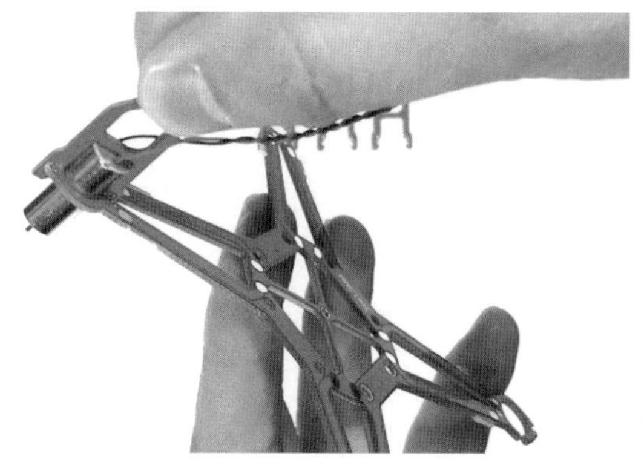

⑫ 모터는 빨파모터와 흰검모터 두 종류가 있다. 바디의 화살표를 기준으로,

- 왼쪽 위, 오른쪽 아래는 빨파모터(정모터, 시계방향)
- 오른쪽 위, 왼쪽 아래는 흰검모터(역모터, 반시계방향)

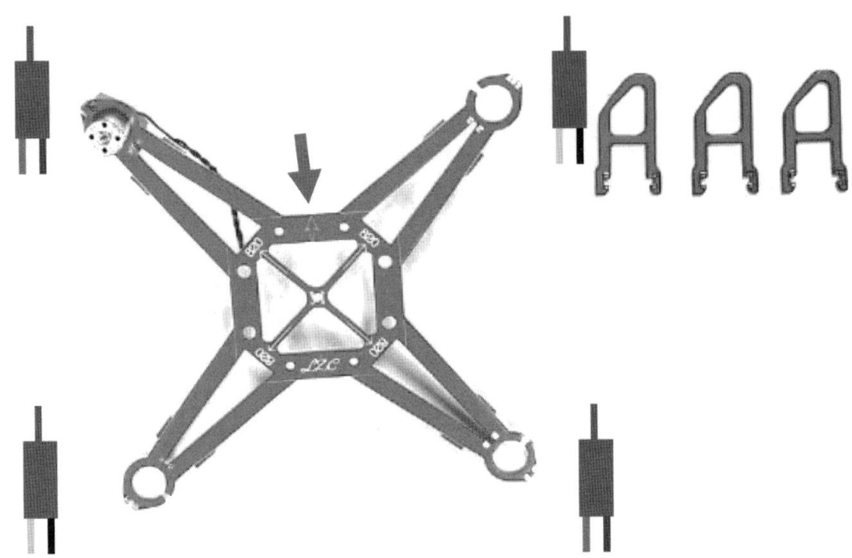

⑬ 모터 색깔대로 모터 4개를 각각의 위치에 맞게 조립을 완료한다.

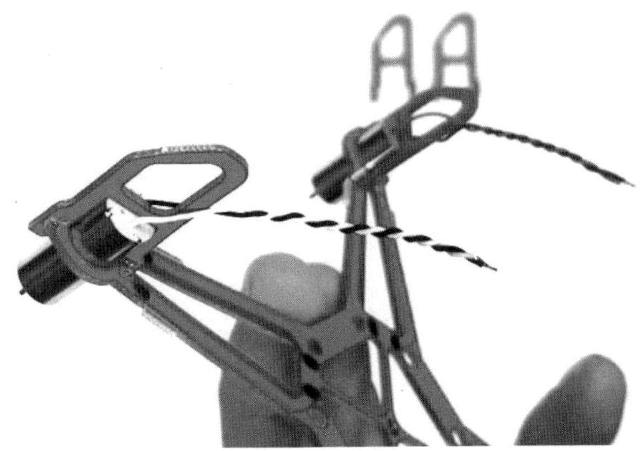

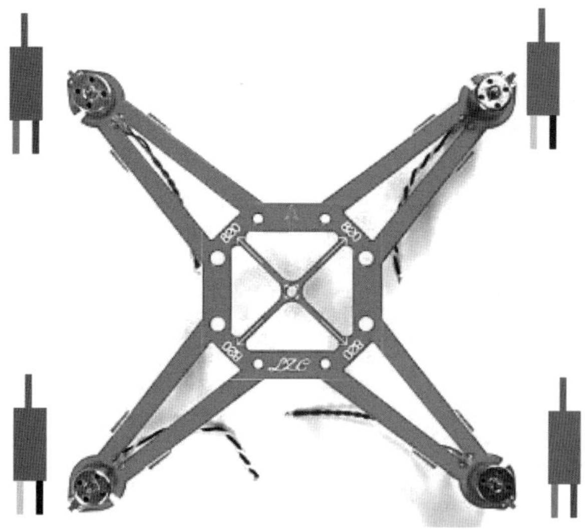

⑭ PCB 바디를 뒤집어 모터와 PCB를 납땜한다.

⑮ 모터의 케이블은 니퍼를 이용해서 3~4cm 남긴 후 자른다.

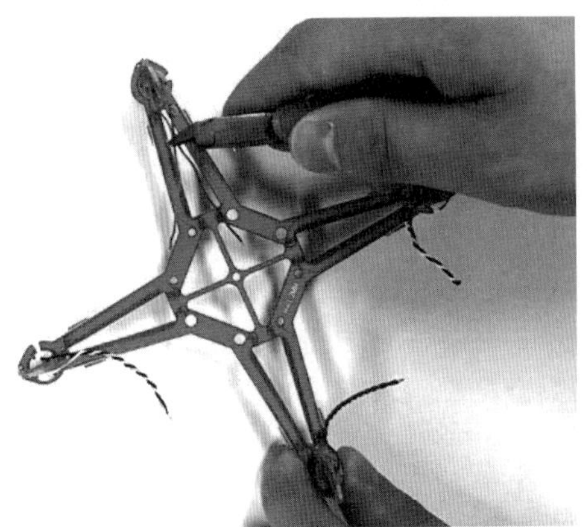

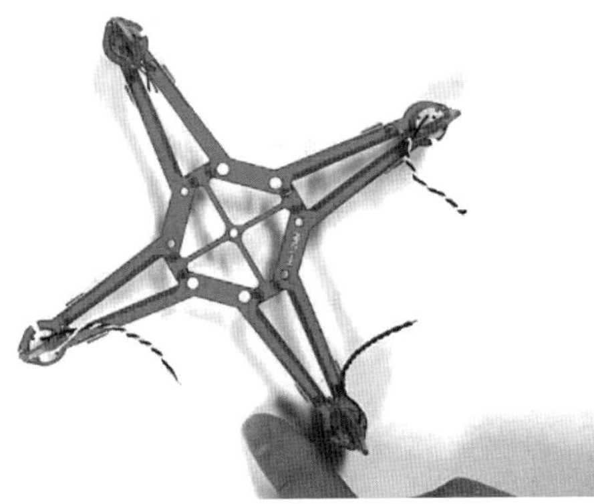

⑯ 자른 후 케이블의 피복을 탈피한다.

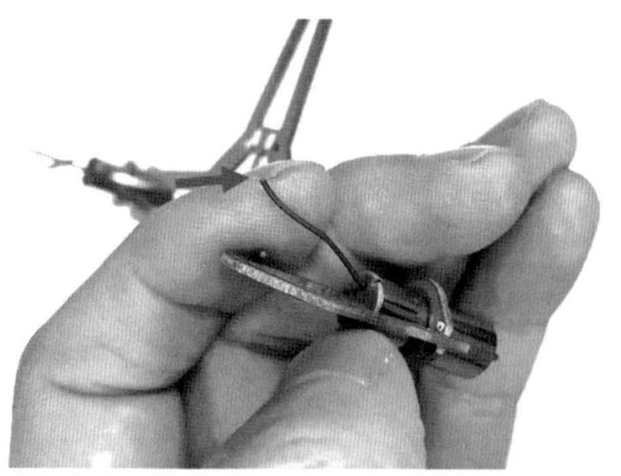

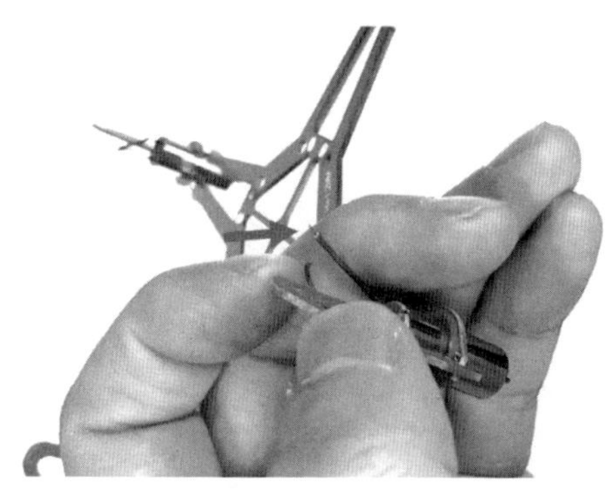

⑰ 4개의 모터에서 케이블을 모두 탈피한다.

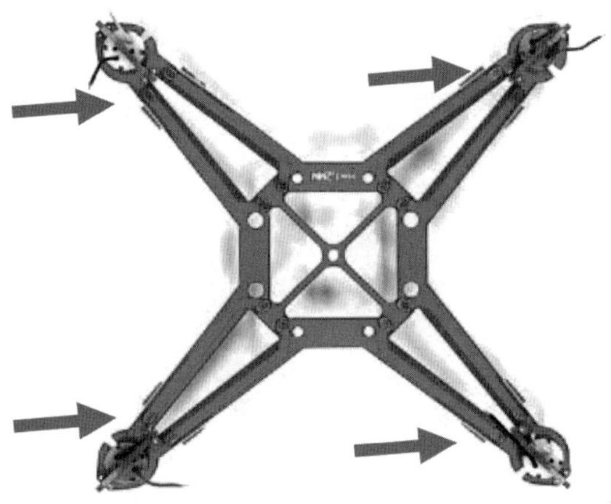

⑱ 모터와 PCB를 납땜한다.

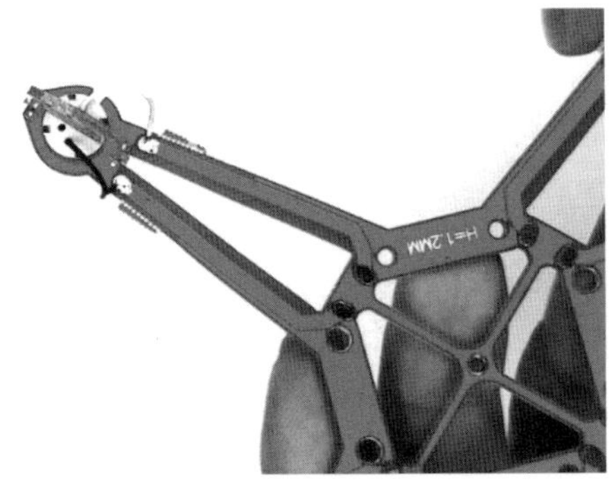

⑲ 모터 케이블의 색상과는 상관없이 우선 납땜한다.

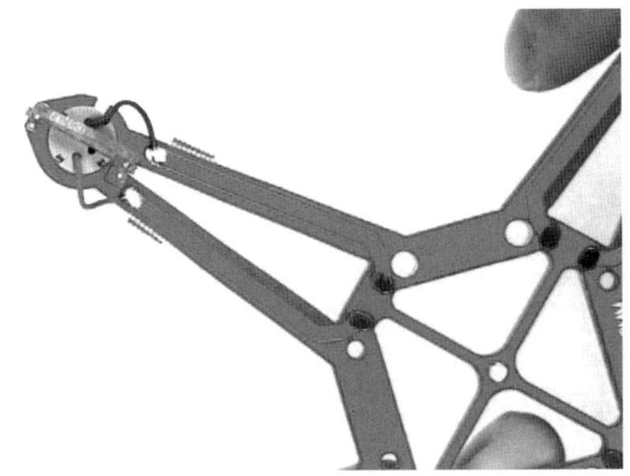

⑳ PCB와 커넥터 케이블을 납땜한다.

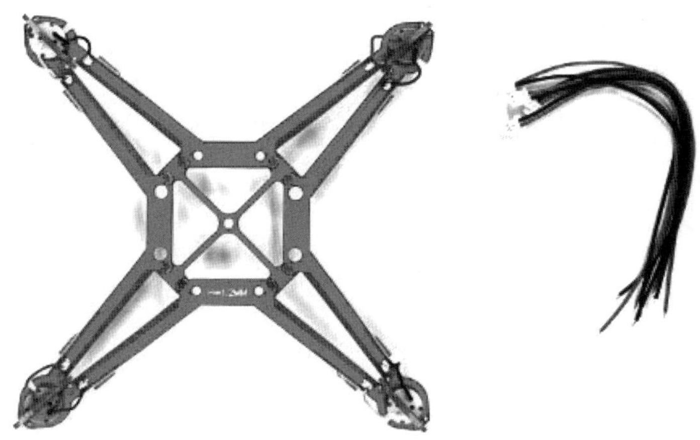

㉑ 커넥터 케이블을 반정도 자른다.

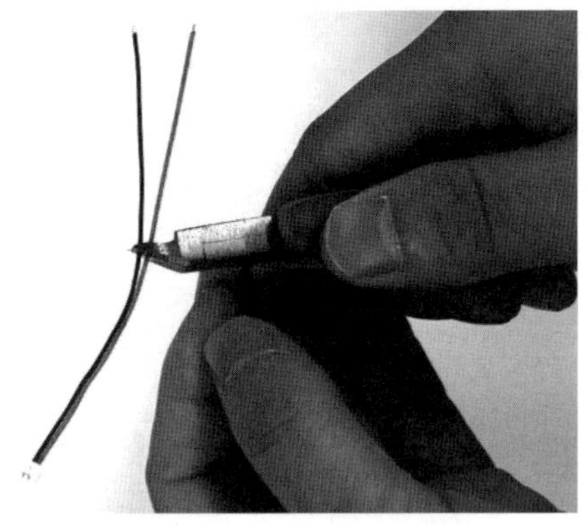

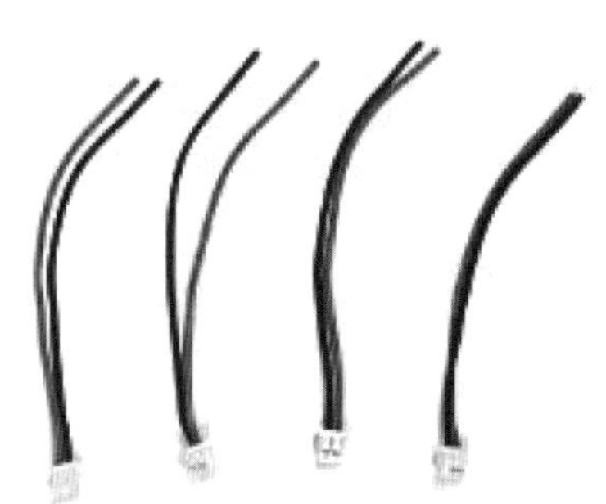

㉒ 커넥터 케이블의 피복을 탈피한다.

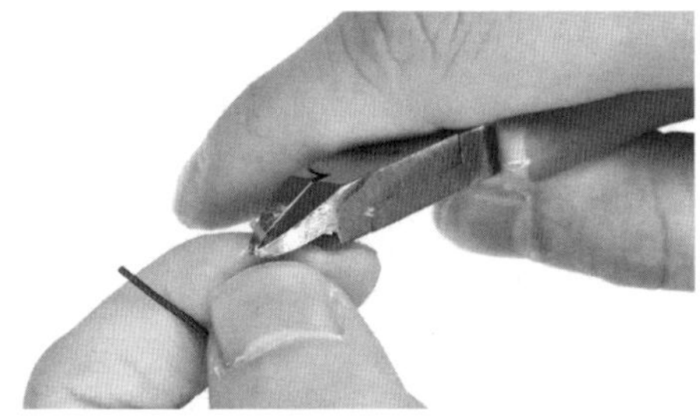

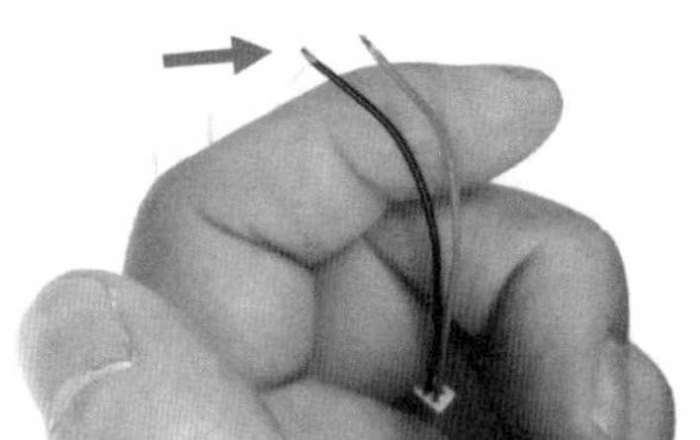

㉓ PCB와 커넥터 케이블을 연결한다.

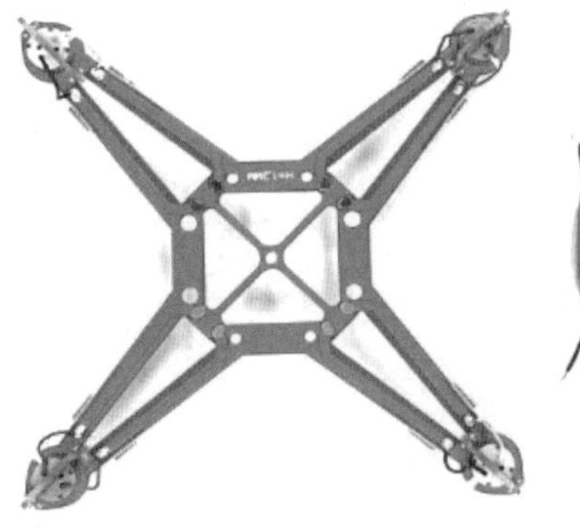

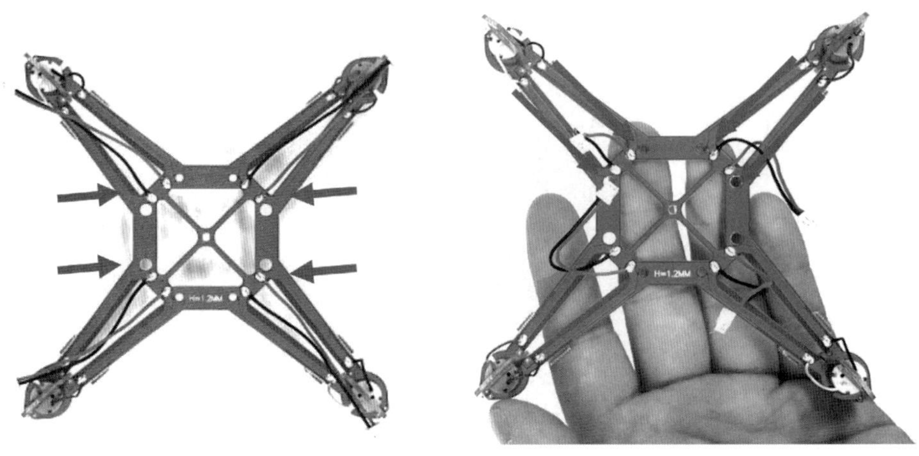

흰검모터 흰색	케이블 검정색
흰검모터 검정색	케이블 빨간색
빨파모터 빨간색	케이블 검정색
빨파모터 파란색	케이블 빨간색

㉔ 케이블을 앞쪽으로 빼둔다.

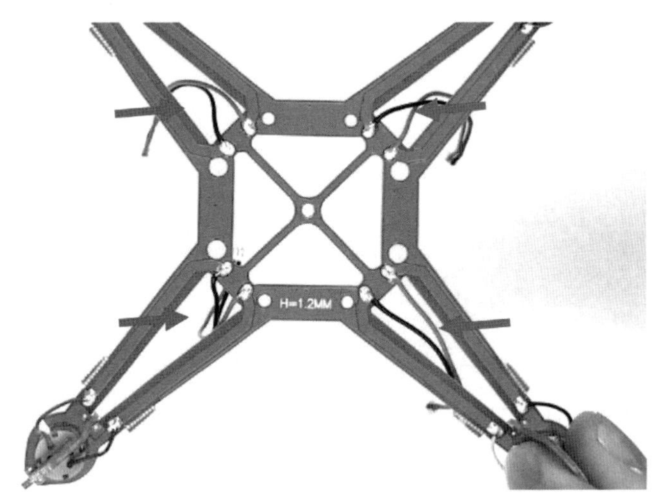

㉕ PCB 드론의 앞쪽

㉖ PCB 바디에 화살표가 있는 곳에 부착한다.

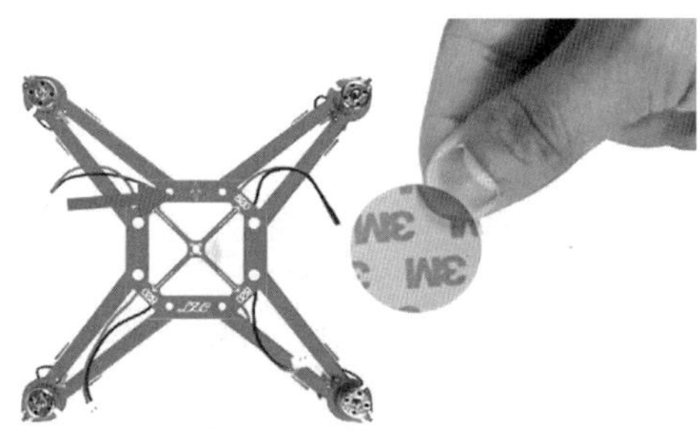

㉗ 양면테이프를 바디 PCB에 부착한다.

㉘ 양면테이프의 윗면을 띄어낸다.

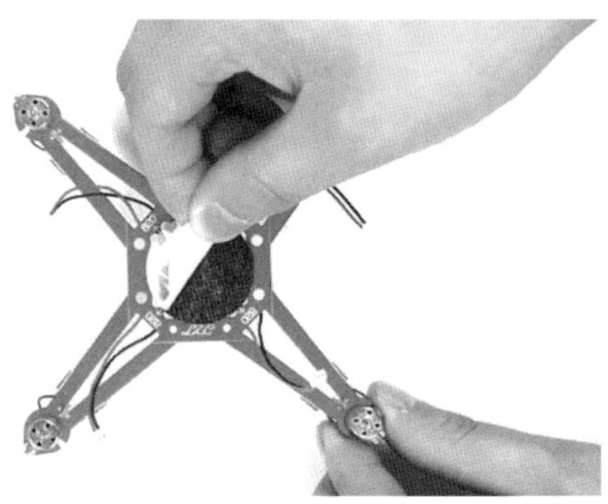

㉙ 보드를 부착한다. 바디의 화살표 방향과 제어보드의 화살표 방향을 맞추고, 보드의 화살표와 바디 PCB의 화살표 위치가 같은 곳으로 부착한다.

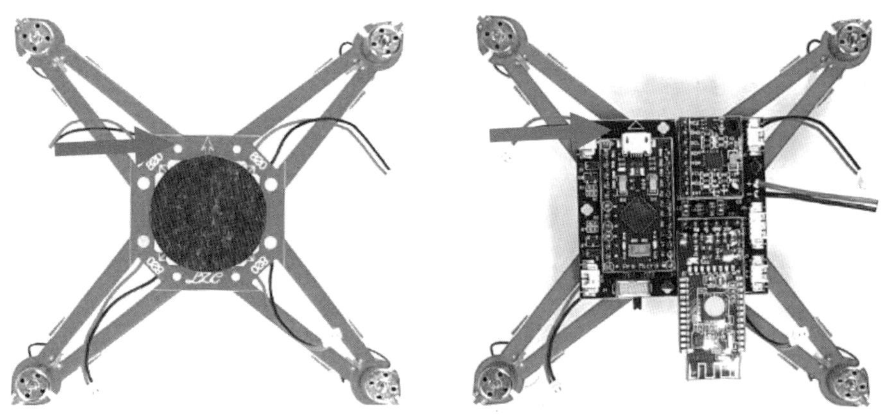

㉚ 4군데의 모터 커넥터를 연결한다.

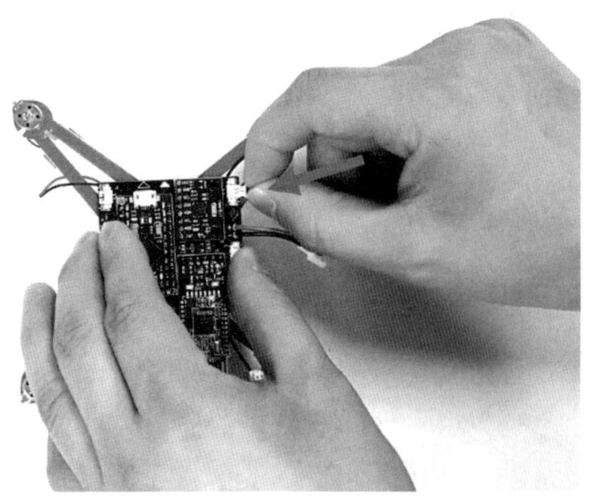

㉛ 커넥터와 연결했으면 케이블을 아래쪽으로 당겨 정리한다. 이는 날개가 돌아갈 때 케이블에 걸리지 않게 하기 위함이다.

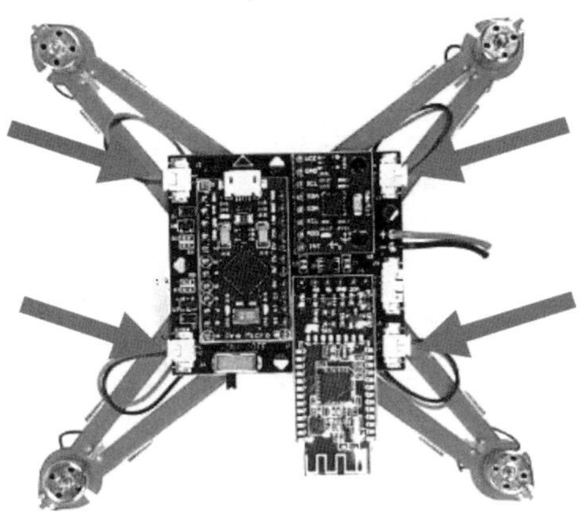

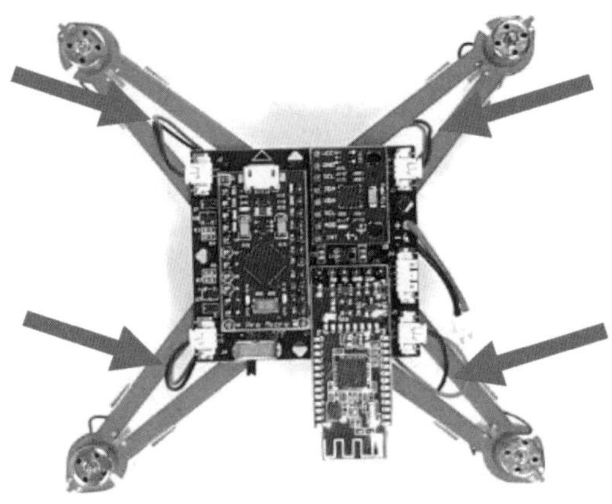

㉜ 보드를 뒤쪽으로 돌려 벨크로테이프(부직포)를 붙인다.

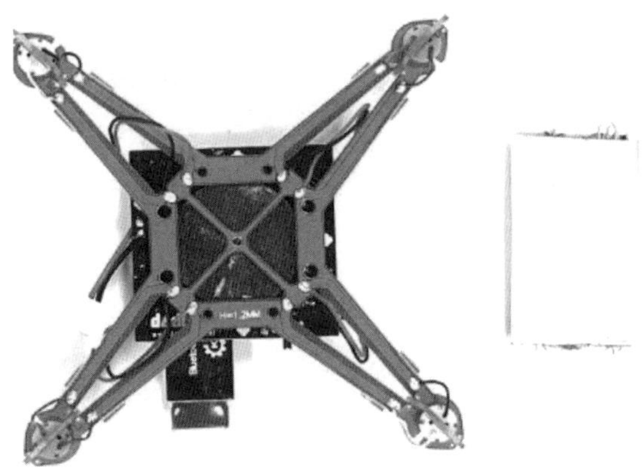

㉝ 보드를 뒤쪽으로 돌려 벨크로테이프(부직포)를 붙인다. 까끌까끌한 면을 PCB 바디쪽에 붙인다.

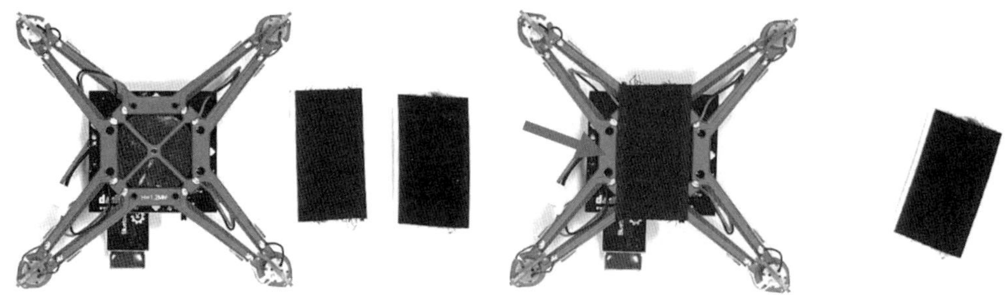

㉞ 벨크로테이프를 배터리에 부착한다.

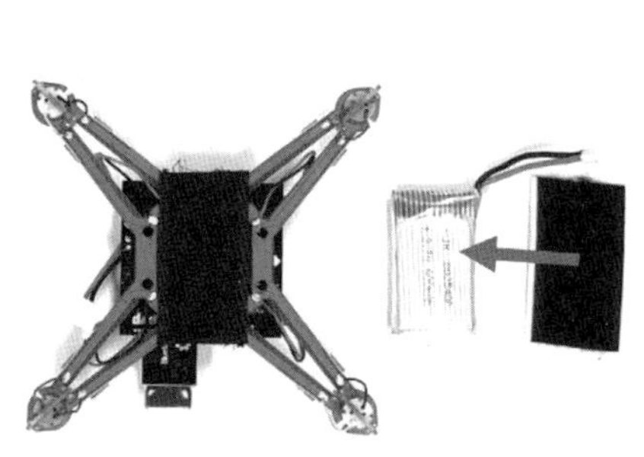

㉟ 바디와 배터리를 연결한다.

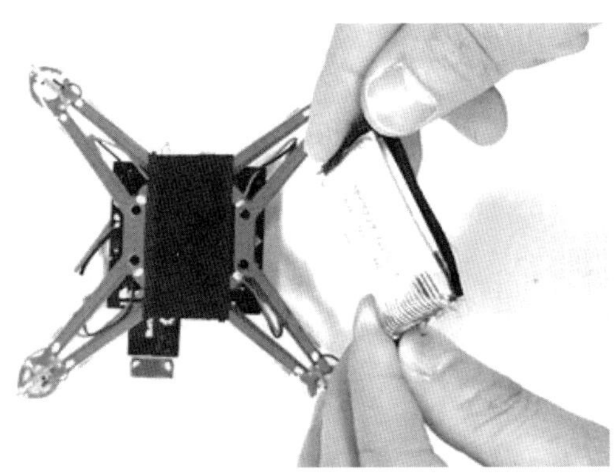

㊱ 배터리 케이블을 연결한다.

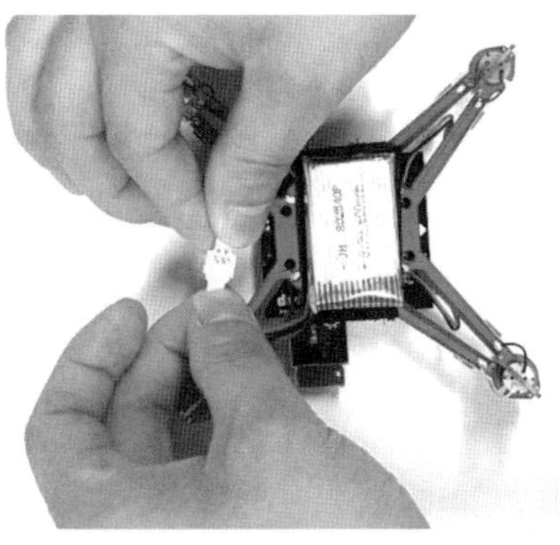

㊲ 날개를 연결한다. 날개는 R날개와 L날개 두 종류가 있는데, 사진처럼 R, L 방향에 맞추어 연결한다.

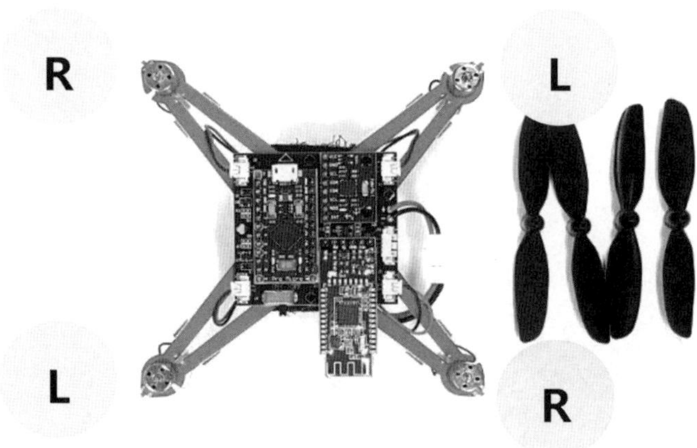

CHAPTER 05

아두이노 우노 R3 드론

1 아두아노 우노 R3 드론 조립설명서

① 부품 확인. 볼트, 서포트의 경우 1~2개 정도 여유 수량이 들어 있다.

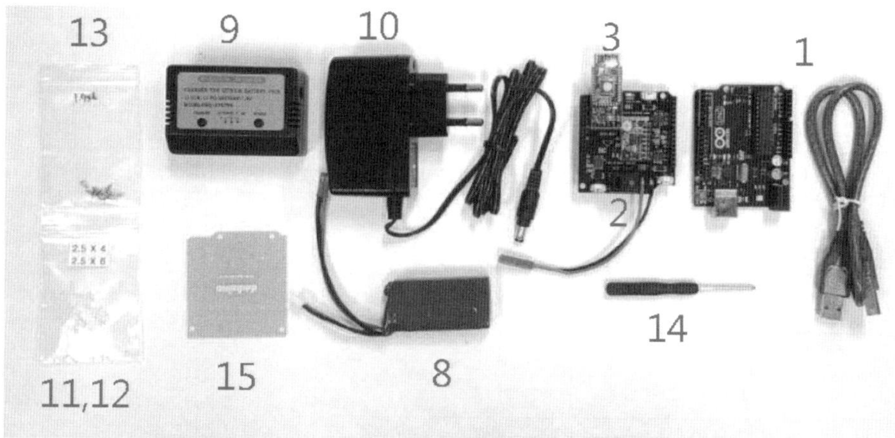

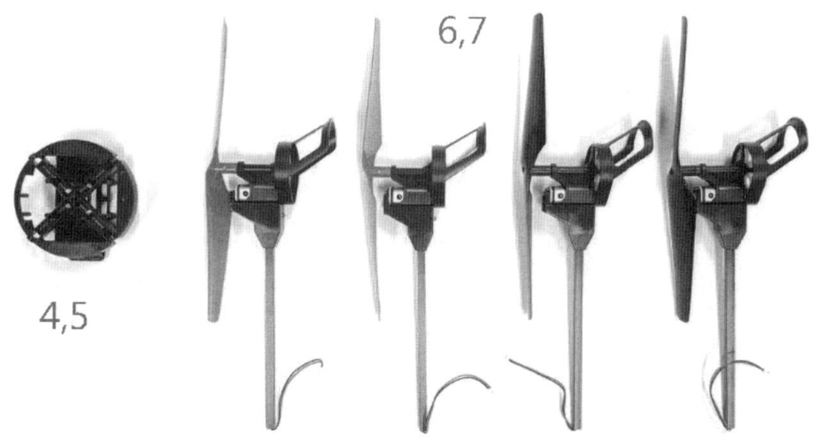

No	이름	수량
1	아두이노 우노 R3+케이블	1개
2	다두이노 드론쉴드	1개
3	HM-10 블루투스 모듈	1개
4	드론 바디 원형	1개
5	드론 배터리 고정바디	1개
6	드론 모터 지지대	정2개, 역2개
7	드론 날개	정2개, 역2개
8	7.4V/850mAh 배터리	1개
9	충전기	1개
10	9V/1A 충전기 어댑터(국내 인증)	1개
11	M2.5x6 플라스틱 서포트	4개+@1~2개
12	M2.5x4 플라스틱 볼트	8개+@1~2개
13	M1.7x6 접시머리 볼트	8개+@1~2개
14	조립용 드라이버	1개
15	다두이노 지지보드(노란색)	1개

② 원형바디의 화살표를 기준으로 날개 방향에 맞게 끔 조립한다.

• 준비물

드론 모터 지지대	4개
드론 바디 원형	1개
M1.7x6 접시머리 볼트	4개

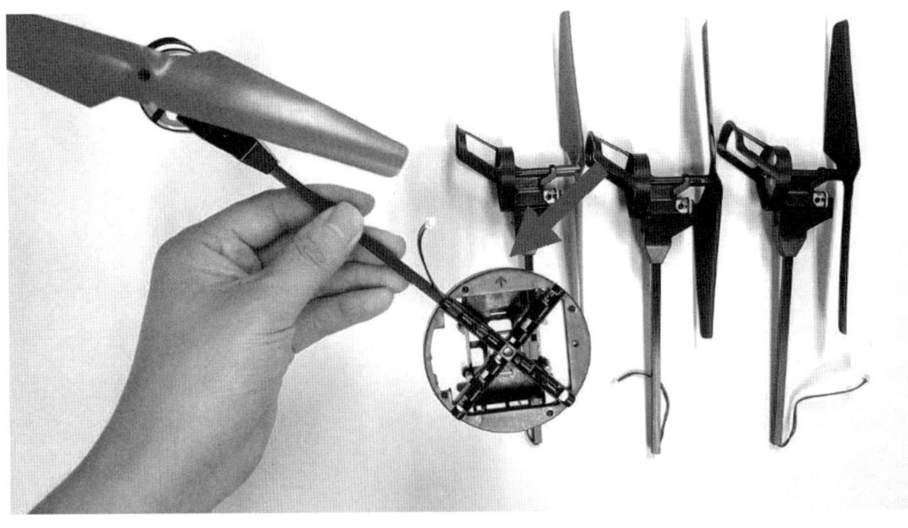

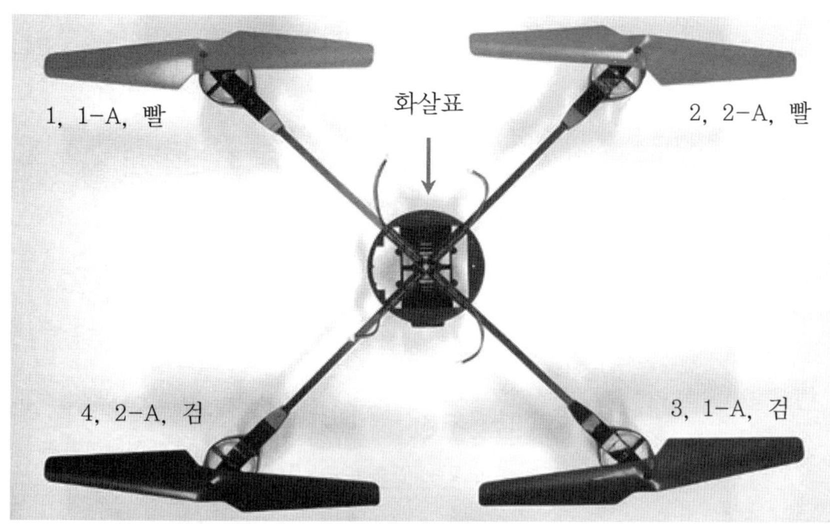

• 날개에는 4종류가 있다. 날개의 안쪽 가운데 부분을 살펴보면 1-A 또는 2-A가 역상으로 마크되어 있음을 확인할 수 있다.

번호	색깔	날개방향	모터 회전방향	마크
1	빨간색	정방향날개	시계방향	1-A(역상으로 마크)
2	빨간색	역방향날개	반시계방향	2-A(역상으로 마크)
3	검정색	정방향날개	시계방향	1-A(역상으로 마크)
4	검정색	역방향날개	반시계방향	2-A(역상으로 마크)

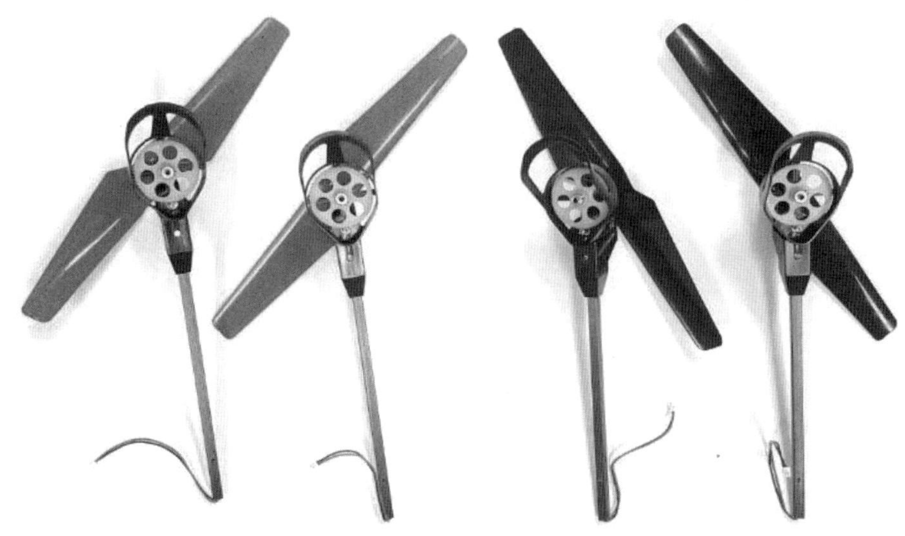

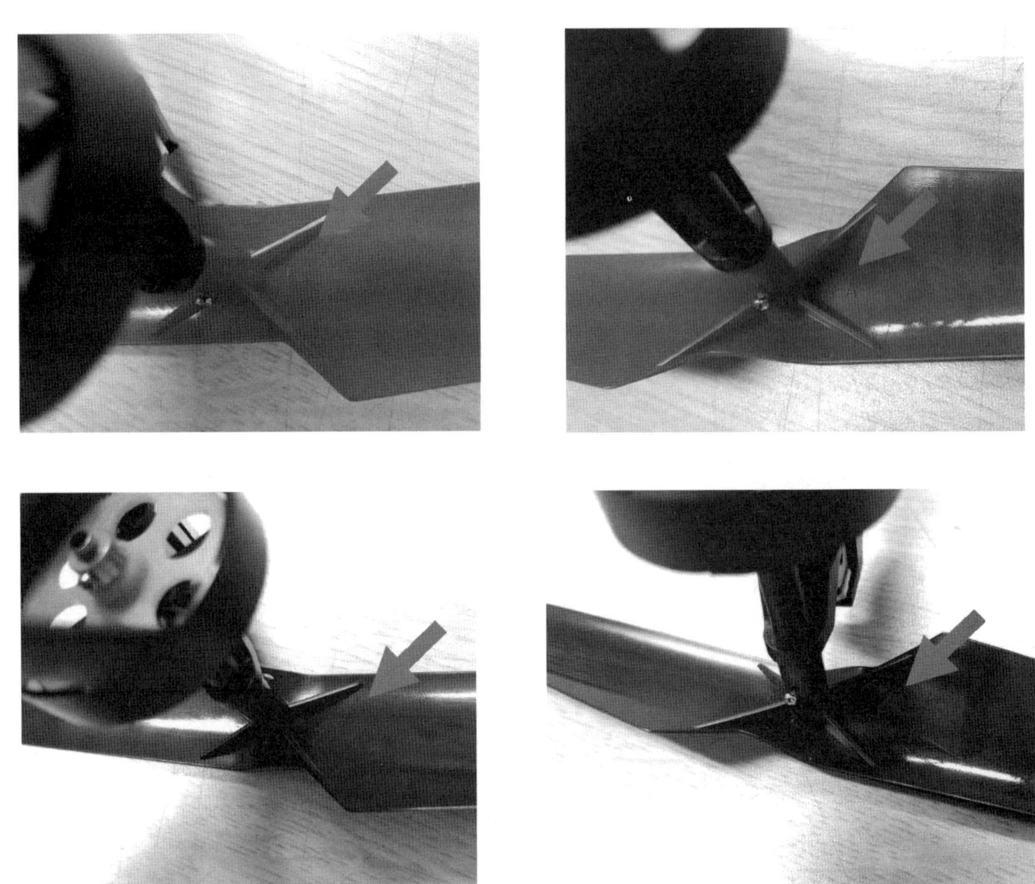

③ 뒷면으로 돌려 M1.7x6 접시머리 볼트 4개를 고정시킨다.

④ 화살표 부분에 M1.7x6 접시머리 볼트를 이용하여 고정시킨다.

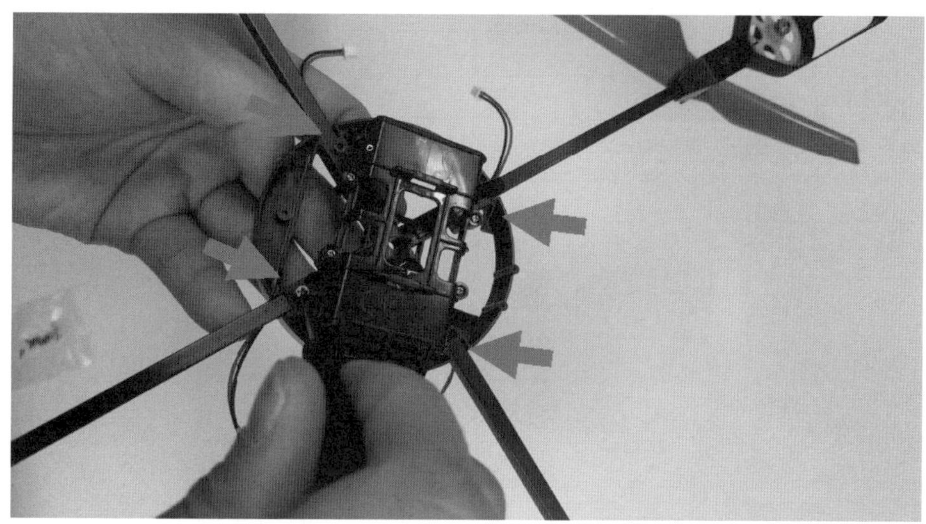

⑤ 날개와 원형바디 고정 완료

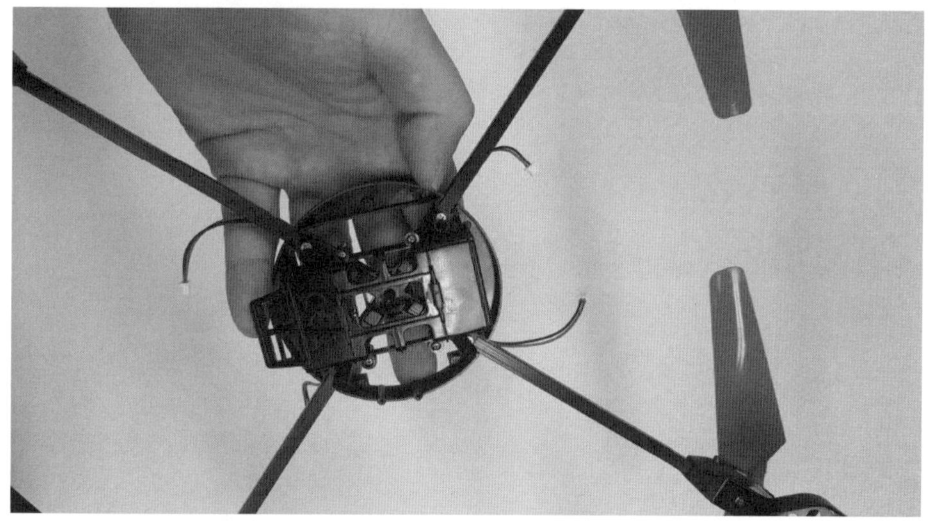

⑥ 다두이노 지지보드(노란색)에 서포트를 결합한다.

- 준비물

다두이노 지지보드(노란색)	1개
M2.5x6 플라스틱 서포트	4개
M2.5x4 플라스틱 볼트	4개

⑦ 4군데를 서포트로 고정시킨다.

- 보드 앞면 서포트

- 보드 뒷면 볼트

⑧ 다두이노 지지보드(노란색)를 M1.7x6 접시머리 볼트를 이용하여 드론바디 원형에 고정시킨다.

- 준비물

다두이노 지지보드(노란색)	1개
M1.7x6 접시머리 볼트	4개

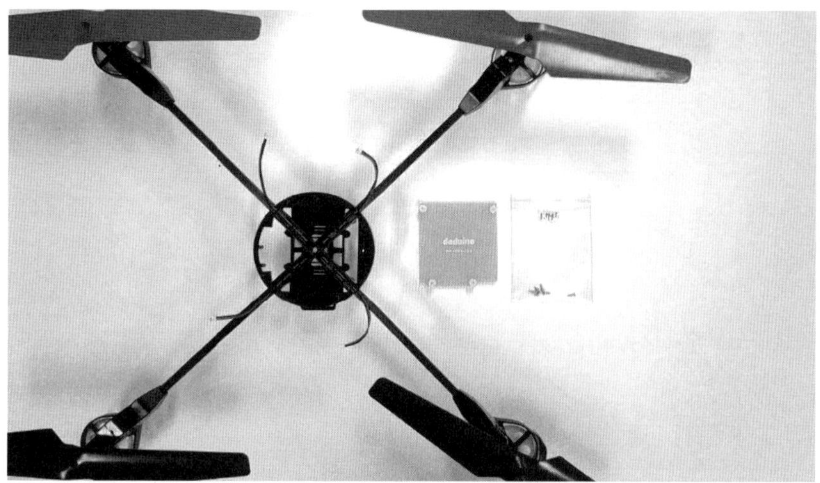

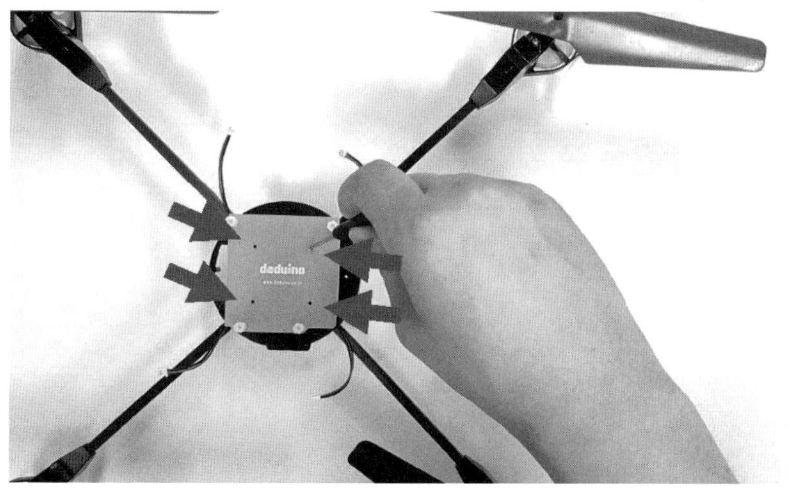

⑨ 드론바디 원형과 다두이노 지지보드 결합 완료

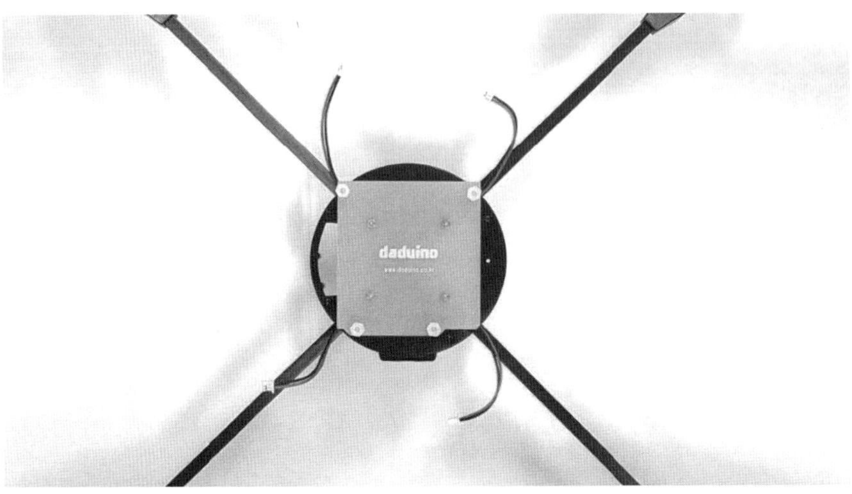

⑩ 아두이노 보드를 다두이노 지지보드(노란색)와 연결한다.

• 준비물

아두이노 우노 R3	1개
M2.5x4 플라스틱 볼트	4개

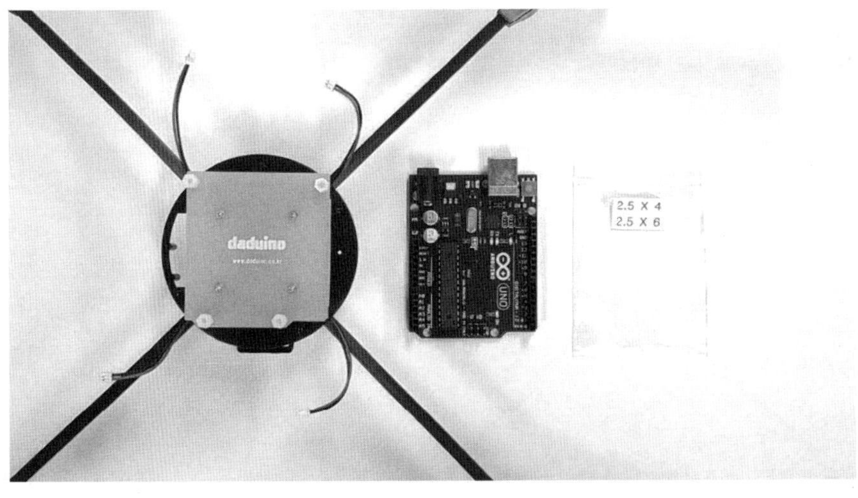

⑪ 아두이노 보드를 다두이노 지지보드(노란색)와 연결한다.

• 준비물

아두이노 우노 R3	1개
M2.5x4 플라스틱 볼트	4개

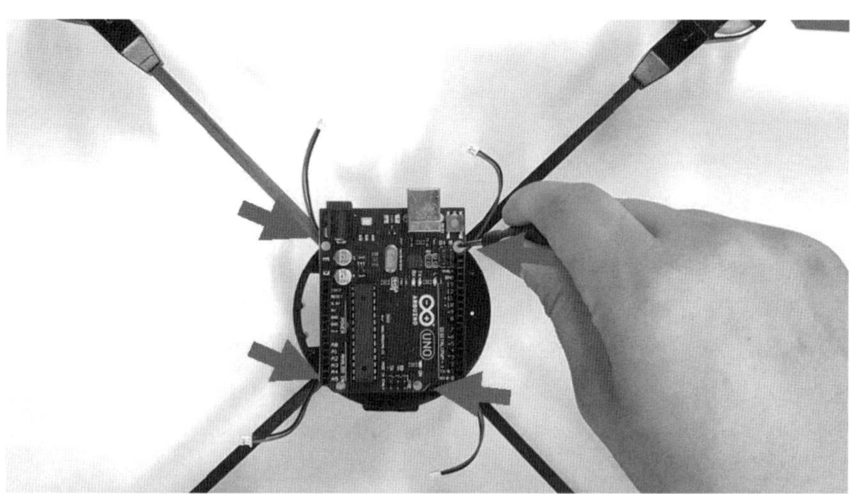

⑫ 아두이노 보드와 연결 완료

⑬ 아두이노 보드와 다두이노 드론쉴드를 연결한다.

• 준비물

아두이노 우노 R3	1개
다두이노 드론쉴드	1개

⑭ 아두이노와 쉴드를 꼭 끼워서 조립한다.

⑮ HM-10 블루투스 모듈을 잠시 빼놓고 모터에 연결된 선을 드론쉴드에 연결한다.

⑯ 모터선과 드론쉴드 연결 완료

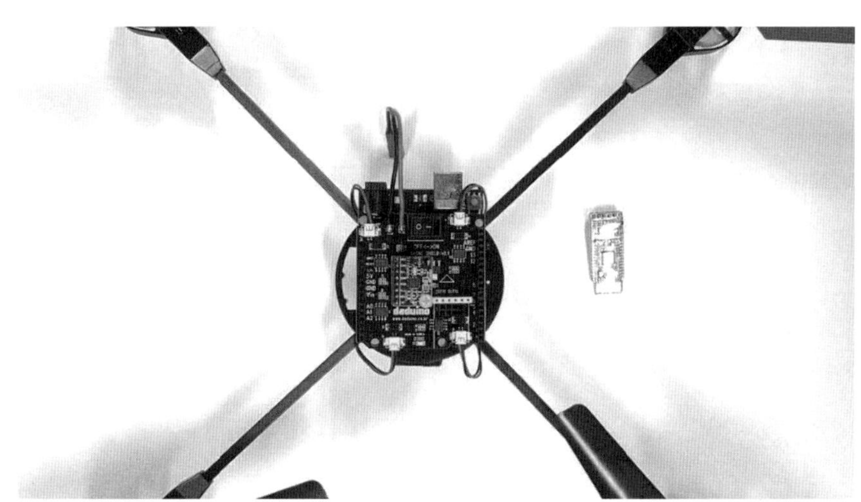

⑰ 잠깐 빼놓았던 HM-10 블루투스 모듈을 다시 연결한다.

⑱ 드론을 뒷면으로 돌려 배터리를 연결한다.

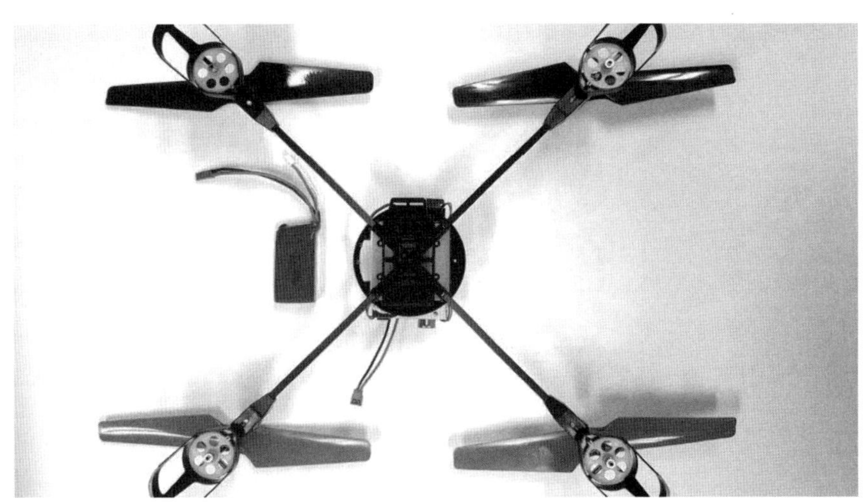

⑲ 배터리를 넣으면 고정된다.

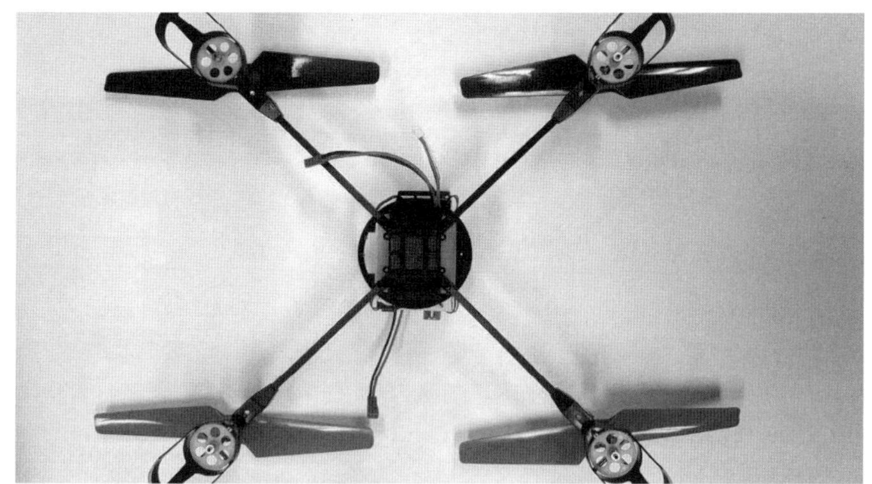

⑳ 배터리 선과 드론쉴드의 선을 연결한다.

㉑ 조립 완료. 드론쉴드의 ON/OFF 스위치를 이용하여 드론의 전원을 ON/OFF 할 수 있다.

㉒ 충전 방법

㉓ 배터리에 나와있는 회색 커넥터를 배터리 충전기에 연결하여 충전한다.

㉔ 아두이노 우노 R3케이블을 이용하여 프로그램 업로드 가능

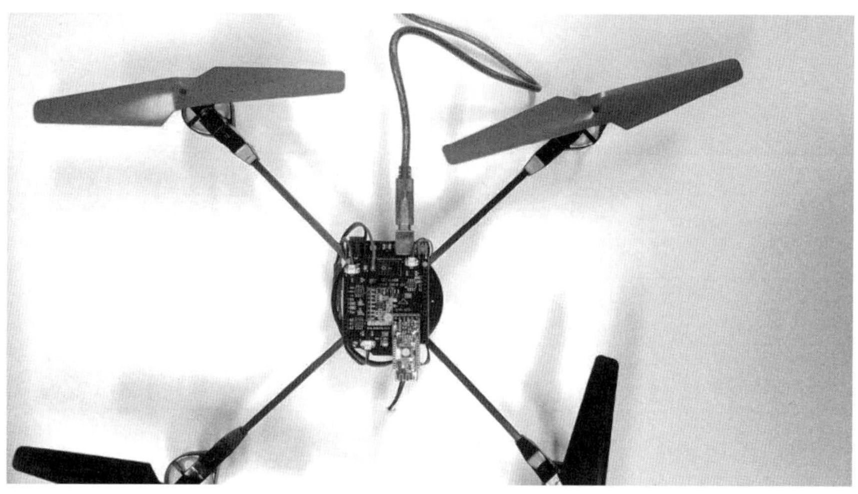

2 조종기 설명서

① 조종기 조립

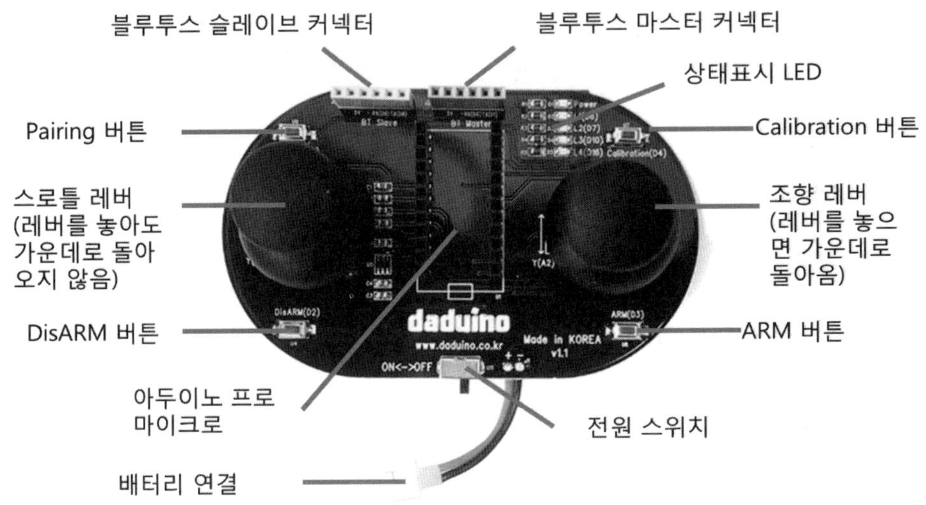

이름	기능 설명
스로틀 레버	기본 기능이며 드론의 스로틀을 제어하는 부분으로, 위아래로는 스프링이 없어 가운데로 돌아오지 않습니다. ↔ 양옆으로는 스프링이 있어 가운데로 돌아옴
조향 레버	기본기능으로 드론의 조향을 제어하는 부분입니다. 모든 방향에 스프링이 있어 가운데로 돌아와 위치합니다.
블루투스 마스터 커넥터	블루투스 마스터 모듈을 끼워 드론 및 자동차를 조종할 수 있습니다.
블루투스 슬레이브 커넥터	블루투스 슬레이브 모듈을 장착하는 곳으로 페어링 시에만 사용되고 평상시 드론 및 자동차를 조종할 때는 연결하지 않습니다.
DisARM 버튼	시동을 끌 때 사용되는 버튼입니다.
ARM 버튼	시동을 걸 때 사용되는 버튼입니다.
Pairing 버튼	블루투스 모듈 페어링 시 사용되는 버튼입니다.
Calibration 버튼	드론 및 조이스틱 보정에 사용되는 버튼입니다.

② 조종기 구성품 확인

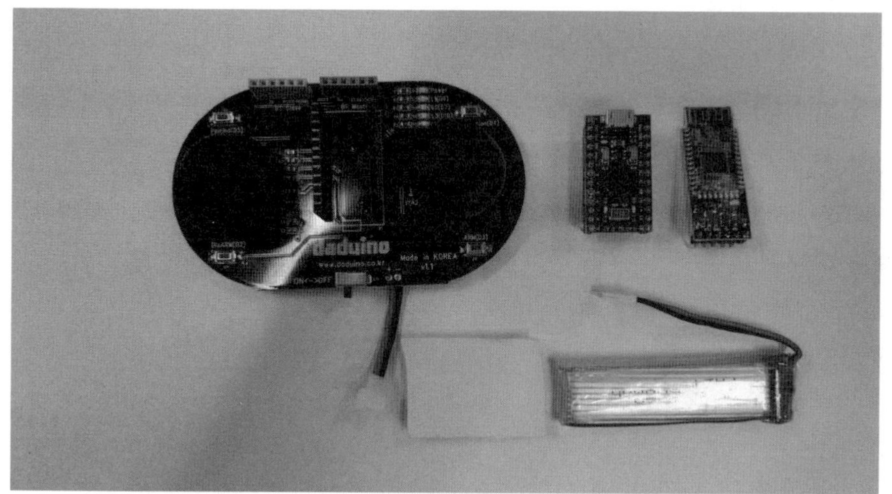

③ 아두이노 프로마이크로 장착

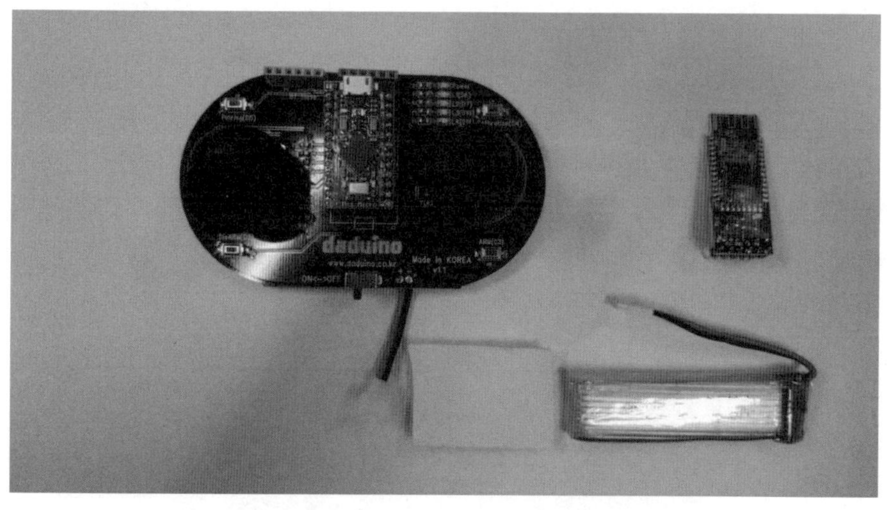

④ 블루투스 마스터 모듈 장착

- 녹색 커넥터 부분에 연결
- 노란색 커넥터는 블루투스 슬레이블을 연결하여 페어링 시에 사용하는 커넥터로, 평소에 조종할 때는 사용하지 않는다.

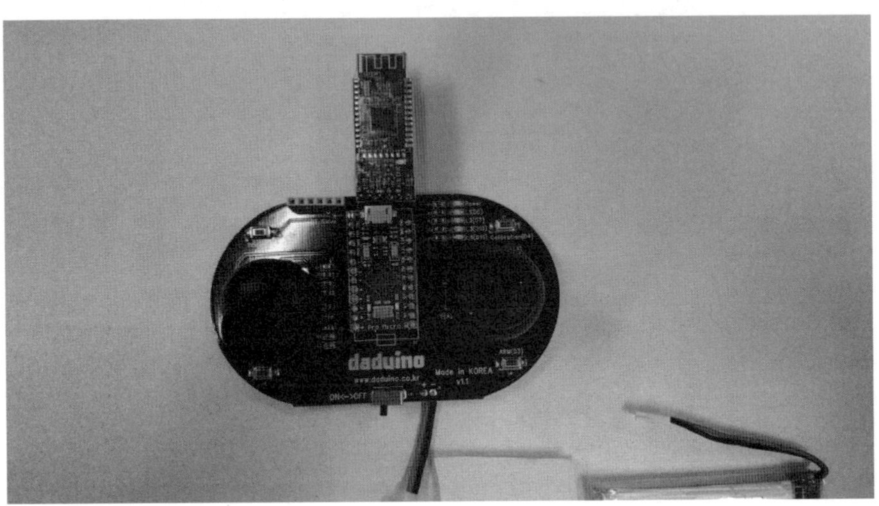

⑤ 뒤쪽에 부직포를 부착한다.

- 까끌까끌한 쪽을 부착

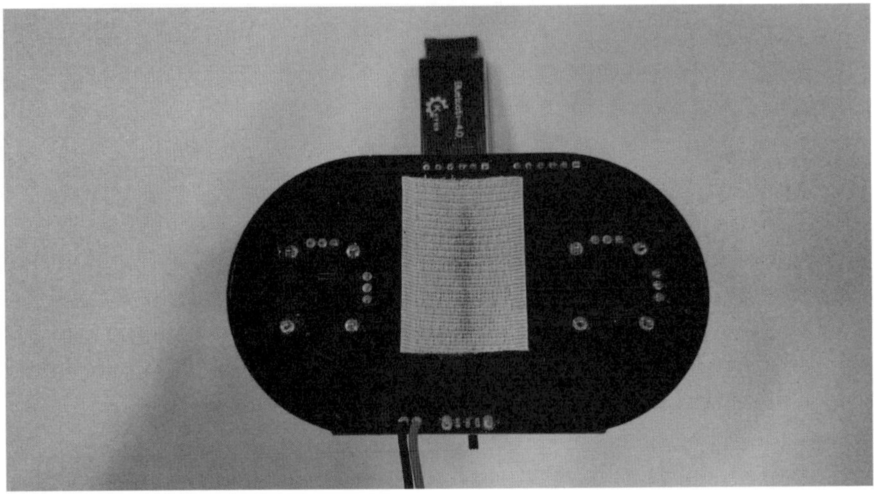

⑥ 배터리에 부직포 부착

• 뽀송한 쪽을 부착

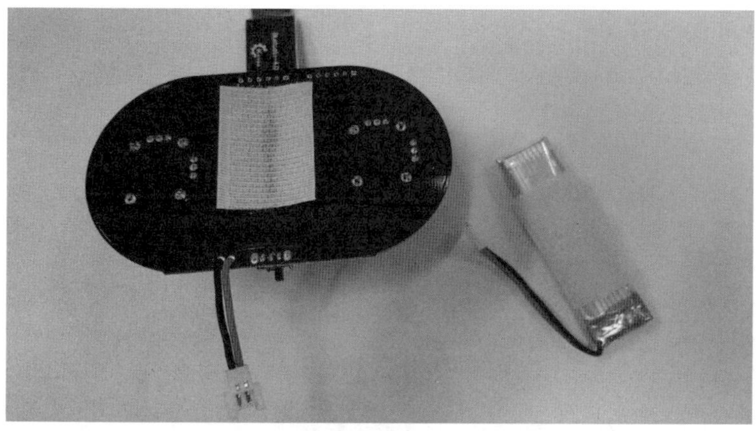

⑦ 배터리 고정 및 전원 연결

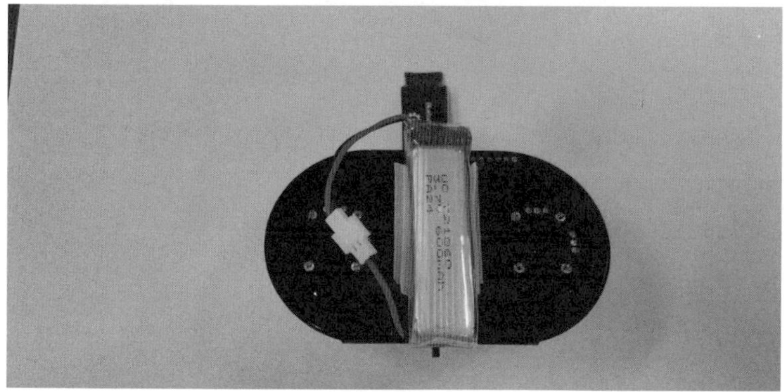

⑧ 완료

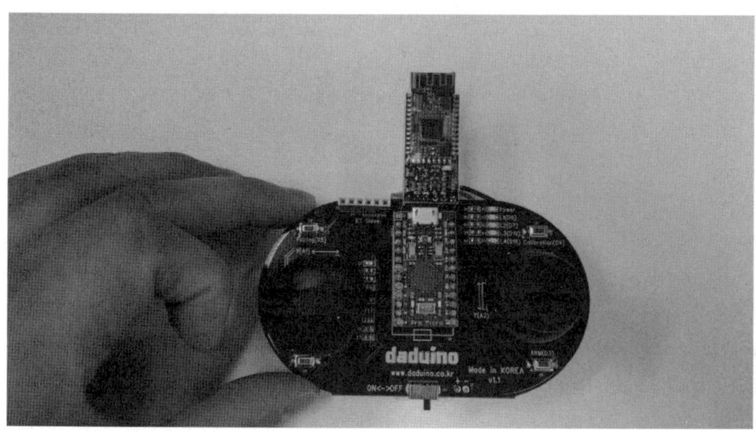

3 드론 사용설명서

- 본 설명서는 기본적으로 제공되는 소스에 대한 설명입니다.
- 소스코드는 다양하게 수정이 가능하므로 수정해서 사용시 본 설명서와 틀려질 수 있습니다.

① 블루투스 모듈 페어링

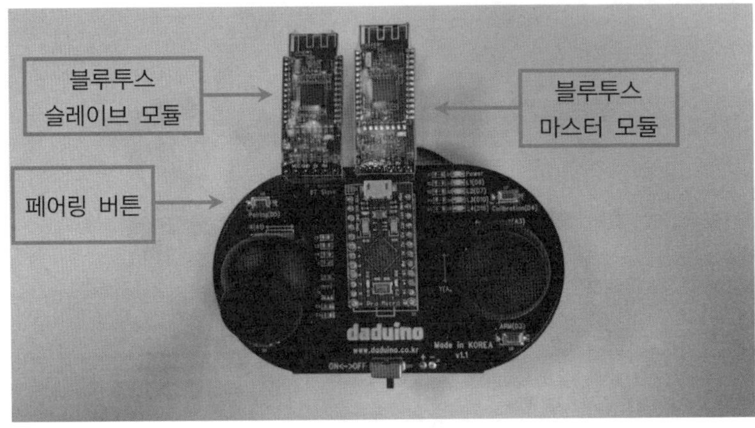

- 블루투스 마스터 모듈과 슬레이브 모듈을 위의 사진과 같이 연결한다.
- 페어링 버튼을 1초 이상 누른다.
- 약 10초 정도 기다리면 페어링이 완료된다.
- 페어링이 완료되면 항상 짝이 되어서 연결된다.
- 슬레이브 모듈을 떼어 내서 드론에 장착 후 조종한다.

② 시동방법

- 전원을 켠 후 시동 버튼을 1초 이상 누른다.

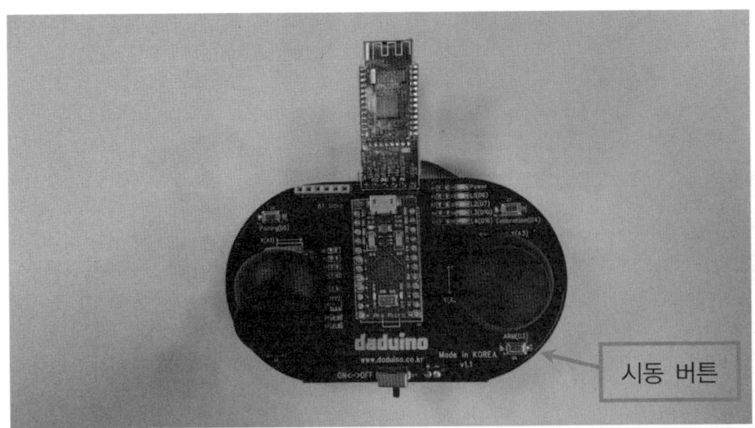

③ 시동 끔

- 시동 끔 버튼을 누르면 바로 시동이 꺼진다.

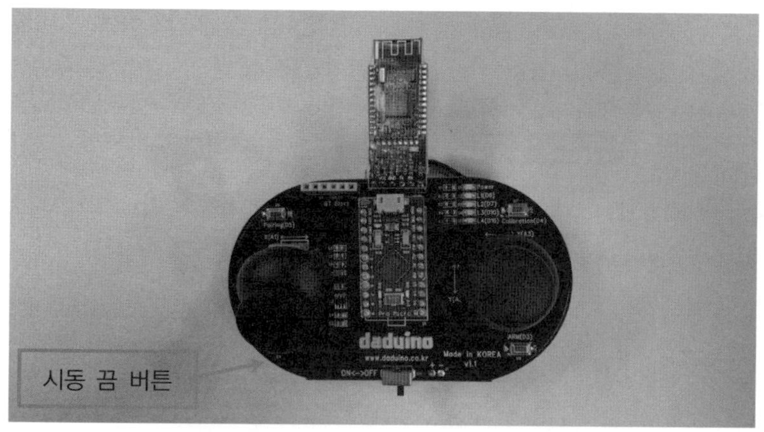

④ 보정

- 왼쪽 스로틀 키를 최대한 아래로 내린다.
- 드론의 기체를 평평한 곳에 위치한다.
- 보정 버튼을 1초 이상 누른다.
- 드론 기체와 조이스틱이 둘 다 보정된다.
- 드론 기체는 평평하게 센서를 보정
- 조이스틱은 조이스틱 값을 보정

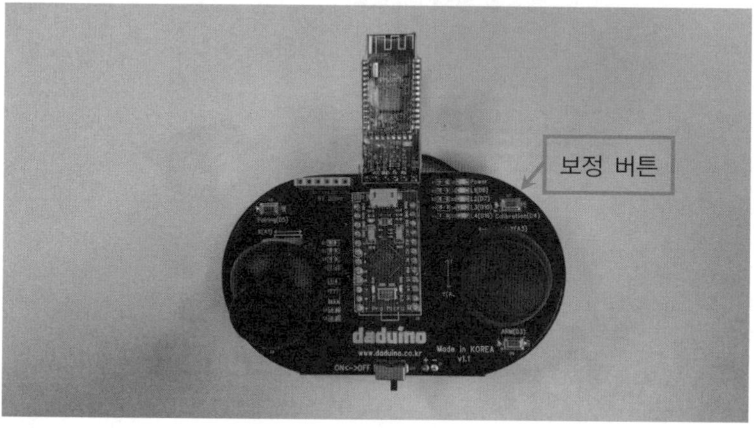

⑤ 조종방법

- 스로틀 : 기체를 상승 또는 하강한다.
- 기체를 날리기 위해서는 반드시 상승해야 한다.

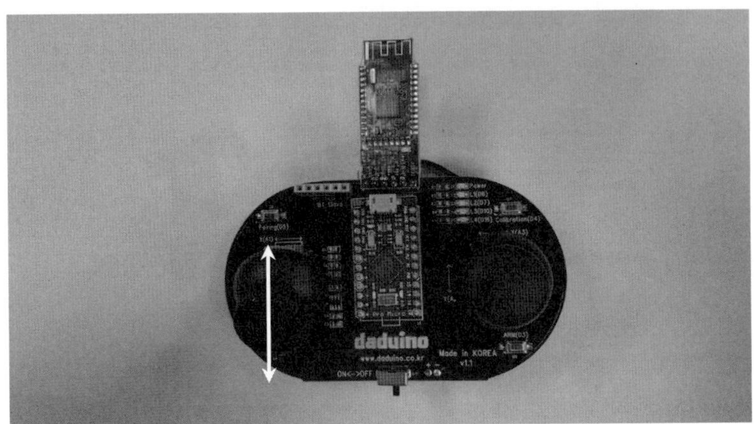

- 기체를 좌우로 회전한다.

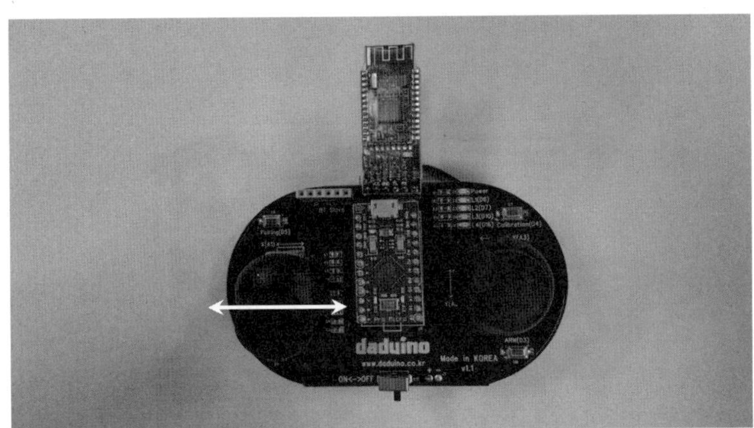

• 기체를 앞뒤로 조종한다.

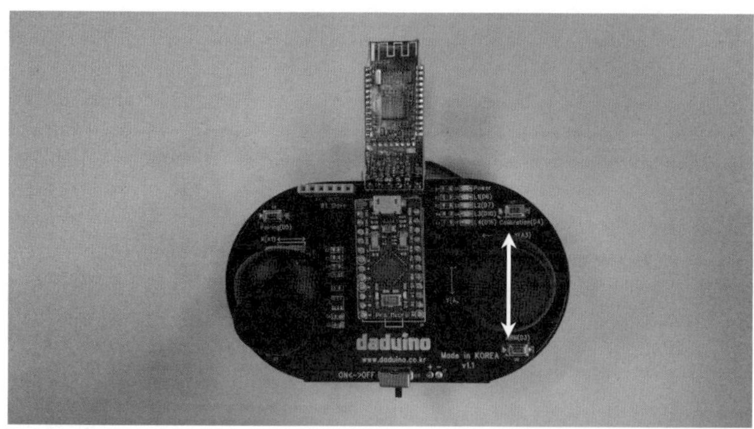

• 기체를 왼쪽 오른쪽으로 조종한다.

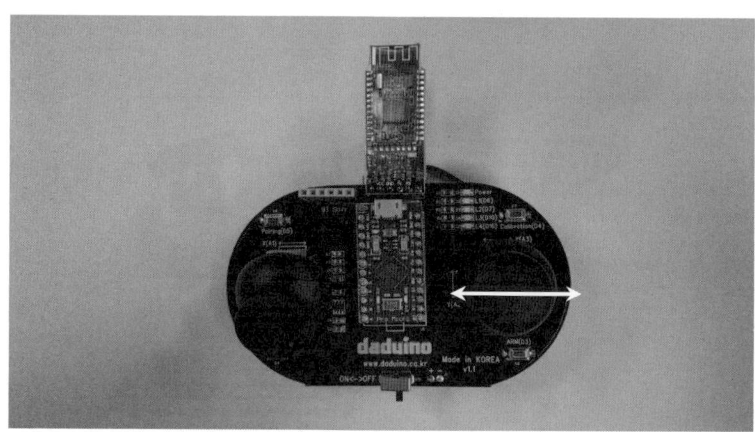

CHAPTER 06

아두이노 F450 대형 조립 드론 키트

1 아두이노 450 드론 조립 설명서

① 재료 표

번호	이름	수량
1	HJ450 드론 바디 세트 + 볼트	1set
2	랜딩 다리 + 볼트	4개 1set
3	2212 KV1000 BLDC 모터 + 고정볼트	4개 1set
4	SIMONK 30A ESC	4개 1set
5	1045 10인치 프롭(정, 역)	정역 2개씩 4개
6	CRIUS MWC MultiWii SE v2.5 아두이노 비행제어보드	1개
7	프로그램 다운로더 CP2102 USB to TTL 모듈	1개
8	11.1V 2200MAH 25C 배터리	1개
9	배터리 충전기+어댑터	1개
10	플라스틱 서포트 2.5×6mm	8개+@1~2개
11	플라스틱 볼트 2.5×4mm	16개+@1~4개
12	ESC신호, 전원분배보드(Power Distribution Board)	1개
13	배터리 타이(배터리 고정용)	1개
14	케이블 타이	20개+@1~2개
15	10cm 암/암 점퍼 케이블	20개
16	수신기	옵션
17	조종기	옵션

② HJ450 드론 바디 세트+볼트 부품을 확인한다.

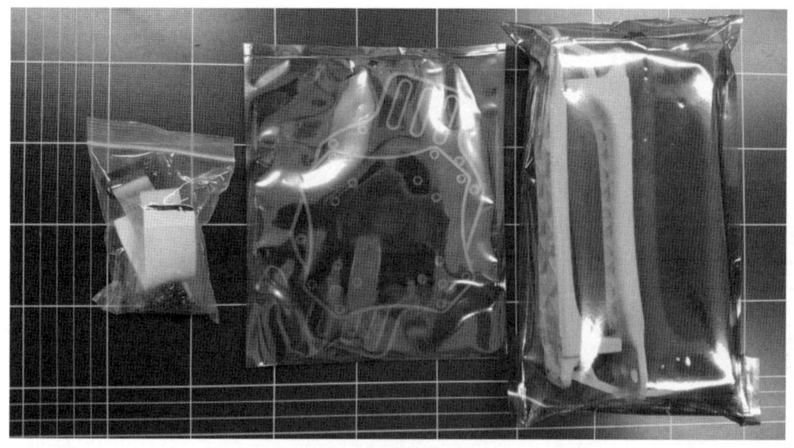

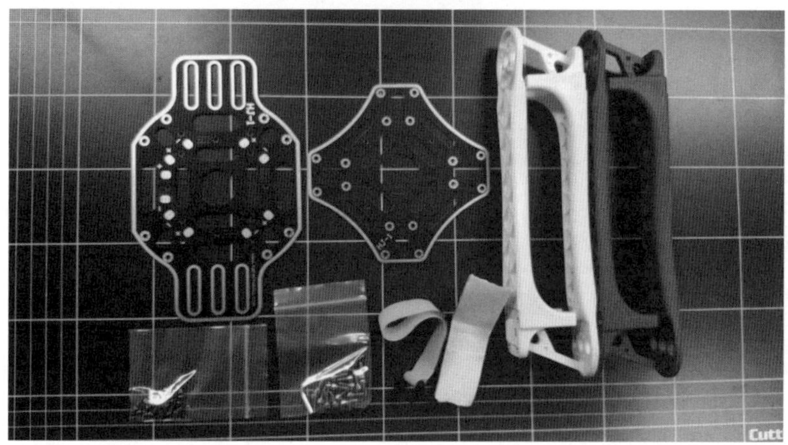

③ ESC신호, 전원분배보드 (위쪽 면)

④ ESC신호, 전원분배보드 (바닥면)

⑤ ESC신호, 전원분배보드 (위쪽면)

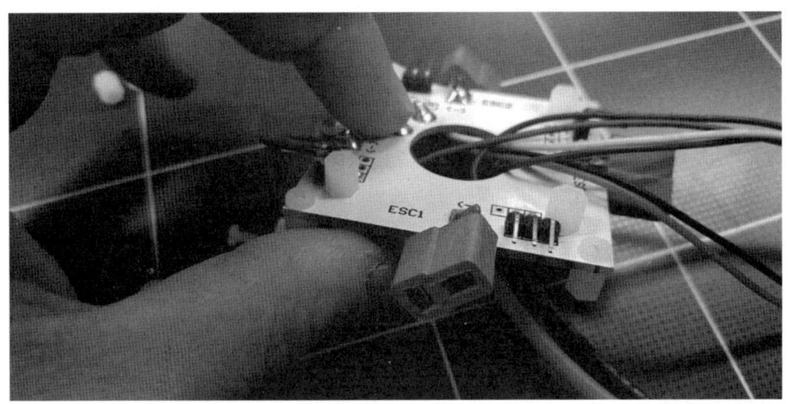

⑥ ESC신호, 전원분배보드 (위쪽면)

⑦ ESC신호, 전원분배보드 (바닥면)

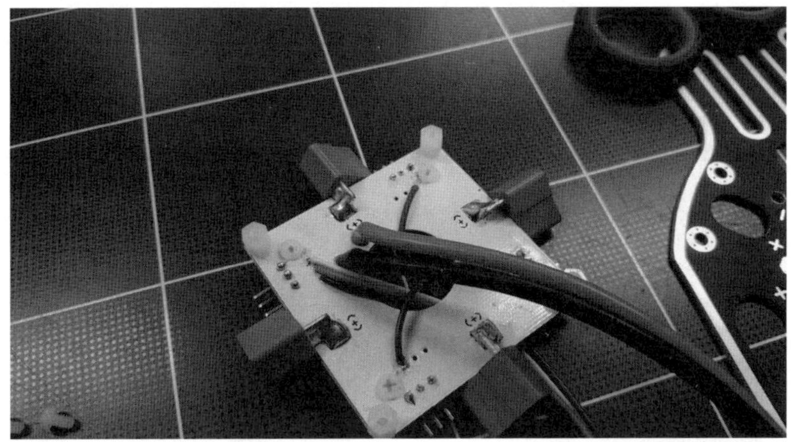

⑧ ESC신호, 전원분배보드(바닥면)

- ESC신호, 전원분배보드에 서포트 및 볼트를 이용하여 위의 사진과 같이 조립한다.
- ESC신호, 전원분배보드(Power Distribution Board)
- 플라스틱 서포트 2.5×6mm
- 플라스틱 볼트 2.5×4mm

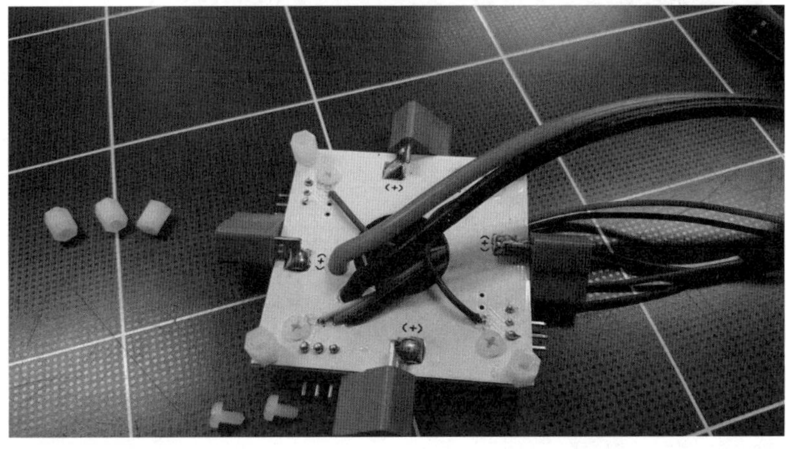

⑨ 아래 사진의 (괄호) 안의 색상은 전원분배보드의 채널별 케이블 색깔을 의미한다.

- HJ450 드론 바디 세트와 ESC신호, 전원분배보드를 조립한다.
- 드론 바디 뒷면에 플라스틱 볼트 2.5×4mm를 사용하여 조립한다.
- ESC4번이 드론의 앞쪽을 향하게 조립한다. (다음 그림과 같이 방향에 주의하여 조립)

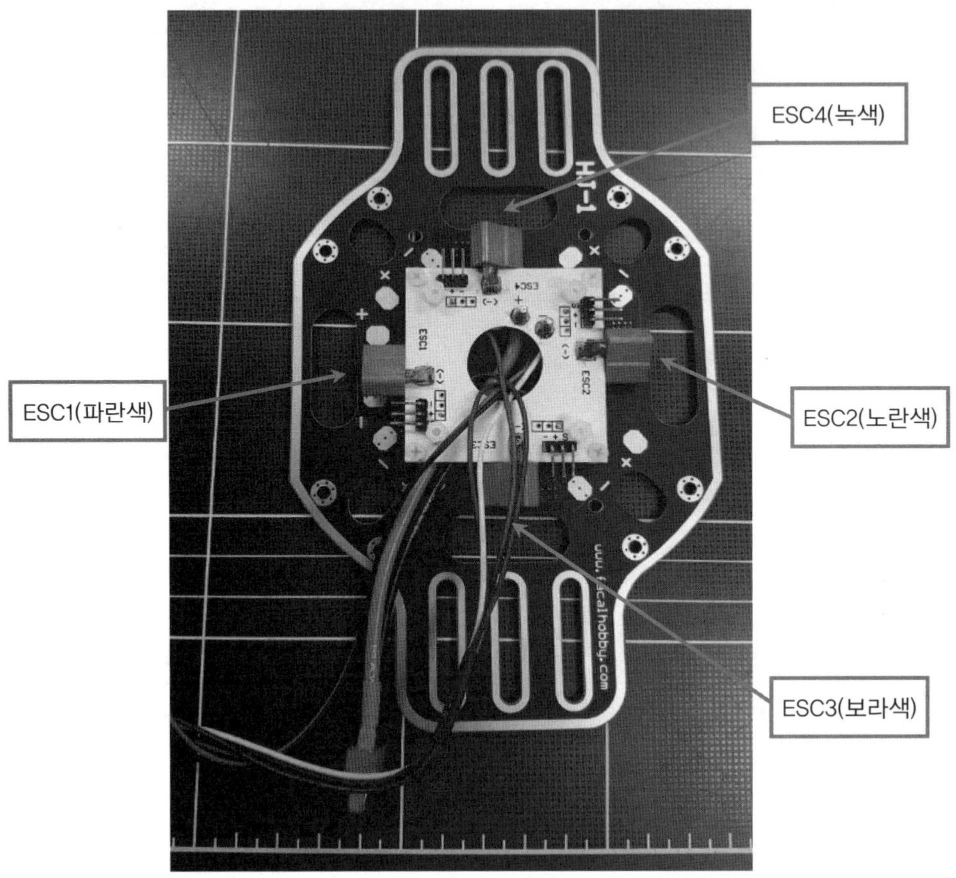

⑩ CRIUS MWC MultiWii SE v2.5 아두이노 비행제어보드와 전원분배보드를 조립한다.

- 플라스틱 볼트 2.5×4mm를 사용하여 조립한다.
- 비행제어보드의 윗면에 화살표가 드론의 앞쪽을 향하게 하여 조립한다.(방향에 주의하여 조립)

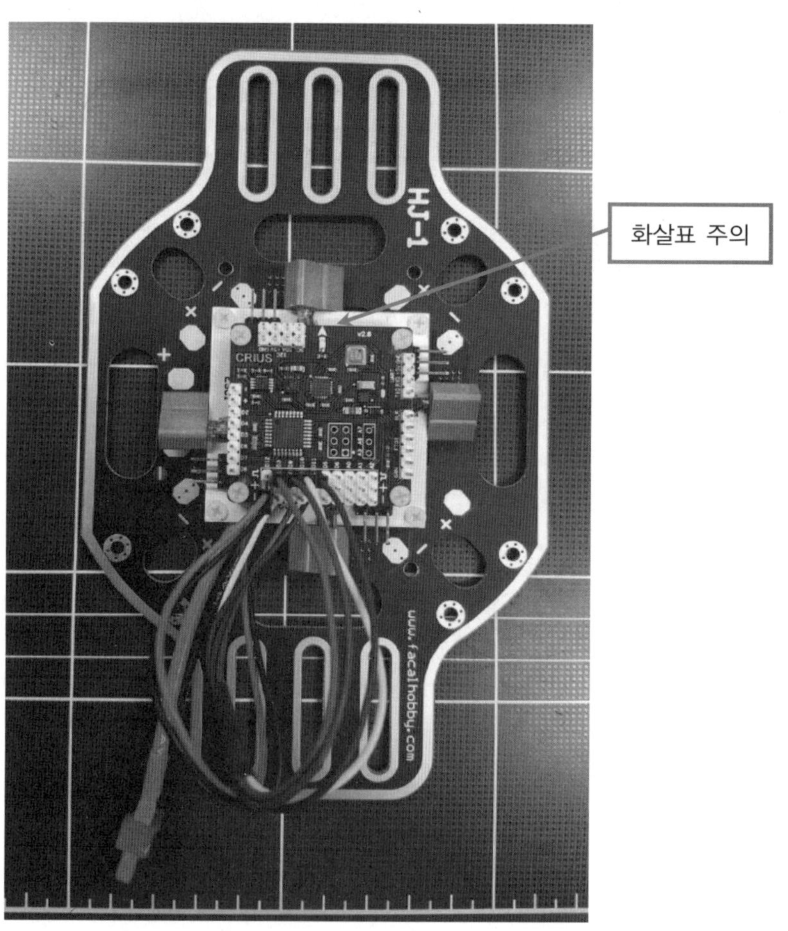

⑪ 비행제어보드와 전원분배보드 케이블을 연결한다.

• 케이블 연결방법은 아래표 참조

⑫ 비행제어보드와 전원분배보드 케이블 연결방법

전원분배보드	아두이노 비행제어보드	드론 모터 방향
빨간색(+)	+	
검정색(−)	−	
녹색(ESC4)	D3	왼쪽 앞(정방향)
보라색(ESC3)	D9	오른쪽 뒤(정방향)
노란색(ESC2)	D10	오른쪽 앞(역방향)
파란색(ESC1)	D11	왼쪽 뒤(역방향)

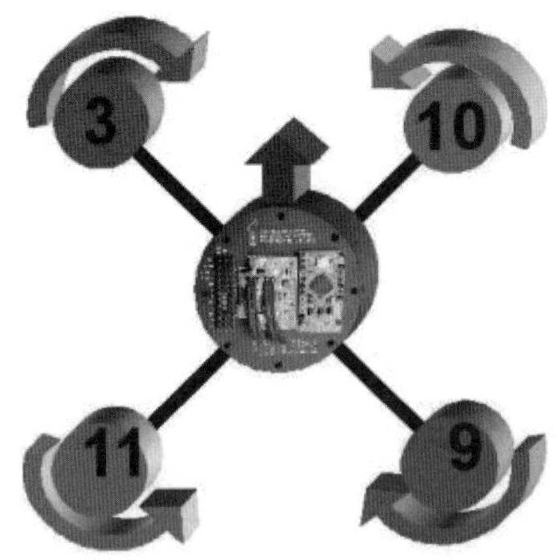

⑬ 수신기(옵션상품)와 아두이노 비행제어보드를 연결한다.

- 10cm 암/암 점퍼 케이블을 사용하여 연결
- 수신기(옵션상품)와 아두이노 비행제어보드 연결방법

수신기	아두이노 비행제어보드	기능
CH1	D4	THROTLE
CH2	D5	AIL/ROLL
CH3	D2	ELEV/PITCH
CH4	D6	RUD/YAW
CH5	D7	AUX1
CH6	D8	AUX2
+	+	+전원
−	−	−전원, GND, 0V

- 10cm 암/암 점퍼 케이블의 색상은 랜덤으로 발송되므로 색상에 신경쓰지 않고 연결해도 무방하다.

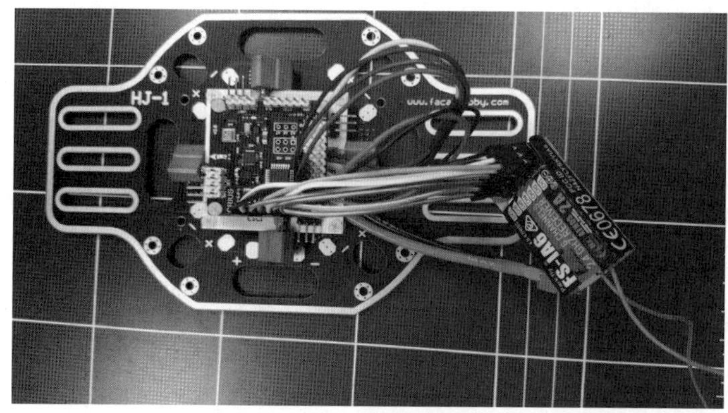

⑭ 수신기(옵션상품)를 케이블 타이 또는 양면테이프를 이용하여 드론 바디에 부착한다.

⑮ 랜딩다리와 날개 지지대를 연결한다.

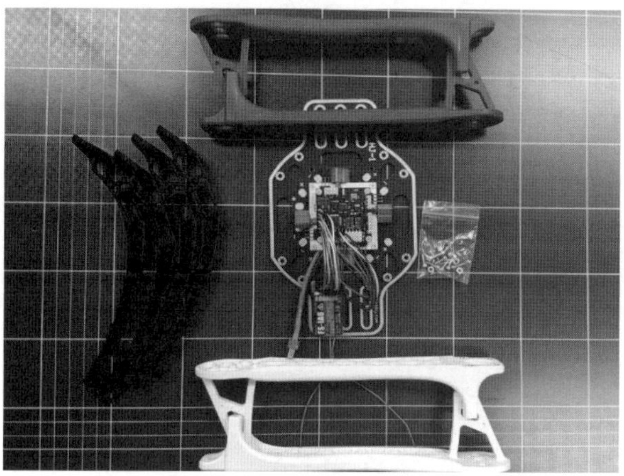

⑯ 보드의 정면을 기준으로 앞쪽은 빨간색 날개 지지대, 뒤쪽은 흰색 날개 지지대가 되도록 조립한다. (날개 지지대의 색상에 주의하여 조립)

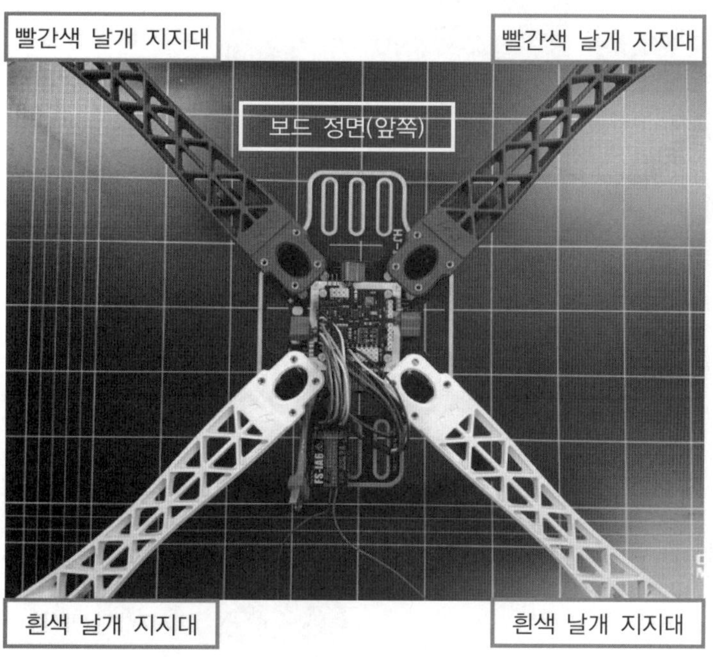

⑰ 랜딩다리 ⇨ 보드 ⇨ 날개 지지대를 볼트로 연결한다.

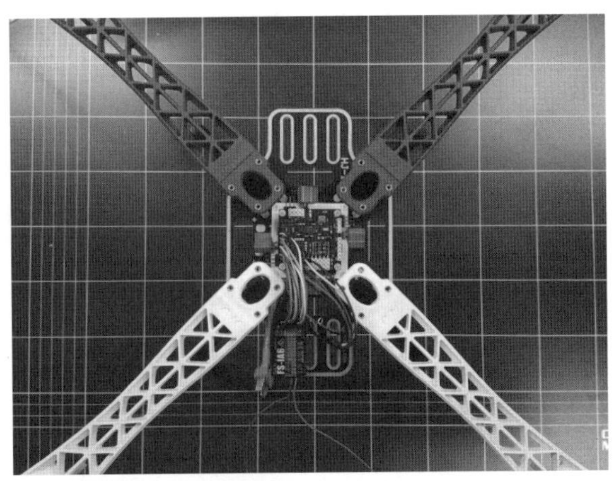

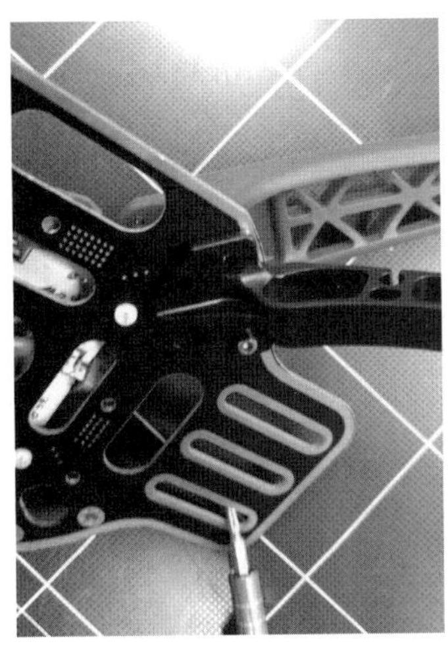

⑱ 4군데의 랜딩다리 및 날개 지지대를 조립한다.

⑲ 케이블 타이를 이용하여 선을 정리한다.

⑳ 드론 바디의 윗면을 조립한다.

- 드론 바디의 윗면을 조립 시 케이블이 걸릴 위험이 있으므로 케이블을 정리한 후에 보드 윗면을 조립한다. (케이블을 손으로 눕힌다.)
- 드론 바디 윗면과 조립 시 중간중간 케이블이 걸린 곳이 있는지 확인을 하면서 조립한다.

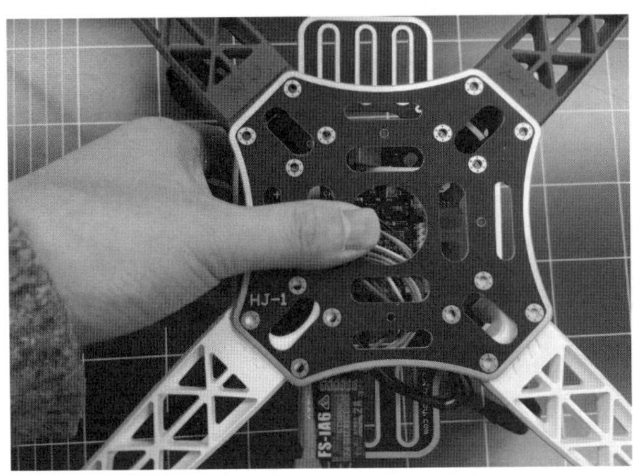

㉑ 수신기(옵션상품)의 안테나를 랜딩다리에 묶어 정리한다. (날개에 안테나가 잘리지 않게)

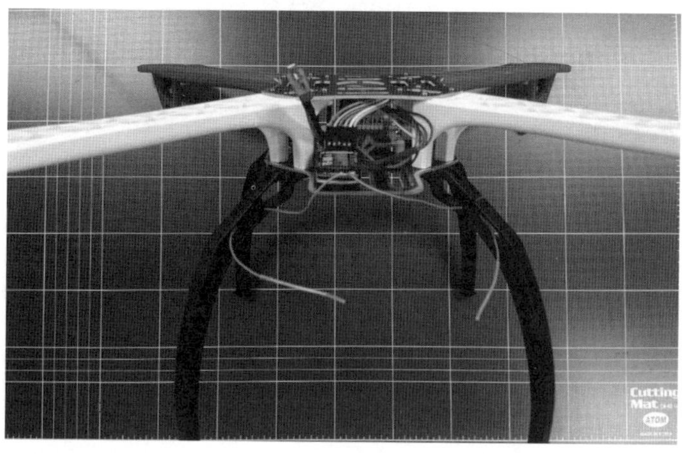

㉒ ESC와 전원분배보드를 연결한다. (4군데)

- T커넥터의 전원선과 3색 제어신호를 연결
- 제어신호의 색깔 순서는 검정, 빨강, 흰색 순이 되게 연결한다.

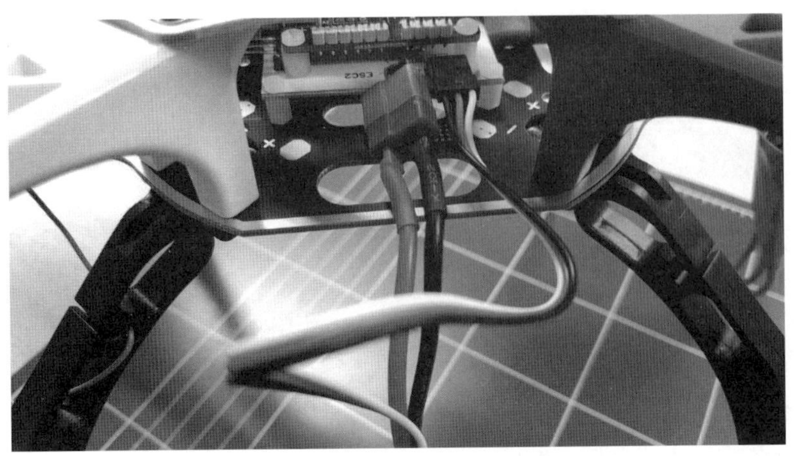

㉓ ESC를 오른쪽 날개 지지대에 케이블 타이로 고정한다.

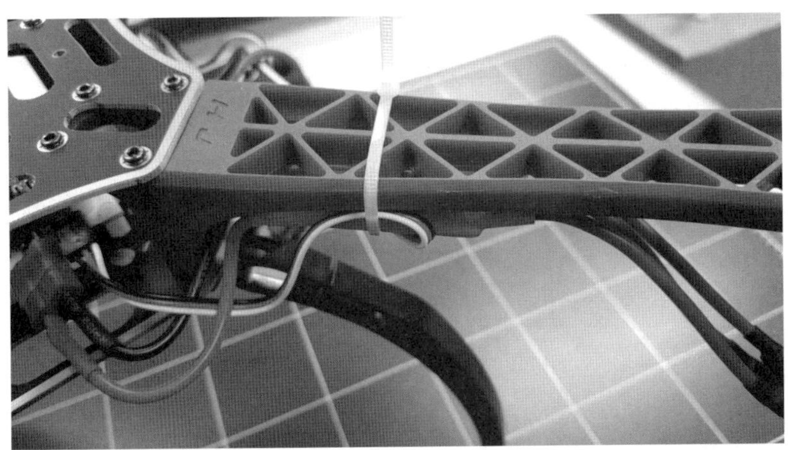

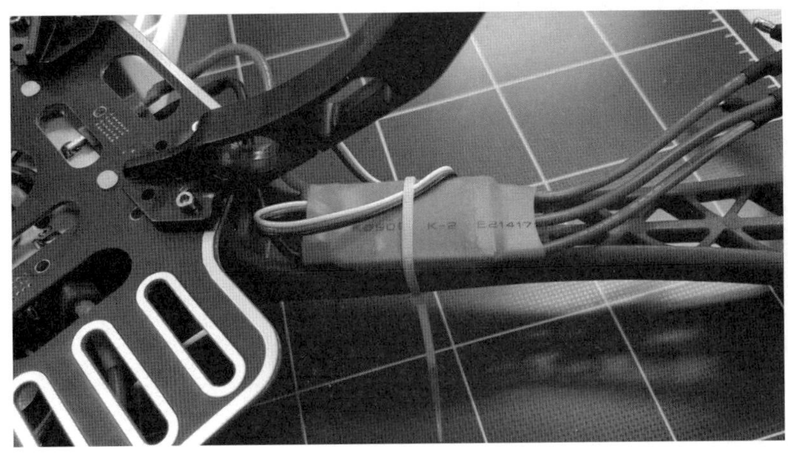

㉔ 케이블 타이를 니퍼나 가위로 끝을 잘라낸다.

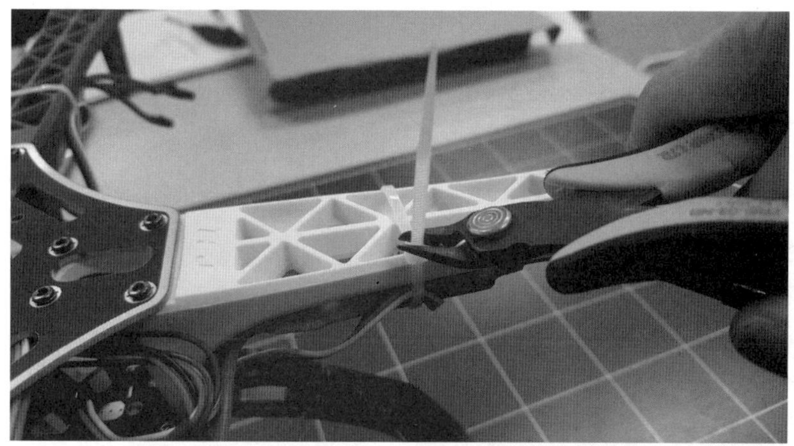

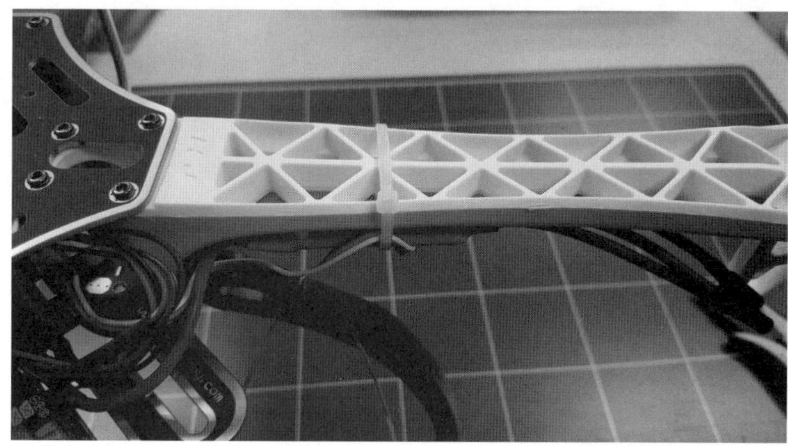

㉕ 4군데의 ESC를 각각 오른쪽 날개 지지대에 케이블 타이로 고정한다.

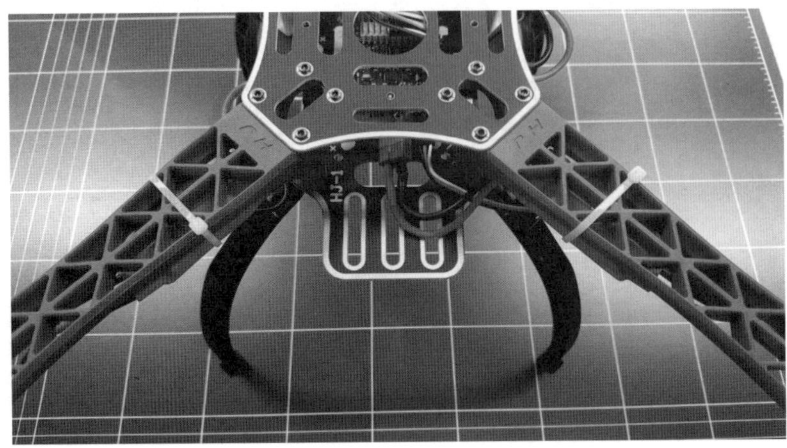

㉖ 다음 사진의 화살표 방향에 ESC가 연결되도록 한다.

㉗ ESC와 모터를 연결한다.

- ESC의 가운데 선, 모터의 검정색 가운데 선을 연결한다.
- ESC의 양쪽 끝선과 모터의 양쪽 끝선 빨강, 노란선을 연결한다.
- 양쪽 끝선의 연결에 따라 모터의 움직이는 방향이 결정된다.

모터방향	ESC	모터
정방향	1	노랑
	2	검정
	3	빨강
역방향	1	빨강
	2	검정
	3	노랑

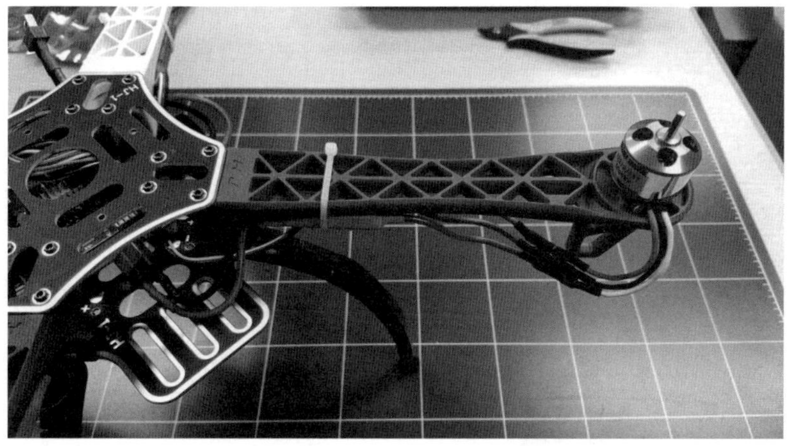

㉘ ESC와 모터 연결 정방향

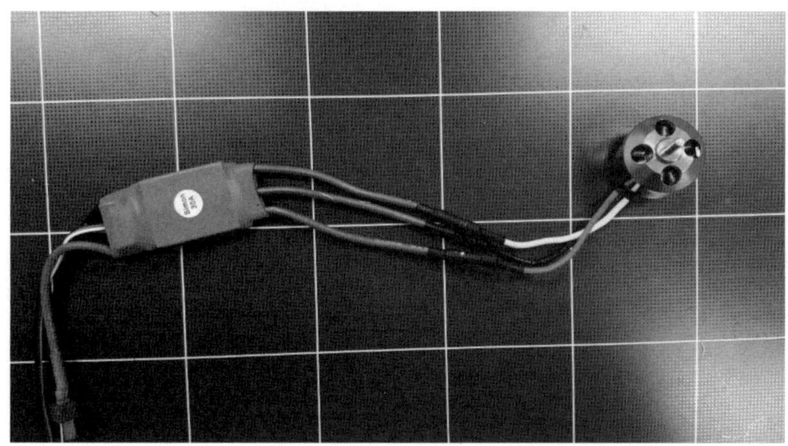

㉙ ESC와 모터 연결 역방향

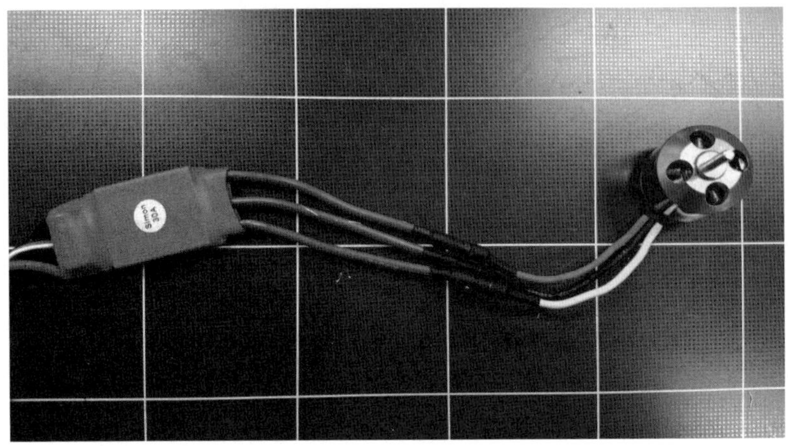

㉚ 왼쪽 앞, 오른쪽 뒤 3, 9번은 정방향으로 모터와 ESC 연결
오른쪽 앞, 왼쪽 뒤 10, 11번은 역방향으로 모터와 ESC 연결

㉛ ESC와 모터 케이블을 케이블 타이로 정리한다.

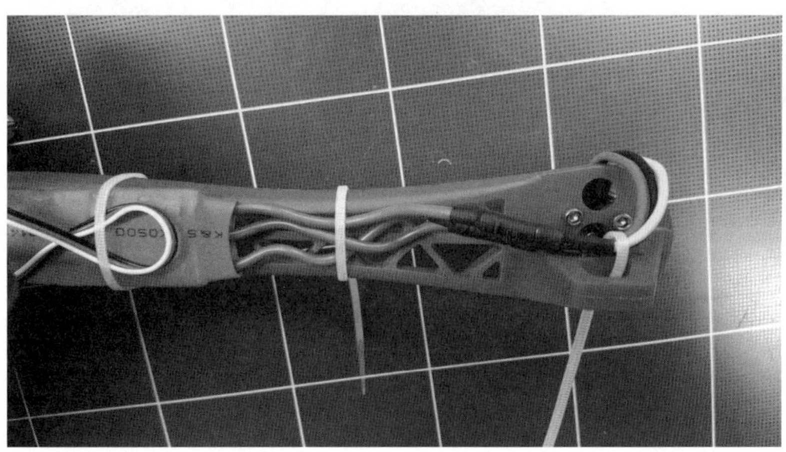

㉜ 케이블 타이의 끝을 니퍼나 가위로 잘라낸다.

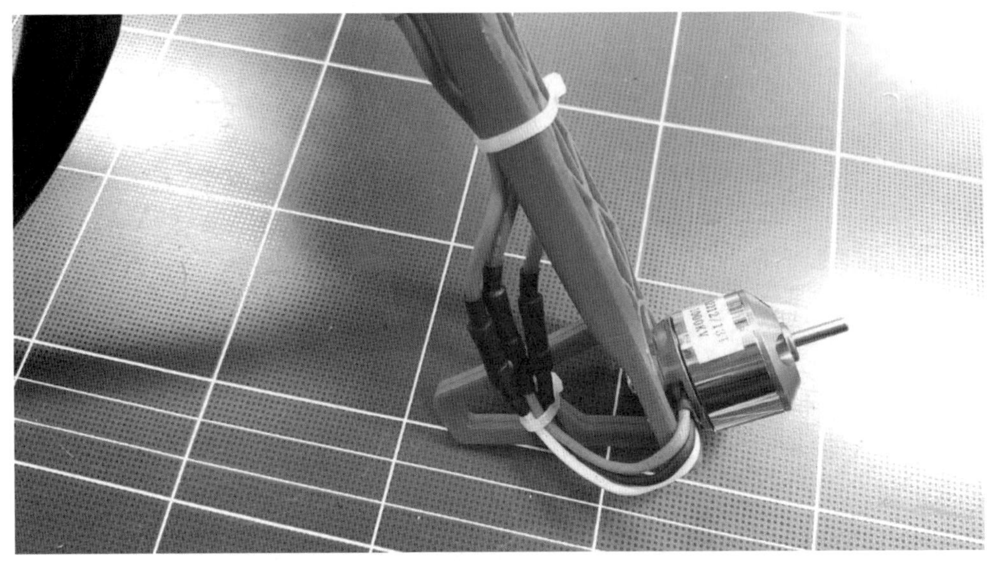

㉝ 케이블 타이를 이용하여 ESC와 모터 케이블을 정리한 모습

㉞ 배터리 타이를 이용하여 배터리를 고정한다.

㉟ 모터고정용 캡을 분리하여 자신과 6개의 플라스틱 중에 자신과 맞는 부분을 찾아서 떼어 낸다.

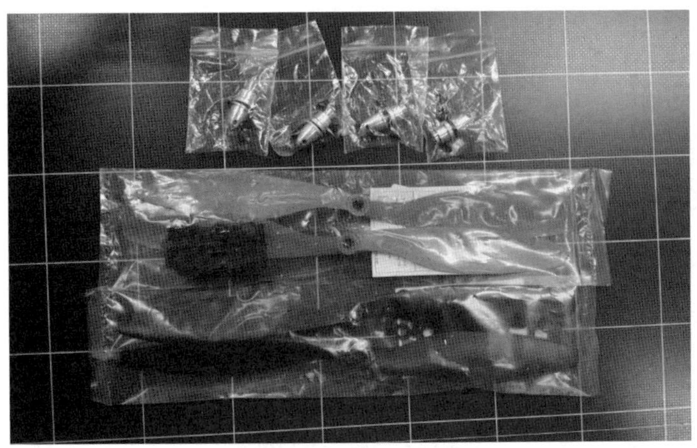

㊲ 떼어 낸 플라스틱을 날개 홈에 넣는다.

㊳ 모터고정용 캡을 조립한다. 너무 꽉 조립하지 않고 살짝 조립한다. (실제 모터 고정 시 꽉 조립하여야 함)

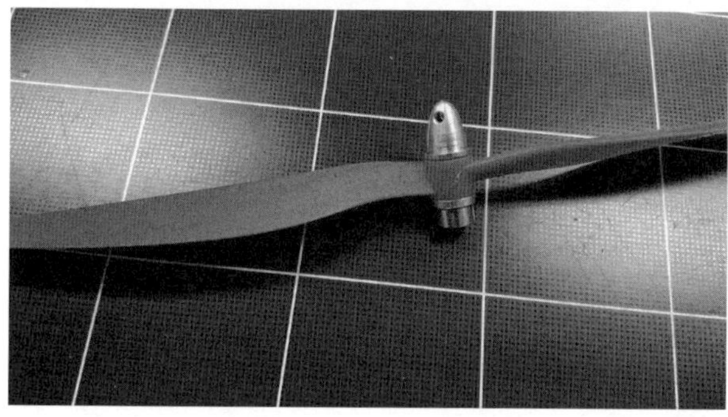

㊴ 4개의 날개와 모터고정용 캡을 위와 같은 방법으로 조립한다.

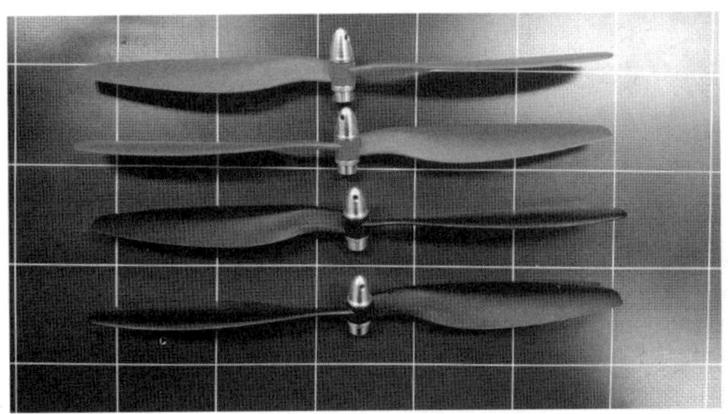

㊵ 날개를 보면 1045R 날개와 1045 날개가 있다. 색상별로 두 종류의 날개가 있다.

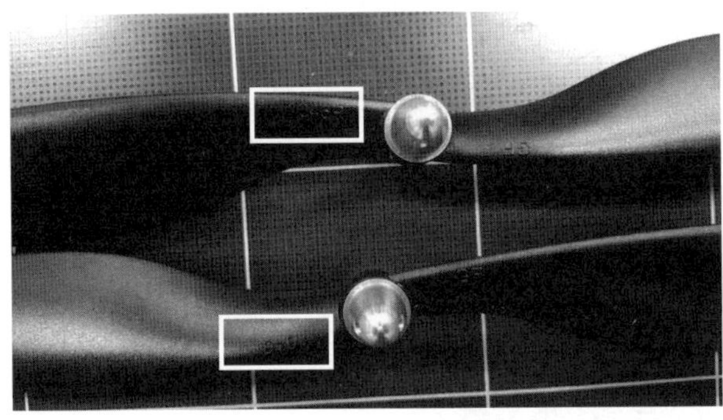

㊶ 그림에 맞는 위치에 날개를 장착한다.

- 1045R 정으로 회전하는 날개
- 1045 역으로 회전하는 날개

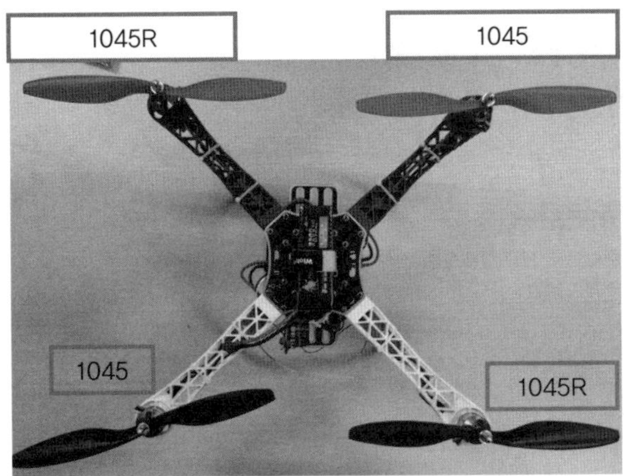

㊷ 날개와 모터고정용 캡을 모터에 끼운다.

- 모터고정용 캡에는 홀이 하나 있어서 드라이버나 홀 구멍에 맞는 물건으로 꽉 조인다.

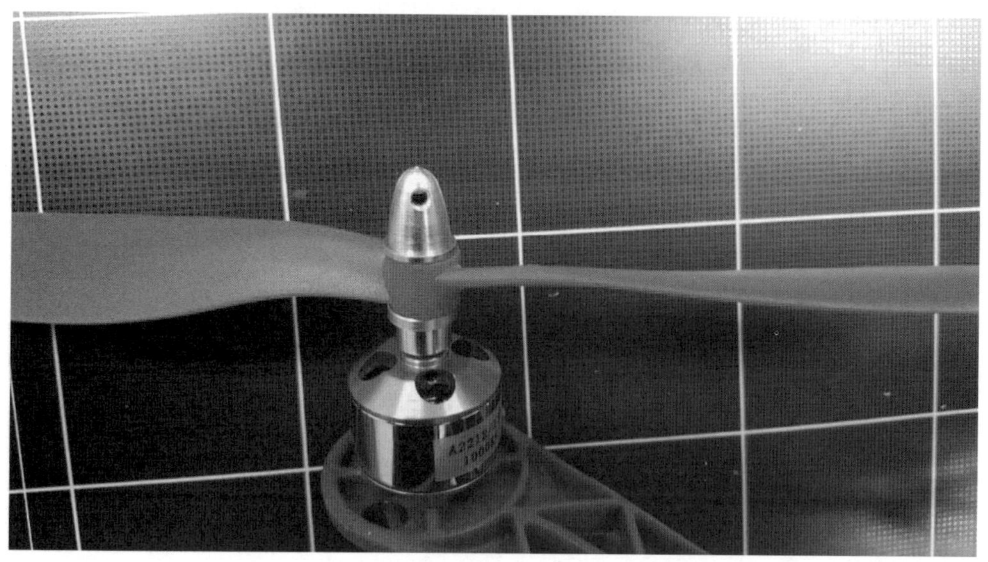

㊸ 모터고정용 캡과 날개를 꽉 조인다. 꽉 조이지 않으면 드론이 날아갈 때 날개가 분리될 수도 있으므로 최대한 꽉 조인다. 4군데의 날개를 조립한다.

㊹ 조립 완료

2 조종기 수신기 바인딩 방법

① 조종기의 왼쪽 하단에 바인딩 키가 위치

② 바인딩 버튼을 누른 상태로 전원을 켠다.

③ 바인딩 모드로 진입

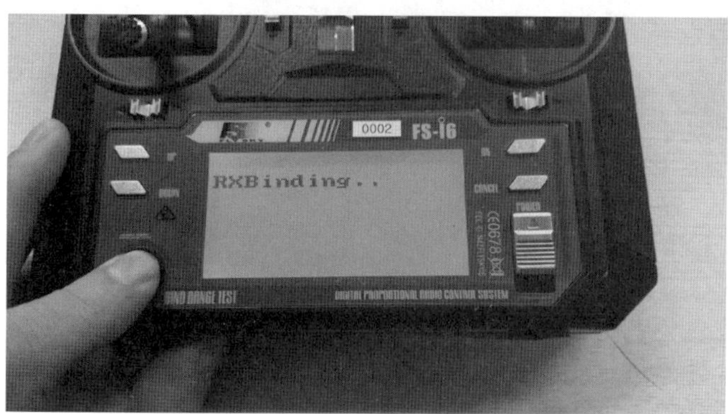

④ 바인딩 키에 손을 놓아도 상태 유지

⑤ 수신기의 B/VCC(맨 위쪽 핀)에 바인드 핀을 연결한다.

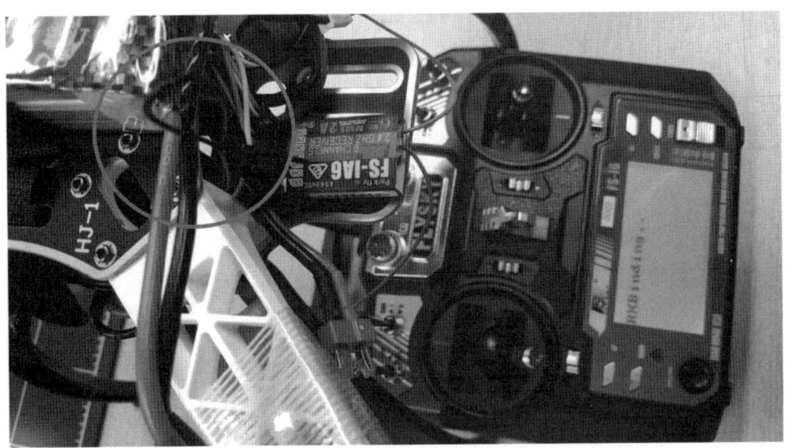

⑥ 수신기에 전원을 연결한다.

• 조종기의 화면이 바뀐다.
• 완료된 상태가 아니다.

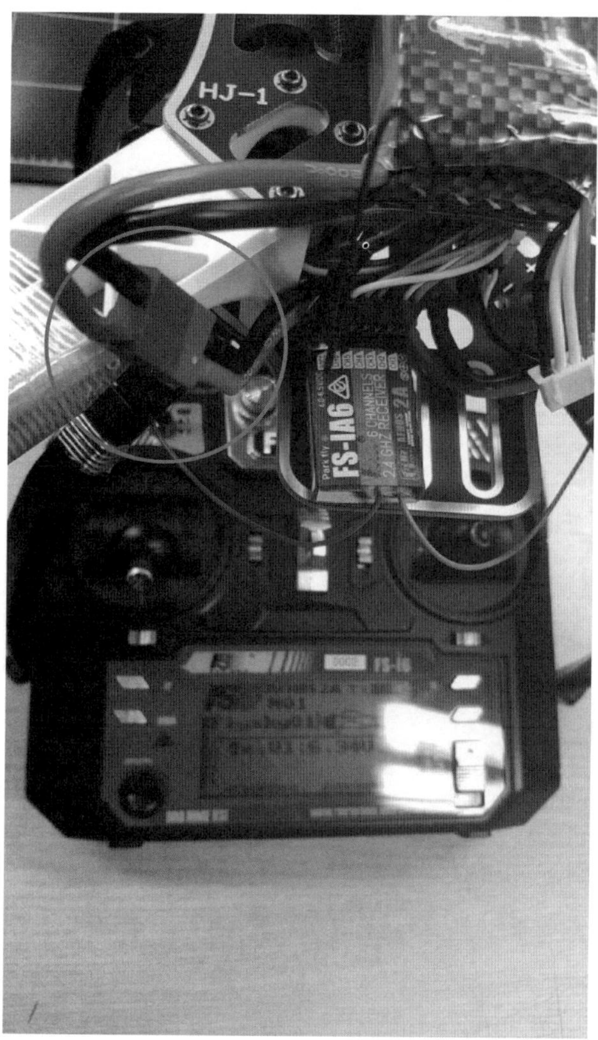

⑦ 수신기의 바인드 핀을 제거한다. 조종기에서 연결을 확인할 수 있다. (완료)

3 프로그램 다운로드 방법

① CP2102 USB to TTL 모듈에 10cm 암암 케이블을 연결한다. 케이블은 낱개로 떨어져 있기 때문에 스카치 테이프 등을 이용하여 커넥터를 붙여주면 좋다.

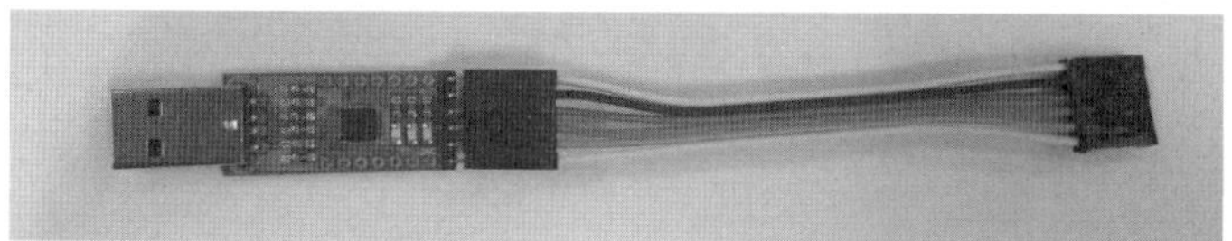

② 멀티위 보드에 다음과 같은 커넥터의 순서대로 연결한다.

- 빨간색 위치에 커넥터 연결
- 빨간색 화살표 BLK 핀이 CP2102의 GND핀과 연결되게 한다.
- 드론 배터리는 연결하지 않는다.

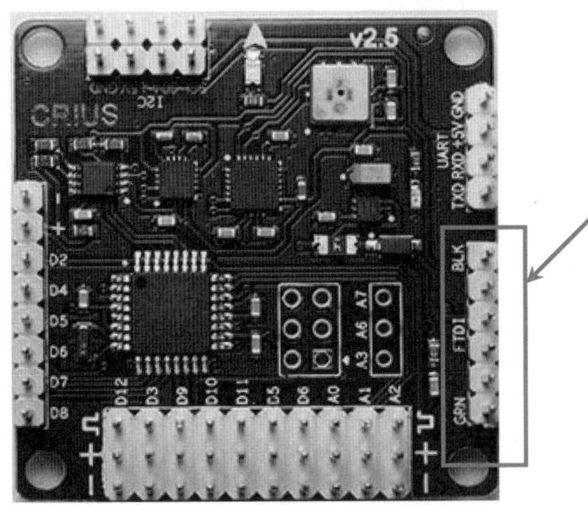
v2.5
CRIUS
I2C
UART
TXD RXD +5V GND
BLK
FTDI
GRN
D2
D4
D5
D6
D7
D8
D12 D3 D9 D10 D11 D5 D6 A0 A1 A2
A3 A6 A7

③ USB 연장 케이블 등을 이용하여 PC와 연결한다.

- CP2102 드라이버 설치 다운로드 주소
  https : //www.silabs.com/products/mcu/Pages/USBtoUARTBridge-VCPDrivers.aspx
- 또는 구글에서 cp2102 driver 검색

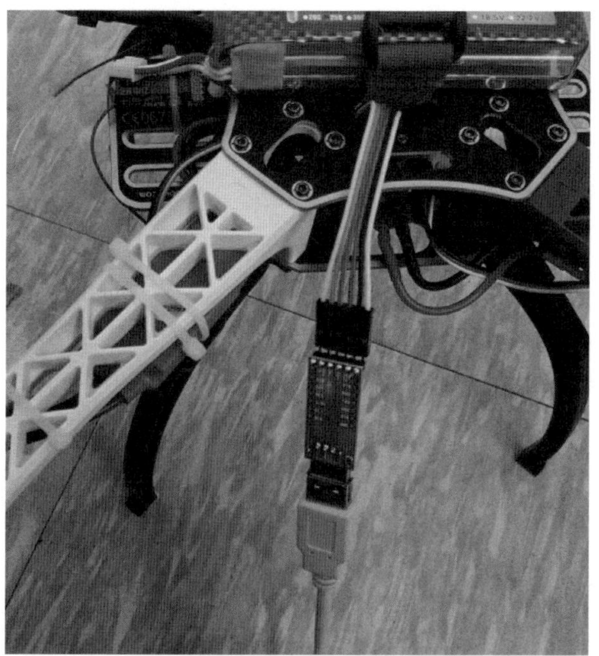

④ 동봉된 소스코드에
[02.메인컨트롤 프로그램] 폴더 클릭 ⇨ [Multiwii] 폴더 클릭

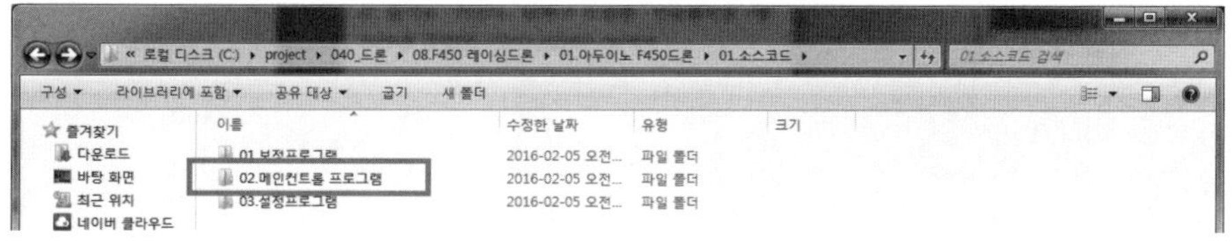

⑤ '멀티위 아두이노' 파일을 클릭한다.

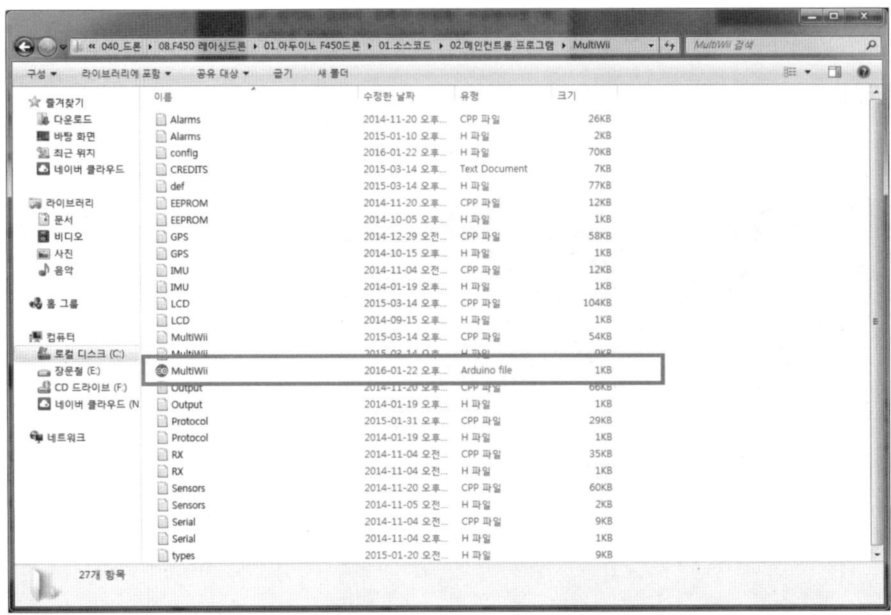

⑦ 보드설정 : Aduino Pro or Pro Mini

- 프로세서 : 5V, 16MHz
- 포트 : CP2102 드라이버 포트 (컴퓨터마다 포트가 틀림)

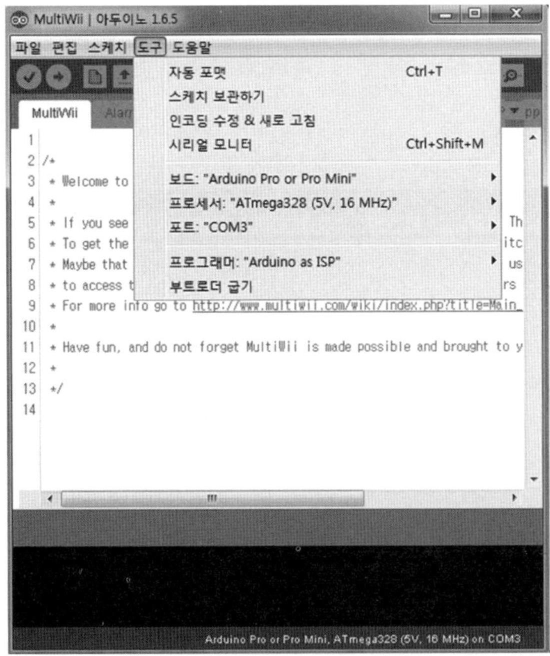

⑦ 업로드 버튼을 클릭한다.

- 업로드 완료 확인(완료)

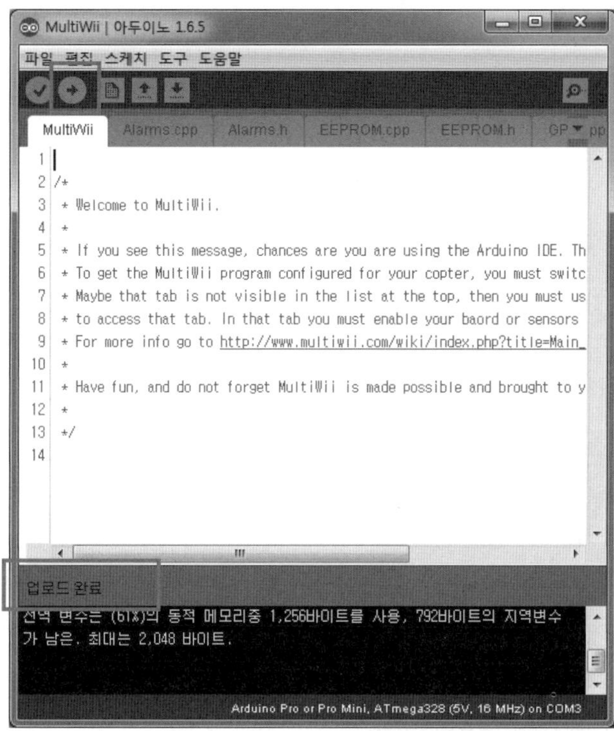

4 ESC 보정방법

• ESC는 날개의 속도를 일정하게 하기 위해서 초기에 한 번 보정을 해야 한다.
• ESC 보정 시 모터가 강하게 회전하므로 필히 날개를 제거하고 진행을 해야 한다.

① 배터리는 연결한다.

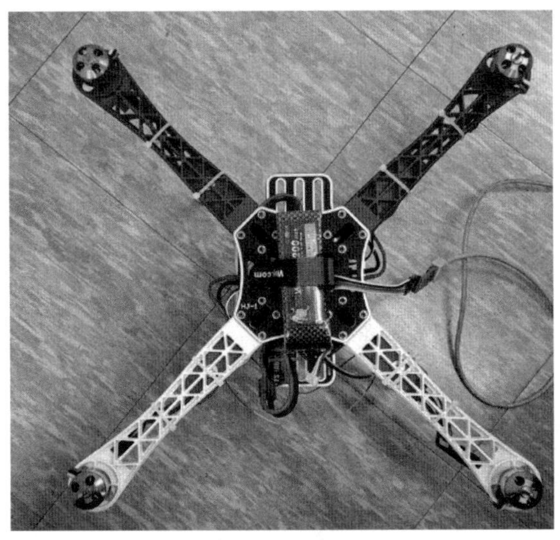

• 드론의 날개를 제거하지 않으면 위험하므로 필히 제거한다.

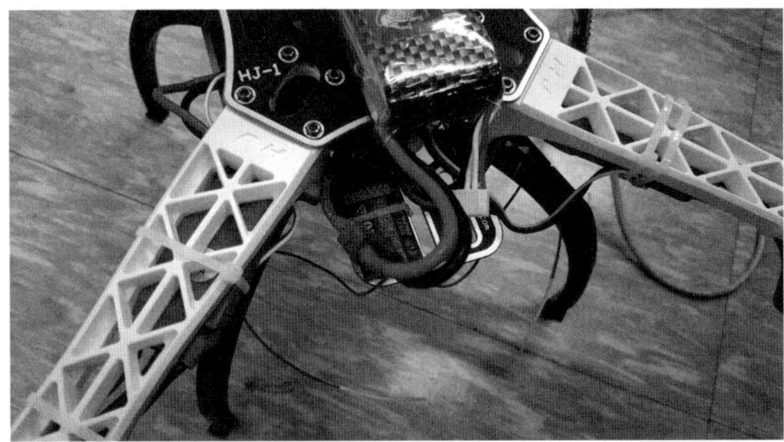

② [01.보정프로그램] 폴더 클릭 ⇨ Multiwii 클릭

③ '멀티위 아두이노' 파일 클릭

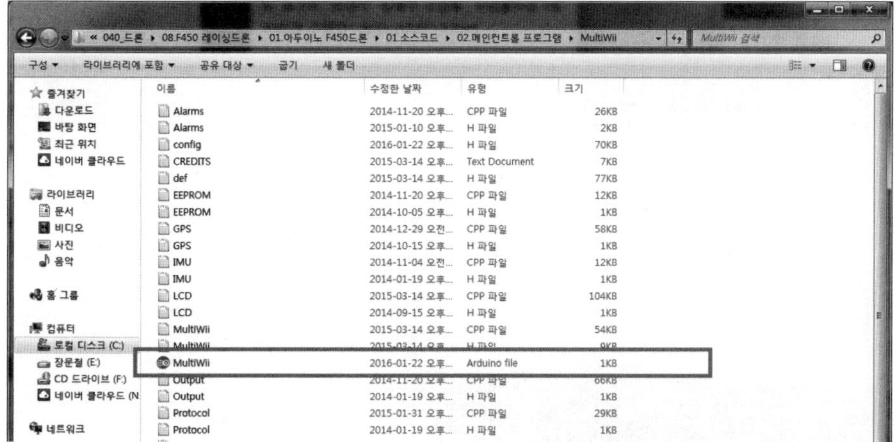

④ 보드 설정 : Aduino Pro or Pro Mini

- 프로세서 : 5V, 16MHz
- 포트 : CP2102 드라이버 포트 (컴퓨터마다 포트가 틀림)

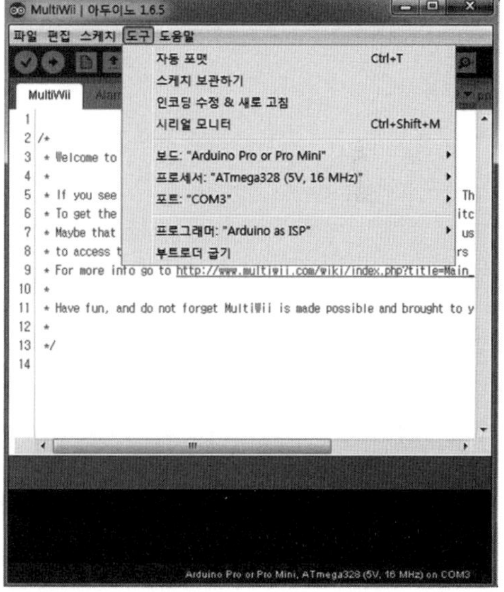

⑤ 업로드 버튼 클릭

- 업로드 완료 확인(완료)
- 5~10초 가량 보정
- ESC에서 소리가 남(보정 완료)
- 다시 원래 프로그램으로 다운로드 한다.

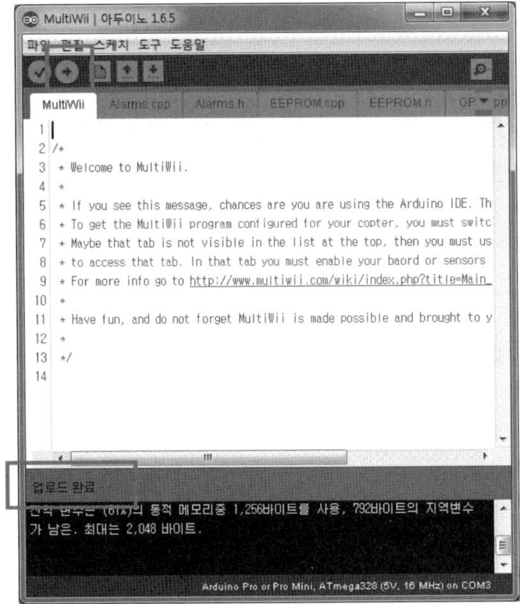

5 기체 설정 방법

① [03.설정프로그램] 클릭 ⇨ 'MultiWiiConf' 클릭

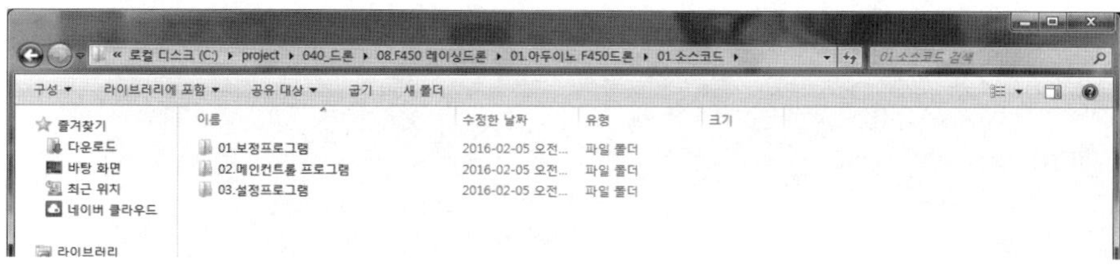

② 자신에게 맞는 운영체제를 클릭한다.

- 윈도우는 64비트를 사용하더라도 32비트 클릭
- 자바 에러 발생 시 아래의 주소 참조

  https : //www.youtube.com/watch?v=QiBLcTJmWOU

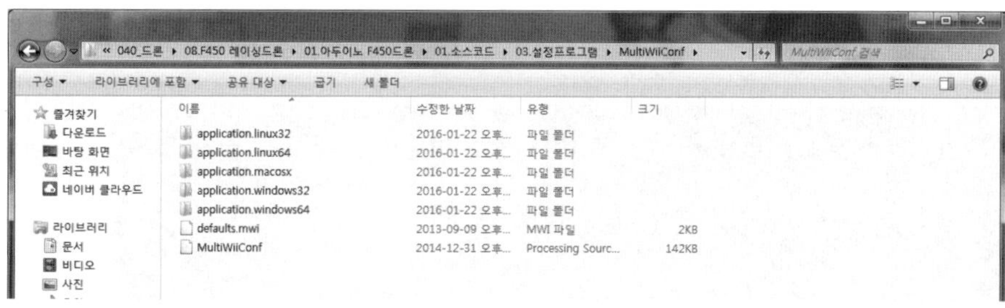

③ 'MultiWiiConf' 클릭

④ 왼쪽 위에 CP2102 드라이버 포트 설정 후 클릭한다.

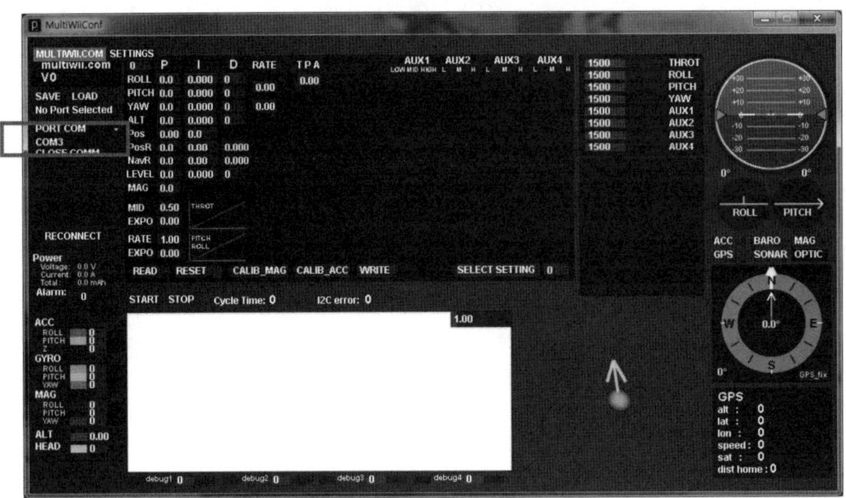

⑤ 접속 완료(녹색으로 바뀜)

• [START] 버튼 클릭

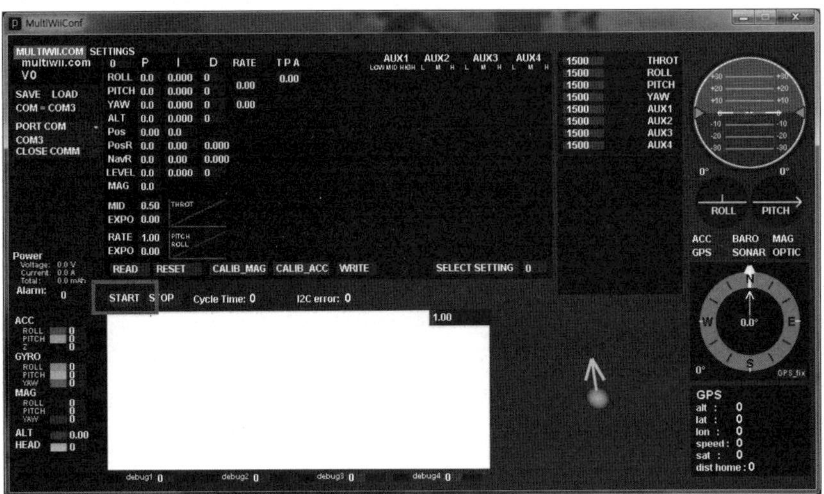

⑥ 기체를 평평한 곳에 위치시킨 후 'CALIB_ACC'를 클릭한다. (가속도 보정, 평행 보정)

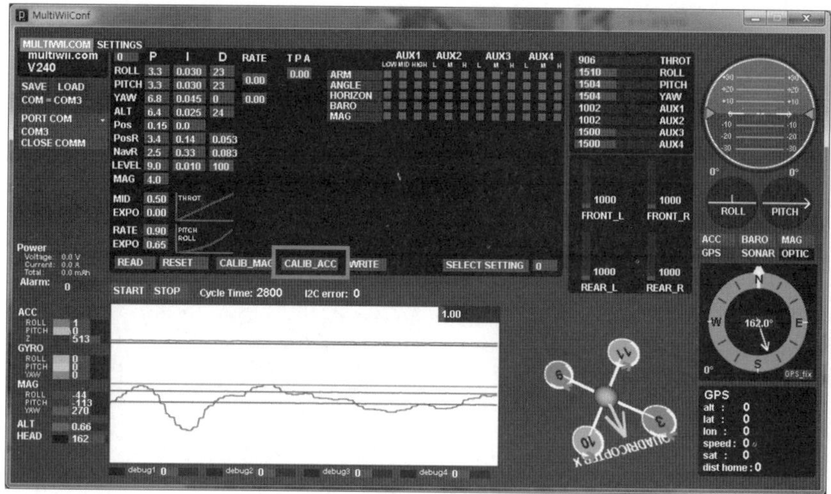

⑦ HORIZON 체크박스에 AUX1 모든 곳을 체크 후 'WRITE'를 클릭한다.

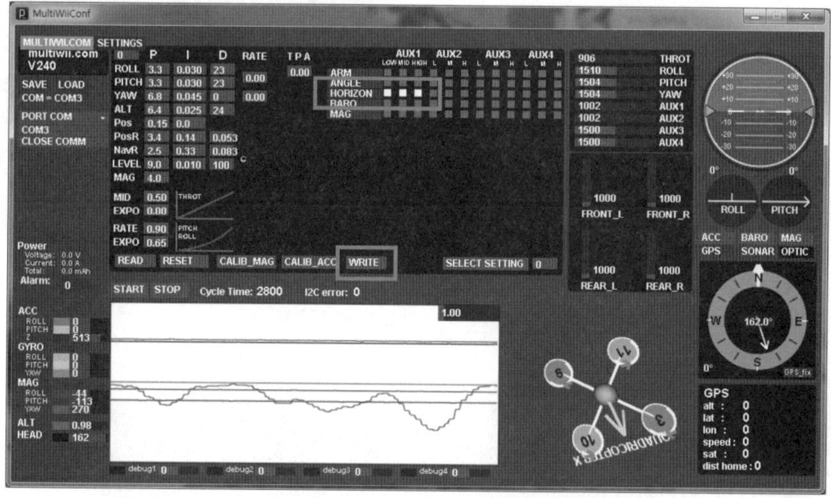

⑧ HORIZON이 녹색으로 되면 완료

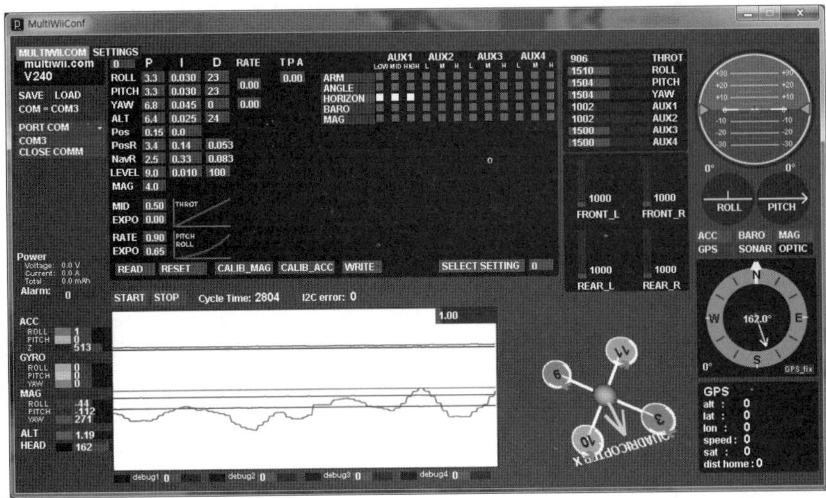

⑨ 조종기의 전원을 켠다.

⑩ 조종기의 레버를 움직였을 때 위의 값이 변하면 성공

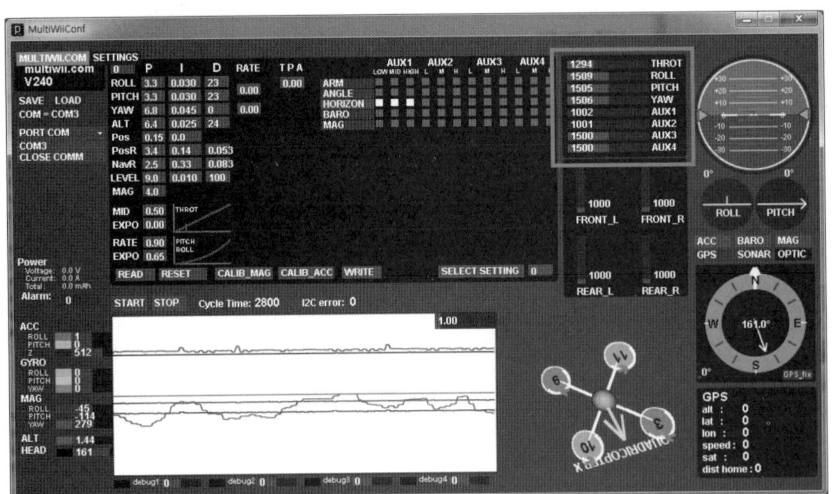

⑪ 시동방법

• 왼쪽 레버를 사진과 같이 오른쪽 대각선 아래로 두면 시동이 걸리고 모터가 움직인다.

⑫ 시동 끔

• 왼쪽 레버를 사진과 같이 왼쪽 대각선 아래로 두면 시동이 꺼진다.

• 시동 후 레버를 올려 모터의 방향을 확인한다.

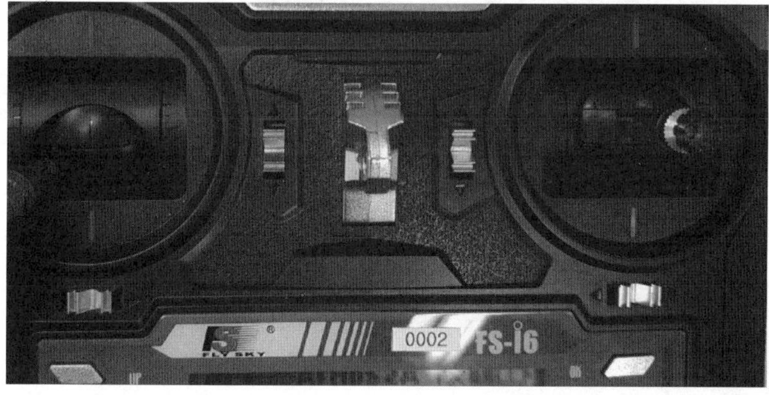

⑬ 왼쪽 위, 오른쪽 아래의 모터는 시계 방향으로 돌아야 정상
오른쪽 위, 왼쪽 아래 모터는 반시계 방향으로 돌아야 정상

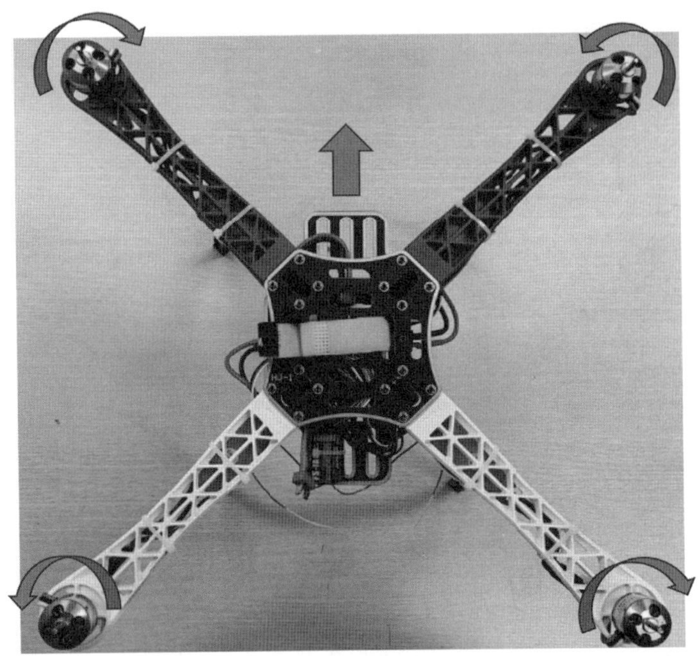

⑭ 모터가 반대로 돌 경우 모터와 ESC 간에 연결된 검정, 노랑 케이블을 서로 바꿔 연결한다.
- 모터의 검정 ESC는 가운데 연결되어 있다.

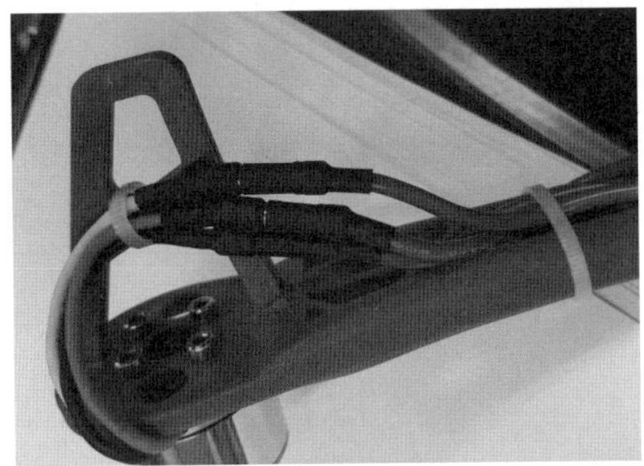

6 멀티위 각종 모드 설명

① ACRO MODE

- 기본 디폴트 모드입니다.
- 자이로만 사용합니다.
- 초보자가 조종하기는 거의 불가능 합니다.
- 콥터가 수평상태로 돌아오지 않습니다.
- 기울어진 상태를 그대로 유지합니다.
- 계속 보정하여 수평을 유지하여야 합니다.

② ANGLE MODE

- 수평을 유지하는 모드입니다.
- 송신기를 놓아 가운데로 오면 기체가 수평을 유지합니다.
- 자이로와 엑셀로미터를 사용합니다.

③ HORIZON MODE

- ANGLE MODE와 동일하게 수평을 유지하는 모드입니다.
- 스틱을 가볍게 움직이는 경우 ANGLE 모드와 동일하게 동작하고 격하게 움직이는 경우 ACRO 모드와 유사하게 움직이는 모드입니다.
- 자이로와 엑셀로미터를 사용합니다.

④ 추가 플라이트 모드

상기 메인모드에 추가로 설정이 가능합니다.

⑤ BARO MODE

- 대기압 센서가 부착된 경우 선택이 가능합니다.
- 송신기에서 다른 입력이 올 때까지 현재 고도를 유지합니다. (필자의 경우는 그렇게 정확하지는 않더군요. 프로펠러의 영향을 받는 것으로 생각됩니다.)

⑥ MAG MODE

- YAW 축이 지자계 센서를 이용하여 고정됩니다. 당연히 YAW 입력이 있을 시 쿼드는 정상적으로 회전합니다.
- 지자계(나침반) 센서를 사용합니다.

⑦ HEADFREE MODE

- YAW 축에 관계없이 2D 비행합니다. 즉, ROLL과 PITCH로만 움직입니다.
- 지자계 센서를 사용합니다. MODE 1로 조정하는 사용자에게는 그리 좋은 모드는 아닙니다.

⑧ HEADADJ MODE

HEADFREE MODE를 위한 새로운 방향값을 설정해 주는 모드입니다.

⑨ GPS 모드

- GPS 모드는 ANGLE 또는 HORIZON 모드인 경우 활성화 할 수 있습니다.
- GPS 모드를 위하여는 ARM 하기 이전에 GPS가 수신되고 위치를 잡아야만 합니다. 그렇지 않다면 GPS 모드는 동작하지 않습니다.

⑩ GPS HOME

시작 포인트로 돌아옵니다.
이 기능 때문에 GPS가 활성화 된 이후에 ARM 되어야 합니다.

⑪ GPS HOLD

홀드된 위치에 쿼드가 정지해 있습니다. 대기압 센서가 있는 경우에는 고도도 홀드 됩니다.

CHAPTER 07

3D프린터 DIY 교육 키트

1 조립설명서

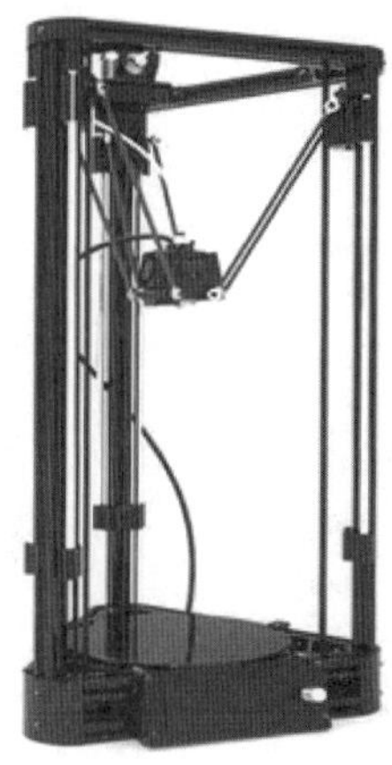

① 상단조립 - 상단 프레임

- M4×10 볼트 12개
- M4 사각너트 12개

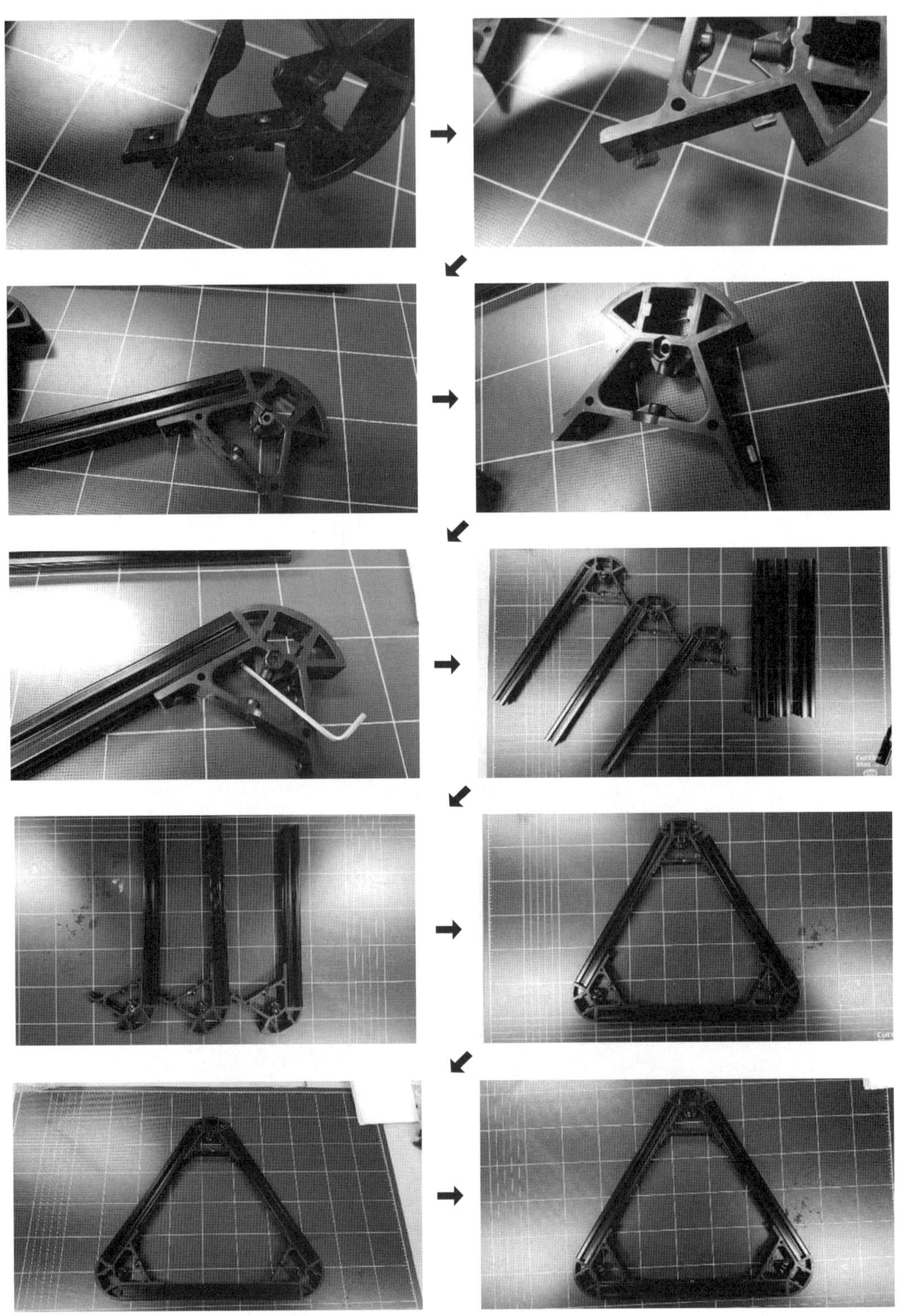

② 상단조립 – 베어링, 상단 프레임에 베어링을 조립

- M3×20 볼트 3개
- M3 육각너트 3개
- 베어링 6개

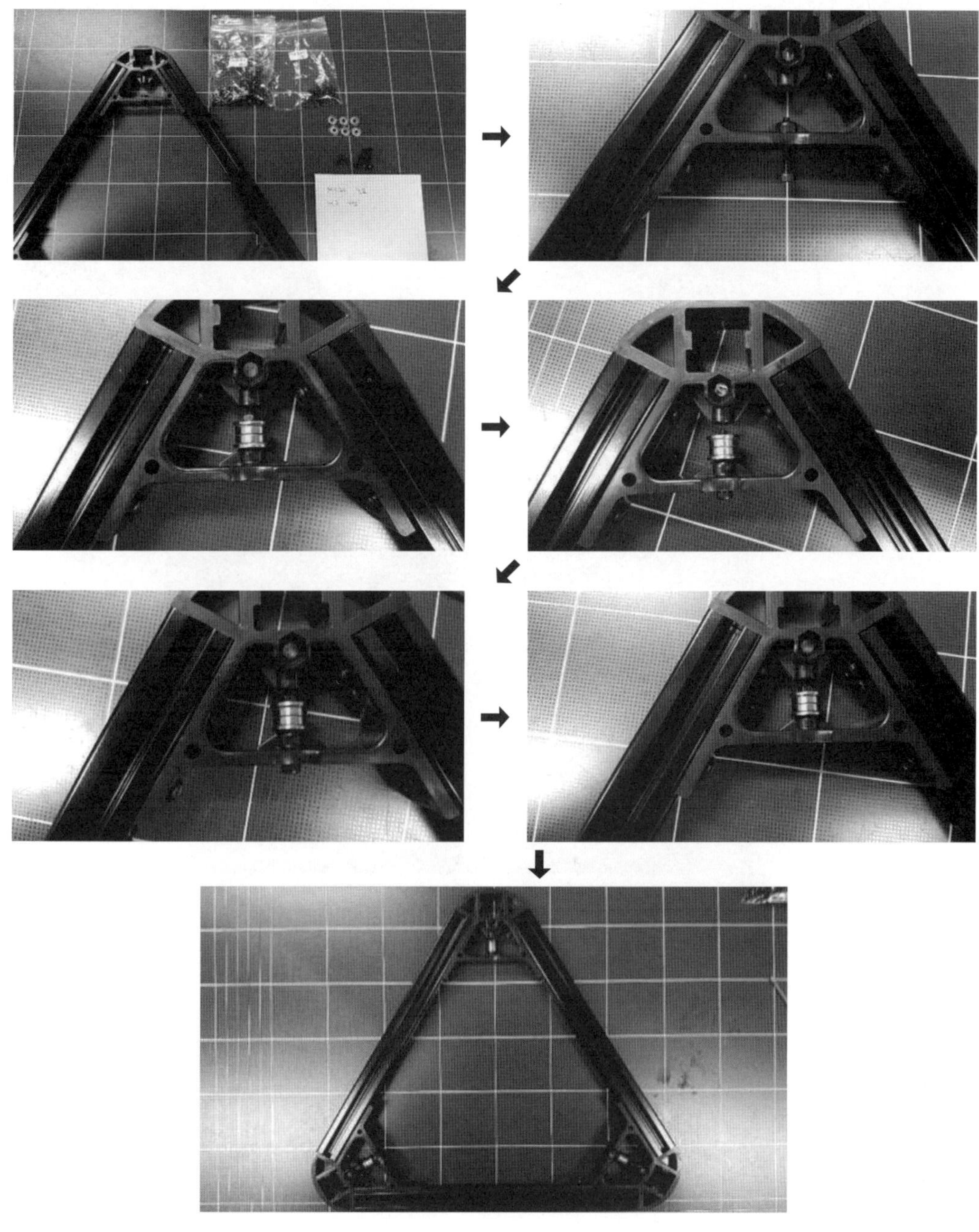

③ 하단조립 - 하단 프레임

- M4×10 볼트 24개
- M4 사각너트 24개

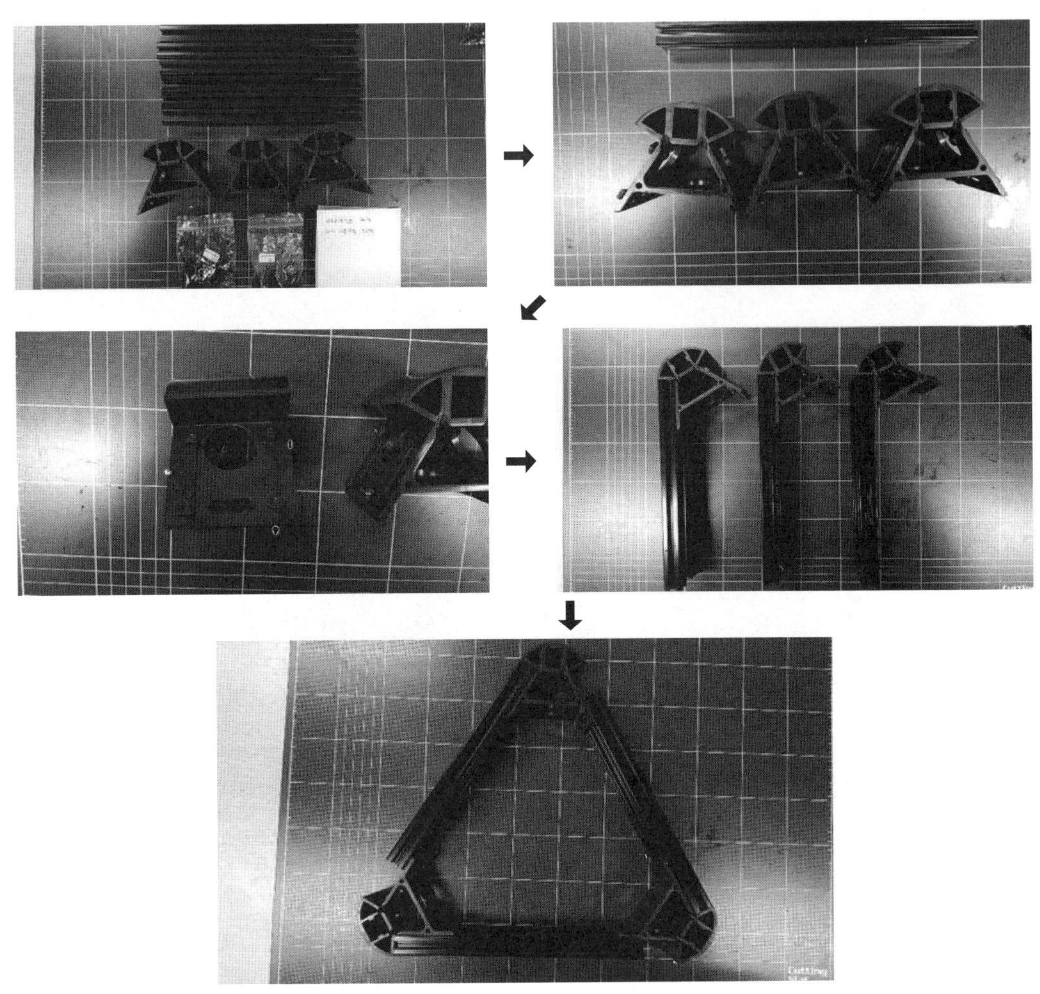

④ 모터조립 - 스테핑모터

- 스테핑모터(케이블 짧은 것) 3개
- 치아폴리 3개

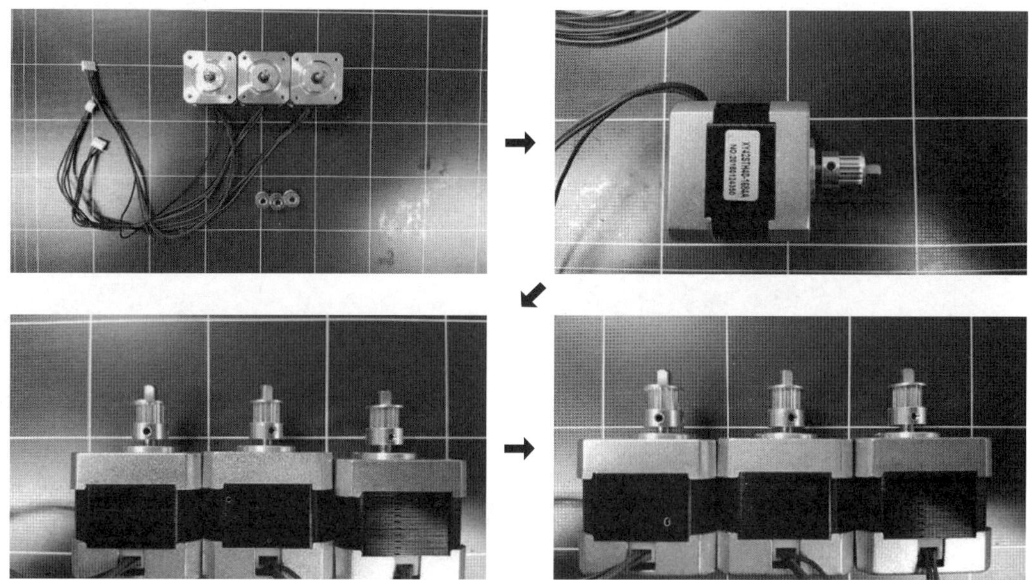

⑤ 하단 모터조립 - 스테핑모터

- M3×8 볼트 12개

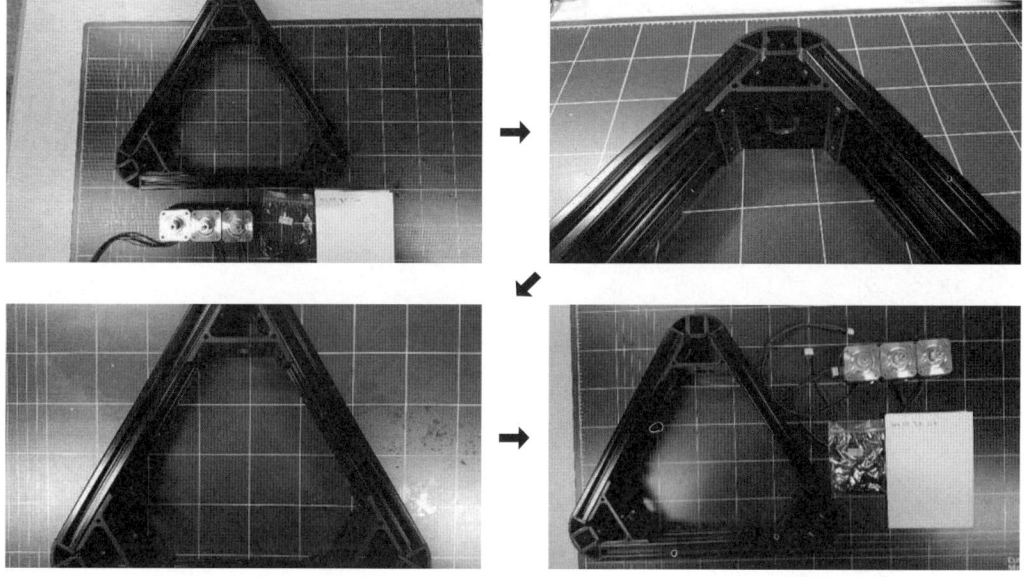

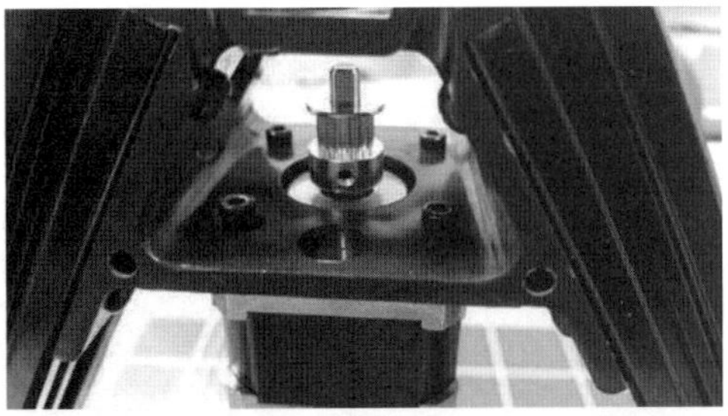

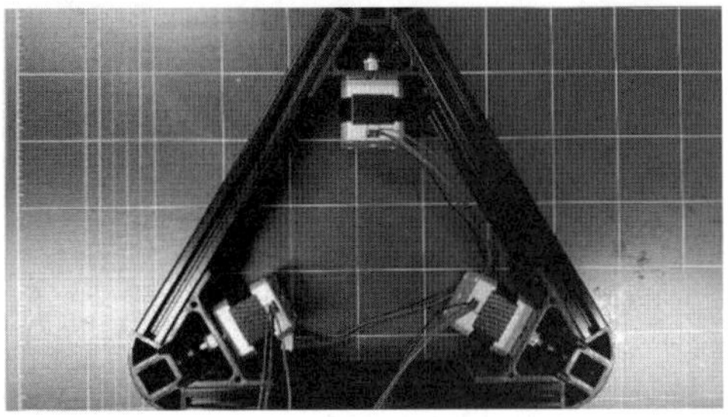

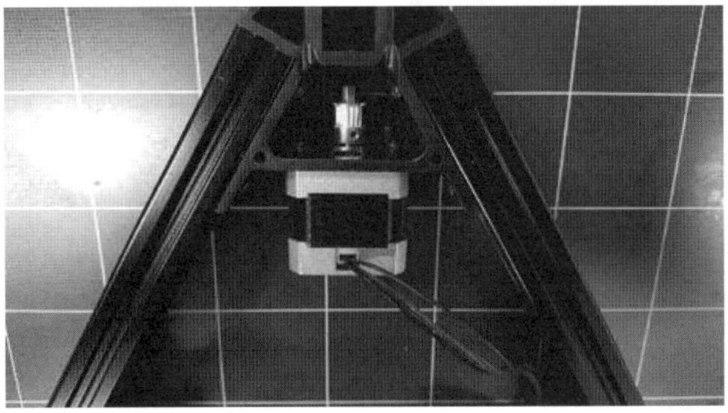

⑥ 프린터헤드 조립

- 프린터헤드 1개
- 발열 + 온도 센서 1개
- 조그만 볼트 1개

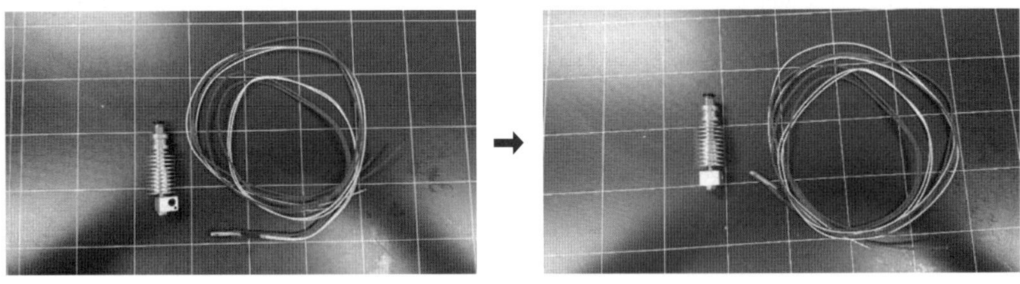

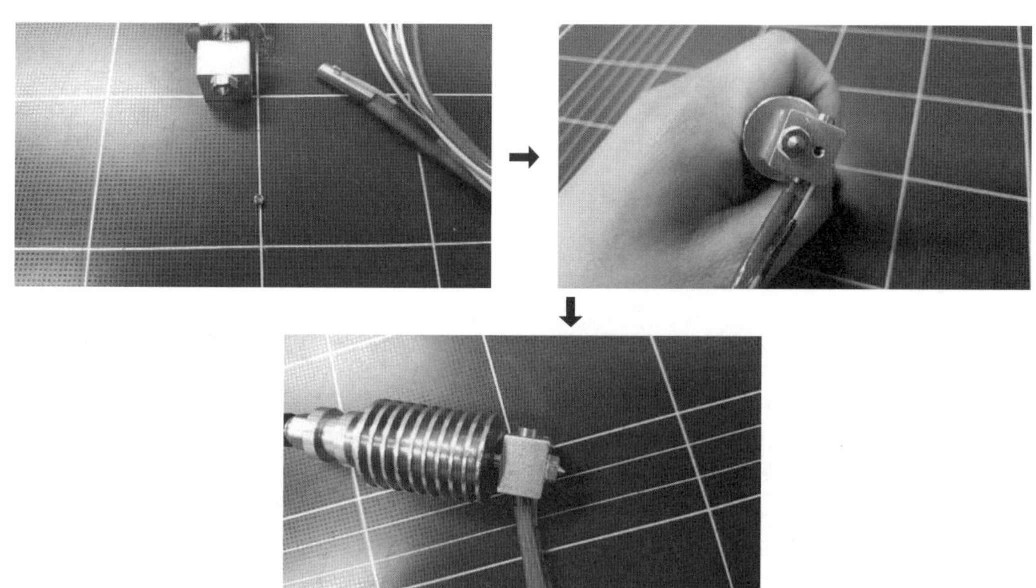

⑦ 셀프레벨링

- M2.5×16 볼트 2개 - 리미트 스위치 고정용
- M3×12 볼트 2개 - 프린터 헤드 고정용
- M3 육각너트 2개 - 프린터 헤드 고정용
- M3×12볼트×1개 - 스프링 고정용
- 스프링×1개
- M3×12 볼트 6개 - 팬 고정용
- M3×8 볼트 2개 - 아래 송풍구 고정용
- M3×20 볼트 1개 - 리미트 스위치 누르는 볼트
- M4 긴 볼트 1개 - 가운데 바
- M4 육각너트 1개 - 가운데 바

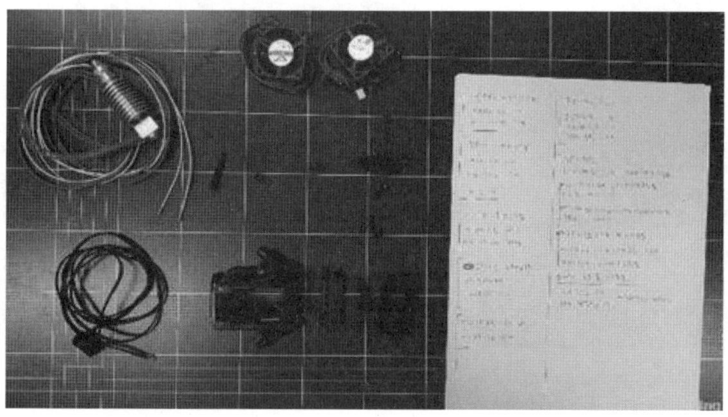

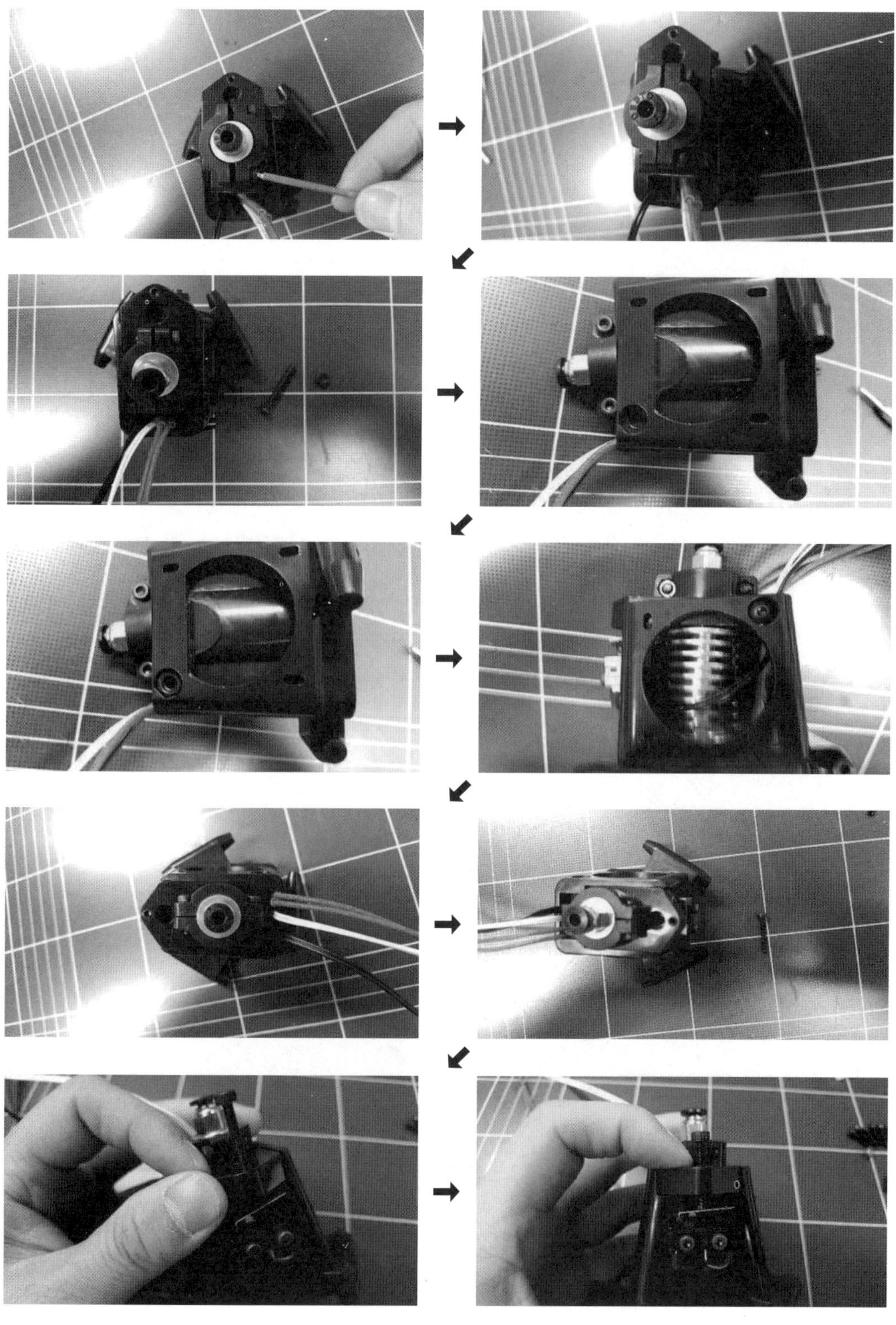

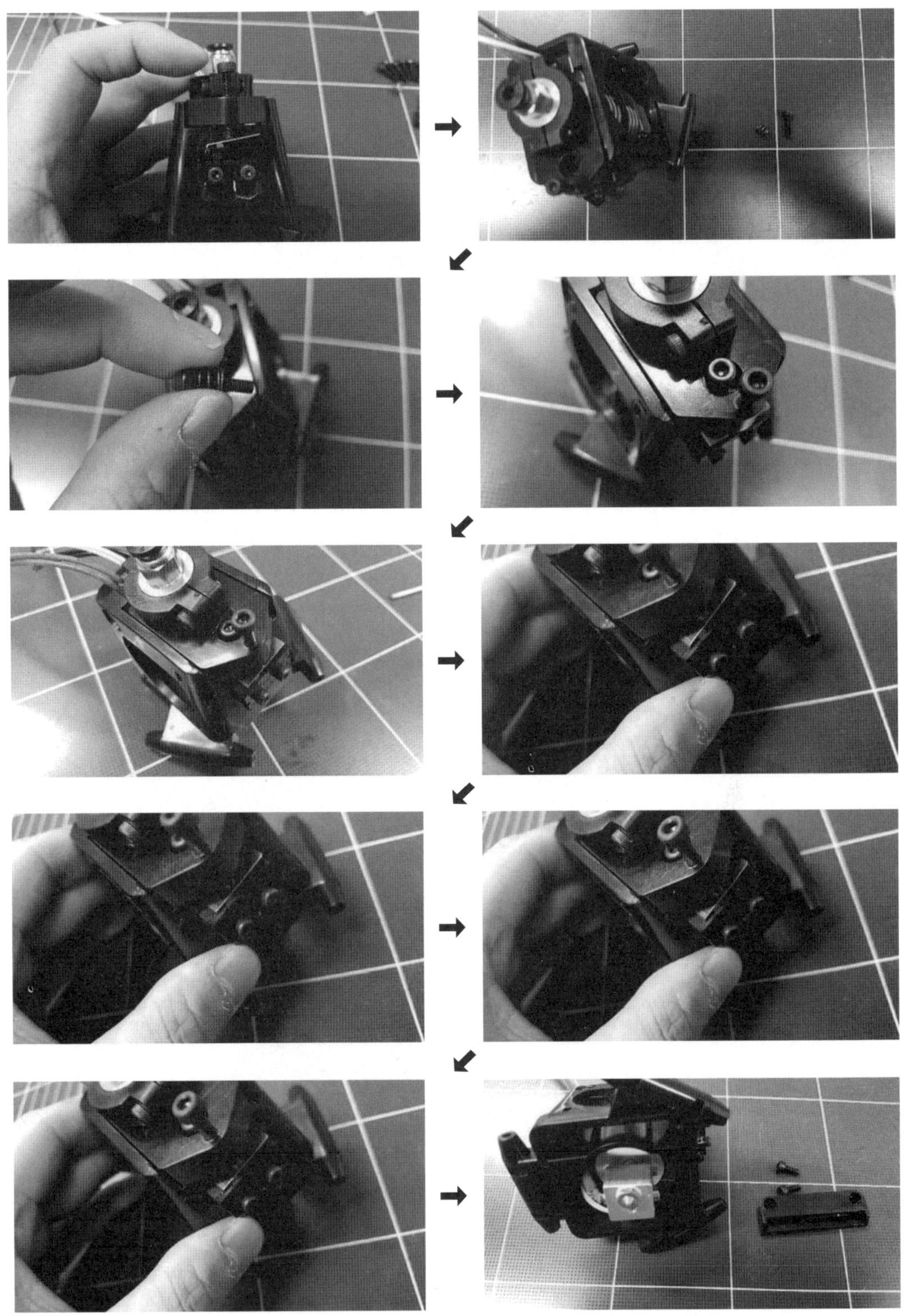

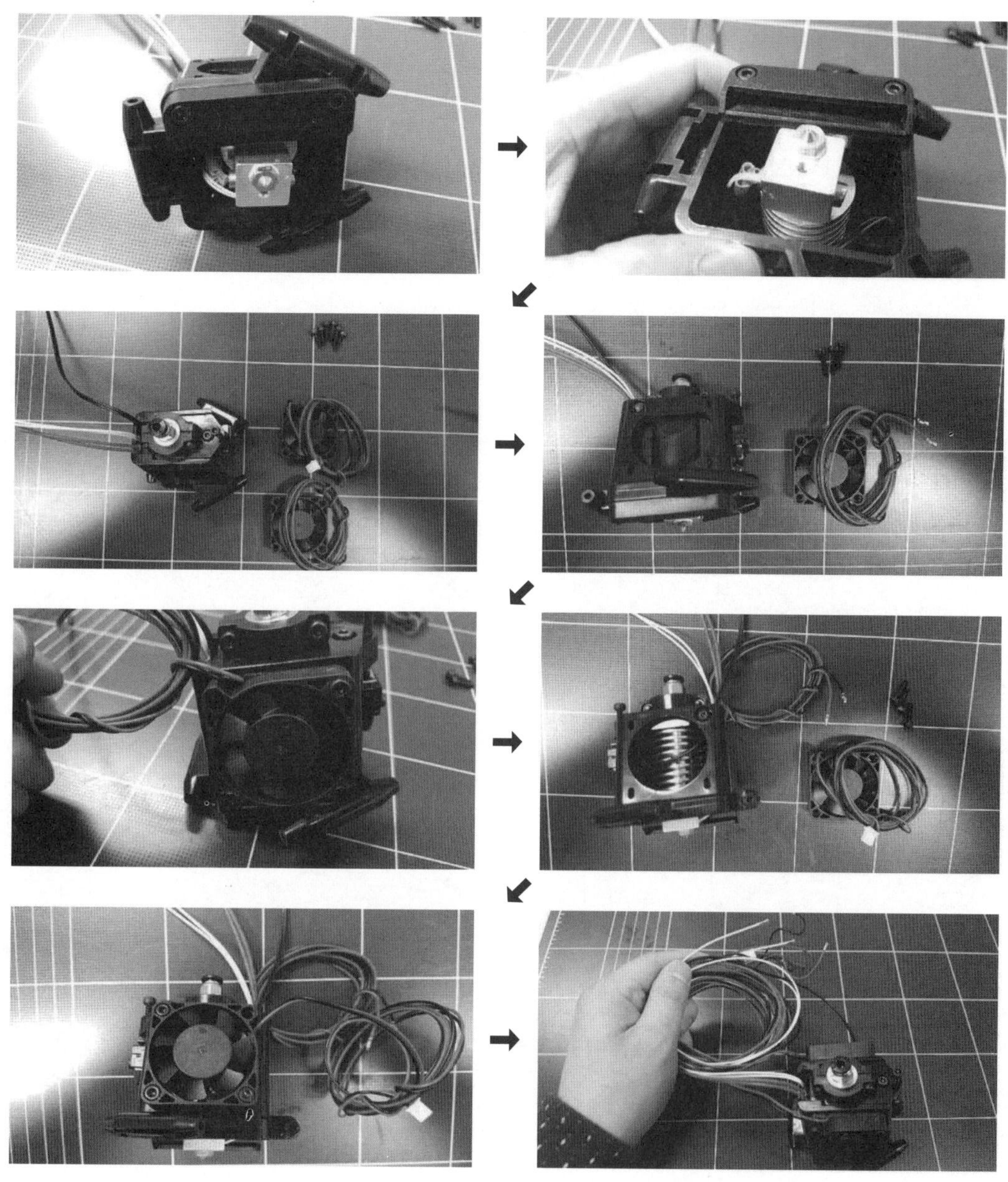

⑧ 와이어피더

- 스테핑모터(케이블이 긴 것) 1개
- M3×20 볼트 3개
- M3 육각너트×2개
- M3×8 볼트 3개 - 모터 고정용
- M4 와샤 3개

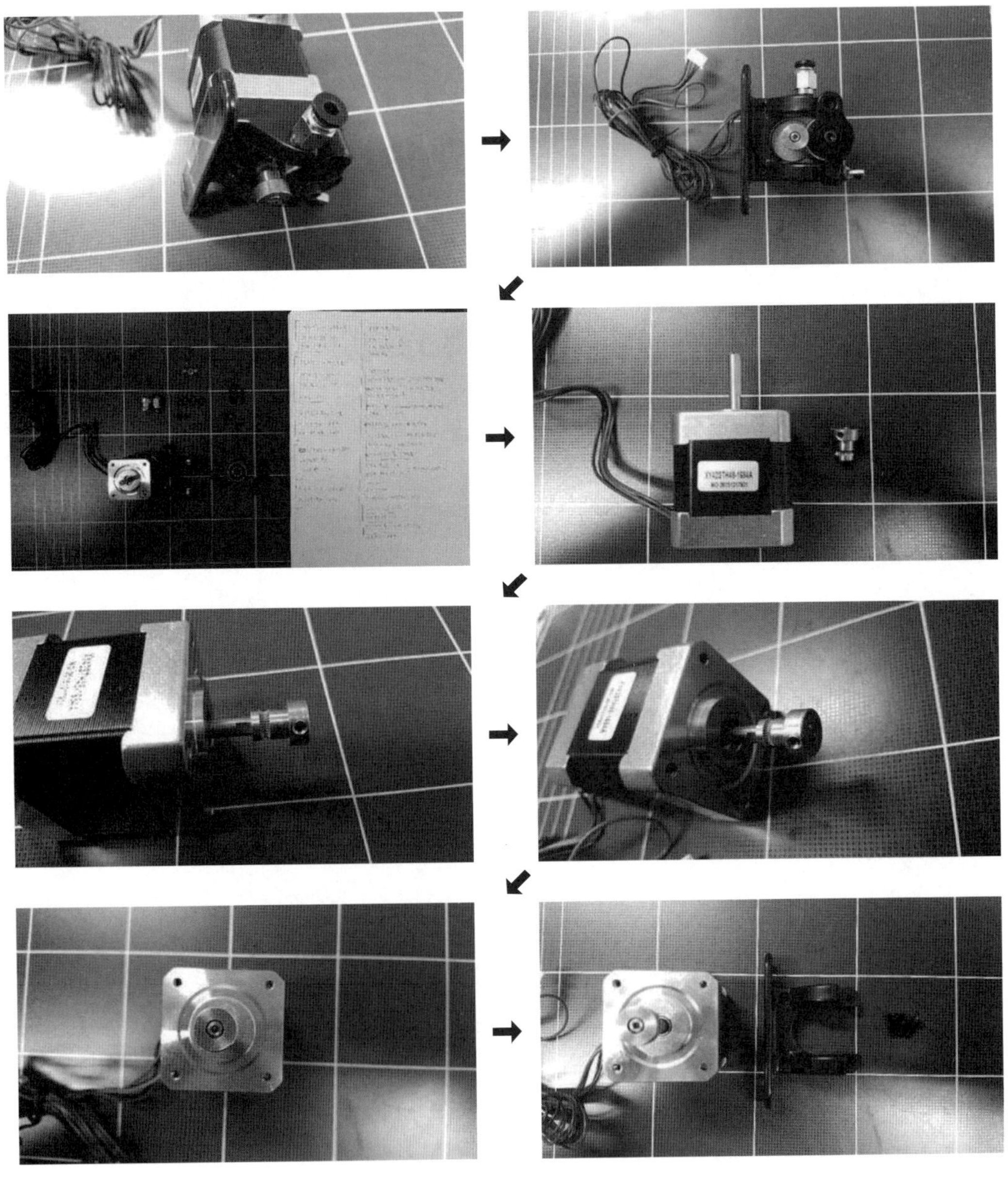

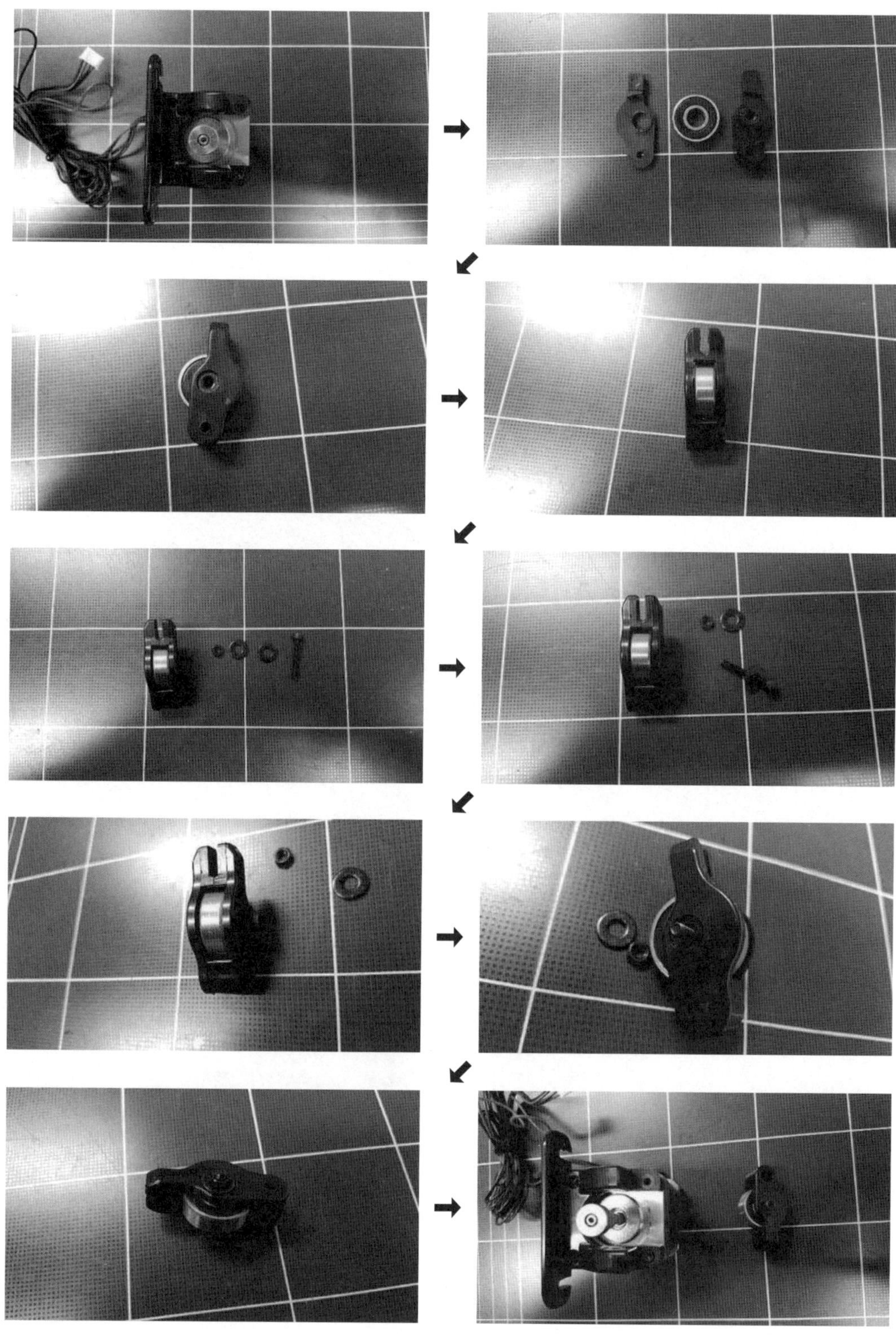

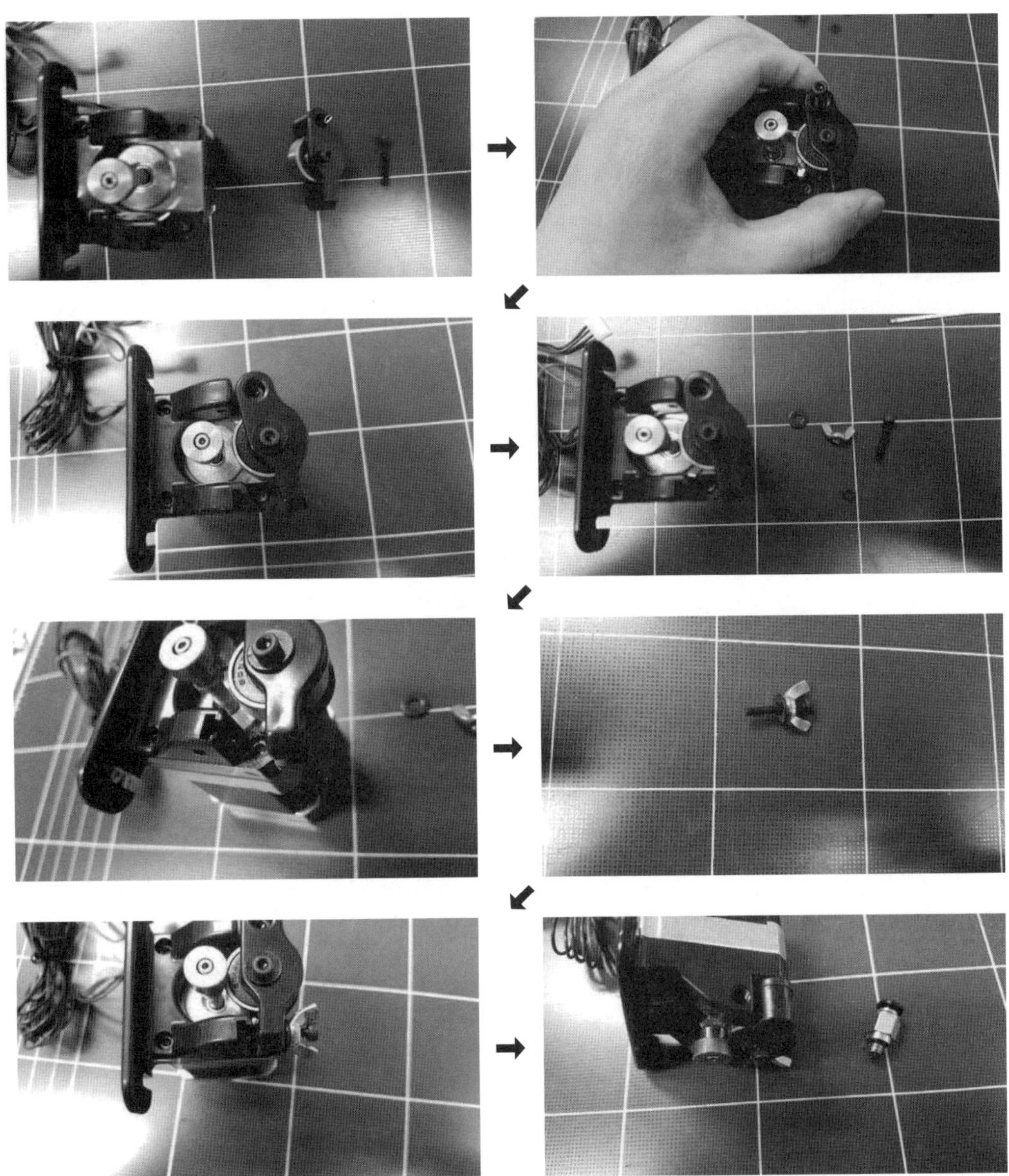

⑨ 폴리 고정용 바퀴

- M5 육각너트 9개
- M5 긴볼트 9개
- M4 사각너트 3개
- M3×20 볼트 3개
- M3 육각너트 3개

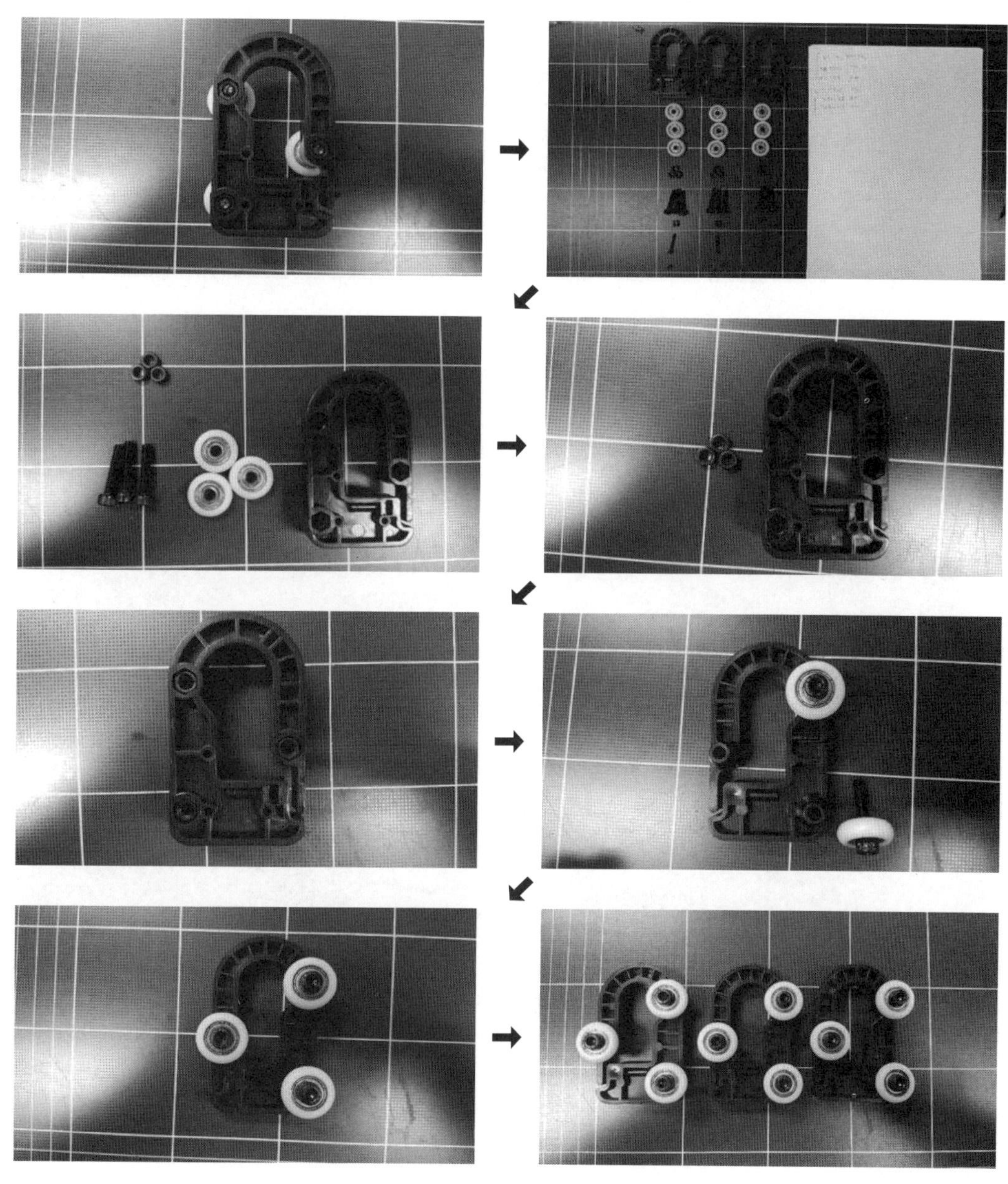

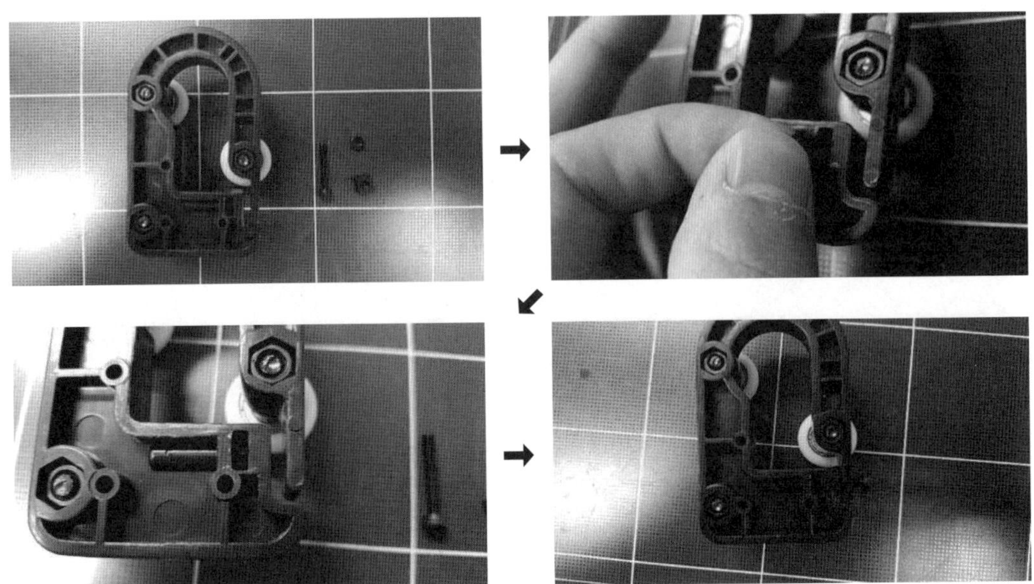

⑩ 프린터 헤드+레벨링 기둥 연결

- M3×20 볼트 12개
- M3 육각너트 12개

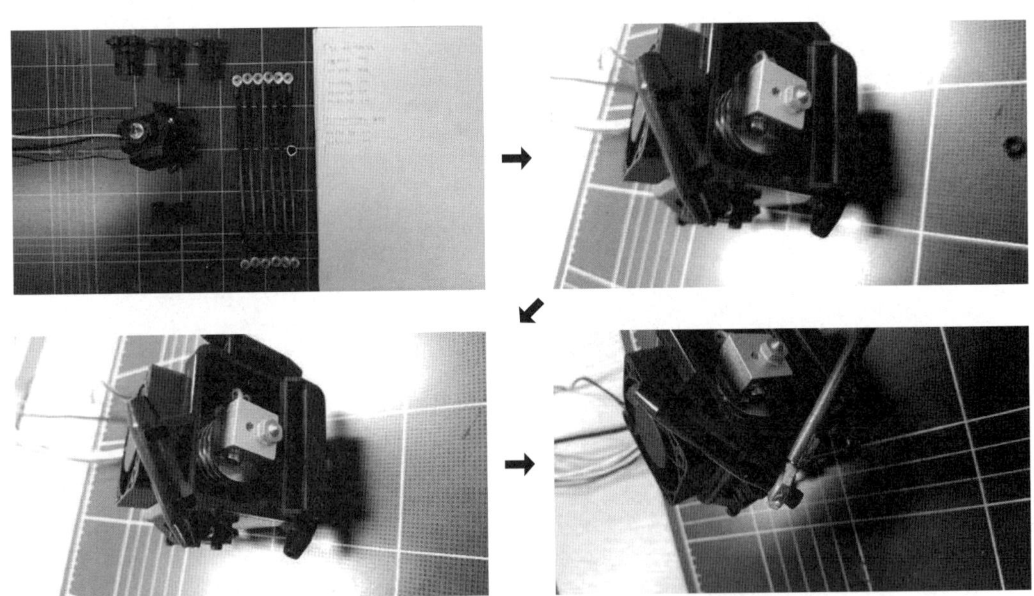

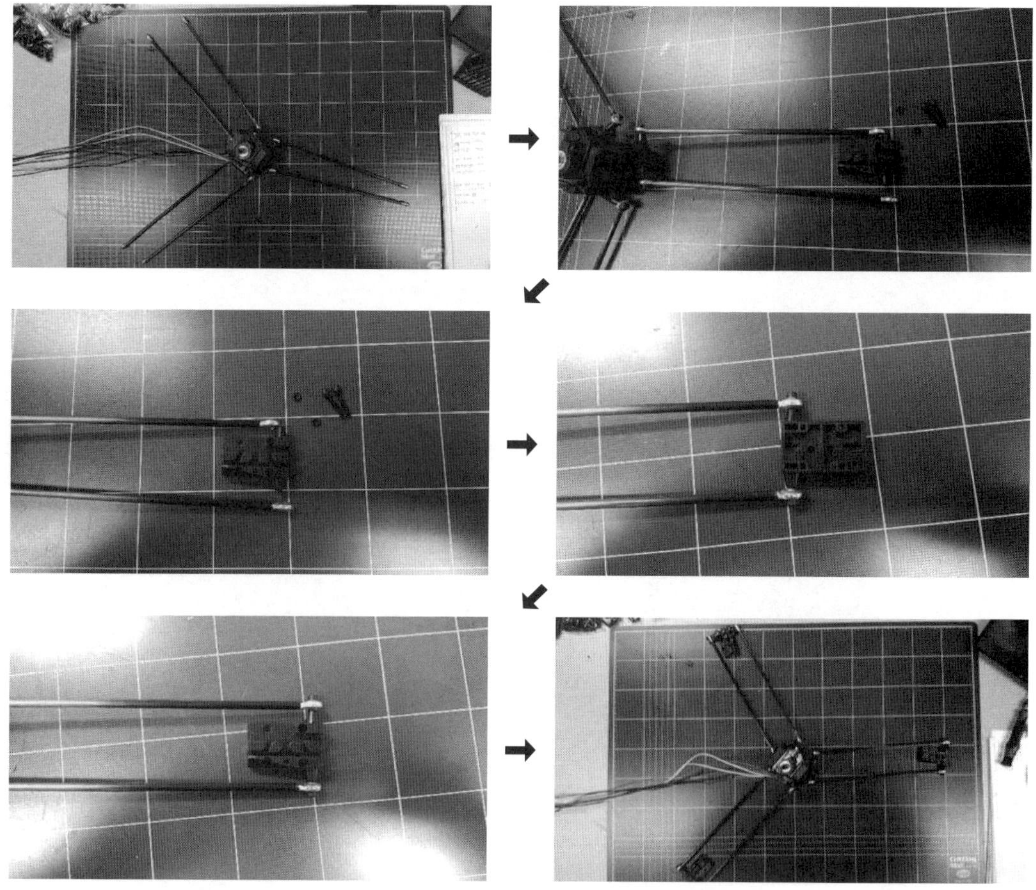

⑪ 리미트 스위치 조립

- M2.5×16 볼트 6개
- M4×10 볼트 3개
- M4 사각너트 3개

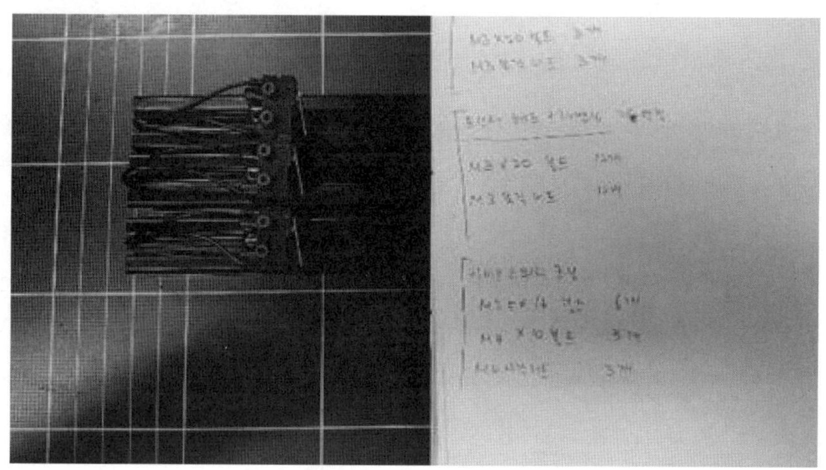

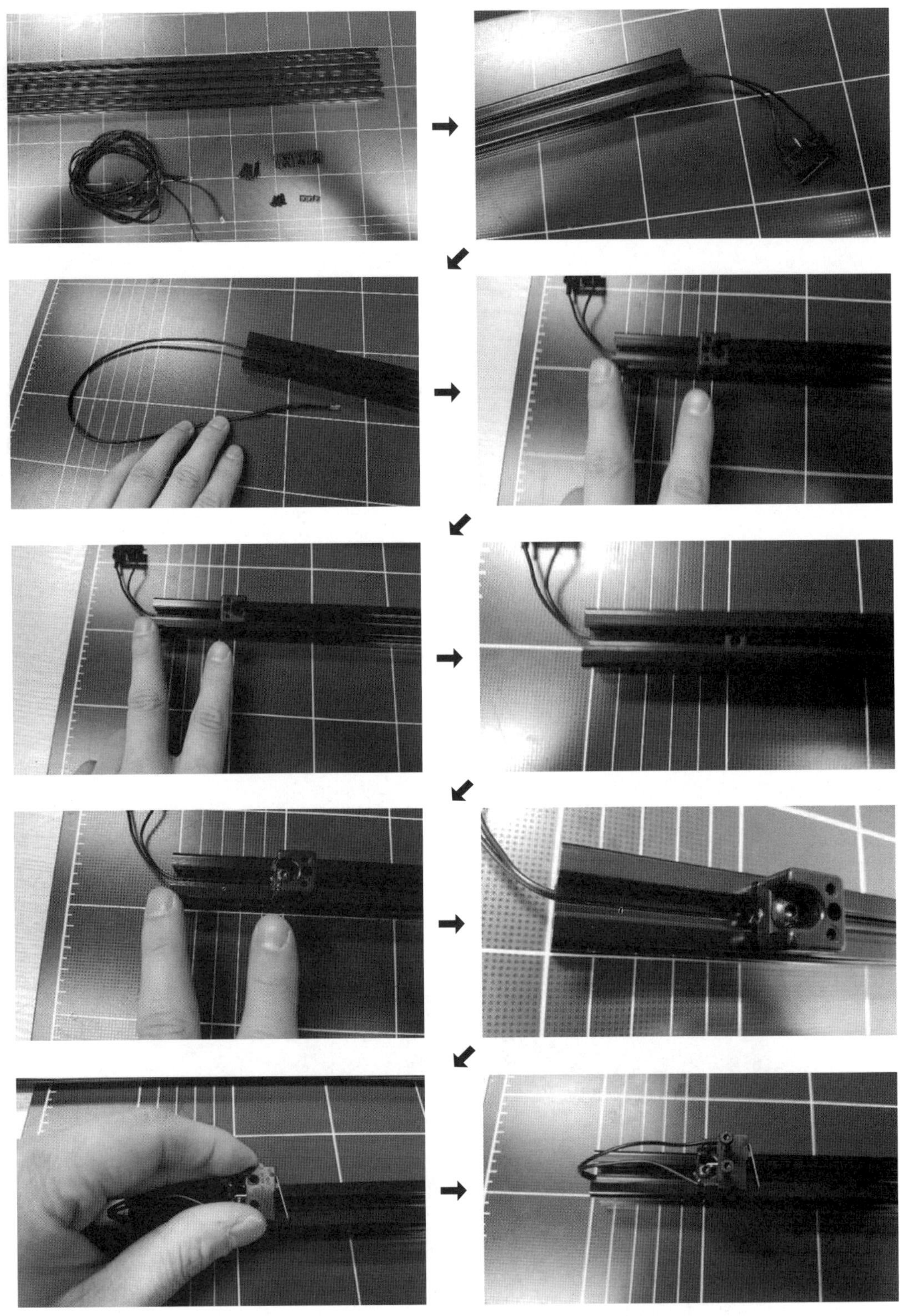

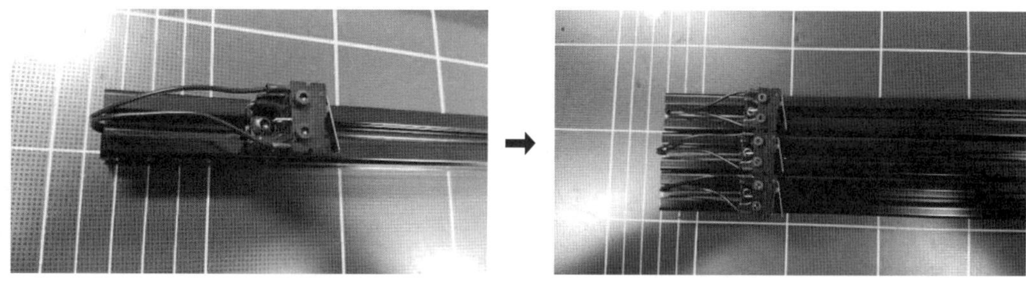

⑫ 프레임 조립 중앙 프레임 3개

- M4×10 볼트 6개
- M4 사각너트 6개

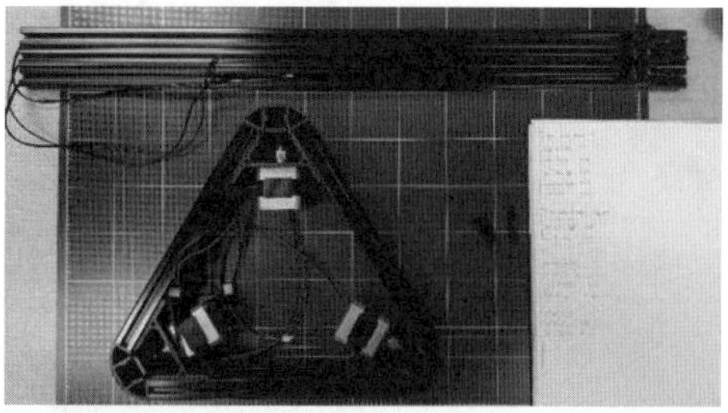

⑬ 프린터 헤드와 중앙 프레임 고정

- M3×12 볼트 9개

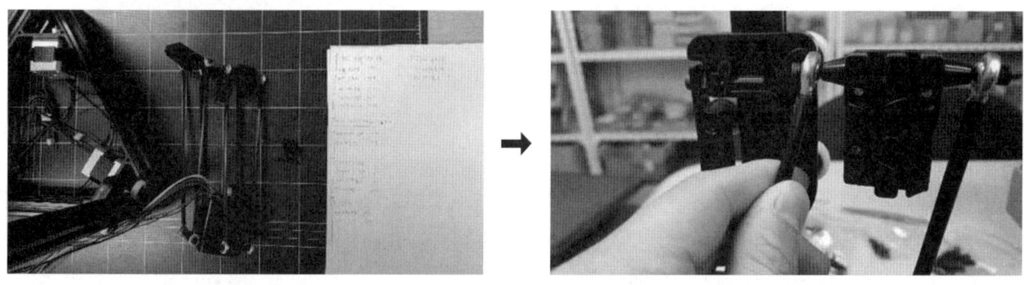

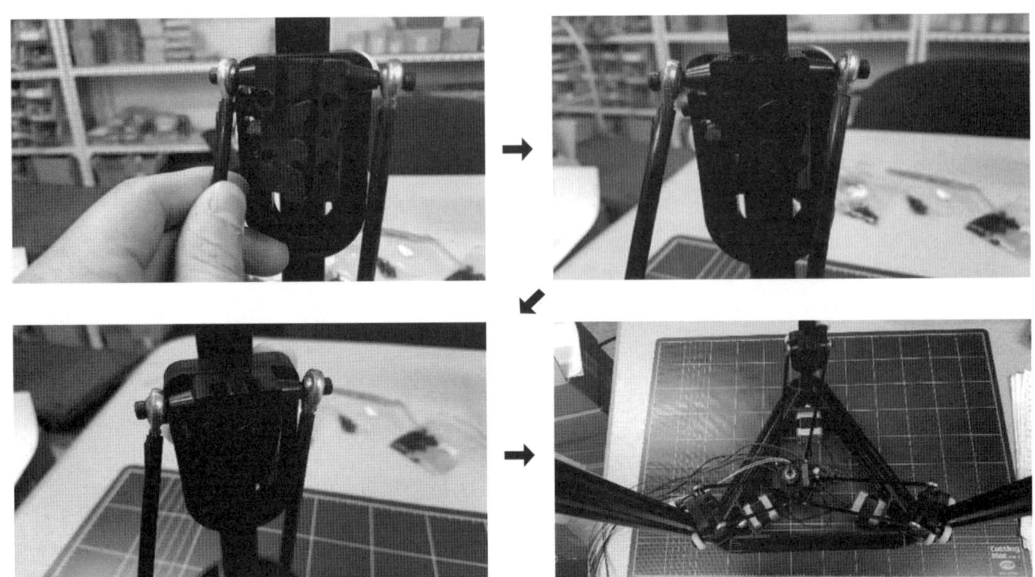

⑭ 위 프레임과 중앙 프레임 연결

- M4×10 볼트 3개
- M4 사각너트 3개
- M4×25 볼트 3개
- M4 와샤 3개
- M4 육각너트 3개

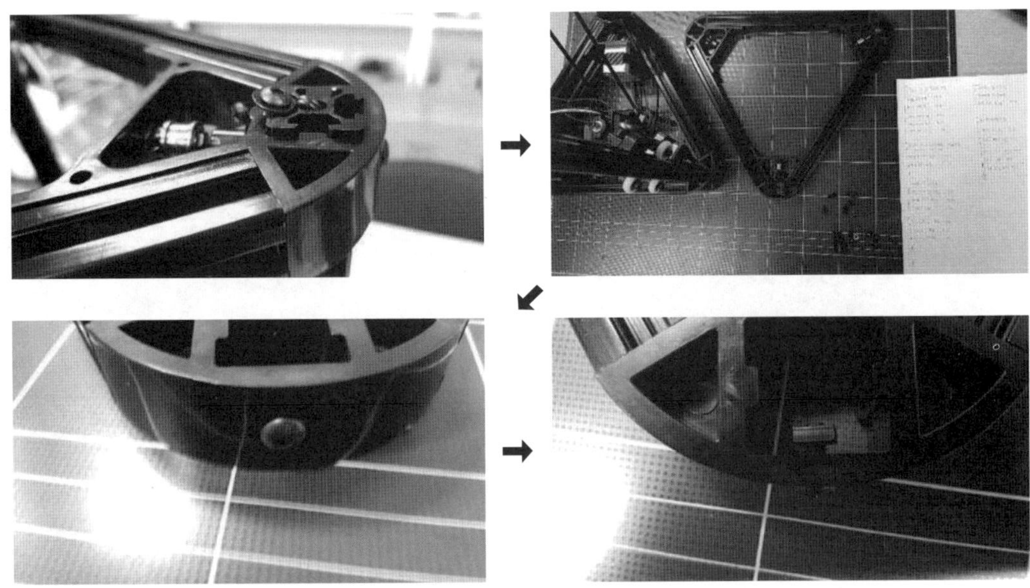

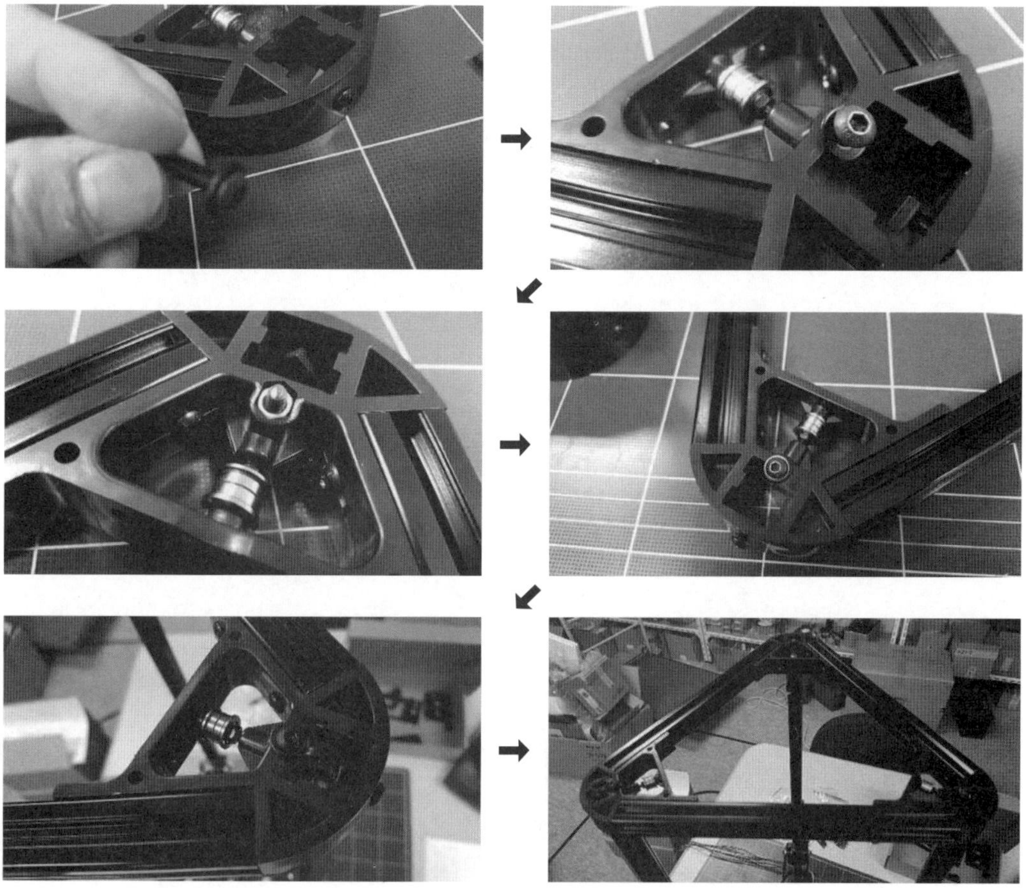

⑮ 벨트 연결

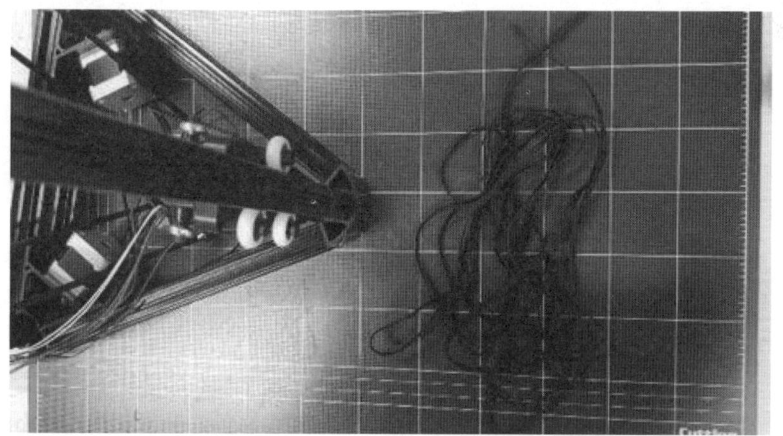

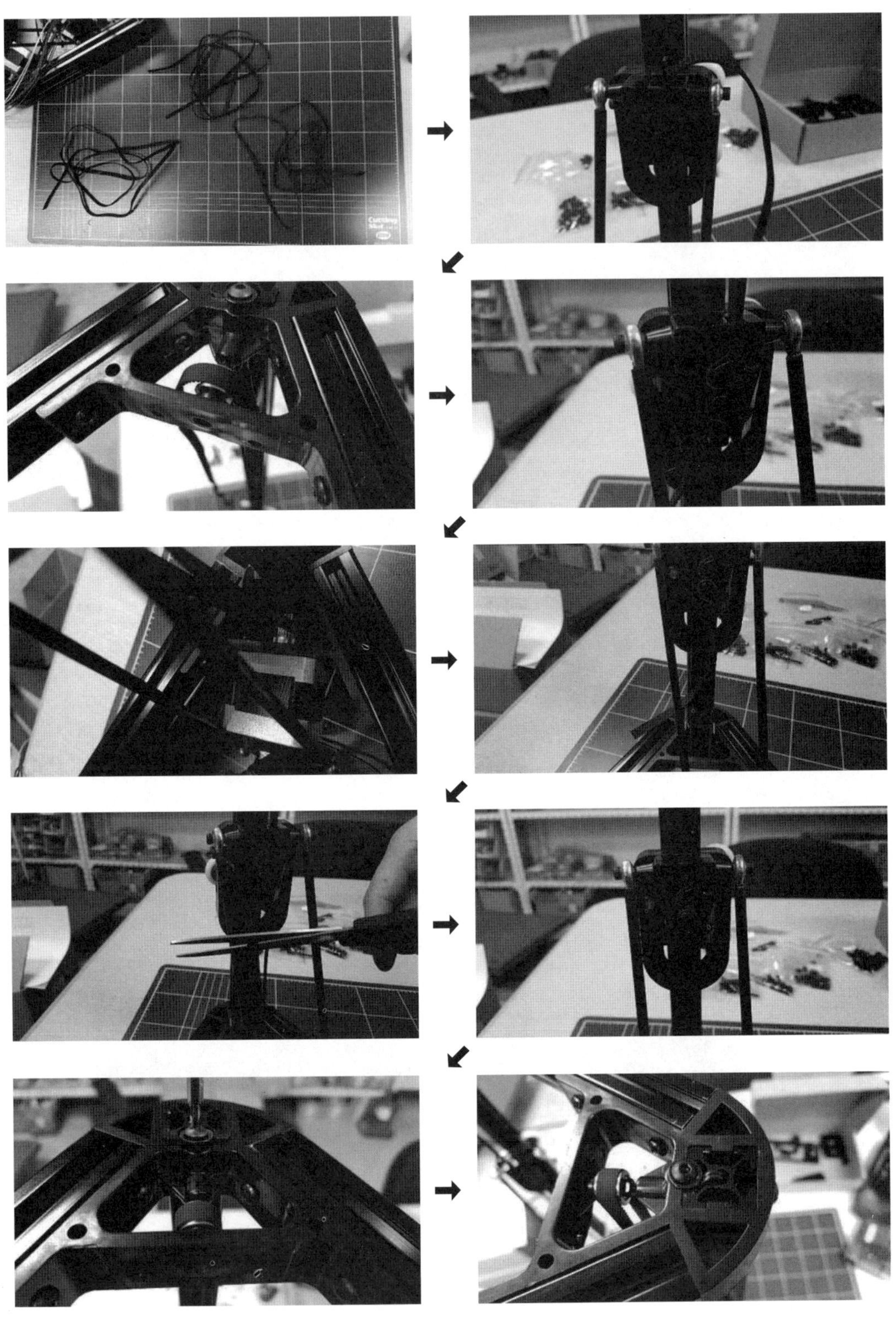

⑯ 와이어피더 고정

- M4×12 볼트 2개
- M4 사각너트 2개

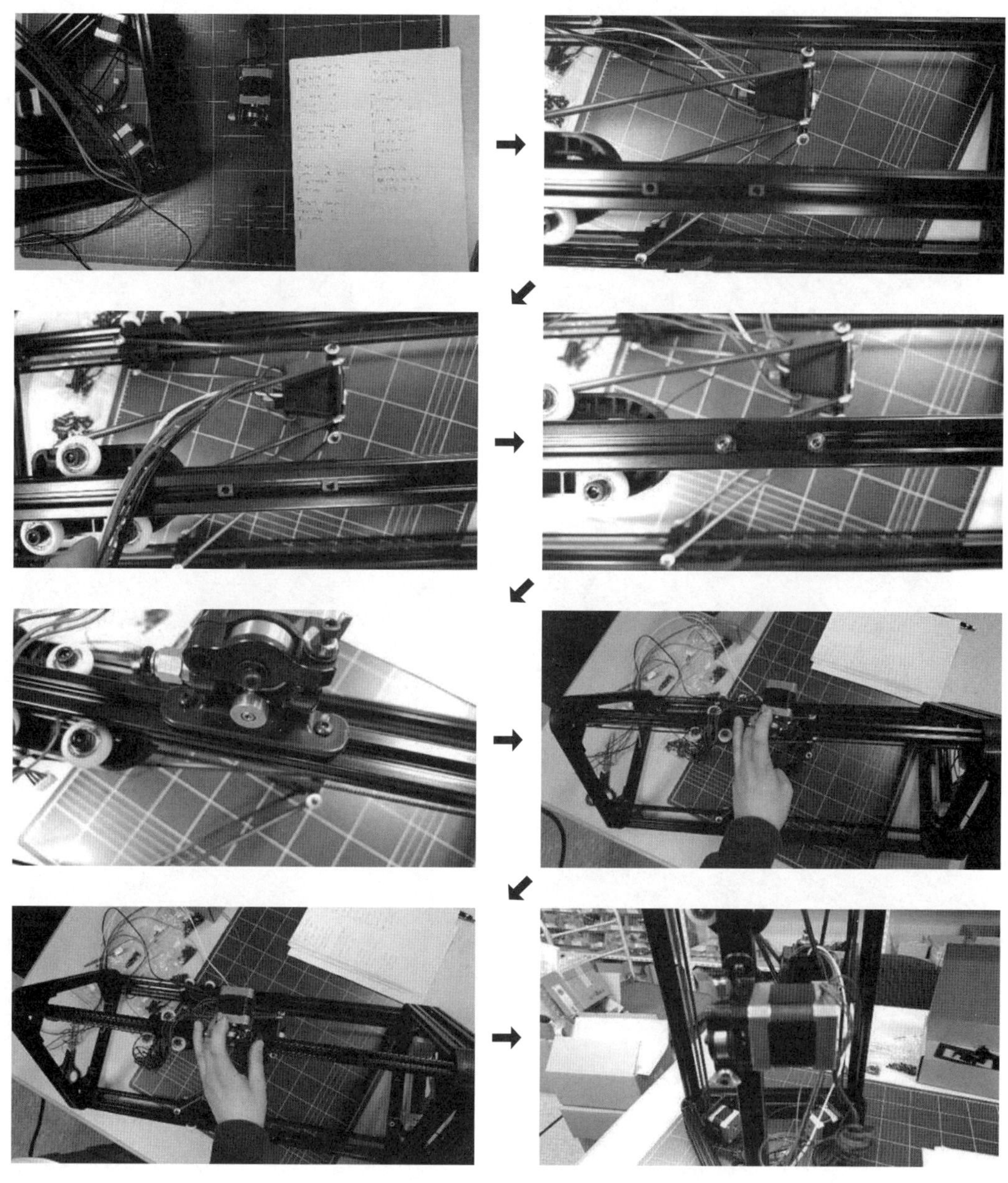

⑰ 케이블 정리

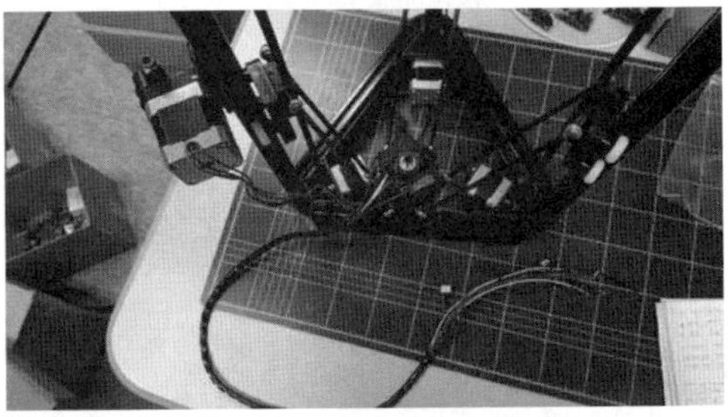

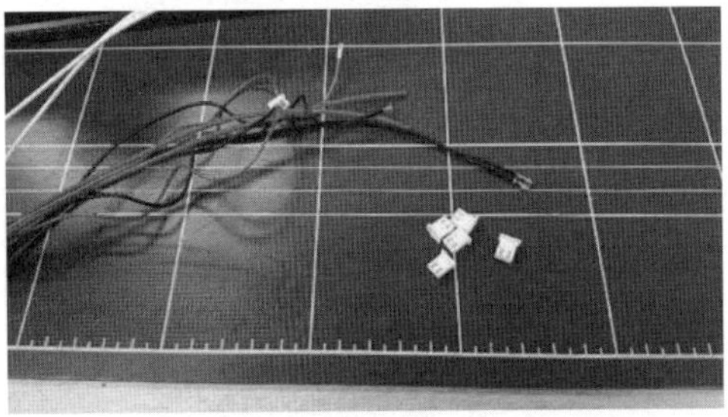

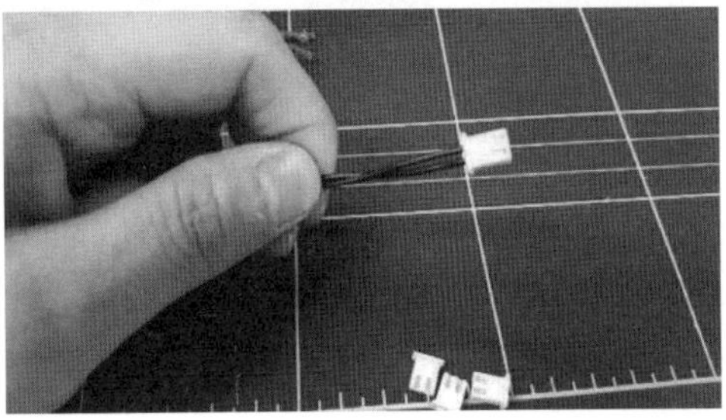

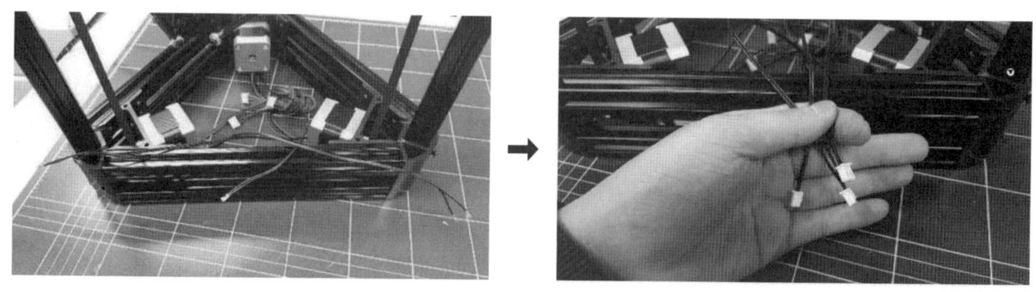

⑱ LCD 조립

- M3×8 볼트 4개
- M4×10 볼트 2개
- M4 사각너트 2개

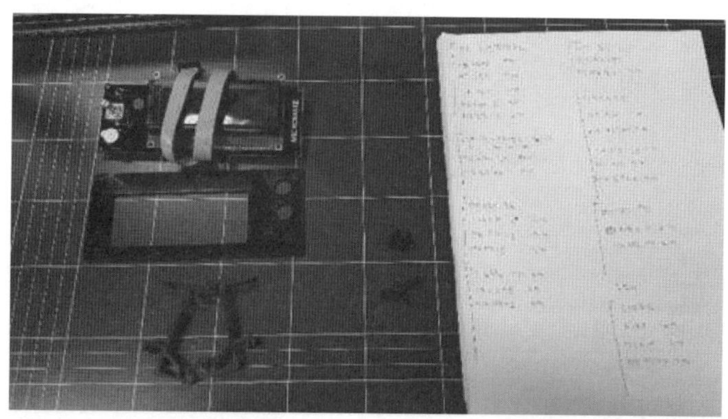

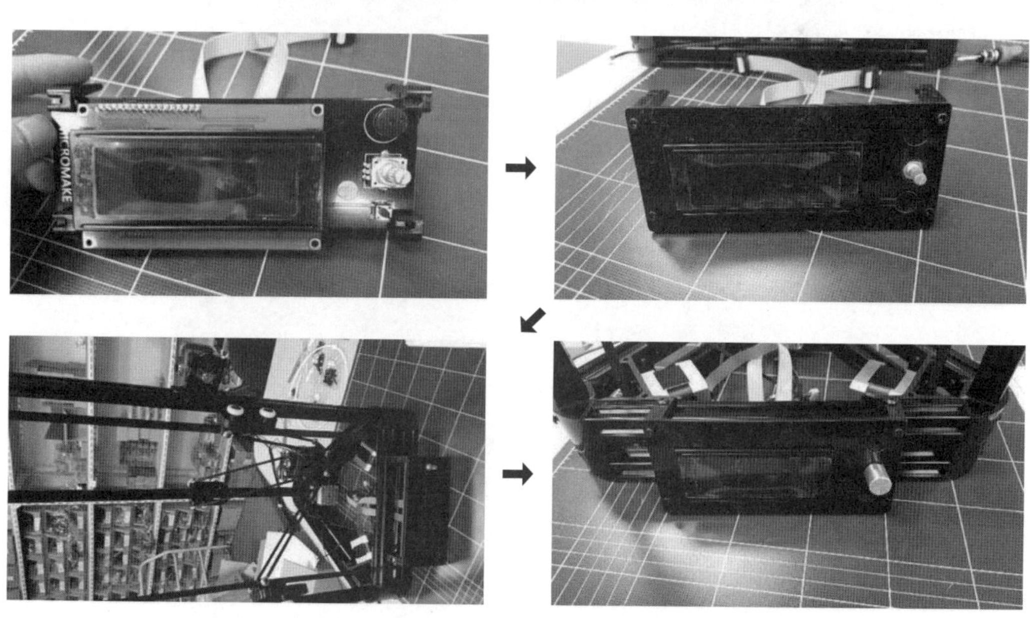

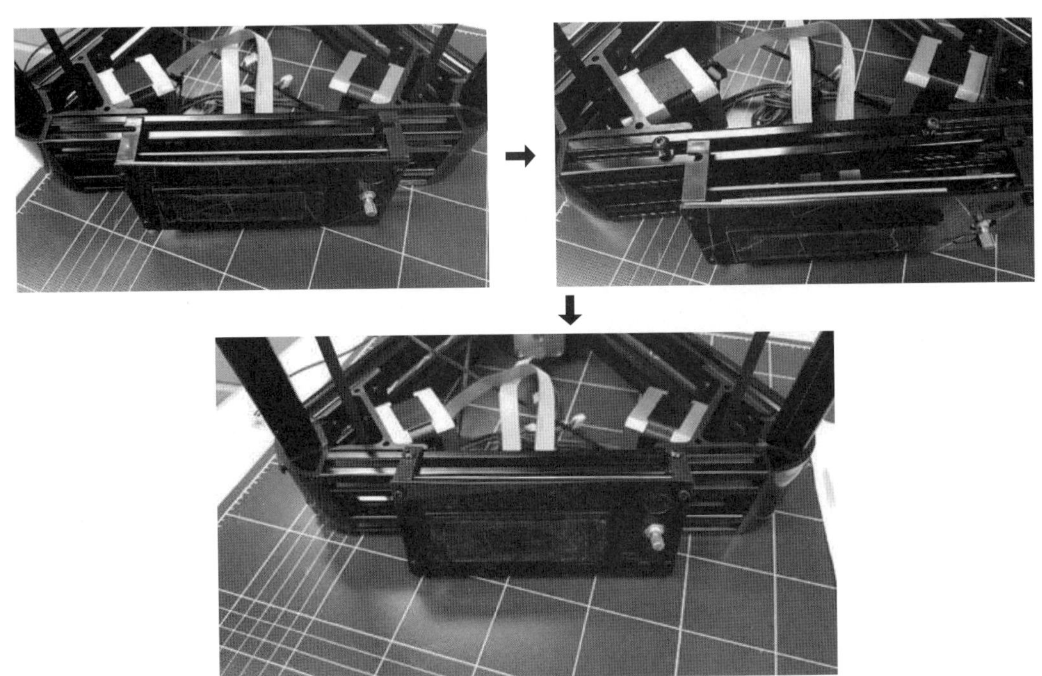

⑲ 보드 조립

- M3×8 볼트 2개
- M3 육각너트 2개

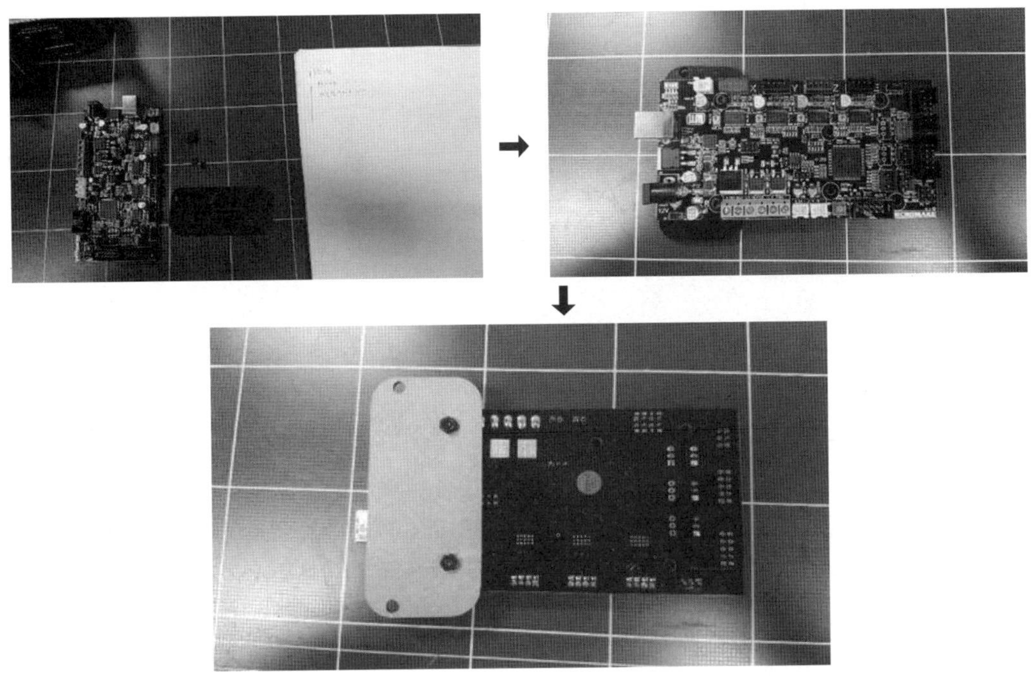

⑳ 케이블 연결

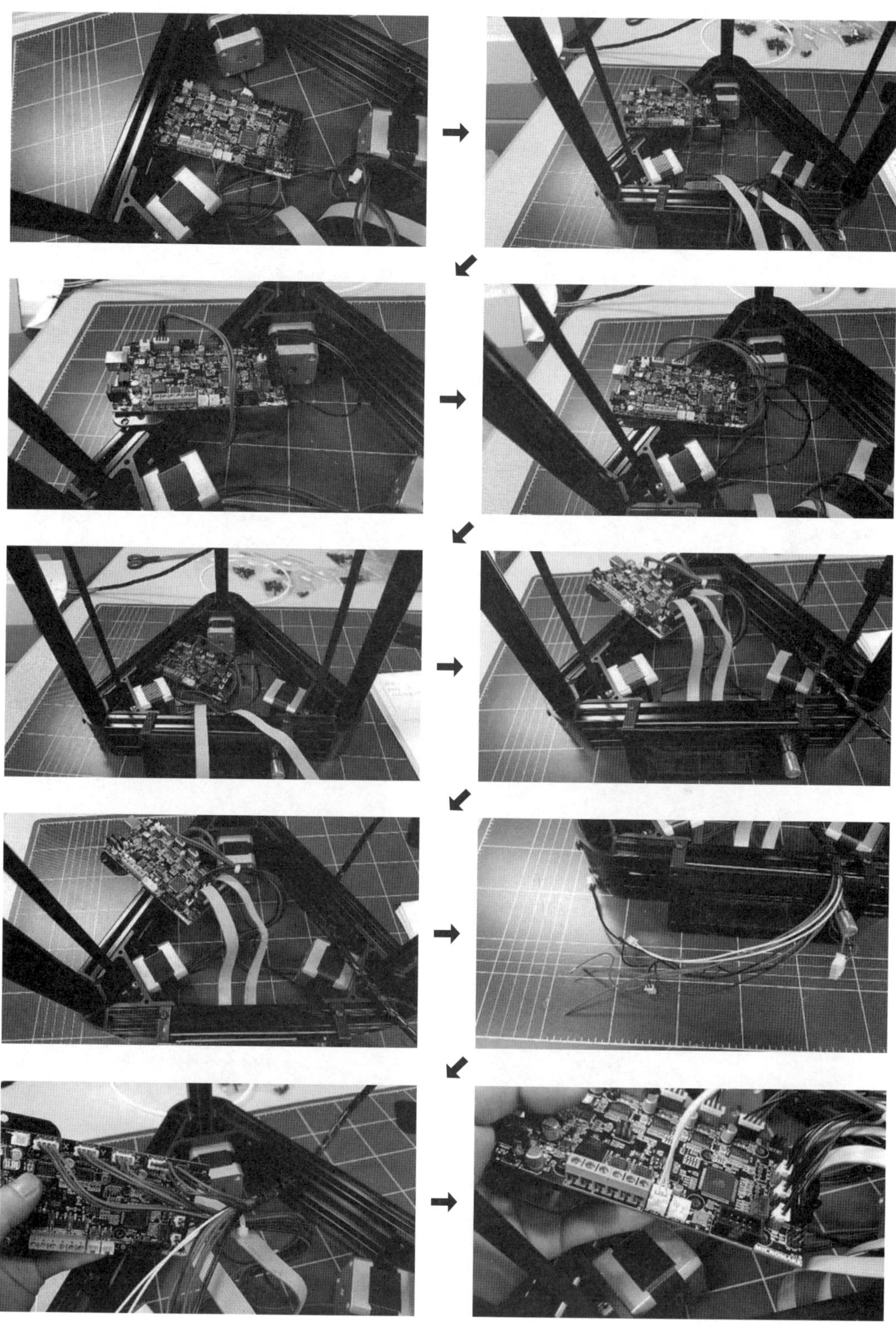

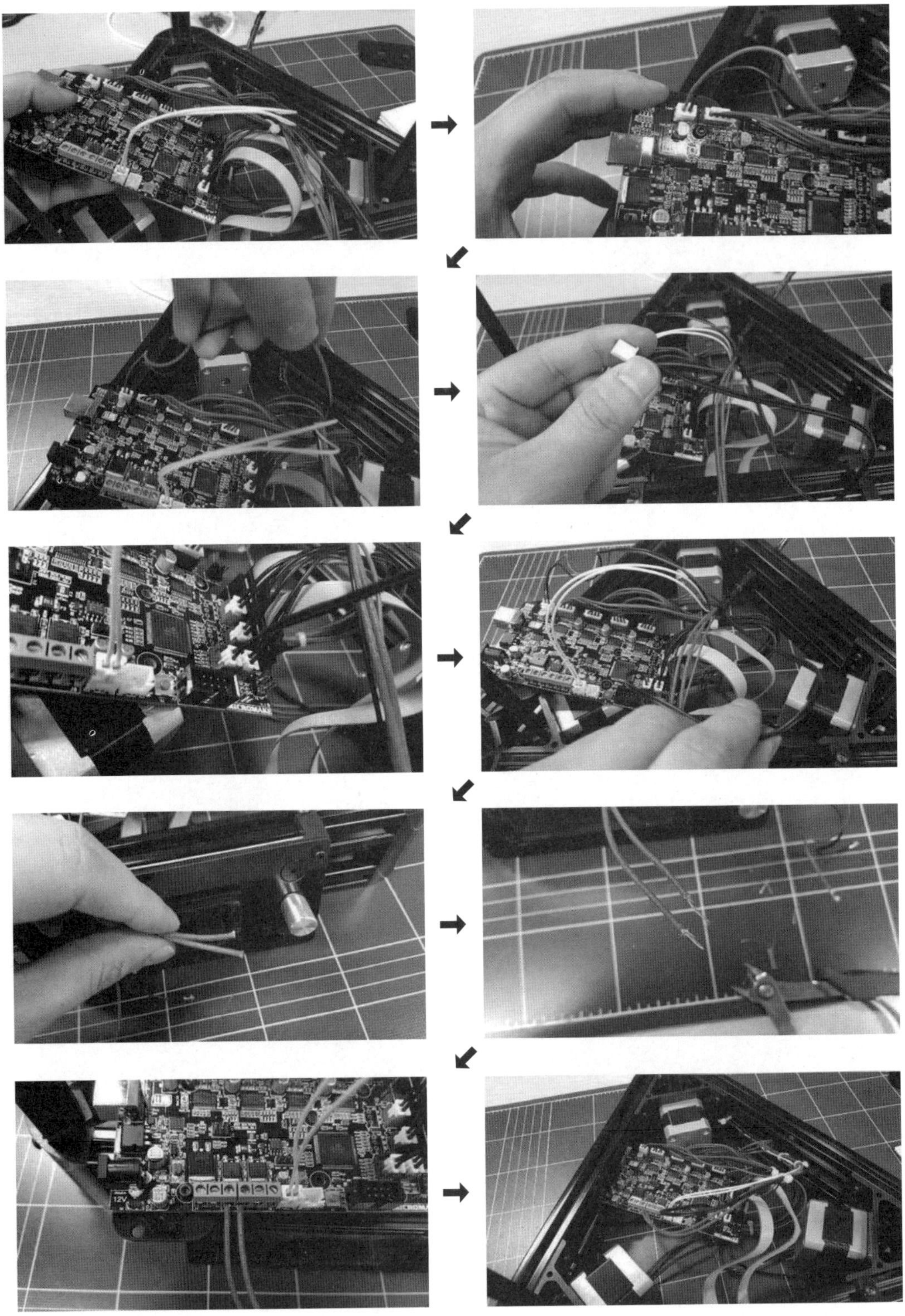

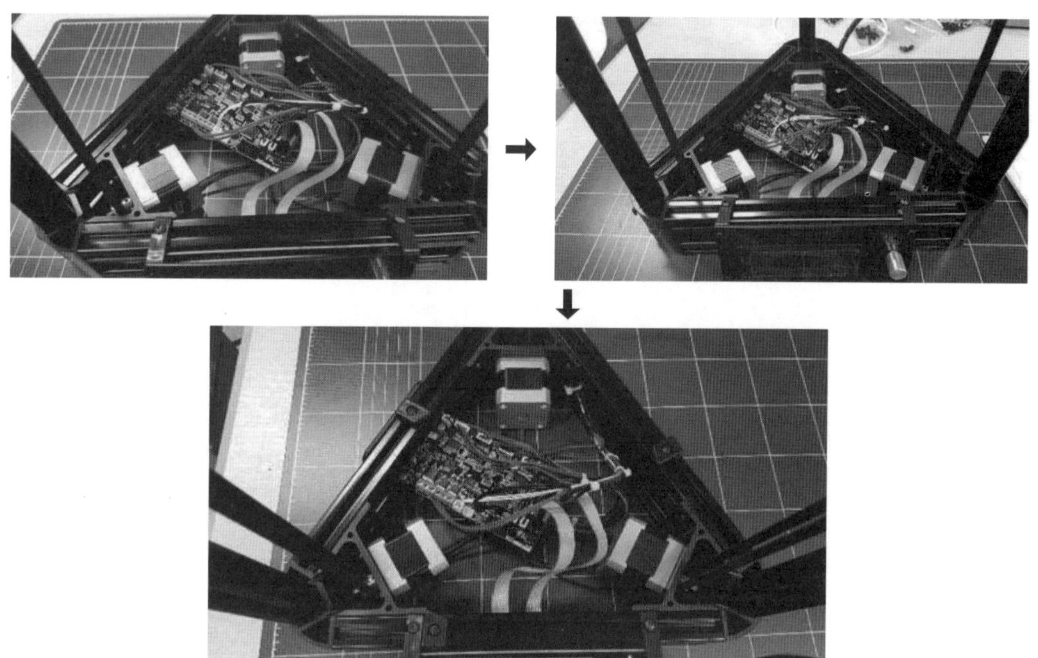

㉑ 보드 고정

- M4×8 볼트 6개
- M4 육각너트 6개

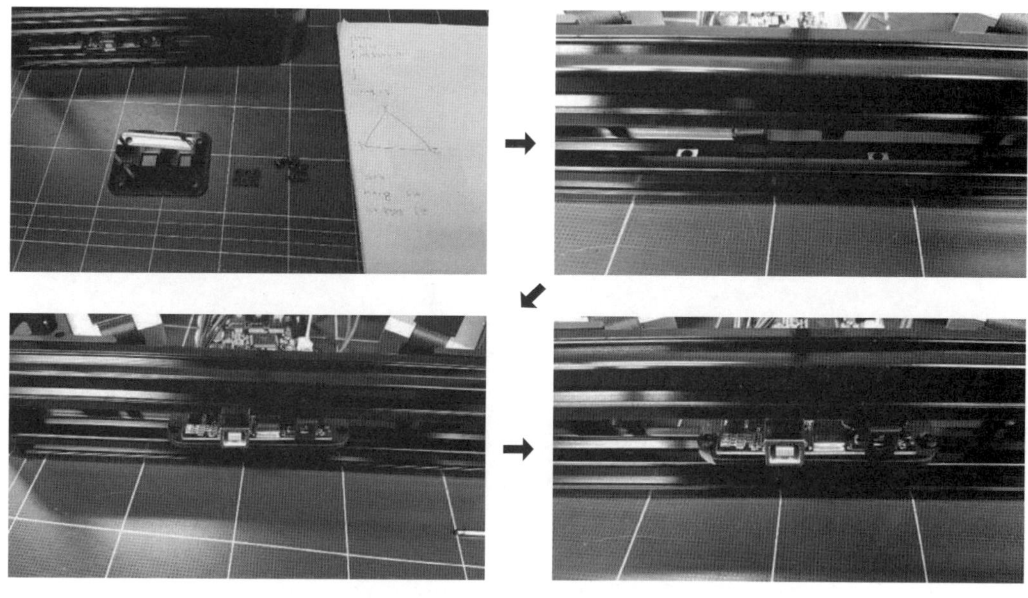

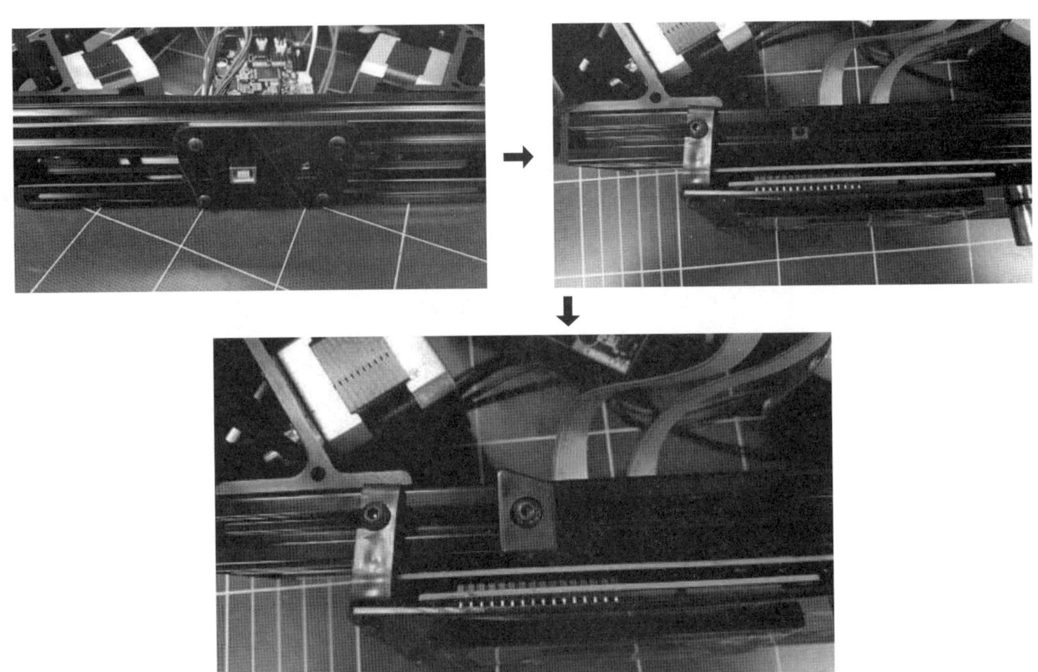

㉒ 유리판 고정

- M4×10 볼트 3개
- M4 사각너트 3개

㉓ 와이어 공급 줄 연결

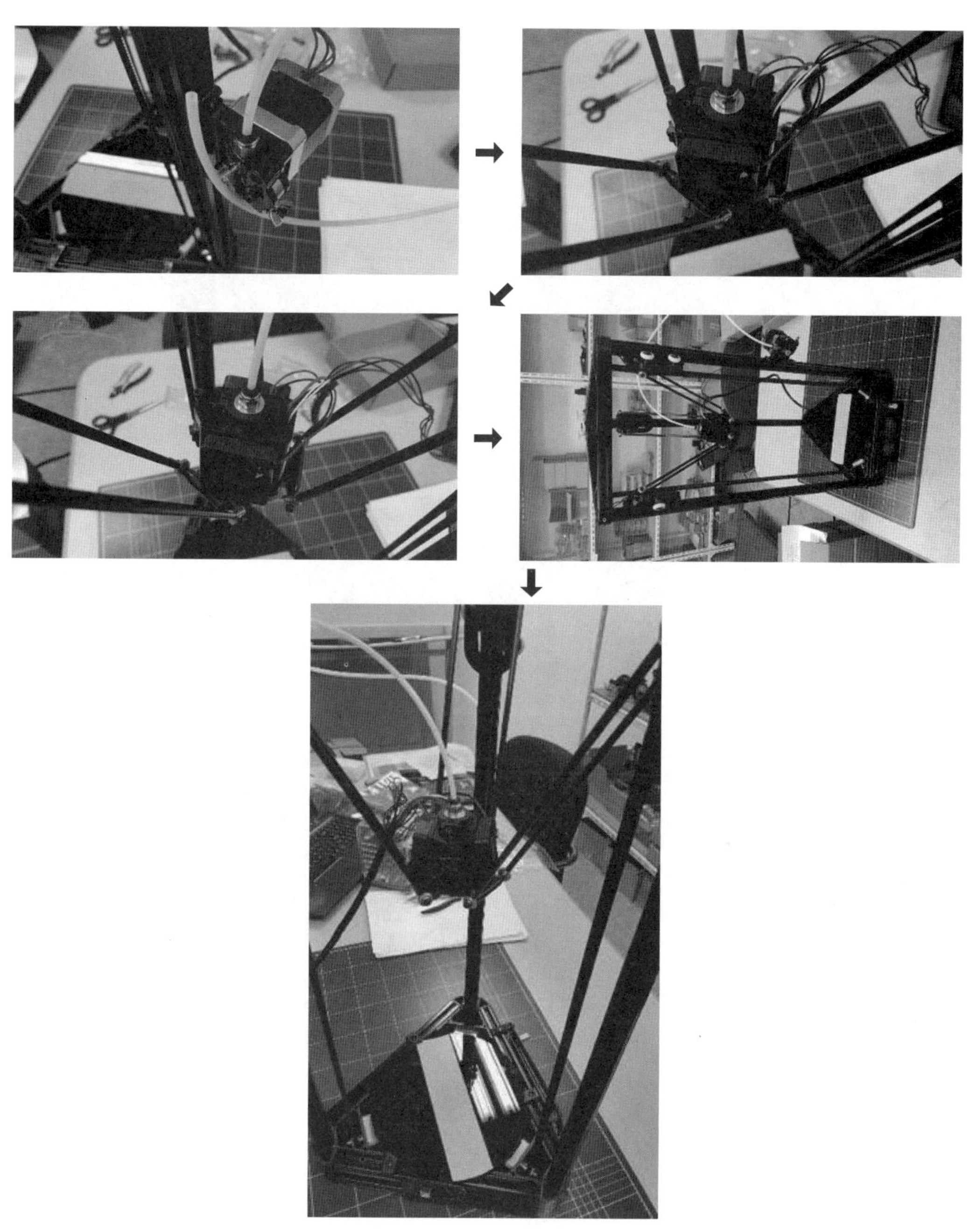

㉔ 완성

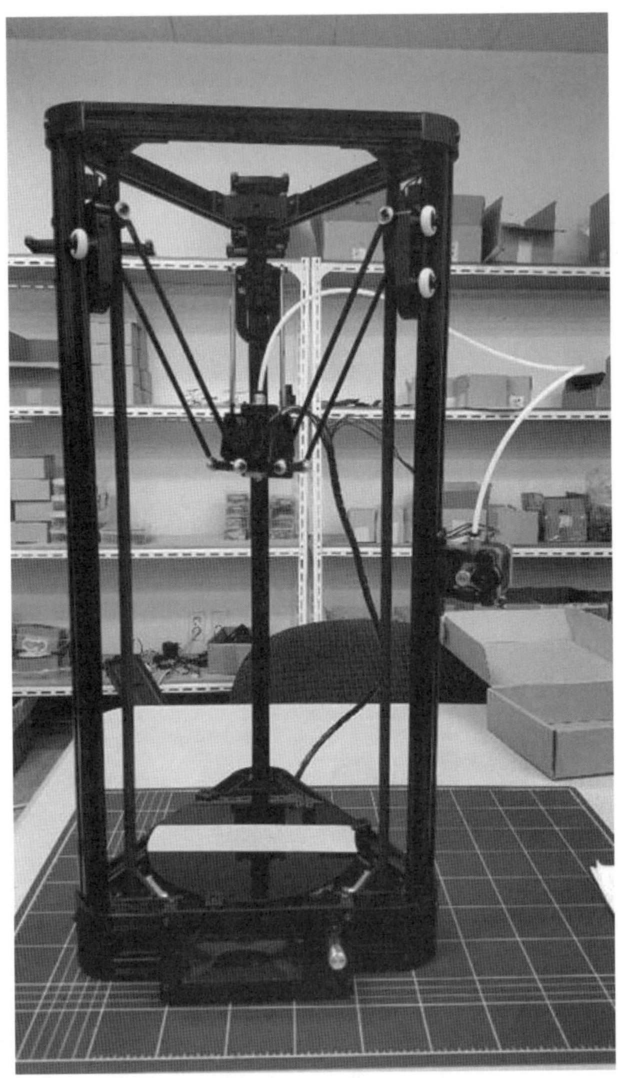

CHAPTER 08

아두이노 스마트 RC카

1 조립설명서

① 앞 바퀴 조립

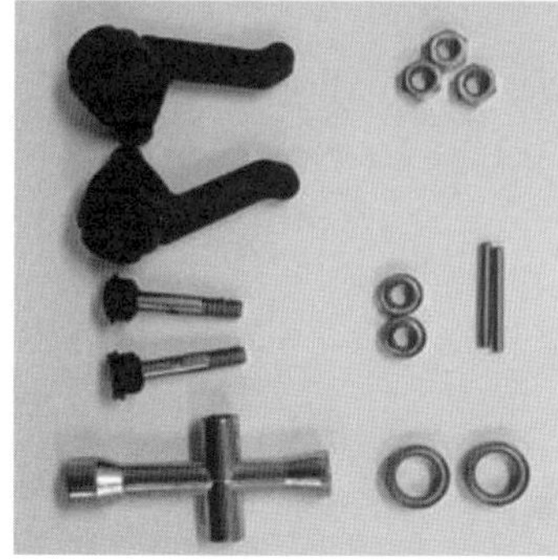

㉠ 조그만 베어링을 사진의 위치에 끼워 넣는다.

㉡ 큰 베어링을 사진의 위치에 끼워 넣는다.

㉢ 지지대를 홀 안쪽으로 끼워 넣는다.

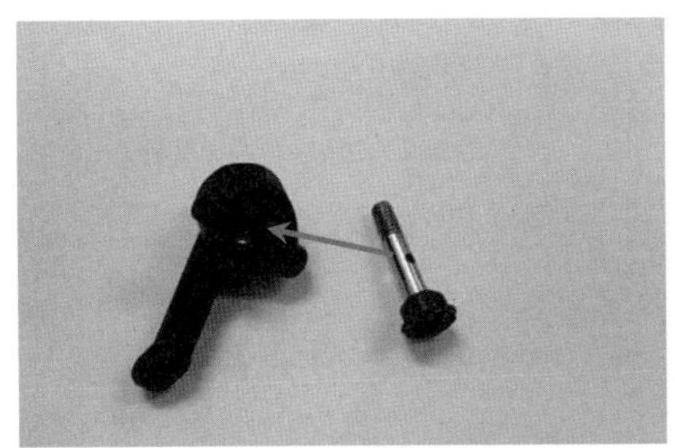

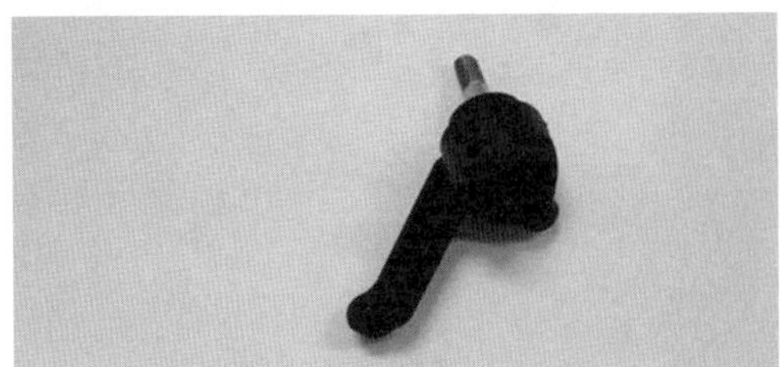

ⓔ 핀을 지지대 홀에 끼워 넣는다.

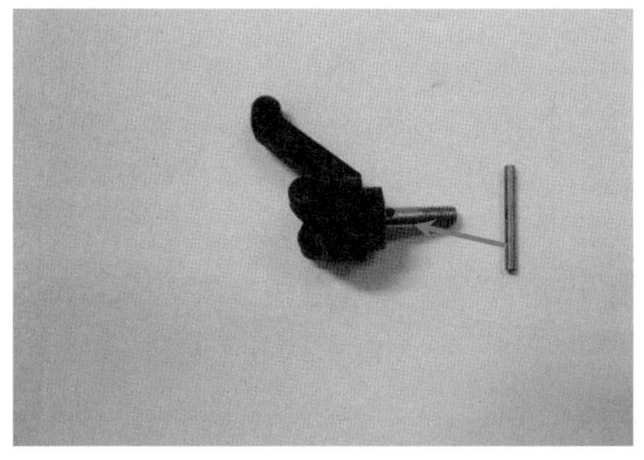
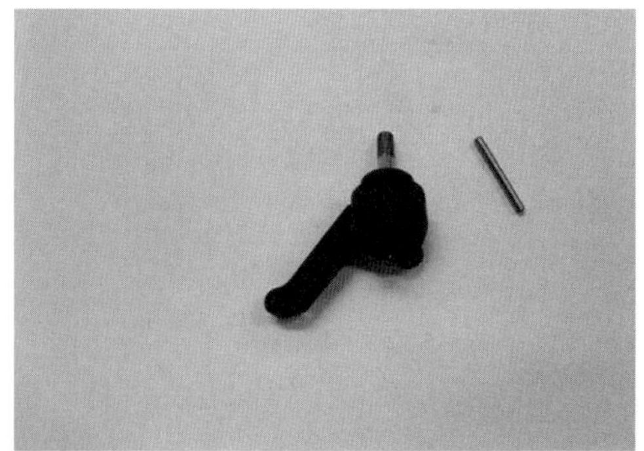

ⓜ 바퀴와 연결

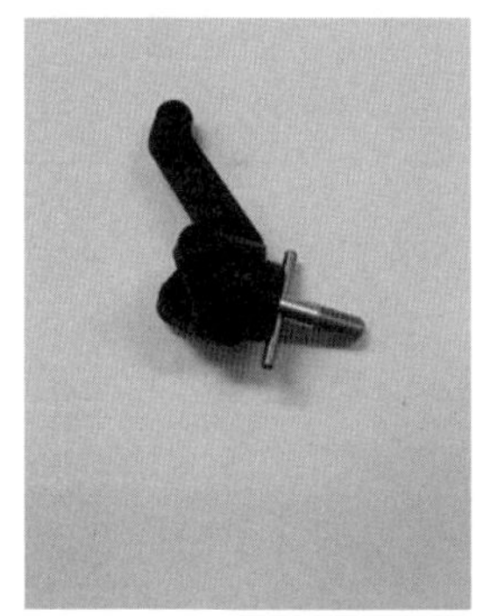

ⓗ 동봉된 렌츠를 이용하여 나사를 쪼인다. 바퀴를 돌려가면서 너무 꽉 쪼이지 않게 한다.

② 조향 서보모터 조립

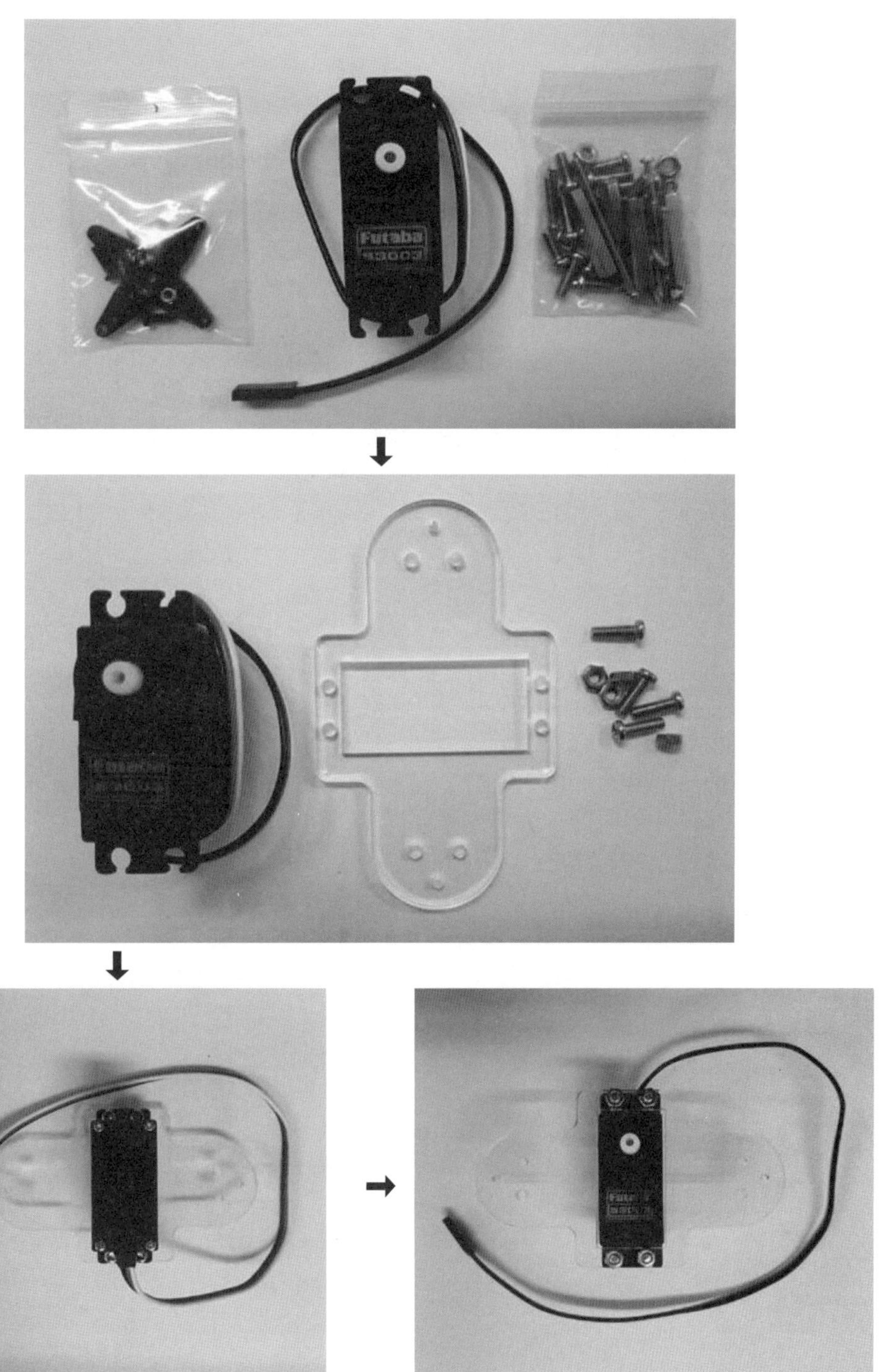

③ 서포트 연결

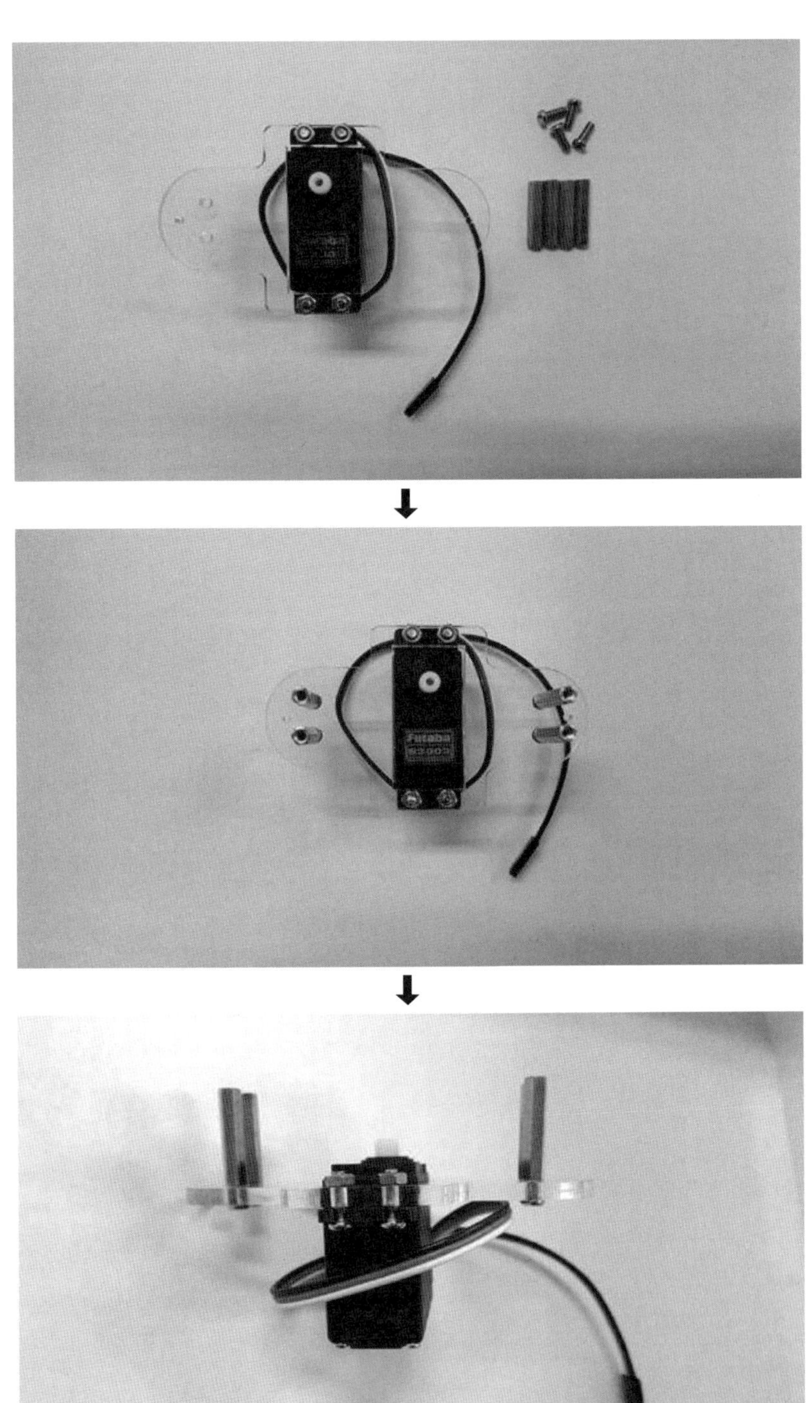

④ 서보모터와 연결

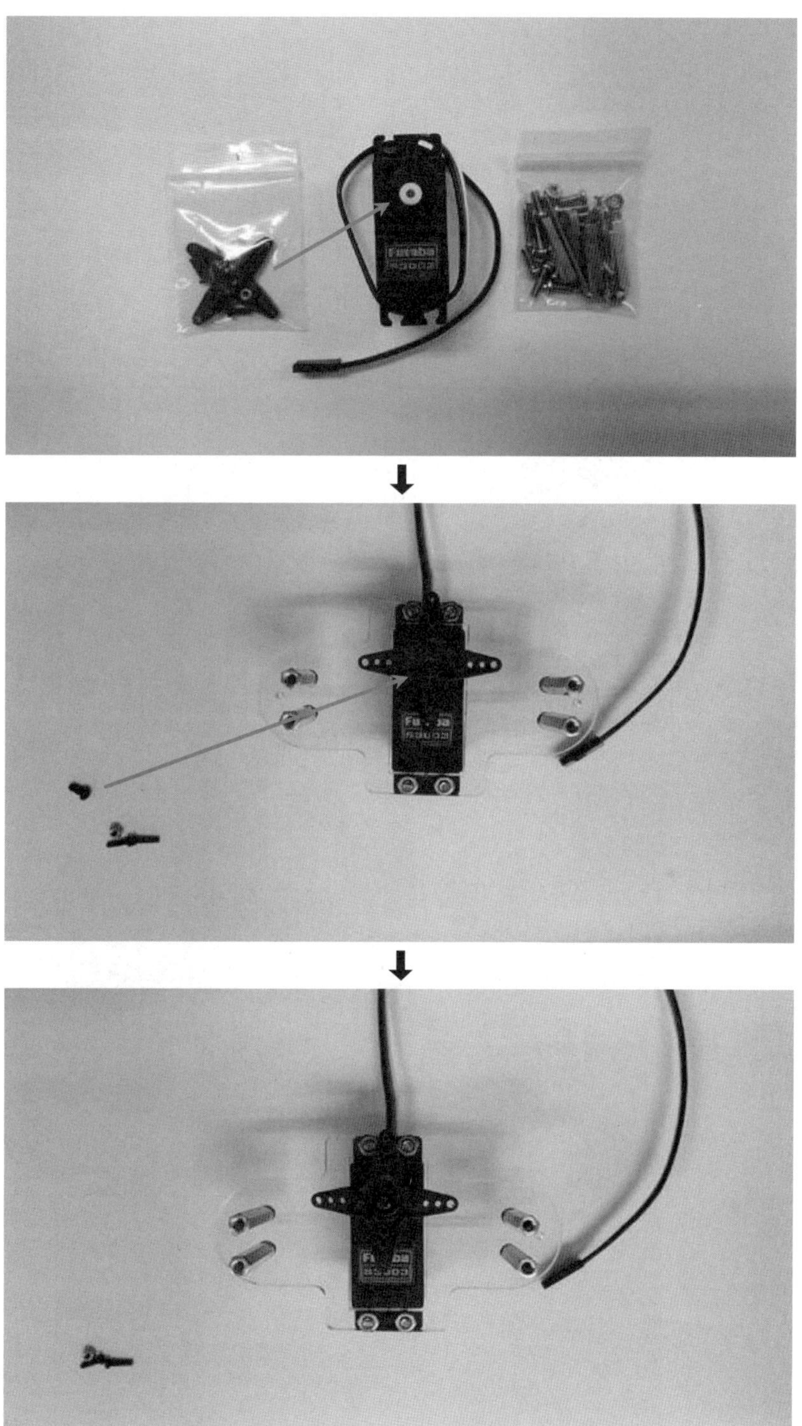

⑤ 두 바퀴 연결

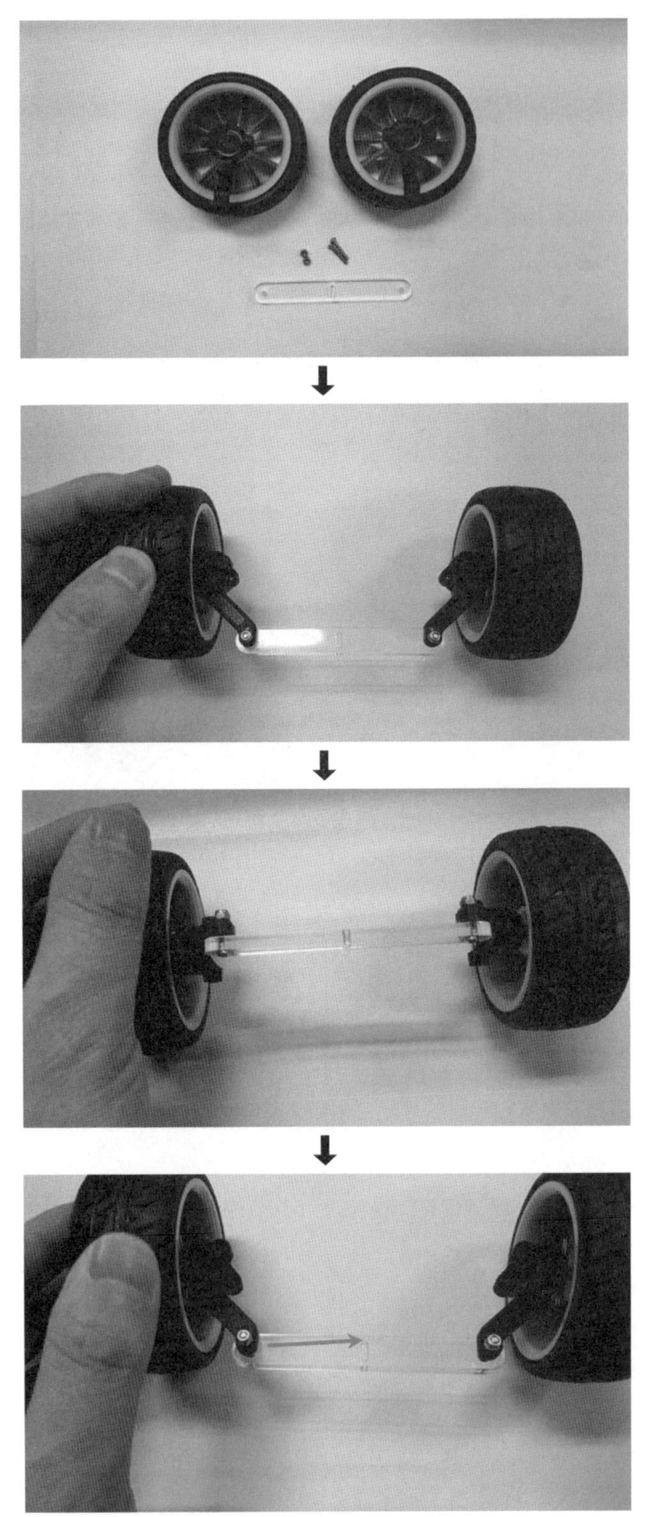

⑥ 앞 바퀴와 서보 조립

⑦ 앞 바퀴 쪽과 바디 조립

⑧ 뒷바퀴 지지대 조립

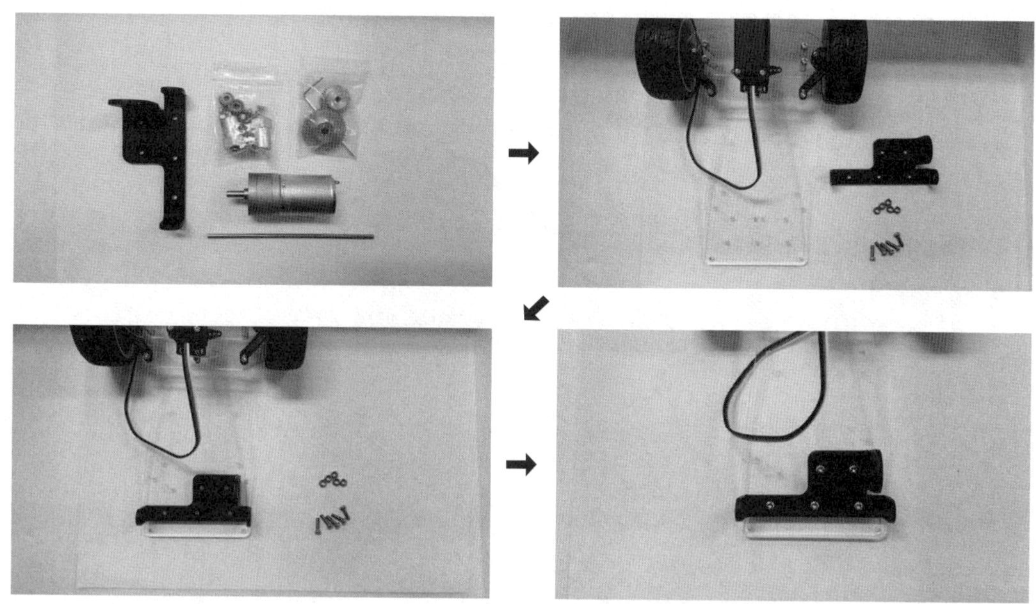

⑨ 지지대와 모터 연결

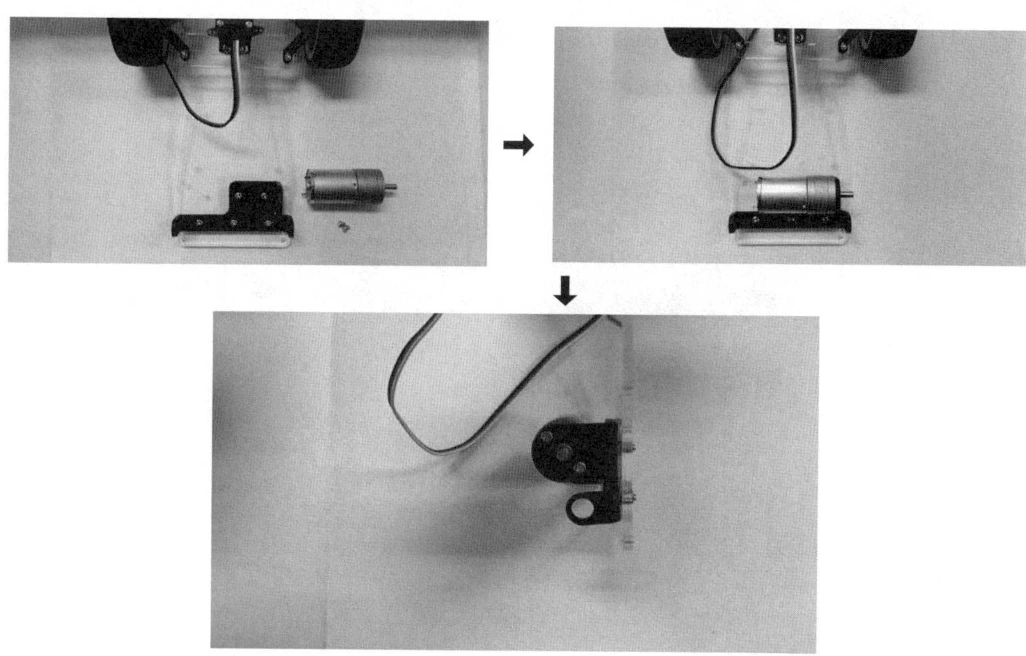

⑩ 모터와 기어 연결

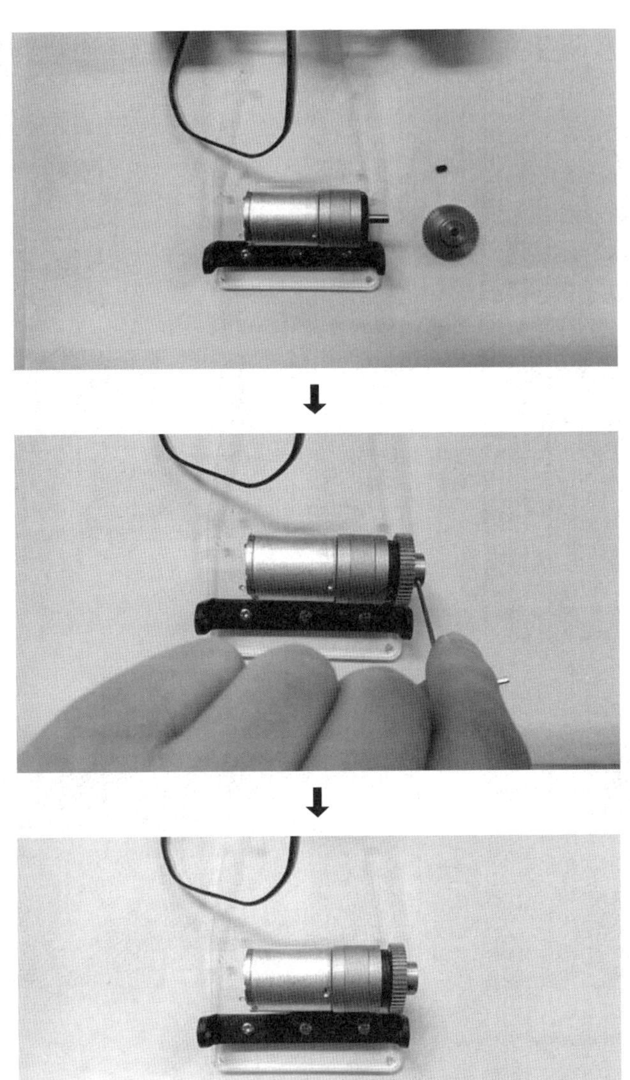

⑪ 기어 조립

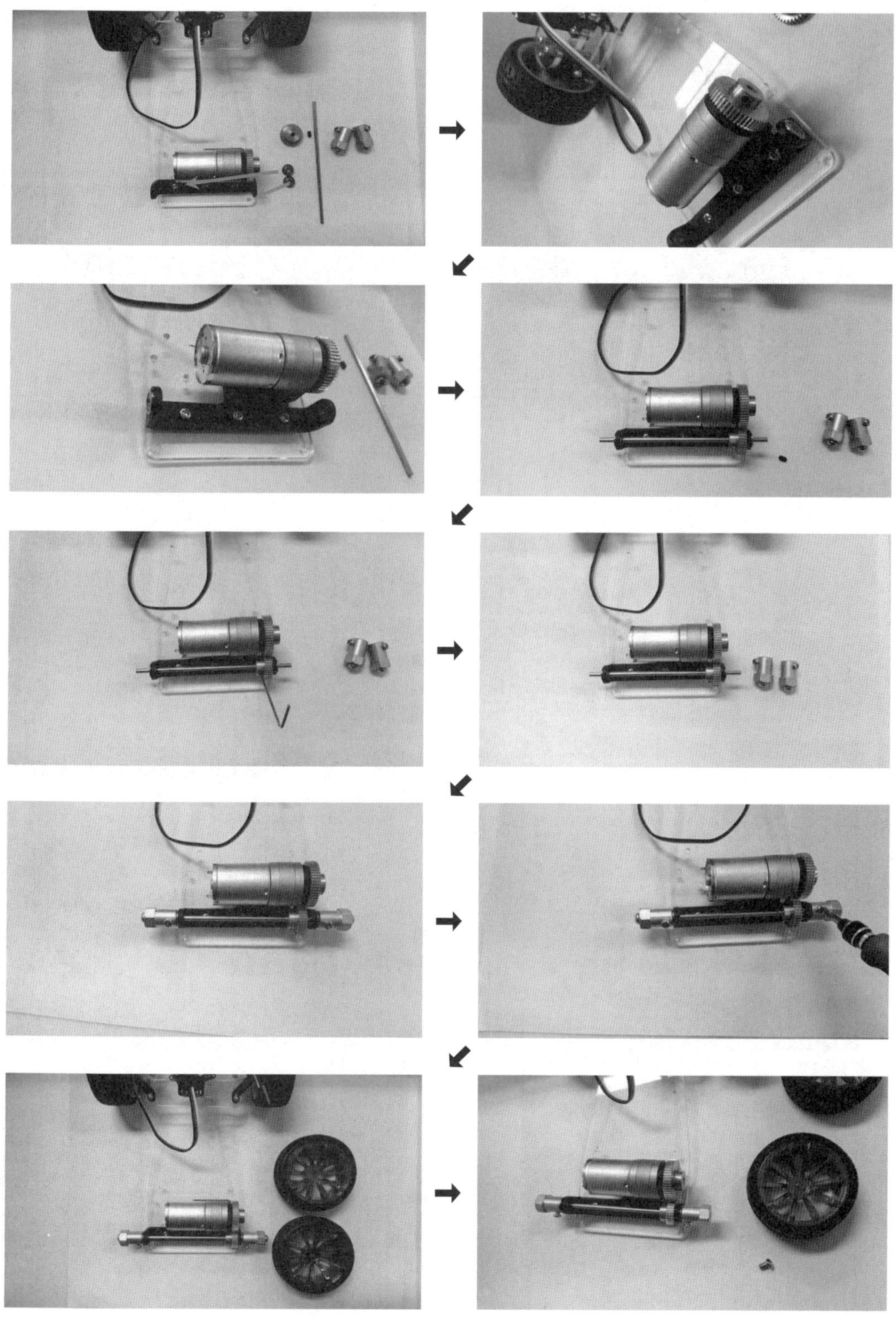

⑫ 뒷판 조립

⑬ 중간 판 조립

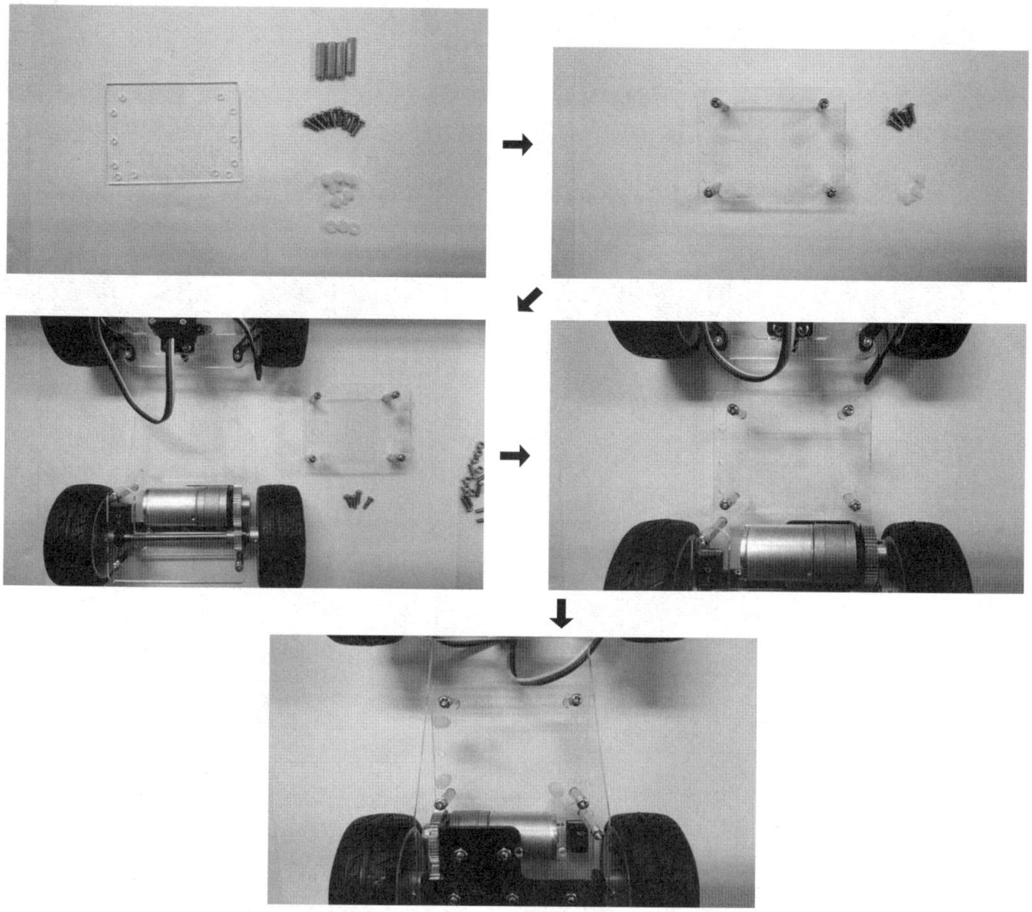

⑭ 앞 판 조립

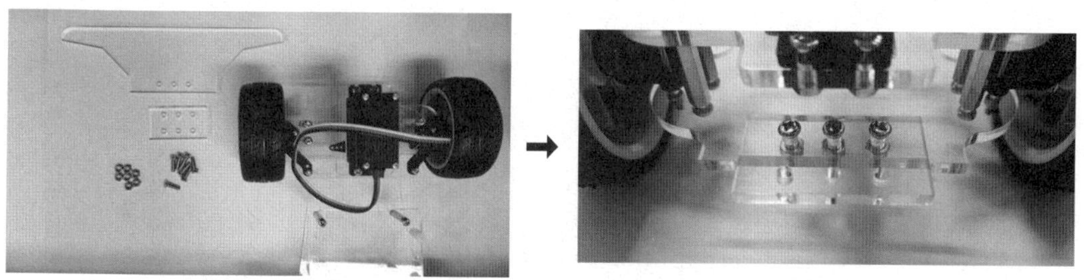

⑮ 조립 완료

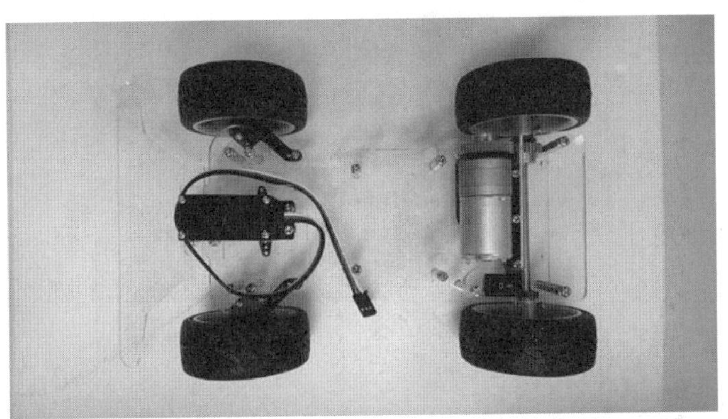